有机化学机理导论

（第 6 版）

〔英〕彼得·塞克斯(Peter Sykes)　著
王剑波　张志坤　邱頔　张艳　等译

著作权合同登记号：图字 01-2016-4357

图书在版编目 (CIP) 数据

有机化学机理导论：第 6 版 /（英）彼得・塞克斯 (Peter Sykes) 著；王剑波等译．— 北京：北京大学出版社，2018. 8
ISBN 978-7-301-29870-1

Ⅰ. ①有…　Ⅱ. ①彼…　②王…　Ⅲ. ①有机化学—研究　Ⅳ. ① O62

中国版本图书馆 CIP 数据核字 (2018) 第 203728 号

书　　名　有机化学机理导论（第 6 版）
（YOUJI HUAXUE JILI DAOLUN）
著作责任者　〔英〕彼得・塞克斯（Peter Sykes）　著
王剑波　张志坤　邱頔　张艳　等译
责 任 编 辑　郑月娥　赵学范
标 准 书 号　ISBN 978-7-301-29870-1
出 版 发 行　北京大学出版社
地　　址　北京市海淀区成府路 205 号　100871
网　　址　http://www.pup.cn　新浪微博：@ 北京大学出版社
电 子 信 箱　zye@pup.pku.edu.cn
电　　话　邮购部 62752015　发行部 62750672　编辑部 62767347
印 刷 者　涿州市星河印刷有限公司
经 销 者　新华书店
787 毫米 × 1092 毫米　16 开本　20.5 印张　520 千字
2018 年 8 月第 1 版　2022 年 8 月第 3 次印刷
定　　价　68.00 元

译　序

有机化学是化学及相关学科本科生必修的基础课程，其特点在于其中包含结构多样、性质各异的各种有机化合物以及数目庞大的各类有机反应。这使得有机化学课程的内容丰富多彩，但同时也使得学习掌握这门课程具有相当大的挑战性。正如老师们在授课过程中反复强调的那样，学习该课程的关键在于对基础理论以及基本机理过程的深刻理解，因为只有如此，才能够将大量表面上互不相干的现象以及过程等联系成为一个整体，从而达到对有机化学本质的认识和掌握。英国剑桥大学 Peter Sykes 教授的《有机化学机理导论》正是能够帮助学生实现这个目标的理想的参考书。该书针对基础有机化学的核心内容进行进一步的深入阐述。作者也强调该书是专门为学生而写，因此它非常适合作为本科生学习基础有机化学课程时的辅助读物。

该书是为数不多的能够对有机化学的基本概念和原理以及反应机理用深入浅出的语言进行精准描述的教学参考书，是有机化学基础理论和机理方面的经典之作。该书自 1961 年第 1 版以来已经修订出版到第 6 版，并且被翻译成德文、日文、西班牙文、法文、俄文等十多个国家的文字，可见其旺盛的生命力和广泛的影响。我们也有理由期待该书中译本的出版能够对我国基础有机化学的教学起到促进作用。

本书的翻译出版自始至终得到北京大学出版社郑月娥老师的大力协助，在此深表谢意。参加翻译以及校对工作的还有北京大学化学学院的学生，他们是：褚文道、张行、刘振兴、吴国骄、周钰静、傅天任、易恒、郜云鹏、霍静凤、王帅、吴超强、王波、周奇、王康、徐帅、盛哲、冯晟、陈日、于位之、李仕超。他们在工作学习之余的辛勤劳动是本译著得以顺利完成的重要基础。

本书翻译中的不当之处，敬请读者批评指正。

译　者

2018 年 8 月于北京大学

序　言

50年前学习有机化学的学生——从我自身经历来说——几乎肯定会参考一本或数本教科书，而这些教科书一般以它们的作者而得名，比如 Holleman，Bernthsen，Schmidt，Karrer 和 Gattermann。以这些教科书为基础，一代又一代的化学家们被培育出来，而且不仅仅局限在一个单独的国家，因为这些教科书已被翻译成了多种语言。这些50年前家喻户晓的名字大部分已经被遗忘。在过去可用的教科书的总数是相当少的，直到最近25年我们才看到有机化学教科书真正涌现在书商的产品列表中。教科书数量的增多一部分原因在于学生数量的增加，但更主要的原因还是机理研究对有机化学基础的革命性冲击。然而，随着可用的教材大量出现，作者要想成为所教学科家喻户晓的名字也变得更难了。但 Peter Sykes 博士通过他的《有机化学机理导论》做到了这一点。

在我有幸为1961年本书第1版写的序言中，我不仅描绘了我自己关于有机化学中所发生的变化的看法，也讲述了 Sykes 博士喜爱的教学方法的类型；从最初他作为学生，到后来成为我同事，一直作为他的朋友的我很有信心地说，他写了一本非常完美的书，至少在我看来这本书会为有机化学的学习增添新的兴趣。然而这本书的成功已经远远超出了我当时的预期，它在以后的各版本中不断被修订和完善，但是始终没有丢掉原始版本中的精髓。

现在的第6版仍延续了这样的传统。它又一次将最新的文献进行了整理，以此作为更好地展示反应机理的实例。我特别感兴趣的是，其中一个章节讲述了通过轨道对称性来控制反应。当我读到这里时我才确信，这个有机反应理论中非常重要的新进展，能够被简单地，但却实用地教给大学初级水平的学生。能够成功地做到这一点，更能进一步说明 Sykes 博士作为教师和作家的天赋。我也确信，这本导论的新版本将会超越它之前各版本的成功。

Todd

于剑桥大学

第 6 版前言

从本书第 1 版面世至今已有 25 个年头。毫无疑问，现在的版本无论是内容还是形式，均与第 1 版有很大不同。在过去的几年里，我们花费了巨大精力来去掉不合时宜的旧内容并增添新内容。我们加入了对有机化学本质的新认识并尽力使得这些内容让更多的本科生容易接受。同时由于在前几版中，本书的基本框架被证实较为合理，我们也将其保持了下来。

第 6 版没有添加新的章节，但是引入了许多新的内容，例如 *ipso*-芳香取代、各种亲核取代反应的机理区分、更多活化参数特别是在酯化反应中的应用、Dimroth 的 E_T 参数、谱学数据与 Hammett σ_X 参数的相关性、^{13}C 核磁共振在生物学上的应用，等等。之前表示碳正离子的名词"carbonium ion"在本书中均被更换为"carbocation"。"carbocation"指碳正离子，与碳负离子"carbanion"更能自然地对应且可以避免"carbonium ion"的歧义。除了这些明显的改动外，我们逐字逐句对全文进行了检查，以纠正错误并提供更清晰的、简明的解释和更有说服力的实例。总的结果是，我们对原版进行了十分深入的更改和调整。

我一直认为，许多教科书没有发挥出全部的潜力；其原因就是，作者没有完全想清楚书中的内容到底是全部写给学生的，还是至少部分是写给老师的。毕竟这两者的差别是很大的。本书第 6 版与之前五版一样，是明确写给学生的。因此，我相信它会继续对学习化学的学生有用，无论这些学生是在哪一所学校学习这些内容。

我非常感激那些指出旧版中错误和不当之处以及提供建议的读者，新版中我们均作出了相应的修改。我期盼未来的读者也会给出类似的批评和建议。

最后，我要感谢美国化学会允许我们在书中使用以下相关图表：图 13.1(Hammett, L. P. and Pfluger, H. L., *J. Amer. Chem. Soc.*, 1935, 55, 4083)，图 13.2 (Hammett, L. P. and Pfluger, H. L., *J. Amer. Chem. Soc.*, 1935, 55, 4086)，图 13.3 (Hammett, L. P., *Chem. Rev.*, 1935, 17, 131)，图 13.4 (Taft, R. W. and Lewis, I. C., *J. Amer. Chem. Soc.*, 1958, 80, 2437)，图 13.5 (Brown, H. C. and Okamoto, Y., *J. Amer. Chem. Soc.*, 1957, 79, 1915)，图 13.6 (Brown, H. C., Schleyer, P. von R. *et al.*, *J. Amer. Chem. Soc.*, 1970, 92, 5244)，图 13.8 (Hart, H. and Sedor, F. A., *J. Amer. Chem. Soc.*, 1967, 89, 2344)；感谢英国化学学会和 J. A. Leisten 教授允许我们在书中使用图 13.7 (Leisten, J. A. and Kershaw, D. N., *Proc. Chem. Soc.*, 1960, 84)。

Peter Sykes

1985 年 9 月于剑桥

目　　录

第 1 章　结构、反应性和机理 1

对于由大量各种不同信息组成的有机化学来说，机理研究最大的好处是可以将知识点归纳为相对较少的一些指导原则。这些指导原则不仅可以用来解释和联系现有的化学反应现象，还可以预测改变已知反应条件后可能得到的反应结果，也可以预言从新反应中可能得到的新产物。本章旨在罗列部分指导性原则，并展示它们的应用。由于我们讨论的是含碳的化合物，因此我们必须阐述碳原子与其他原子的成键方式，尤其是与其他碳原子的成键方式。

1.1　原 子 轨 道

碳原子的原子核外有 6 个电子，按玻尔(Bohr)原子结构理论，这些电子被认为排列在
距原子核依次渐远的轨道上。这些轨道依次对应逐渐升高的能级。1s 轨道能量最低，能容 2
纳 2 个电子。2s 轨道能量稍高，也容纳 2 个电子。碳原子剩下的 2 个电子将填充在 2p 轨道，实际上 2p 轨道一共可以容纳 6 个电子。

海森堡(Heisenberg)不确定性原理与电子的波粒二象性认为，不可能精确地去定义原子轨道。现今，具有波性的电子用波函数 ψ 来表示，而经典的传统的玻尔轨道被具有不同能级的三维原子轨道替代。原子轨道是指，对应一个特定的量子化能级能以最大可能发现一个电子的区域。原子轨道的大小、形状和方向可以用波函数 ψ_A、ψ_B、ψ_C 等来表示。它们更像一个三维的电子轮廓图，而 ψ^2 决定了在原子轨道中一个特定的点发现一个电子的概率。

原子轨道的相对大小由主量子数 n 决定，原子轨道越大能级越高。它们的形状与空间取向(关于原子核及相互之间)分别由辅量子数 l 与 m 确定。① 原子轨道中的电子可以进一步用自旋量子数表示，自旋量子数有 $+1/2$ 与 $-1/2$ 两个数值。关于自旋量子数有这样一个限制：每个轨道最多只能填充 2 个电子，并且这些电子具有相反(成对)的自旋状态。② 此即泡利(Pauli)不相容原理。泡利不相容原理认为，任何原子中的 2 个电子不会有完全相同的量子数。

根据波粒二象性计算，1s 轨道(量子数 $n=1$，$l=0$，$m=0$，对应于经典的 K 电子层)相对于原子核是球形对称的；2s 轨道(量子数 $n=2$，$l=0$，$m=0$)也是球形对称的，但是相对

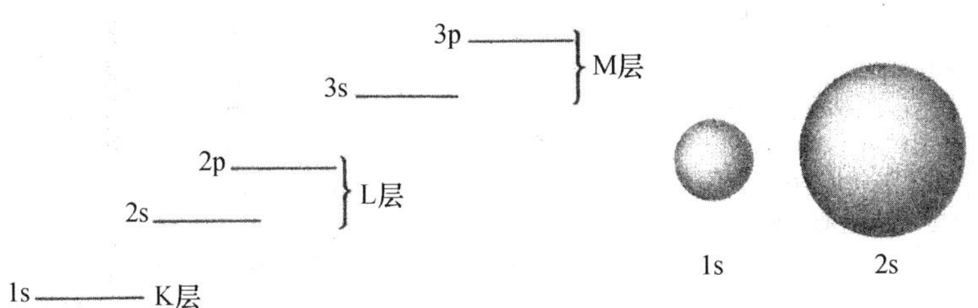

① n 的取值为 1，2，3，…；l 的取值为 0，1，2，…，$n-1$；m 的取值为 0，±1，±2，…，$\pm l$。我们通常应该记住，l 的值为 0 和 1 时，相应的轨道指的分别是(按光谱术语)s 与 p 轨道，例如 1s，2s，2p 轨道等。

② 一个电子的自旋量子数是 $+1/2$，另一个是 $-1/2$。

原子核的距离较之 1s 轨道更远。在这两个轨道之间的球形界面的区域发现电子的概率为 0（一个球形节面）。

到这里为止，这些轨道的例子还没有彻底地区别于经典的轨道理论，但 2p 能级（接下来的 L 电子层）的区别很明显。波函数理论指出，有 3 个 2p 轨道（量子数 $n=2$，$l=1$，$m=+1$、
3 0 和 -1）存在，它们的形状和能级（轨道具有相同的能级被描述为简并）相同，但是空间取向各不相同。它们排列在 x，y 和 z 轴上，并且相互垂直，因此，分别定义为 $2p_x$，$2p_y$ 和 $2p_z$。此外，这些 2p 轨道不像 1s 或者 2s 轨道一样是球形对称的，而是“哑铃”形的，中间有个穿过原子核（分别与 x，y 与 z 轴垂直）的电子出现概率为 0 的平面（节面），它将哑铃分为了两部分。

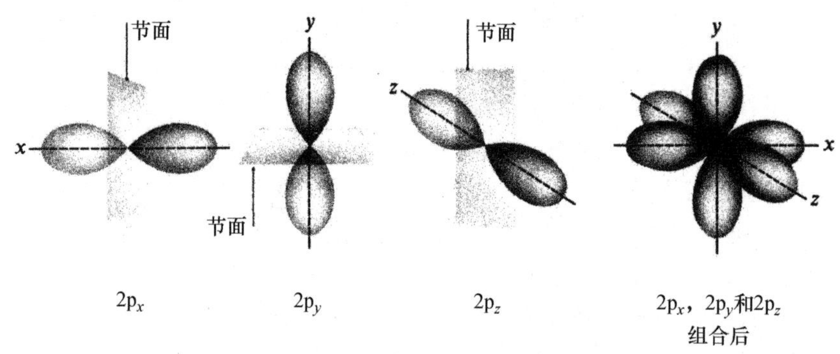

碳原子的 6 个电子依次填充在能量逐级升高的原子轨道中，直到所有的电子填充完（构造原理）。因此，两个自旋状态相反的成对电子会进入 1s 轨道，接下来两个电子会进入 2s 轨道，但对于 2p 能级来说，剩下的 2 个电子可以填充在同一个 2p 轨道，如 $2p_x$ 轨道，或填充在两个不同的 2p 轨道，如 $2p_y$ 与 $2p_z$ 轨道。洪特（Hund）规则认为，只要有能量相同的空的简并轨道存在，一对电子会避免占据同一个轨道。因此，碳原子的电子排布是 $1s^2 2s^2 2p_x^1 2p_y^1$，而 $2p_z$ 轨道是空的。这表示基态自由碳原子有两个未成对电子（在 $2p_x$ 与 $2p_y$ 轨道上）可以与其他原子成键，初看之下碳原子可能是二价的。

然而，这与我们的经验是不符的。尽管个别化合物中，碳原子是与其他两个原子成键，
4 例如 CCl_2（见 **267 页**[①]），但是这些物质是很不稳定的；绝大多数含碳化合物中碳原子是显示四价的，例如 CH_4。通过将 $2s^2$ 的电子对分开，并使它们中的一个电子跃迁到空的 $2p_z$ 轨道，这样的碳原子是处在一个高的能量状态（激发态），电子排布为 $1s^2 2s^1 2p_x^1 2p_y^1 2p_z^1$，由于它有 4 个未成对电子，所以可以与其他原子或基团形成 4 个而不是 2 个化学键。通过形成两个额外的化学键所产生的能量，将远大于 $2s^2$ 中两个电子的解对能以及与电子从 2s 轨道跃迁到 $2p_z$ 轨道的能量总和［约 406 kJ mol^{-1}（97 kcal mol^{-1}）］。

1.2　杂　化

一个碳原子与其他 4 个原子成键显然不是简单地直接利用 1 个 2s 和 3 个 2p 原子轨道，

---

① 正文中以此格式标注的页码均为原著页码，即本翻译本每页的边码。

因为这样的话，会形成 3 个方向确定的互相垂直的键(与 3 个 2p 轨道)和一个方向不确定的键(与球形的 2s 轨道)。然而事实上，甲烷的 4 个 C—H 键是完全相同的并且对称的，相互呈 109°28′角(正四面体形)。这可能是由于 2s 轨道与 2p 轨道重新组合，并且新产生了 4 个相同的轨道，它们可以形成更强的键(见 **5 页**)。这些新的轨道就称为 sp^3 杂化原子轨道，而形成这些新轨道的过程称为杂化。

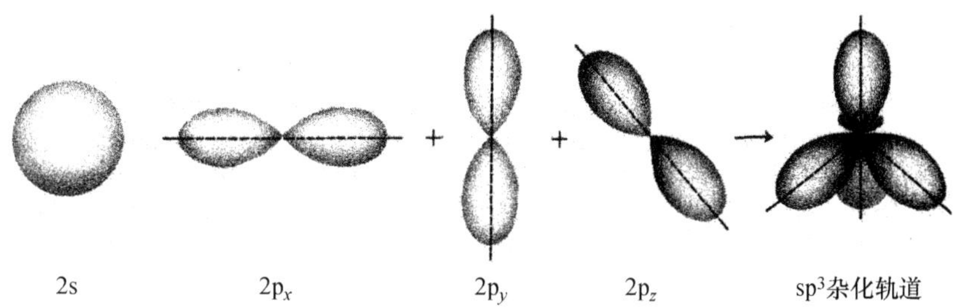

然而，需要指出的是，虽然上图是这样展示杂化的，但是实际上杂化并不是对轨道自身进行的操作，而是对定义它们的数学函数进行的操作。

类似但又不完全相同的情况是，重新组合也被应用于碳原子与其他 3 个原子成键，例如乙烯(见 **8 页**)：3 个 sp^2 杂化原子轨道在同一个平面内(平面三角形杂化)相互以 120°成键。 5
最后，碳原子与其他 2 个原子成键时，例如乙炔(见 **9 页**)，2 个 sp^1 杂化原子轨道相互以 180°成键(线性杂化)。因为 s 轨道是能级最低的轨道，所以每种杂化方式都含有 s 轨道的参与。

sp^2 杂化中将会有一个未杂化的 p 轨道可用(见 **8 页**)，sp^1 杂化中会有两个未杂化的 p 轨道可用(见 **10 页**)，这些都是有效的杂化方式。此外，相同杂化方式中的杂化轨道，不一定必须完全相同，例如 CH_2Cl_2 中的杂化轨道与 CCl_4、CH_4 的相比会有些不同。杂化的发生能够让其他原子之间尽可能形成更强的化学键，也使成键的原子之间(以及构成化学键的电子对)的距离尽可能远，从而使得产生的物质在固有总能量上达到最小值。

1.3 含碳化合物中的成键

两个原子间的成键被设想为参与原子的原子轨道之间的重叠，交叠的程度越大(重叠积分)，形成的键越强。原子轨道的相对重叠强度如下计算结果所示：

$$s=1.00, \quad p=1.72$$

$$sp^1=1.93, \quad sp^2=1.99, \quad sp^3=2.00$$

这些数据明显表明了为什么要利用杂化轨道。例如，1 个碳原子与 4 个氢原子利用 sp^3 杂化方式形成甲烷，导致了更强键的形成。

当原子间距离足够近时，可以认为它们的原子轨道被 2 个分子轨道替代，其中一个的能级比原先的能级低，另一个则比原能级高。这 2 个新分子轨道覆盖了 2 个原子，它们中的一个轨道可以含有这 2 个成对的电子(图 1.1)。

6

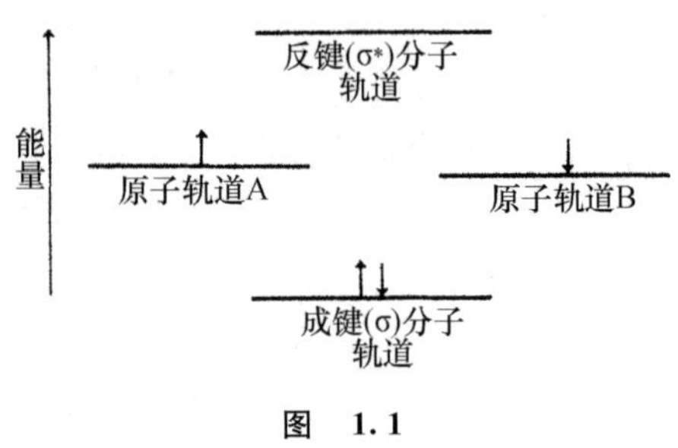

图　1.1

能量较低的分子轨道被称为成键轨道，它的填充可以在 2 个原子间形成稳定的键。在这种情况下，这对成键电子主要集中在 2 个带正电荷的原子核中间，或者说，2 个原子核被中间的带负电荷的电子对连接着。能量较高的分子轨道被称为反键轨道，它对应于原子核间有未被电子填充的空间的状态，所以它会导致带正电荷的 2 个原子核间的排斥。分子处于基态时，反键轨道是空的，所以这里不需要进一步考虑它对分子间形成稳定共价键的作用。

如果 2 个原子轨道的重叠发生在它们的主轴上，生成的分子轨道被称为 σ 轨道①，生成的键称为 σ 键。σ 分子轨道与填充它的电子被认为是对称地定域于成键原子间的轴线上。因此，当碳原子与 4 个氢原子结合时，碳原子的 4 个 sp^3 杂化轨道与 4 个氢原子的 1s 原子轨道交叠，形成 4 个相同的强 σ 键而成为甲烷，而且 4 个键角都为 109°28′(正四面体角)。例如 CCl_4，也可以类似地形成正的四面体结构；而像 CH_2Cl_2 中所成的 4 个键并不完全相同，在空间排布上也会保持四面体形，但轻微地偏离标准的对称结构(见 **5 页**)。

1.3.1　碳碳单键

碳碳单键指两个碳原子之间形成强的 σ 键。例如在乙烷中，两个碳原子的结合是通过两个 sp^3 原子轨道的轴向交叠得到的，两个轨道各由一个碳原子提供。在饱和化合物中碳碳键
7 的长度被发现相当一致——0.154 nm(1.54 Å)。当然，这指的是 sp^3 杂化的碳原子间的碳碳单键的长度。两个 sp^2 杂化的碳原子间单键的平均长度被发现约为 0.147 nm(1.47 Å)；而两个 sp^1 杂化的碳原子间的单键长度约为 0.138 nm(1.38 Å)。这并不令人惊奇，因为 s 轨道中的电子比 p 轨道中的电子被原子核束缚得更紧密。当杂化轨道中的 s 成分增多时，同样的效应也会被观察到，相互成键的两个碳原子核间的距离按下面的顺序逐渐减小：

$$sp^3\text{-}sp^3 \rightarrow sp^2\text{-}sp^2 \rightarrow sp^1\text{-}sp^1$$

实际上我们还没有定义乙烷的独特结构，连接两个碳原子的 σ 键是对于连接两个原子核的直线对称的。理论上说，如果按一个碳原子上的氢原子相对于另一个碳原子上氢原子的相对位置来定义它的结构，它可能有无限个不同结构。在所有可能的结构中有两个极端形式，一个是重叠式，另一个是交叉式：

① 反键分子轨道被称为 σ* 轨道。

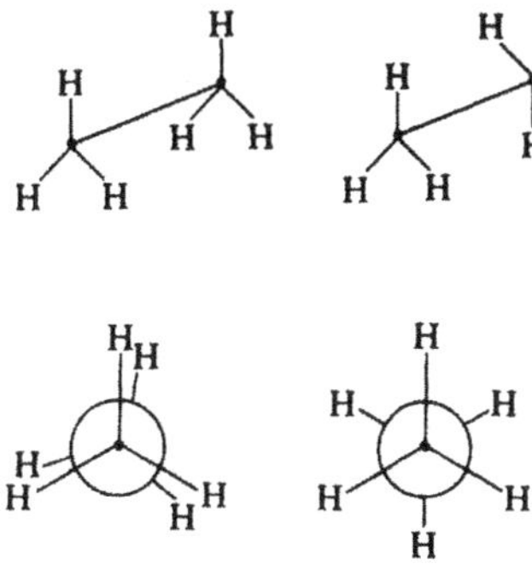

重叠式　　交叉式

上图类似的三维表达方式分别被称为锯架式(sawhorse)与纽曼(Newman)投影式。重叠式、交叉式这两种结构和它们中间的无限个不同结构被称为乙烷分子的构象。构象被定义为在不破坏任何化学键的情况下可以互相转化的相同原子基团在空间上的不同排布。

在重叠式和交叉式这两种特殊构象中，交叉式是更稳定的构象，因为此时一个碳原子上的氢原子和可以作用到的另一个碳原子上的氢原子能够保持最远距离(0.310 nm，3.1 Å)，
因此它们之间所谓的“非键”相互作用可以达到最小值；而在重叠式构象中，这些氢原子处于 8
最为拥挤的状态(0.230 nm，2.3 Å，略小于它们的范德华半径之和)。然而，这和人们一直认为的碳碳单键能够自由旋转的原则并不抵触。这是因为重叠式与交叉式这两种构象能量的差值在 25 ℃时只有约 12 kJ mol^{-1}(3 kcal mol^{-1})，如此小的能量差值使得它们在室温下可以容易地通过普通的热运动实现相互转化——25 ℃时的转动频率约为每秒 10^{12} 次。对于 $CHBr_2CHBr_2$ 可以分离出两种构象，证明这种类型的拥挤的确可以导致碳碳单键的旋转受限。当然不可否认，这种构象的分离只能在低温条件下实现，此时分子间的碰撞无法提供足够的能量来影响构象间的相互转化。

1.3.2　碳碳双键

乙烯分子中，每个碳原子能与其他 2 个氢原子和 1 个碳原子成键。碳原子利用 1 个 2s 轨道与 2 个 2p 轨道进行杂化，形成的 3 个 sp^2 杂化轨道与其他 3 个原子的轨道形成强 σ 键。通常一个原子会使用尽量多的杂化轨道和其他原子或基团形成强 σ 键。sp^2 杂化轨道是处于同一平面的，它们轨道之间的夹角趋近于 120°(平面三角形轨道)。在形成乙烯时，碳原子的 2 个 sp^2 杂化轨道与 2 个氢原子的 1s 轨道交叠，形成 2 个强的 σ C—H 键，每个碳原子的第三个 sp^2 轨道各自轴向交叠形成强 σ C—C 键。实验发现，H—C—H 与 H—C—C 的键角实际上分别为 116.7°与 121.6°。鉴于连接的基团是不同的，键角偏离 120°也就不足为奇了。

每个碳原子会保留 1 个未杂化的 2p 原子轨道，它与包含碳、氢原子的平面垂直。当 2 个 2p 轨道相互平行时，它们会互相交叠，在两个碳原子之间形成分子轨道，该轨道位于由 2 个碳原子和 4 个氢原子组成的平面的上下方(即这个分子平面中含有一个节面，虚线表示原子间的成键位于纸平面的后方，实楔形线表示原子间的成键位于纸平面的前方)。

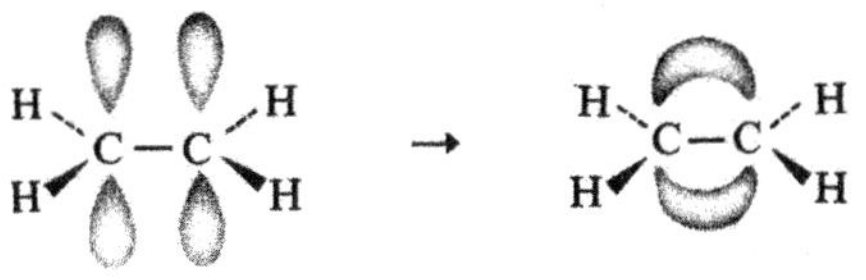

9 这个新的分子轨道称为 π 轨道①，填充于其中的电子称为 π 电子。新生成的 π 键有拉近碳原子的效应，相比于乙烷中碳碳单键的长度 0.154 nm(1.54 Å)，乙烯中 C ═C 的长度为 0.133 nm(1.33 Å)。形成 π 键时的 p 轨道的侧向交叠不如形成 σ 键时的轴向交叠有效，所以前者的键能较后者弱些。这可以反映在碳碳双键的键能上，虽然它比单键的能量高，但却低于单键能量的 2 倍。乙烷中 C—C 键能为 347 kJ mol^{-1}(83 kcal mol^{-1})，而乙烯中 C ═C 键能只有 598 kJ mol^{-1}(143 kcal mol^{-1})。

当 2 个碳原子与 4 个氢原子共平面时，2 个 2p 轨道的侧向交叠可以达到最大限度，此时 π 键的强度也最大。这是因为共平面时 p 原子轨道完全相互平行，它们之间能达到最大的交叠程度。任何扭转连接 2 个碳原子间的 σ 键都会造成这个共平面状态的偏离，减少 π 电子轨道的交叠程度，从而削弱 π 键的强度。所以，碳碳双键的旋转是被限制的。因此，人们一直观察到的碳碳双键旋转受限的事实在这里得到了理论上的解释。π 电子分散在这个分子平面的上方与下方的两个波瓣上，并延伸到碳碳键的轴线之外，这意味着这个带负电荷的区域可以有效地与缺电子试剂(例如氧化试剂)作用。碳碳双键主要会与这样的试剂发生反应就不足为奇了(见 **178 页**)。在这里经典双键的图像被另一个结构取代，其中连接两个碳的双键是很不相同的：这体现在它们的性质、强度和位置方面。

1.3.3 碳碳叁键

在乙炔分子中，每个碳原子只能与另外两个原子成键：1 个氢原子和 1 个碳原子。这些原子之间形成强 σ 键，利用的是碳原子中的 2s 轨道与 1 个 2p 原子轨道杂化形成的两个杂化轨道。形成的对角的 sp^1 轨道是直线形的，因此在构成乙炔分子时，这些杂化轨道用于各个
10 碳原子和一个氢原子，以及两个碳原子之间形成强的 σ 键，从而得到一个线形分子，在这个线形分子中每个碳原子上都含有两个未杂化的相互垂直的 2p 原子轨道。每个碳原子上的 2p 原子轨道与另一个碳原子的 2p 原子轨道平行交叠，形成 2 个相互垂直的 π 键：

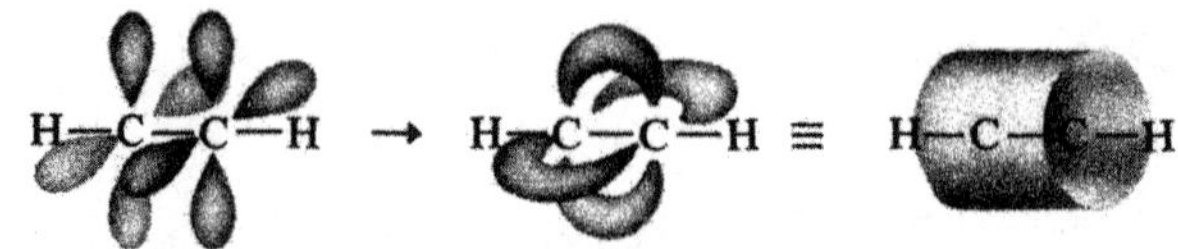

乙炔分子因此被一个圆柱形的负电荷电子云有效包围。碳碳叁键的键能是 812 kJ mol^{-1}(194 kcal mol^{-1})，因此第三个键的出现所提高的能量没有由单键变为双键提高得多。碳碳叁键的键长为 0.120 nm(1.20 Å)，因而碳原子间的距离拉得更近了，但这里从C ═C 到 C ≡C 键长的减少还是比 C—C 到 C ═C 的减少要小。

1.3.4 碳氧键与碳氮键

氧原子的电子构型为 $1s^2 2s^2 2p_x^2 2p_y^1 2p_z^1$，当与其他原子结合时，它也是利用杂化轨道去形成尽可能强的键。因此，当与两个甲基的碳原子结合形成甲氧基甲烷(二甲醚，CH_3OCH_3)时，氧原子可以利用 4 个 sp^3 杂化轨道：2 个杂化轨道与 2 个碳原子的 sp^3 轨道交叠形成 σ 键，而另外 2 个杂化轨道由 2 对孤对电子占据。C—O—C 键角为 110°，C—O 键长为 0.142 nm(1.42 Å)，键能为 360 kJ mol^{-1}(86 kcal mol^{-1})。

---

① 同时也会生成 π^* 反键分子轨道。

氧原子也可以与碳原子形成双键。对于丙酮来说，氧原子使用 3 个 sp^2 杂化轨道中的一个与碳原子的 sp^2 轨道交叠形成 σ 键，另外 2 个轨道由 2 对孤对电子占据。氧原子与碳原子上还各有一个未杂化的 p 轨道，它们可以从侧面相互交叠来形成 π 键(见 **9 页**)：

C—C—O 键角约为 120°，C ═O 键长为 0.122 nm(1.22 Å)，键能为 750 kJ mol^{-1}(179 kcal 11
mol^{-1})。这一键能比 C—O 键能的两倍稍多，而 C ═C 的键能比 C—C 的两倍略少，这可能是因为氧原子上的孤对电子在 C ═O 中比在 C—O 中离得更远，所以更加稳定。对于碳原子来说，则没有类似的情况。此外，不像碳碳键，碳氧键的极性也起到一定作用。

氮原子的电子排布为 $1s^2 2s^2 2p_x^1 2p_y^1 2p_z^1$，它也被认为是利用杂化轨道与碳原子形成 C—N 单键、C ═N 双键和 C ≡N 叁键。在以上各种情况中，都会有一个氮原子轨道用于填充孤对电子；氮和碳原子上未杂化的 p 轨道侧向交叠，形成的双键与叁键分别有 1 个与 2 个 π 键。平均键长与键能：单键，0.147 nm(1.47 Å)与 305 kJ mol^{-1}(73 kcal mol^{-1})；双键，0.135 nm(1.35 Å)与 616 kJ mol^{-1}(147 kcal mol^{-1})；叁键，0.116 nm(1.16 Å)与 893 kJ mol^{-1}(213 kcal mol^{-1})。

1.3.5 共轭

当分子含有超过一个多重键时，例如含有 2 个 C ═C 键的二烯等相互共轭的化合物(多重键与单键交替出现)(1)比多重键被隔离开的化合物(2)更稳定：

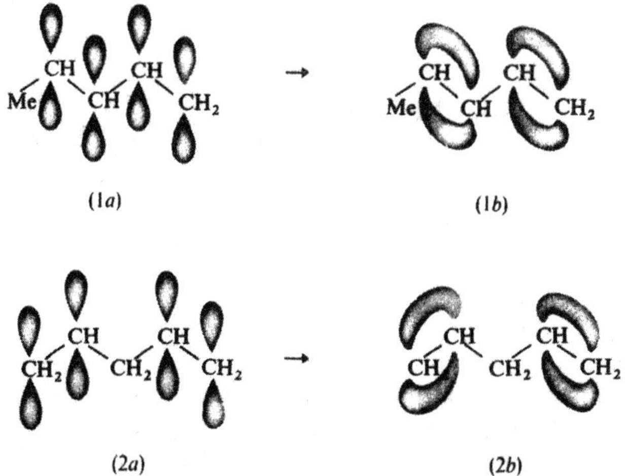

图中显示的(1)是共轭分子，在热力学上更稳定(含有的能量更低)，燃烧热及氢化能都比(2) 12
低；而且据观察，隔离的双键很容易迁移形成共轭体系：

$$\mathrm{MeCH{=}CH{-}CH_2{-}\underset{\displaystyle Me}{\underset{|}{C}}{=}O} \xrightarrow[\text{催化剂}]{\text{碱}} \mathrm{MeCH_2{-}CH{=}CH{-}\underset{\displaystyle Me}{\underset{|}{C}}{=}O}$$

共轭当然不只限于碳碳多重键。

如上图中的(1*a*)与(2*a*)所示，相邻碳原子的 p 轨道侧向重叠会形成 2 个定域的 π 键，因此这些化合物的性质预测可能像乙烯，只不过是两倍而已！对于(2)情况确实如此，但对(1)来说，情况有所不同，从光谱学(见图 1.2)和它比非共轭双键更强的加成反应活性判断(见 **194 页**)，它有稍强的稳定性(相对于上一种情况)。仔细观察可以发现，(1*a*)的 4 个相邻碳原子上的 p 轨道都可以侧向交叠，而(2*a*)不能。这样的交叠会形成 4 个分子轨道(图 1.2)，分别为 2 个成键轨道(ψ_1 和 ψ_2)和 2 个反键轨道(ψ_3 和 ψ_4)。总之，*n* 个原子轨道的交叠总是会形成 *n* 个分子轨道。

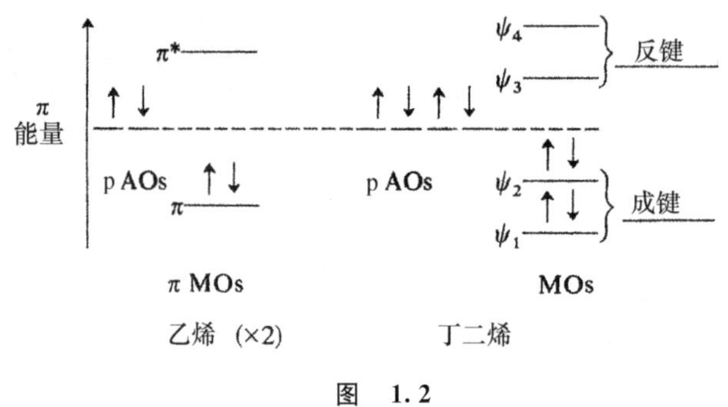

图 1.2

如图 1.2 所示，共轭二烯的 4 个电子填充在 2 个成键轨道中，形成 2 个离域的 π 键的能量要比其填充在乙烯的成键轨道形成的 2 个定域的 π 键的能量要低。当电子定域在整个共轭
13 体系而不是定域于两个碳原子之间[如乙烯或(1*b*)]时，则称电子是离域的。4 个电子填充在成键分子轨道 ψ_1 和 ψ_2 中，电子的分布如下图的电子云(3)所示：

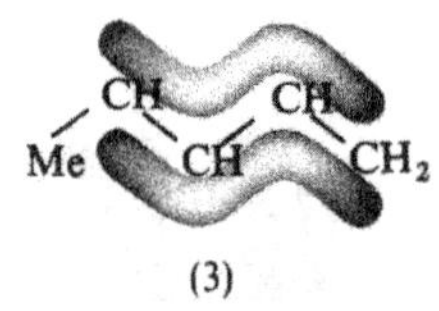

(3)

(1*a*)中的 4 个 p 原子轨道必须有效地平行，才能发生这样的离域，很明显这将会对(3)中 C_2—C_3 键的旋转产生相当大的限制，这也是实际观察到的具有高度优势的构象。C_2 与 C_3 的 π 电子云密度会导致它们之间的键具有一些双键的性质，例如该键长可能比 C—C 键短。观测到的键长的确要短些，为 0.147 nm(1.47 Å)，不过并没有比预测中的 2 个 sp^2 碳原子间形成的单键更短(见 **9 页**)。简单的共轭二烯相对于非共轭二烯的稳定化能是比较小的，只有 17 kJ mol^{-1}(4 kcal mol^{-1})，甚至这个稳定化能不能全部归结于电子的离域，相关碳原子的不同杂化状态以及导致的 σ 键不同的键能也是需要考虑的。

然而，离域作用很大程度上稳定了共轭二烯或共轭多烯的激发态，即离域降低了它们激发态的能级。和那些含有孤立双键的分子相比，共轭可以降低基态与激发态间的能差，而且能差会随着共轭程度的增加而逐渐降低。这意味着，电子的激发从基态跃迁到激发态所需要的能量将随共轭程度的增大而逐渐减小，这体现在分子吸收光的波长会随共轭程度增大而变长。简单二烯的吸收在紫外光区，但随着共轭程度的增大，吸收范围将逐渐移向可见光区，例如，化合物开始变得有颜色。下面一系列的 α，ω-二苯基多烯说明了这一问题：

$C_6H_5(CH{=}CH)_nC_6H_5$	颜 色
$n = 1$	无 色
$n = 2\sim4$	黄
$n = 5$	橙
$n = 8$	红

1.3.6　苯与芳香性 14

基础有机化学中的主要问题之一是确定苯的确切结构。已知的苯的平面结构表明，碳原子都为 sp^2 杂化，6 个碳原子的 p 轨道与碳原子核形成的平面垂直(4)：

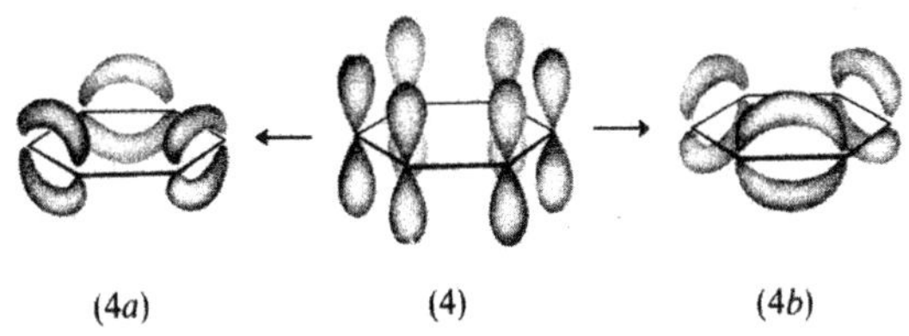

(4*a*)　(4)　(4*b*)

当然，p 轨道的交叠可以发生在 1 和 2，3 和 4，5 和 6 位碳原子间，也可以发生在 1 和 6，5 和 4，3 和 2 位碳原子间，这也就形成了对应的凯库勒(Kekulé)结构(4*a* 与 4*b*)；但是，6 个临近的 p 轨道也可以像共轭二烯(见 **12 页**)一样互相交叠，形成 6 个分子轨道，即 3 个成键轨道($\psi_1 \to \psi_3$)与 3 个反键轨道($\psi_4 \to \psi_6$)。它们的能级情况如图 1.3 所示。

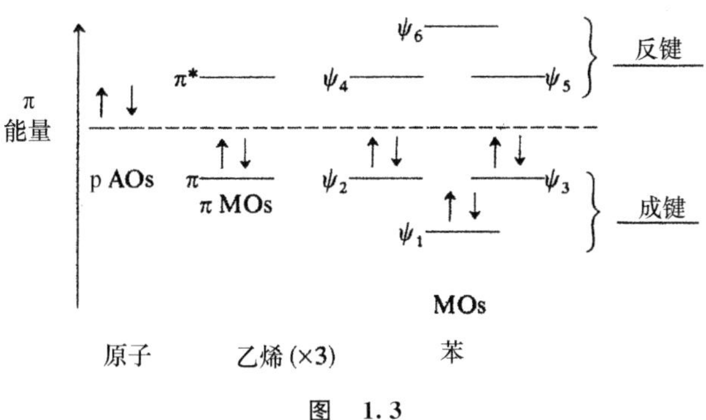

图　1.3

能量最低的成键分子轨道(ψ_1)是环形的，环抱着 6 个碳原子，即是离域的。ψ_1 在碳原子环处有一个节面，所以它有 2 个波瓣，一个在环的上面，另一个在环的下面，下图(5*a*)只展示了上面的半叶(从上向下看)，该轨道填充了 2 个电子。另两个能量相同的(简并)成键轨道(ψ_2 与 ψ_3)环绕着 6 个碳原子，这两个成键轨道都含有一个与苯环平面垂直的节面。这 15
样，每个分子轨道有 4 个波瓣，下图(5*b*)与(5*c*)只展示了平面上方的情况(从上向下看)；这两个分子轨道每个填充了 2 个电子，这样 6 个电子全部填充进入了分子轨道：

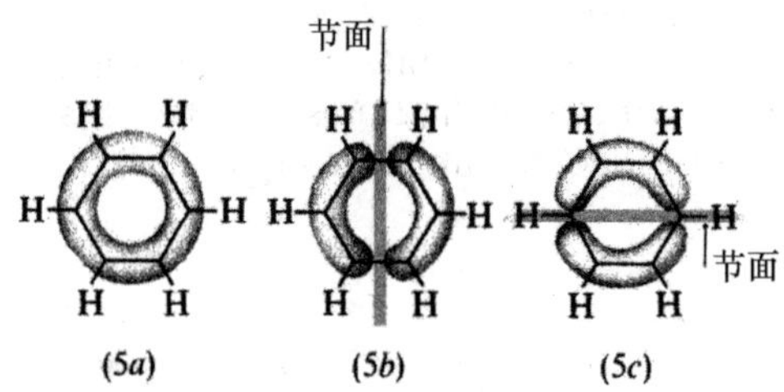

净的结果是在苯环平面的上下方形成环形电子云(6)：

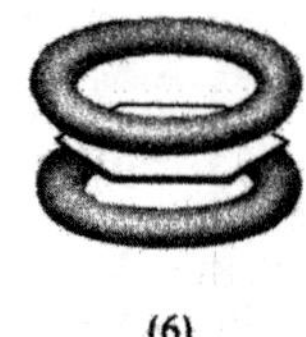

这个负电荷电子云对进攻苯的各类试剂的影响将在后面进行讨论(见 **131 页**)。

苯环中碳碳键的长度(0.140 nm，1.40 Å)相同就是上述观点最好的证明。苯环是一个规则的正六边形，键长介于单键(0.154 nm，1.54 Å)与双键(0.133 nm，1.33 Å)之间。这种正六边形结构说明书写苯环时要避免使用凯库勒结构式，因为这显然是不正确的，而应该用下面的书写方式代替：

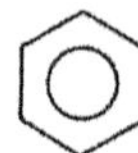

然而，我们还未讨论前面所提及的苯的独特的热力学稳定性问题。部分原因应该是由于
每个碳的平面三角形的 3 个 σ 键都处在最佳的 120°角(正平面六角形)位置，但是主要原因还
16 是由于利用了环形、离域的分子轨道来填充 6 个电子；这种填充是一个比 6 个电子填充在 3
个定域 π 分子轨道要稳定(能量较低)得多的排布方式，如图 1.3 所示。苯比像共轭二烯(见
13 页)这样的共轭体系更稳定，这或许是由于苯是一个环形的，即封闭的对称体系。

苯环相对于简单环状不饱和结构的稳定性可以通过将其氢化热与环己烯(7)和 1,3-环己二烯(8)的氢化热进行对比来粗略估算。

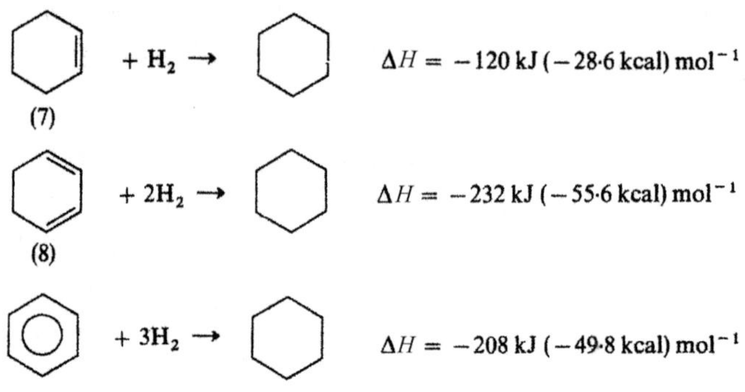

1，3-环己二烯(8)的氢化热大概是环己烯(7)的两倍，以此类推，凯库勒结构中三重键的氢化热可能是 3×-120 kJ(-28.6 kcal) $mol^{-1}=-360$ kJ(-85.8 kcal) mol^{-1}；但是“真正的”苯的氢化热只有-208 kJ mol^{-1}(-49.8 kcal mol^{-1})。“真正的”苯在热力学上比假设的“环己三烯”更稳定，能量要低 151 kJ mol^{-1}(36 kcal mol^{-1})。与之相比，共轭二烯的稳定能仅有约 17 kJ mol^{-1}(4 kcal mol^{-1})(相对于两个电子没有作用的双键而言)。

与上面提及的苯形成鲜明对比的是，环辛四烯(9)与氢气反应转化为环辛烷(10)的氢化热为-410 kJ mol^{-1}(-98 kcal mol^{-1})，而环辛烯(11)的氢化热为-96 kJ mol^{-1}(-23 kcal mol^{-1})。

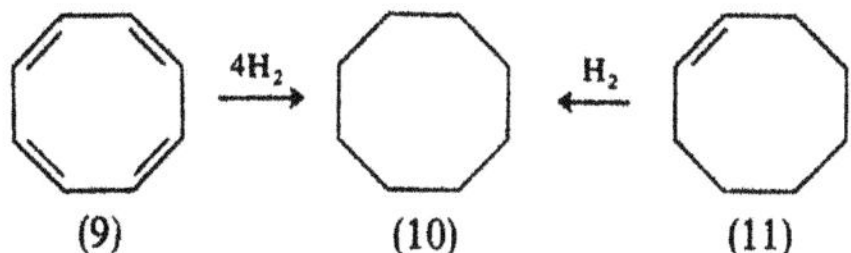

$\Delta H = -410$ kJ (-98 kcal) mol^{-1}　　$\Delta H = -96$ kJ (-23 kcal) mol^{-1}

因此，(9)的 ΔH 与 4 倍的(11)的 ΔH 的差值为-26 kJ mol^{-1}(-6 kcal mol^{-1})。与苯不同的是，环辛四烯与类似假设的环多烯(实际上是稍微有些不稳定)相比，它没有特别的稳定化作用，即它不具有芳香性。细想一下，环辛四烯不具有芳香性并不奇怪。它的 p 轨道如 17
果像苯一样交叠，这就需要(9)具有 C—C—C 的键角为 135°的平面结构，这对于 sp^2 杂化的碳原子而言，环张力过大(理想角度为 120°)。这样的张力可以通过环的折叠来释放，但这就不可能使所有的 p 轨道重叠。这个环折叠可以通过 X 射线单晶衍射测试观测到，单晶结构表明，环辛四烯呈碳碳双键(0.133 nm；1.33 Å)与碳碳单键(sp^2-sp^2，0.146 nm；1.46 Å；见 **7 页**)交替的“盆状”结构(9*a*)：

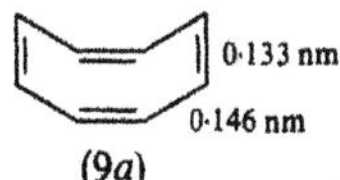

下文中将会介绍环多烯获得芳香性的必要条件。

与假设的“环己三烯”相比，苯被稳定化的程度应该称为稳定化能更为合适，但它却常常被称为离域化能。那么我们立即会问，苯的稳定化作用有多少是由于其结构中 6 个 π 电子的离域效应贡献的？尽管共振能这一术语被广泛应用，但从字面上看它是很不合适的，因为它会立刻使我们的脑海里浮现出一种结构和另一种结构(即凯库勒结构)之间快速振动的情形，这完全错误地呈现了苯的真实状态(见 **19 页**)。

环多烯具备芳香稳定性和相关特性的必要条件是：(i) 分子必须在同一平面(使得 p 轨道能够环形重叠)；(ii)所有成键轨道必须完全填充。后者当环形体系中有($4n+2$)个 π 电子①(休克尔规则)时可以满足。目前满足这个条件的最常见的芳香化合物是 $n=1$ 的情况，即含有 6 个 π 电子。萘(12)有 10 个 π 电子($n=2$)[稳定化能为 255 kJ mol^{-1}(61 kcal mol^{-1})]，蒽(13)和菲(14)有 14 个 π 电子($n=3$)[稳定化能分别为 352 和 380 kJ mol^{-1}(84

① 值得注意的是，环辛四烯有 8 个 π 电子($4n$，$n=2$)，不具有芳香性(见 **16 页**)。

和 91 kcal mol^{-1})]：

(12) $10\pi e\ (n=2)$　(13) $14\pi e\ (n=3)$　(14) $14\pi e\ (n=3)$

18 虽然这些物质并不是像苯一样的单环(严格意义上来说，休克尔规则不能在此类化合物中应用)，引入跨环键会使得它们分别形成双环和三环结构，但只要 π 电子离域在由 10 个或者 14 个有关碳原子组成的环状结构中，似乎只产生相对较小的扰动。

类芳香结构可以是稳定的环类离子物质，例如环庚三烯正离子(卓鎓)(15，见 106 页)、环戊二烯负离子(16，见 275 页)，它们都有 6 个 π 电子($n=1$)；还有更独特的环丙烯正离子(17，见 106 页)，它有 2 个 π 电子($n=0$)。

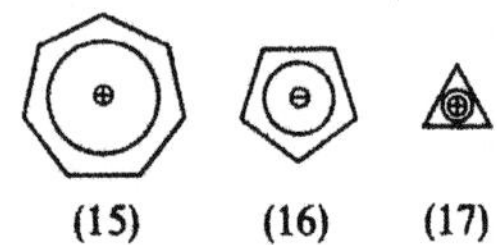

(15)　(16)　(17)

另外，这个环状结构中不需要全部都为碳，例如环中含有一个氮原子的吡啶(18，见 165 页)，它也有 6 个 π 电子，像苯一样高度稳定。

(18)

除上文中提到过的一些方法外，判断芳香性的一个有用的实验标准是分析化合物核磁共振(NMR)图中与碳环相连的氢原子的信号。氢原子的核磁信号位置取决于它的性质，如所处的环境、与之相连的碳原子(或其他原子)。因此，环辛四烯的氢信号在 δ 5.6 的位置，这属于典型的非芳香性环状多烯上的氢；而苯上氢的信号在 δ 7.2 的位置，一般来说 δ 7.2 是芳香化合物的典型化学位移。

1.3.7 发生离域的条件

如上所述，苯环中碳碳键的结构难以找到一个令人满意的表达方式，这使得我们意识到
19 表示原子间单键、双键或叁键(分别包含 2、4、6 个电子)的常规方法显然不合适：有些键包
含其他数目甚至分数个的电子，这可以从乙酸根负离子(19)清楚地看出来。

$CH_3C(=O)O^{\ominus}$

(19)

与上面的分子式相矛盾的是，X 射线晶体衍射显示两个氧原子之间没有差别，两个碳氧键的

距离也相同，也就是说它们含有相同数量的电子。

这些问题使得人们意识到，用一个简单的经典结构表示分子是不充分的，而需要用双向箭头相连的两个或者多个经典结构进行组合表示，即所谓的正则结构(canonical structure)。该表示方法中各个结构可以通过弯曲的箭头进行关联，其中弯箭头的尾部表示电子流出的位置，而弯箭头的头部表示电子流入的位置。①

$$\underset{(19a)}{CH_3C\begin{matrix}\nearrow O \\ \searrow O^{\ominus}\end{matrix}} \leftrightarrow \underset{(19b)}{CH_3C\begin{matrix}\nearrow O^{\ominus} \\ \searrow O\end{matrix}} \equiv \underset{(19ab)}{\left[CH_3C\begin{matrix}\nearrow O \\ \searrow O\end{matrix}\right]^{\ominus}}$$

但我们不得不特别强调，乙酸根离子没有两种可以互相快速转换的可能结构，只有一个单一真实的结构(19*ab*)——这有时被称为一个杂化式——因为经典结构(19*a*)和(19*b*)表示乙酸根离子不够准确，是一种极限近似。

当考虑离域以及上面讨论的应用两个或多个经典结构的书写方式时，我们需要注意一些限制条件。概括地说，一个化合物可以写出来的典型结构越多，电子离域程度就越大，化合物也就越稳定。然而，这些结构之间的能量差不能太大，即具有高能量的结构对杂化式的贡献极少，以致它们实际上可以不用考虑。当这些结构有相同的能量时，稳定化作用将会特别显著，像上面提到的(19*a*)和(19*b*)。我们可以写出含有电荷分离的结构(见 **24 页**)，但是， 20
在其他条件相同的情况下，这种结构通常比一些没有电荷分离的结构能量高，因此相应地它们对杂化式的贡献较少。写出的结构必须都含有相同数目的成对电子，并且组成分子的原子必须在每个典型结构中占据相同的相对位置。如果要使离域效果明显，所有连接在不饱和中心的原子必须在一个平面上或近似平面上；在一些例子中电子离域以及相应的稳定化作用实际上会由于空间位阻因素而被禁阻，这在后面会讨论(见 **26 页**)。

1.4 键的断裂与生成

两个原子间共价键的断裂基本上有以下几种方式：

$$R{:}X \begin{matrix} \nearrow & R\cdot \quad \cdot X \\ \rightarrow & R{:}^{\ominus} \quad X^{\oplus} \\ \searrow & R^{\oplus} \quad {:}X^{\ominus} \end{matrix}$$

在第一种方式中，分离后的原子各带一个孤电子，基于它们未成对电子的活性，形成称为自由基的高反应活性物种，这种断裂方式称为键的均裂。在第二和第三种方式中，一个原子可以保留全部 2 个电子，另一个不保留电子，这时会分别形成一个正电荷离子与一个负电荷离子。当 R 与 X 不相同时，就会发生这两种之一的裂解方式，这主要取决于 R 或 X 基团对电子对的保留能力。上图后两种方式均称为异裂，结果是形成一个离子对。共价键的形成可以

① 我们要用一个双向箭头，但不包括弯箭头，来连续书写像(19*a*)和(19*b*)这样的典型结构。弯箭头则专门用来描述一个真实反应中的新键形成和断裂过程的电子对迁移。

按上述逆过程进行，当然也可以利用先生成的自由基或离子对另一物质的进攻而形成：

$$\text{R}\cdot + \text{Br—Br} \rightarrow \text{R—Br} + \text{Br}\cdot \qquad \text{(见324页)}$$

$$\text{R}^{\oplus} + \text{H}_2\text{O} \rightarrow \text{R—OH} + \text{H}^{\oplus} \qquad \text{(见107页)}$$

在许多有机反应中，这类自由基或离子对作为活性中间体瞬间形成，这在下文中会展示。包含有自由基的反应易于在气相和非极性溶液中发生，通常有光的引发，或其他自由基的加成(见 **300 页**)。离子中间体参与的反应更容易在极性溶液中发生，因为在这些溶剂中
21 电荷分离容易得多。这通常是由于产生的离子对通过溶剂化作用得到了稳定。虽然离子经常会被其他的碳原子或者其他类型的原子在不同程度上以电荷离域的方式所稳定，但是很多这样的离子中间体还是可以看作碳原子携带电荷：

$$\text{CH}_2\text{=CH—CH}_2\text{—}\ddot{\text{O}}\text{H} \overset{\text{H}^{\oplus}}{\rightleftarrows} \text{CH}_2\text{=CH—CH}_2\text{—}\overset{\oplus}{\text{O}}\text{H}_2 \overset{-\text{H}_2\text{O}}{\rightleftarrows} \left[\text{CH}_2\text{=CH—}\overset{\oplus}{\text{C}}\text{H}_2 \updownarrow \overset{\oplus}{\text{C}}\text{H}_2\text{—CH=CH}_2\right]$$

$$\text{CH}_3\text{—}\overset{\text{O}}{\overset{\|}{\text{C}}}\text{—CH}_3 \overset{^{\ominus}\text{OH}}{\rightleftarrows} \left[\text{CH}_3\text{—}\overset{\text{O}}{\overset{\|}{\text{C}}}\text{—}\overset{\ominus}{\text{C}}\text{H}_2 \updownarrow \text{CH}_3\text{—}\overset{\text{O}^{\ominus}}{\overset{|}{\text{C}}}\text{=CH}_2\right] + \text{H}_2\text{O}$$

当碳原子带有正电荷时，被称为碳正离子；而当带有负电荷时，则称为碳负离子。虽然一些离子只能短暂地形成并只能以极小的浓度存在，但是它们对于控制其自身所参与的反应却至关重要。

当碳原子作为活性中心时，除了自由基、碳正离子、碳负离子这三种形式之外，也并不能完全排除其他可能的短暂中间体，比如缺电子的卡宾 R_2C：(见 **266 页**)、氮宾 $R\ddot{N}$(见 **122 页**)，以及苯炔(见 **174 页**)。

1.5　影响电子效应的因素

鉴于以上所述，在一个化合物中影响特定键或者特定原子的相对给电子能力(电子云密度)的因素，将会非常显著地影响它对于特定试剂的反应活性。例如，一个高电子云密度的位点被羟基(HO^-)进攻将会比较困难，但是低电子云密度的位点则会比较容易。对于具有正电荷的试剂，以上难易程度将会反过来。许多这样的因素已经被公认。

1.5.1　诱导效应和场效应

对于不同原子所形成的共价单键，形成 σ 键的电子对不可能被两个原子完全均等地分
22 享，它会倾向于被两个原子中电负性更大的原子所吸引。对于烷基氯化物(20)，因为氯的电负性更大，靠近氯的地方电子云密度更大。这一点通常可以表示为(20*a*)或(20*b*)：

$$\overset{\delta+}{-\!\!C}\!-\!\overset{\delta-}{Cl} \qquad\qquad -\!C\!\rightarrow\!Cl$$

(20*a*) (20*b*)

假如键连有氯原子的碳原子还键连有其他碳原子，这个效应会被进一步传递：

$$\underset{4}{C}-\underset{3}{C}-\underset{2}{C}\rightarrow\underset{1}{C}\twoheadrightarrow Cl$$

氯原子对电子的部分吸引使得 C_1 稍微地缺电子，而它会通过相应地挪用其与 C_2 形成的 σ 键电子来矫正，然后沿着碳链以此类推。C_1 对于 C_2 的效应相比于 Cl 对 C_1 的效应要小，但是这种传递作用在饱和链中会迅速消失，通常超过 C_2 的地方已经变得太小以至于观察不到了。这种影响 σ 键电子分布的因素被称为诱导效应。

除了化合物中通过键作用的诱导效应之外，还有一个重要的类似效应——场效应，它可以通过分子周围的空间或者在溶液中通过其周围的溶剂分子来实现。然而，在很多例子中，这种很相似(平行)的场效应很难与诱导效应区分开来。因此，涉及诱导效应的问题通常会包括任何形式的场效应。

大部分键连在碳原子上的原子或者基团在诱导效应中都会显示出与氯相同的方向，即它们比碳原子电负性更大，使得它们吸电子。最主要的例外就是具有给电子性的烷基。[①] 虽然这个效应在数量上来说很小，但是可以用来解释将氨气的氢原子用烷基代替之后碱性会变强(见 **66 页**)，以及在某种程度上可以说明甲苯比苯本身更容易被取代(见 **153 页**)。

所有的诱导效应在一个基态分子中都属于永久极化，这一点也清楚地显示在它的物理性质中，比如偶极矩。

1.5.2 中介(共轭)效应 23

这些效应本质上是指在由 π 轨道构成的不饱和体系，特别是共轭体系中能发生的电子重新分配现象。一个例子是羰基(见 **203 页**)的性质不完全符合它的经典表达式(21*a*)，也不符合通过移动 π 电子形成的极端偶极式(21*b*)。

$$>C=O \leftrightarrow >\overset{\oplus}{C}-\overset{\ominus}{O} \equiv \left[>\overset{\delta+}{C}\cdots\overset{\delta-}{O}\right]$$

(21*a*) (21*b*) (21*ab*)

实际的结构是介于它们之间，如杂化式(21*ab*)，即(21*a*)和(21*b*)是这种杂化式的规范化表示。(21*ab*)中也存在诱导效应，但是比共轭效应要小得多，因为 σ 电子相比于 π 电子不容易被极化，因此很难发生形变。

如果 C═O 键与 C═C 键共轭，那么上述的极化会通过 π 电子得到进一步传递，例如(22)：

① 金属原子在烷基锂和格氏试剂中也具有给电子性质。这两种试剂很大程度上是共价化合物，其中碳原子被极化成具有负电性，如 RLi 和 RMgHal (参见 **221 页**)。

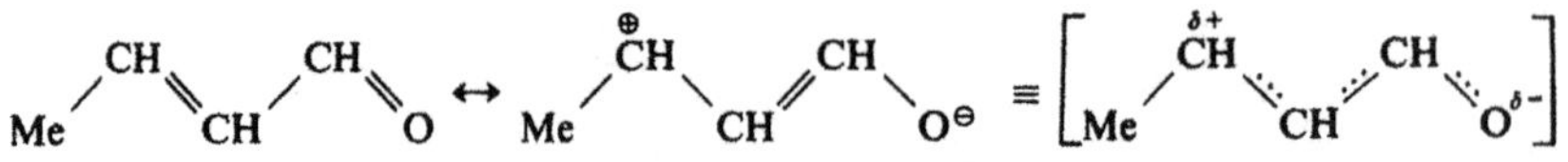

(22*a*)　(22*b*)　(22*ab*)

离域效应(参见1,3-二烯，见**13页**)会使得 C_3 位原子缺电子，就像简单的羰基化合物中的 C_1。共轭体系中的这种离域作用的传递与饱和体系中诱导效应传递的区别在于，离域作用在传递过程中的减弱程度会小很多，以及相邻碳原子的极性会交替变化。

离子中的正电荷或者负电荷可以通过它的 π 轨道发生离域而产生稳定化作用，这些稳定化作用对该离子能否形成至关重要(参见**55页**)。比如苯酚负离子(23)的稳定化作用是通过将其负电荷离域到苯环中离域的 π 键来实现的，这也是苯酚具有酸性的主要原因(参见**56页**)。

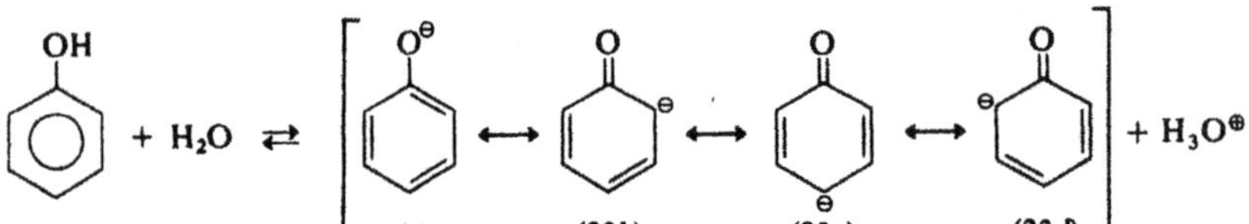

$+ H_2O \rightleftarrows$　(23*a*)　(23*b*)　(23*c*)　(23*d*)　$+ H_3O^{\oplus}$

显然，类似的离域过程可以发生在未解离的苯酚(24)中，包括氧原子上的孤对电子，但
24 是这里涉及电荷的分离，相比于没有电荷分离的苯酚负离子而言，该离域的稳定化作用较小。

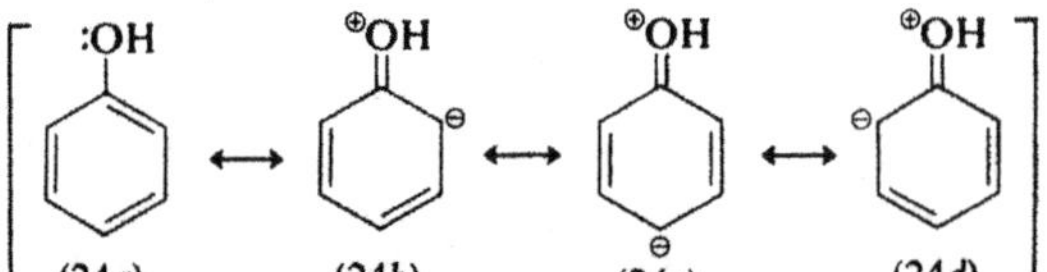

(24*a*)　(24*b*)　(24*c*)　(24*d*)

像诱导效应一样，共轭效应在一个分子的基态中会产生永久极化，因此也将显示在分子的物理性质中。诱导效应和共轭效应的本质区别在于，诱导效应在饱和与不饱和体系中都可发生，但是共轭效应只能在不饱和体系，特别是共轭体系中发生。前者包含 σ 键中的电子，而后者则包含 π 键及其中的电子。诱导效应在饱和体系中只能在很短的距离里传递，而共轭效应则可以通过共轭从很大的分子的一端传递到另一端，只要有共轭存在的话(换句话说，有离域的 π 轨道)。

1.5.3　时变效应

一些科研工作者试图去区分化学中的各种效应，例如前面提到的两种效应，它们都可以在分子基态中产生永久极化，以及在试剂接近过程中，或者尤其是在开始进攻时形成的反应过渡态中产生电子分布变化(见**38页**)。与上述的永久效应类比，时变因素被称为动态诱导效应或电子异构效应。时变效应中的任何效应都可以被看作是可极化性而不是极化作用。例如对于电子分布而言，假如反应试剂与原料没有发生反应而被去除，或者过渡态一旦形成就又重新分解生成了原料，则此时原料的电子分布又恢复到分子基态时的情况。

时变效应是短暂的，其影响当然不会反映在化合物的相关物理性质中。要从实验上区分

永久效应和时变效应通常是不可能的，我们不得不强调，尽管对于某一个效应的产生很难区
分其中永久效应和时变效应贡献的比例，但试剂与反应底物的实际接近可能对底物反应活性 25
的增加起到重要影响，并进而促进反应的进行。

1.5.4 超共轭效应

如我们所料，烷基诱导效应的相对大小通常遵循以下规律：

$$Me_3C\!\rightarrow\; > \;Me_2CH\!\rightarrow\; > \;Me\!\rightarrow\!CH_2\!\rightarrow\; > \;CH_3\!\rightarrow$$

然而，当烷基连接在一个不饱和体系中，比如含双键或者苯环，这个规律就被打乱了；而在一些共轭体系中，甚至是相反的。在这些环境中，烷基能够通过与诱导效应不同的机理，来引起电子的释放。这一点可以用扩展的共轭效应或中介效应来解释，此时离域效应可以通过如下方式来发生：

$$H_3C\!-\!CH\!=\!CH_2 \;\leftrightarrow\; H^{\oplus}\;H_2C\!=\!CH\!-\!\overset{\ominus}{C}H_2$$

(25*a*) (25*b*)

(26*a*) (26*b*) (26*c*) (26*d*)

这种效应被称作超共轭效应，它已经被用来成功地解释了许多看似没有联系的现象。需要强调的是，在(25)和(26)中并不是质子真的变成了自由形式，因为假如它真的从原来的位置解离出来，那么它就和发生离域所需要的条件之一相矛盾(见 **20 页**)。

预期(诱导)的给电子效应的顺序被翻转为 $CH_3 > MeCH_2 > Me_2CH > Me_3C$，这可以用
不饱和体系 α 碳原子上氢原子的超共轭来进行解释。很明显，CH_3(25)存在最大的超共轭效 26
应，而 Me_3C(29)则不存在，因此，在这些条件下 CH_3 基团的给电子能力得到增强。

$$H_3C\!-\!CH\!=\!CH_2 \qquad MeCH_2\!-\!CH\!=\!CH_2 \qquad Me_2CH\!-\!CH\!=\!CH_2 \qquad Me_3C\!-\!CH\!=\!CH_2$$

(25) (27) (28) (29)

然而，超共轭也可以像 C—H 键一样发生在 C—C 键上。在一系列化合物中观察到的相对反应活性的区别实际上可能有溶剂的作用，也可能有超共轭效应的作用。

超共轭也被用于解释非末端烯烃的热力学稳定性，比如烯烃(30)有 9 个可产生超共轭效应的 α 氢原子，而它的异构体，比如(31)则只有 5 个。因此在引入双键的反应中，假如可以形成非末端烯烃或末端烯烃时，优先形成非末端烯烃(见 **256 页**)；并且化合物的不稳定异

构体也会容易向稳定异构体转化，比如(31)→(30)。

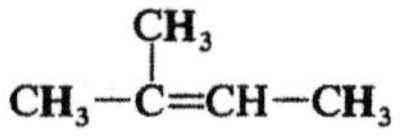

$CH_3-C(CH_3)=CH-CH_3$　　　　$MeCH_2-C(CH_3)=CH_2$

(30) 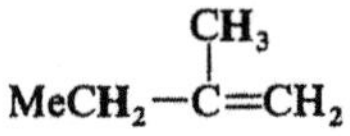　　　　(31)

1.6 位阻效应

到目前为止，我们已经讨论了可能影响化合物中键或者特定原子的相对电子云密度的因素，以及其对化合物反应活性由此带来的影响。然而位阻效应有可能使得这些因素需要修正甚至变得无效。对于参与到离域中的p或者π轨道，只有是平行或者基本平行的时候才能通过π轨道产生有效离域。如果这个因素被阻碍了，那么有效的重叠就不能发生，离域也会被禁止。一个很好的证明就是比较 *N*,*N*-二甲基苯胺(32)和它相应的2,6-烷基取代的衍生物(33)。(32)中的 NMe_2 基团是给电子的(因为氮原子上的孤对电子可以与分子中的π轨道作用)，活化了分子使之容易接受苯基重氮正离子 PhN_2^+ 的进攻，换句话说，导致偶氮的偶联
27 发生在苯环对位(参见 **153 页**)。

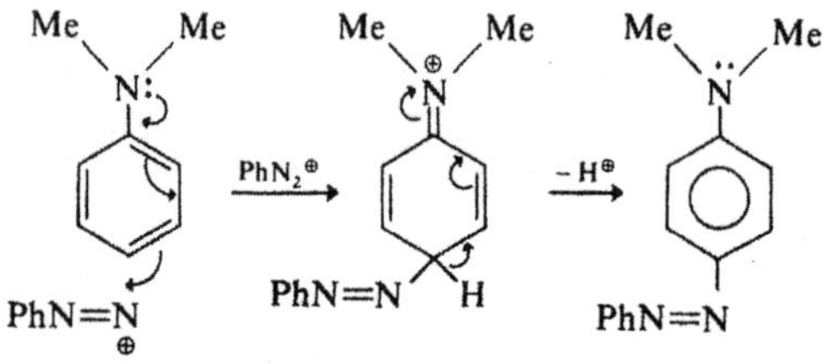

$\xrightarrow{PhN_2^{\oplus}}$　　$\xrightarrow{-H^{\oplus}}$

(32)

2,6-二甲基衍生物(33)在这种条件下不发生偶联过程，尽管引入的甲基离反应的对位相隔很远。在这个位点不发生偶联，实际上是因为 NMe_2 邻位的两个甲基与氮上的两个甲基空间上有位阻效应，使得它们不能与苯环处在同一个平面上。这就意味着，氮原子的p轨道和与它相连的碳原子环彼此并不是平行的，所以它们的重叠是禁止的。它和苯环的电子作用被大幅度地阻止了，而像(32)中的电荷转移也没有发生(参见 **71 页**)。

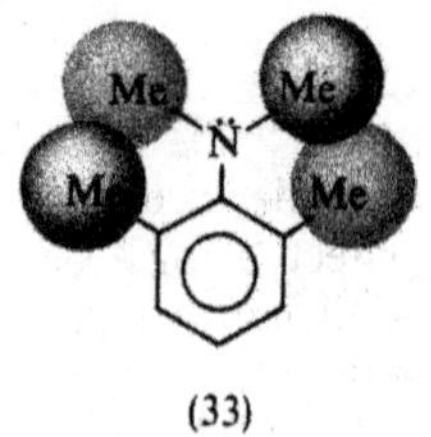

(33)

最常见的位阻效应是经典的空间位阻作用。很显然，大的取代基会阻止试剂与反应中心的接近，产生拥挤的过渡态，从而会直接影响分子中的反应位点的活性(参见 **38 页**)，而不是通过促进或者禁止电子的获得来影响。这在三甲基硼与多种胺类化合物形成的复合物的稳定性中有很多的研究。三甲基硼与三乙胺形成的化合物(34)极易解离，而与奎宁环形成的化

合物(35)则非常稳定，这是由于喹啉环上假设会通过空间位阻影响氮原子进攻的 3 个乙基处于“退缩”状态。 28

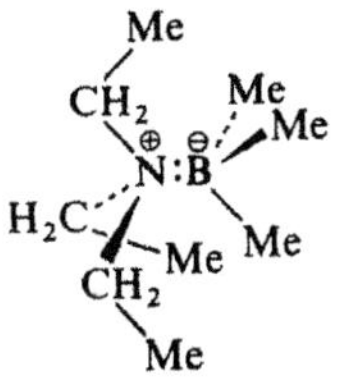

(34) 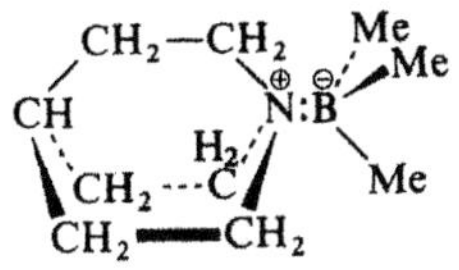 (35)

这两个例子的区别并不是由氮原子的电子云密度不同造成的，这一点可以从两种胺的碱性相差非常小的事实得到证实(参见 **72 页**)：氮原子获得一个质子要比获得相对位阻较大的 BMe_3 经历更小的位阻障碍。酯化反应和酯的水解是另一个易受空间位阻影响的反应(参见 **241 页**)。

需要强调的是，以上空间位阻情况只是一个极端的例子。除了阻止反应物之间的接近外，任何影响或者阻止反应物之间的特定取向的因素，都会显著地影响反应速率，这种情况在生物体系的反应中会经常遇到。

1.7 试剂类型

给电子基团和吸电子基团能够使得分子中的相应位点分别变得富电子和缺电子，这将会明显地影响最易与该类化合物反应的试剂类型。比如一个富电子的物种——苯酚负离子(36)：

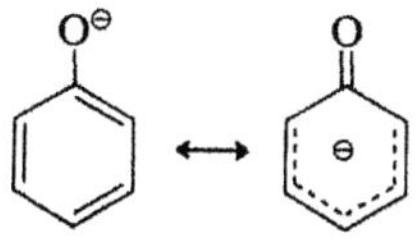

(36*a*) (36*b*)

它会最容易被带正电荷的正离子进攻，比如重氮正离子 $C_6H_5N_2^+$(见 **146 页**)，或者其他虽不是真正的正离子但是含有缺电子的原子或者中心的物种，比如磺化反应中三氧化硫(37)的硫原子(见 **140 页**)： 29

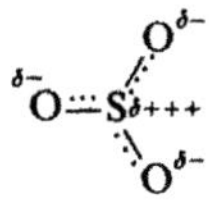

(37)

这些试剂，因为它们倾向于进攻具有高电子云密度的某个位点(或数个位点)，所以被称为亲电试剂 (electrophiles)。

反过来，对于缺电子中心，比如一氯甲烷(38)中的碳原子：

$$\overset{\delta+}{H_3C}\!\!\rightarrow\!\!\overset{\delta-}{Cl}$$

(38)

则倾向于被(带负电荷的)负离子进攻，比如 HO^-、^-CN 等，或者其他不是真正的负离子但是有富电子的原子或者中心的物种，比如氨气或者胺中的氮原子：H_3N：或 R_3N：。这些试剂，因为它们倾向于进攻底物中低电子云密度的某个位点(或数个位点)，即那些通常的轨道电子数不足以补偿其原子核所带正电荷的位点，所以被称为亲核试剂(nucleophiles)。

需要强调的是，控制反应过程仅仅只需要电子稍微地不对称分布。当然，试剂上直接带有电荷会有助于反应进行，但这并不是必需的。实际上，所需的电子不对称分布也可以由底物与试剂在接触过程中的相互极化形成，比如溴对乙烯的加成反应(见 **180 页**)。

亲电/亲核的区分可以看作是酸/碱概念的特殊例子。酸和碱的经典定义是，前者是质子的给体而后者是质子的受体。这一点被路易斯(Lewis)进行了推广，他定义酸是一类准备接受电子对的化合物，而碱是一类可以提供电子对的物质。这就可以包含很多之前不被认为是酸和碱的物质，比如三氟化硼(39)：

$$F_3B + :NMe_3 \rightleftarrows F_3\overset{\ominus}{B}:\overset{\oplus}{N}Me_3$$

(39)　　(40)

它作为酸接受三甲胺中氮上的电子对从而形成复合物(40)，因此称为路易斯酸。有机反应中
30 的亲电和亲核试剂基本上可以看作是电子对的受体和给体，其作用对象最常见的是碳原子。
亲电和亲核试剂当然也有氧化剂和还原剂的关系。很多常见的亲电和亲核试剂列举如下：

亲电试剂：

$H^{\oplus}$, $H_3O^{\oplus}$, $^{\oplus}NO_2$, $^{\oplus}NO$, $PhN_2{}^{\oplus}$, $R_3C^{\oplus}$

$\overset{*}{S}O_3$, $\overset{*}{C}O_2$, $\overset{*}{B}F_3$, $\overset{*}{A}lCl_3$, $\overset{*}{I}Cl$, Br_2, O_3

亲核试剂：

$H^{\ominus}$, $BH_4{}^{\ominus}$, $H\overset{*}{S}O_3{}^{\ominus}$, $HO^{\ominus}$, $RO^{\ominus}$, $RS^{\ominus}$, $^{\ominus}CN$, $RCO_2{}^{\ominus}$, $RC{\equiv}C^{\ominus}$, $^{\ominus}CH(CO_2Et)_2$

O:, N:, S:, $\overset{*}{R}MgBr$, $\overset{*}{R}Li$　　(41)

其中标记星号的试剂中，星号表示这个原子从底物中接受或者给出电子。没有必要清楚地区别底物和试剂，虽然 $^+NO_2$、HO^- 等通常被认为是试剂，但负离子(41)既可以是试剂，也可以是底物，例如与烷基卤化物反应时。前者对后者的反应是亲核进攻，而后者对前者的反应则可以看作是亲电进攻；但是不管从哪种反应物来看待一个反应，其本质的反应性质是毋庸置疑的。

需要记住的是，也有包含自由基物种的反应。相比于涉及极性中间体的反应，这些反应受底物中的电子云密度的影响很小。但是当加入少许的可以释放或者去除自由基的底物时，这些反应会受到很大的影响。这将会在后面详细讨论(见 **313 页**)。

1.8 反应类型

有机化合物可以参与四种类型的基本反应：

(i) 替代(取代)

(ii) 加成

(iii) 消除

(iv) 重排

(i)中的取代通常是指对碳原子的取代，但是被取代的原子可以是氢原子，也可以是其他原子或者官能团。亲电取代反应中通常是氢原子被替换，如经典的芳环取代反应(见 31
132 页)就是一个很好的例子：

$$C_6H_5\text{—}H + {}^{\oplus}NO_2 \longrightarrow C_6H_5\text{—}NO_2 + H^{\oplus}$$

亲核取代反应中通常是其他原子而不是氢原子被替换(见 **77 页**)：

$$NC^{\ominus} + R\text{—}Br \longrightarrow NC\text{—}R + Br^{\ominus}$$

但是对于氢原子的亲核取代过程也是存在的(见 **167 页**)。自由基诱导的取代过程也是已知的，比如烷烃的卤化反应(参见 **323 页**)。

加成反应可以根据引发反应的试剂类型分为亲电、亲核和自由基过程。对于普通碳碳双键的加成过程可以是亲电试剂或者自由基引发的，比如 HBr 对双键的加成反应：

$$>C{=}C< \xrightarrow{HBr} >C(H)\text{—}C(Br)<$$

可以被质子(H^+)(见 **184 页**)或者溴自由基(Br·)(见 **317 页**)对双键的进攻来引发。与之对比的是，对于碳氧双键，比如普通的醛和酮，通常是亲核的过程(见 **204 页**)。一个例子是碱性催化条件下在液体 HCN 中氰醇的形成：

$$\overset{\delta+}{>C}{=}\overset{\delta-}{O} \underset{\text{慢}}{\overset{{}^{\ominus}CN}{\rightleftharpoons}} >C(O^{\ominus})(CN) \underset{\text{快}}{\overset{HCN}{\rightleftharpoons}} >C(OH)(CN) + {}^{\ominus}CN$$

消除反应基本可以认为是加成反应的逆过程，最常见的是从相邻的碳原子上失去氢原子和其他的原子或者官能团从而得到烯烃(见 **246 页**)：

$$>C(H)\text{—}C(Br)< \xrightarrow{-HBr} >C{=}C< \xleftarrow{-H_2O} >C(H)\text{—}C(OH)<$$

32 虽然目前重排反应主要涉及碳正离子中间体或者其他缺电子物种，但重排本质上是可以通过正离子、负离子或者自由基的中间体来进行的。它们可能包含化合物碳骨架的主要重排过程，比如2,3-二甲基-2,3-丁二醇(频哪醇，42)到2,2-二甲基-3-丁酮(频哪酮，43，参见**113页**)的转化：

$$\underset{(42)}{\underset{\text{HO}\quad\text{OH}}{\text{Me}_2\text{C}-\text{CMe}_2}} \xrightarrow{\text{H}^{\oplus}} \underset{(43)}{\underset{\text{O}}{\text{Me}_3\text{C}-\overset{}{\text{C}}\text{Me}}}$$

反应在得到最终的稳定产物之前，实际的重排步骤后经常会伴随着进一步的取代、加成或者消除反应。

第 2 章　热力学、动力学和机理研究 33

前面我们已列举了对于给定条件下影响化合物反应活性的电子效应和位阻效应，以及容易进攻该化合物特定中心的可能试剂类型。然而我们却很少讨论，不同结构中这些电性和位阻因素究竟是如何通过热力学和动力学的方式来影响反应的进程和速率的。这些考虑其实非常重要，至少对于反应具体历程的理解很有启示。

2.1　反应的热力学

当我们考虑有机反应中从原料到产物的转化时，其中一个我们非常想知道的事情是“这个反应能多大程度转化到产物”。体系倾向于向其最稳定的状态移动，因此我们可以预期，如果产物相比于原料更稳定，反应就会向有利的生成产物的平衡方向移动。换句话说，图
2.1 中的 $\Delta_{稳定}$ 越大，就越向期望的产物进行转化： 34

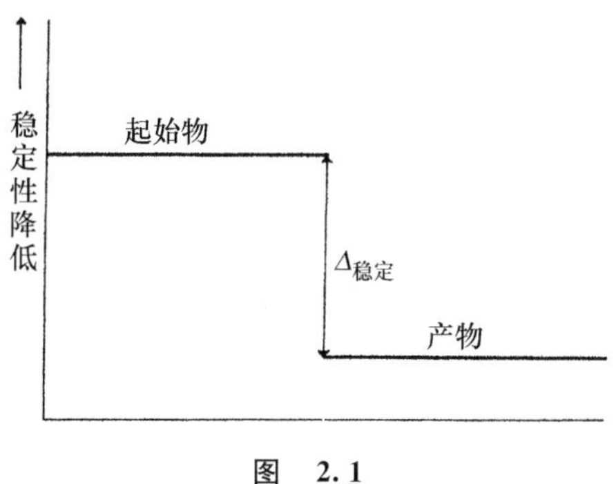

图　2.1

然而，很明显的一点是，从原料到产物的简单能量变化(可以很容易通过反应热来测量，ΔH[①])却不是一种恰当的衡量二者稳定性差异的方式，因为 ΔH 经常与反应的平衡常数 K 没有相关性。例如有些高度放热的反应有很小的平衡常数(从原料到产物很小的转化)，而一些具有大平衡常数的反应实际上是吸热的(产物的焓比原料高)，即很明显，除了焓之外，还有一些其他因素必须被考虑到化学物种的相对稳定性中。

本质上这是与概率有关的热力学第二定律的必然结果，有序的体系倾向于向无序体系转变。用于度量体系中的混乱度的值被称为熵，S。在寻找最稳定的状态时，体系倾向于最低的能量(实际上是焓，H)和最大的熵(无序度或者随机性)。对于它们相对稳定性的测量必须包含 H 和 S，可以表示为吉布斯(Gibbs)自由能，G，定义为

$$G = H - TS$$

其中 T 表示热力学温度。特定温度下，反应中自由能的变化可以表示为

$$\Delta G = \Delta H - T\Delta S$$

① H 是一种物质的热含量测定，称为焓。假如产物的热含量比原料低，那么 ΔH 是负值，即当焓减少时反应是放热的。

35 而从原料到产物的自由能变化 $\Delta G^\ominus$($\Delta G^\ominus$表示在标准状况下以单位活度表示的变化；不太精确时可用摩尔浓度)与平衡常数 K 按以下方程相关联：

$$-\Delta G^\ominus = 2.303RT\lg K$$

换句话说，从原料到产物的自由能的减少(也就是$-\Delta G^\ominus$)越大，K 值越大，平衡也会更倾向于产物方向。自由能最小值的点对应于达到原料/产物的平衡。在一个没有自由能变化($\Delta G^\ominus=0$)的反应中，$K=1$，对应着 50%的原料转化为产物。$\Delta G^\ominus$值的正增长预示着 K 值的快速减小(它们之间是指数相关的)，也对应着只有极少的一部分转化为产物；而 $\Delta G^\ominus$ 值的负增长预示着 K 值的快速增大。因此 $\Delta G^\ominus$是-42 kJ(-10 kcal)对应着平衡常数约为 10^7，也就是说原料基本完全转化为产物。大量的有机化合物作为原料和产物的标准自由能已经被测定出来，这也使得我们可以预测反应转变的程度。

ΔH 等同于原料中的键能与产物中的键能的变化，即一个反应 ΔH 的大概值经常可以用标准的键能表中的数值来预测。这是不难理解的，这些键能的平均值正是从 ΔH 数据整理得到的。

熵的因素就不是那么容易解释了。但是简单地讲，它与可能途径的数目相关，通过这些途径它们的总聚集能可以在一组分子中分配；它也涉及单个分子的量子化能量在平移、转动、振动中分配的可能方式的数目，在这些运动中平动具有最大的量级。因此对于一个从原料到产物，物种数量增加的反应，

$$A \rightleftharpoons B + C$$

由于平动自由度的增大，熵也会有很大的增多。$-T\Delta S$ 项也就足够大到超过了吸热反应中
36 的$+\Delta H$，这也导致了一个负的 ΔG 值，平衡也会有利于向产物方向移动。假如反应是放热的(负的 ΔH)，那么 ΔG 当然会更加负，而平衡常数 K 相应还会更大。当原料到产物的参与物种数量减少时，熵值会减小(负的 ΔS)，因此

$$A + B \rightleftharpoons C \qquad \Delta G = \Delta H - (-T\Delta S)$$

除非反应有足够的放热(负的 ΔH，且足够大)来补偿，否则 ΔG 会是正的，平衡也就会向原料方向移动。

环化反应也涉及熵的减小，

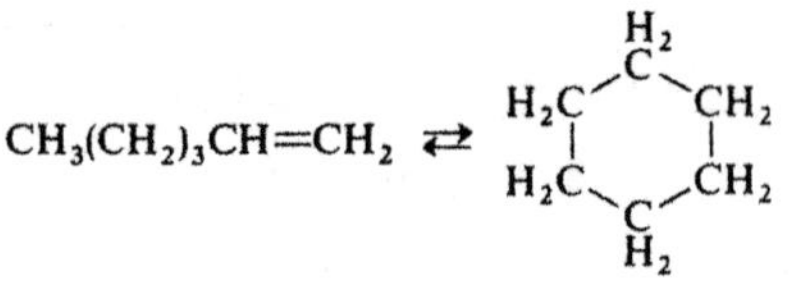

$$CH_3(CH_2)_3CH{=}CH_2 \rightleftarrows \text{(cyclo-}C_6H_{12})$$

虽然没有平动熵的变化，但是碳碳单键的旋转被限制了：原料的开链结构基本是自由的，而环状产物却受到了很大的限制。然而，转动熵比由于参与物种的减少而造成的平动熵会小很多——这一点可以从 1,2-二醇容易形成分子内氢键而不是分子间氢键得到印证。

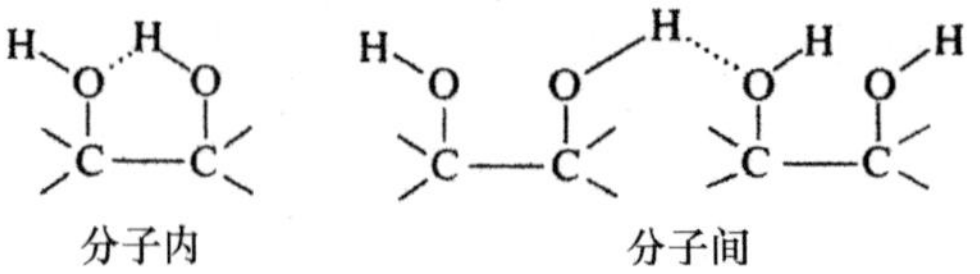

分子内 分子间

不能忽略的是，含熵的一项包含了温度项($T\Delta S$)而焓(ΔH)却没有，因此在差异很大的温度范围下，它们对于自由能变化的相对贡献会非常不一样。

2.2 反应的动力学

虽然负的 $\Delta G^{\ominus}$ 值是反应在所有给定条件下得以发生的必要条件，但是 $-\Delta G^{\ominus}$ 并不能告诉我们原料到产物的转变到底有多快，所以更多的信息还是需要的。对于纤维素的氧化，

$$(C_6H_{10}O_5)_n + 6nO_2 \rightleftarrows 6nCO_2 + 5nH_2O$$

$\Delta G^{\ominus}$ 是负的且很大，所以平衡基本上会完全偏向于产生 CO_2 和 H_2O 方向，但是报纸(由纤 37
维素组成)可以在空气(甚至是氧气)中放置很长时间而不会观察到消失为气态产物。虽然该反应过程有很大的 $-\Delta G^{\ominus}$，但是在这个条件下的转变速率却是非常慢的，当然，在较高温下这个速率会加快。尽管拥有负的 $\Delta G^{\ominus}$，但是仅仅只有能量降低过程的反应几乎没有(图 2.2)。化学反应通常会伴随一个需要克服的障碍(图 2.3)。

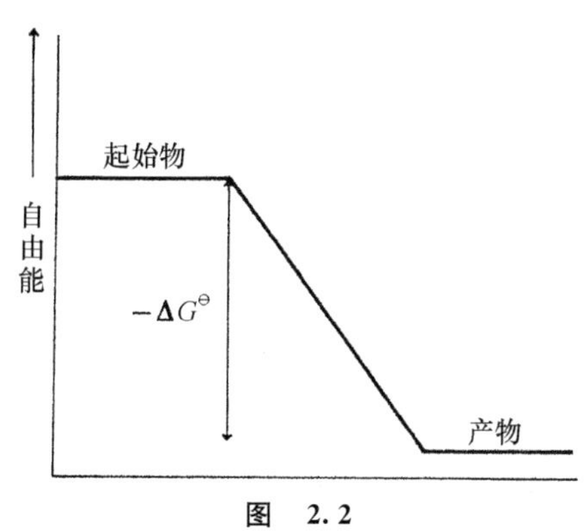

图 2.2

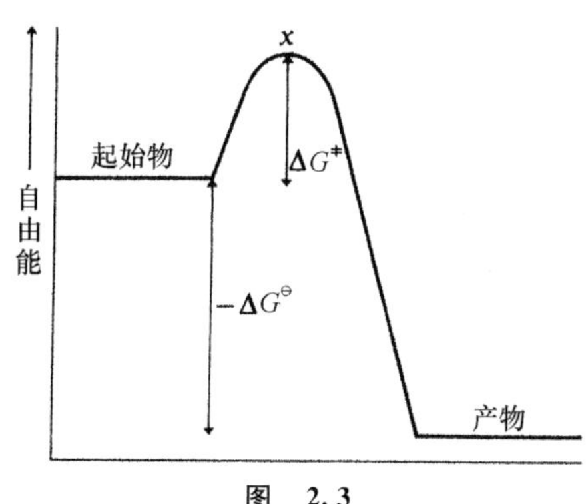

图 2.3

2.2.1 反应速率和活化自由能

上面能量图(图 2.3)中的 x 点对应原料在转化为产物过程中产生的最不稳定的构型，也 38
被称为活化复合物或者过渡态。需要强调的是，这仅仅是动力学过程中的极度不稳定的状态，而不是一个可分离的分子物种。它不像中间体那样可以被检测到，甚至是被分离(参见

49 页)。一个例子是溴甲烷在碱性条件下水解的过渡态(1)，其中 C—Br 键断裂的同时 HO—C 键也形成了：

$$HO^{\ominus} + H_3C\text{—}Br \rightarrow \left[\overset{\delta-}{HO}\cdots CH_3\cdots\overset{\delta-}{Br}\right]^{\neq} \rightarrow HO\text{—}CH_3 + Br^{\ominus}$$

(1)

碳原子上连接的 3 个氢原子经历了处于一个平面(垂直于纸平面)的构象。这个反应将在后面进行详细讨论(见 **77 页**)。

图 2.3 中能垒的高度，$\Delta G^{\neq}$，被称为反应的活化自由能($\Delta G^{\neq}$越大，反应越慢)。它可以被认为是焓($\Delta H^{\neq}$)和熵($T\Delta S^{\neq}$)组成的①：

$$\Delta G^{\neq} = \Delta H^{\neq} - T\Delta S^{\neq}$$

$\Delta H^{\neq}$(活化焓)对应于该反应发生所必需的化学键伸展[比如，(1)中 C—Br 键的伸展]甚至断裂所需要的能量。反应分子必须碰撞达到一个最小的能量临界值，才能使得反应发生成为可能(经常简单称为活化能，$E_{活化}$，与 $\Delta H^{\neq}$ 相关)。众所周知，温度升高导致反应速率加快，就是因为当温度升高时，超过能量临界值的分子比例在提高。

$E_{活化}$的大小可以通过速率常数 k 值来计算。实验上 k 可以在两个不同温度 T_1 和 T_2 下用与热力学温度 T 相关的阿仑尼乌斯(Arrhenius)公式来确定：

$$k = Ae^{-E/RT} \quad 或 \quad k = -\frac{E_{活化}}{2.303RT} + \lg A$$

39 这里 T 是热力学温度；R 是摩尔气体常数(8.32 J mol^{-1} K^{-1})；A 是该反应与温度无关的一个常数，它与反应分子成功转化为产物的碰撞数目占总的碰撞数的比例有关。$E_{活化}$的值可以通过作图测定 $\lg k$ 对 $1/T$ 的斜率来获得，也可以把上面的式子转化为下式进行计算：

$$\lg\frac{k_1}{k_2} = -\frac{E_{活化}}{2.303R}\left(\frac{1}{T_1} - \frac{1}{T_2}\right)$$

$\Delta S^{\neq}$项(活化熵)还是对应于混乱度，它是从原料形成过渡态过程中反应物分子有序度的变化以及能量分布变化的度量；$\Delta S^{\neq}$与上面的阿仑尼乌斯公式中 A 是相关的。假如要形成过渡态，需要给反应分子施加一个高的有序度使之彼此接近，并且在特定连接时要求有高度的能量聚集来最终实现反应分子的断裂，即过渡态的形成伴随着熵(随机度)很大程度的降低，那么它形成的概率也相应减少。

2.2.2　动力学与决速步

从实验上来看，反应速率的测量包含了研究特定(不变的)温度下原料消失和(或)产物出现的速率，以及寻找它们与一种或者所有反应物浓度的关系。反应可以通过多种方式来监测，比如，直接移出部分反应液然后通过滴定分析法来测量，或者间接地通过观察比色、电导、光谱等的变化来获得。不管使用哪种方法，最为重要的步骤是通过计算或者作图的方式寻找初步的动力学数据与浓度变量之间的函数，直至得到合理的匹配。例如，对于反应

$$CH_3Br + {}^{\ominus}OH \rightarrow CH_3OH + Br^{\ominus}$$

① $\neq$这个符号通常被应用到结构式中表示过渡态(T.S.)。

自然可以找到这样一个速率方程：

$$r=k[CH_3Br][HO^-]$$

其中 k 是反应速率常数。反应被认为是总的二级反应；对于 CH_3Br 是一级的，对于 HO^- 也是一级的。

这种化学计量数与反应级数的巧合是相当不常见的，前者通常对于后者没有指导意义，反应级数只能通过实验获得。对于碱催化的丙酮的溴化反应 40

$$CH_3COCH_3 + Br_2 \xrightarrow{^{\ominus}OH} CH_3COCH_2Br + HBr$$

我们找到其速率方程是

$$r=k[CH_3COCH_3][HO^-]$$

溴并没有出现在其中，而却有$[HO^-]$(参见 **295 页**)。因为溴出现在最终的产物中，它肯定包含在总反应的一些步骤中，但是它显然不包含在我们实际测定速率的步骤中。总反应肯定至少包含两个步骤：其中一个溴没有参与(我们测定速率的步骤)；另外一个则是溴参与的。实际上，有机反应很少是像图 2.3 中描述的那样一步进行的。这一点在六亚甲基四胺的形成这个极端的例子中可以明显看出：

$$6CH_2O + 4NH_3 \rightarrow C_6H_{12}N_4 + 6H_2O$$

其中 6 个 CH_2O 和 4 个 NH_3 分子的 10 个个体同时碰撞的概率是不存在的。但是即使化学计量数不是那么极端，反应通常也由很多连续的步骤(通常是两分子碰撞)组成，我们实际上测定的是最慢的步骤，也就是决速步——从原料到产物的动力学瓶颈。

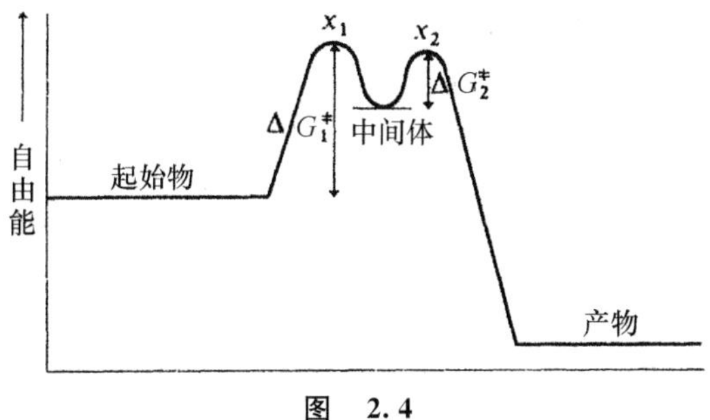

图　2.4

在图 2.4 中原料通过过渡态 x_1 转化为中间体，随后它又通过过渡态 x_2 转化为产物。跟上面描述的一样，这两步中通过 x_1 形成中间体更加需要能量($\Delta G_1^{\neq} > \Delta G_2^{\neq}$)，因此会更慢，也就是我们动力学实验实际测到的步骤。该步骤之后是一个快的(需要较少能量)、非速控的中间体转化为产物的步骤。上述丙酮的溴化反应在某些特定条件下可以认为经历了如图 2.4 所示的理想化过程。在此过程中，慢的决速步骤是碱去质子形成碳负离子中间体的一步，该中间体随后发生非速控的进攻 Br_2 生成溴代丙酮和溴负离子。 41

$$HO^{\ominus}\curvearrowright H\!-\!CH_2COCH_3 \xrightarrow[\text{慢}]{^{\ominus}OH} {}^{\ominus}CH_2COCH_3\ (2) + H_2O \xrightarrow[\text{快}]{Br_2\ (Br\!-\!Br)} Br\!-\!CH_2COCH_3 + Br^{\ominus}$$

需要注意的是，虽然该解释是从实验所得速率公式的合理推导，但实验所得的速率公式并不能证明该解释。我们实验得到的速率方程可以给我们提供反应中决速步之前包含的物种以及决速步的信息。速率方程的确可以说明过渡态的组成，但是除了仅能推测之外，它无法给出决速步过渡态的结构。它也无法给出中间体的直接信息，并且除了一些默认的物种，它也无法提供快速的、决速步以外的步骤中涉及的物种信息。

考虑到反应条件，例如溶剂或者原料的结构的改变会对反应速率有影响，我们需要知道哪些因素的改变会对过渡态的稳定性(自由能)产生影响。任何可以稳定过渡态的因素都可以促进过渡态的形成，反之亦然。我们不太可能得到关于过渡态的详细信息，最多能做的是利用相关的中间体作为模型并考察条件变化对其可能的影响。这样一种模型并非毫无道理：图 2.4 中短暂生成的中间体在能量上与随后形成的过渡态接近，两者在结构上可能也相似。当然这样的中间体比原料更适合作为过渡态的模型。芳香亲电取代反应中的 σ 配合物[韦兰德(Wheland)中间体]就被用作这些中间体随后反应的过渡态模型(见 **151 页**)。

42 反应中催化剂的作用常是加快反应速率。催化剂通过改变反应途径，选择能量更低的路径，在此过程中通常生成了新的更稳定(更低能量)的中间体(图 2.5)。

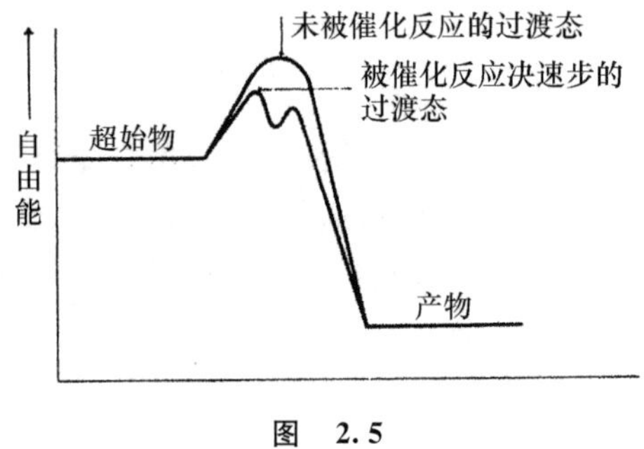

图　2.5

例如烯烃直接与水反应的速率往往非常慢，

$$>C=C< + H_2O \rightarrow >C(OH)-C(H)<$$

但它可以通过加入酸催化剂来大大加速。酸催化剂的作用是先与烯烃反应得到碳正离子，随后水作为亲核试剂会容易而且迅速地进攻碳正离子，最后脱去质子得到产物。该质子可以继续作为催化剂参与反应(见 **187 页**)。

$$>C=C< \underset{}{\overset{H^{\oplus}}{\rightleftarrows}} >\overset{\oplus}{C}-C(H)< \overset{H_2O}{\rightleftarrows} >C(\overset{\oplus}{O}H_2)-C(H)< \overset{-H^{\oplus}}{\rightleftarrows} >C(OH)-C(H)<$$

关于酸/碱催化的细节会在后面的章节中详细讲解(见 **74 页**)。

2.2.3　动力学控制和热力学控制

当一个原料可以被转化为两个或者更多个可能的产物时，比如对于取代芳环的亲电取代反应(见 **150 页**)，产物分布的比例往往取决于它们的相对生成速率。生成速率越快的产物其最终的比例也就越高，这被称为动力学控制。然而实际观察到的并不总是这样，因为如果一个或多个反应是可逆的，或者产物可以在特定条件下相互转化，则产物的比例不由其相对生成速率控制，而是由产物的热力学稳定性所决定，这种情况被称为热力学控制或平衡控制。例如甲苯的硝化反应是动力学控制，而甲苯的傅-克(Friedel-Crafts)烷基化反应往往是热力学控制(见 **163 页**)。反应控制的形式可能受反应条件的影响，正如萘在 80 ℃时的磺化反应基本是动力学控制，而其在 160 ℃下的磺化反应则是热力学控制(见 **164 页**)。

2.3　反应机理探究

我们几乎不太可能得到一个反应的全部结构、能量和立体化学信息：没有一个反应机理被证明是绝对正确的！不过通常能收集足够的数据来说明其中一个或者几个理论上的可能机理与实验不符合，从而来说明剩下的几个机理是比其他更有可能发生的。

2.3.1　产物的本质

反应中最基本的信息或许可以通过确定反应产物的结构并将其与原料的结构相关联来获得。然而在很多有机反应中，可能会得到不止一种产物。但这往往也是一个好处，即我们可以知道获得的产物的相对比例，比如这有利于确定反应是动力学控制或热力学控制(参见 **42 页**)。过去为了确定这种信息往往需要通过人工辛苦地分离产物，而且经常不够严谨；现在我们可以通过尖端的色谱方法或者间接地通过合适的光谱方法来更容易也更精确地得到相关信息。

在推测结构过程中可能会有一些理所当然但却是错误的假设，从而得到错误的结论并带来困惑。这也说明确定产物正确结构的重要性。例如，黄色的三苯基自由基(3，见 **300 页**)在 1900 年时由银与三苯基氯甲烷反应得到，它理应非常容易形成一个无色的二聚体(相对分子质量=486)，即含有 30 个芳基氢的六苯基乙烷(4)。然而近七十年后(1968 年)，其二聚 44
体结构才被经过核磁共振氢谱(见 **18 页**)(只有 25 个芳区氢、4 个烯基氢和 1 个烷基氢)确认为是结构(5)，而非六苯基乙烷结构(4)。

$$(C_6H_5)_3C(H)C_6H_4{=}C(C_6H_5)_2 \ (5) \rightleftarrows 2(C_6H_5)_3C\cdot \ (3) \not\rightleftarrows (C_6H_5)_3C{-}C(C_6H_5)_3 \ (4)$$

在确定其结构后，之前认为比较奇怪的该二聚体的具体性质现在看来都是可以理解的了。

当反应过程中产生了很意外的产物时，其信息可能是相当有用的。例如，当 4-甲基氯苯(对氯甲苯，6)与氨负离子($^-NH_2$)在液氨中反应时，不仅得到预期的 4-甲基苯胺(对甲苯胺，7)，同时也会得到很意外的 3-甲基苯胺(间甲苯胺，8)，而且后者是主要产物。

(6) 4-氯甲苯 $\xrightarrow[\text{在液}NH_3\text{中}]{^{\ominus}NH_2}$ (7) + (8)

(6) (7) 预期产物 (8) 非预期产物

产物(8)的形成明显不能通过(6)的简单取代过程得到，或者通过(6)经历与(7)不同的反应路径得到；也有可能这两种产物经历了某个共同的中间体，则(7)明显不会是通过简单的取代得到的。

2.3.2 动力学数据

反应路径中最主要的信息仍然来自于动力学数据，但是在机理(见 **39 页**)层面对动力学数据的解释并不会是乍看之下的那么简单。反应中真正决定反应速率的有效物种的浓度可能会与我们加入的反应物的浓度不同，但其浓度的变化却是我们要试图去测量的。例如，在芳
45 环的硝化反应中，有效的反应物种通常是$^+NO_2$(见 **134 页**)，但是我们加入的是硝酸，并且测定的是硝酸的浓度变化。两者之间的关系可能很复杂，因此也会导致速率和$[HNO_3]$之间的复杂关系。虽然实际的反应比较简单，但是从我们可以很容易测量的量来推断反应速率方程却不容易。

又例如，假设烷基卤化物在水中的水解反应遵循如下速率方程：

$$r=k_1[\text{RHal}]$$

表面上看$[H_2O]$没有出现在速率方程中，然而我们却不能贸然地说反应的决速步没有涉及水。因为如果水作为溶剂，水是大大过量的，无论其是否参与到决速步中，水的浓度几乎没有变化。如果要探究这个问题，我们可以在其他溶剂(例如甲酸中)进行该水解反应，同时加入很少量的水作为潜在的亲核试剂。这时该水解反应就可能遵循如下速率方程：

$$r=k_2[\text{RHal}][H_2O]$$

但是更换溶剂可能已经改变了水解的机理，因此对于最初溶液中的实际情况很难说清楚。

大部分有机反应均在溶剂中进行，溶剂的一点点改变都会对反应速率和机理产生巨大的影响。特别是反应过程涉及极性中间体时，如碳正离子、碳负离子以及离子对，因为这些中间体常常被溶剂分子包围。中间体的稳定性(即它们形成的容易程度)受溶剂的组成和性质影响很大，特别是溶剂的极性和离子化能力的影响。与之形成对比的是，如果反应经由自由基的过程，则溶剂性质对反应的影响不大(除非溶剂可以与自由基反应)；但自由基引发剂(如过氧化合物)、自由基捕获剂(如醌)或者光的存在(通过光化学活化诱导产生自由基)，如

$$Br_2 \xrightarrow{h\nu} Br\cdot \ \cdot Br$$

则会对该类反应产生较大影响。

如果在动力学研究中发现结构相关的某一反应在类似的条件下比明显相似的反应出乎意
46 料地快或者慢，这表明相对于相关系列化合物一般的情况而言，该反应经历了不同的或者有所差异的过程。例如，我们发现不同氯代甲烷在相似的条件下与强碱反应的相对速率如下：

$$CH_3Cl \gg CH_2Cl_2 \ll CHCl_3 \gg CCl_4$$

这就清楚地说明三氯甲烷可能与其他卤代烷相比经历了不同的水解过程(参考 **267 页**)。

2.3.3 同位素的应用

我们经常需要知道一个特定的键的断裂是否包含在决速步中。简单的动力学数据无法告诉我们这些信息，因此我们需要寻求更加精确的细节。例如，如果这个键是 C—H 键，我们就可以通过对比含该 C—H 键的底物与对应含 C—D 的底物在相同条件下反应的速率，来判断 C—H 键断裂是否发生在决速步及其之前的步骤当中。由于涉及的是相同元素的同位素，C—H 键和 C—D 键具有相同的化学性质，但是由于相对原子质量不同、键的振动频率不同，因此化学键的解离能也稍微不同。相对原子质量越大，键越强，这样的键能差别当然会体现在类似条件下键断裂的速率上：弱的 C—H 键比强 C—D 键断得更快。量子力学计算表明，在 25 ℃时，k_H/k_D 理论值最大大约为 7。

因此，在以下的氧化反应中

$$Ph_2C(OH)H \xrightarrow[\ominus OH]{MnO_4^{\ominus}} Ph_2C{=}O$$

人们发现 Ph_2CHOH 被氧化的速率是 Ph_2CDOH 的 6.7 倍。我们称此反应表现出了一级动力学同位素效应。很显然，C—H 键的断裂一定包含在决速步当中。作为对比，人们发现苯和全氘代苯发生硝化反应的速率几乎相同。但该反应的过程中一定会在某一步发生 C—H 键的断裂，故该反应步骤一定不包含在决速步当中(参考 **136 页**)。

$$C_6H_5{-}H + {}^{\oplus}NO_2 \longrightarrow C_6H_5{-}NO_2 + H^{\oplus}$$

一级动力学效应在 H/D 之外的元素中也可观察到，但是由于其他元素同位素之间相对 47
原子质量差值较小，则其同位素效应的最大值也小。例如下图中的数值是实验中实际观测到的：

$$HO^{\ominus} + {}^{\overset{(14)}{12}}CH_3{-}I \rightarrow HO{-}{}^{\overset{(14)}{12}}CH_3 + I^{\ominus} \qquad \frac{k_{^{12}C}}{k_{^{14}C}} = 1{\cdot}09\ (25℃)$$

$$PhCH_2{-}{}^{\overset{(37)}{35}}Cl + H_2O \rightarrow PhCH_2{-}OH + H^{\oplus}\,{}^{\overset{(37)}{35}}Cl^{\ominus} \qquad \frac{k_{^{35}Cl}}{k_{^{37}Cl}} = 1{\cdot}0076\ (25℃)$$

需要强调的是，在实验中观察到的一级动力学同位素效应数值通常介于最大计算值和 1(即没有同位素效应)之间。但这些数据仍然很有用，因为它们可以提供过渡态中特定键断裂的重要信息。

同位素也可以用在非动力学问题的研究中。例如，酯水解得到醇和酸，理论上有下图所示的两种可能过程：(*a*)烷基-氧键断裂；(*b*)酰基-氧键断裂。

$$RC(=O)\overset{(a)}{\vdots}O\overset{(b)}{\vdots}R' \xrightarrow{H_2{}^{18}O} \begin{cases}(a)\ RC(=O)-O-H + H^{18}O-R' \\ (b)\ RC(=O)-{}^{18}OH + H-OR'\end{cases}$$

如果反应在^{18}O富集的$H_2{}^{18}O$中进行，(a)途径将会得到^{18}O富集的醇和非^{18}O富集的酸；而(b)途径则会得到^{18}O富集的酸和非^{18}O富集的醇。大部分的酯水解的结果是得到了^{18}O富集的酸，说明反应在这些条件下是经历途径(b)酰基-氧键断裂(参考 **238 页**)。当然需要强调的是，这样判断的前提是生成的酸和醇不会与溶剂$H_2{}^{18}O$发生氧交换，实际情况的确如此。

重水D_2O也经常被用在类似的研究中。例如，在以下苯甲醛发生的康尼查罗(Cannizzaro)反应中(参考 **216 页**)：

$$PhC(=O)-H + PhC(=O)-H \xrightarrow[H_2O]{^{\ominus}OH} PhC(=O)-O^{\ominus} + PhCH(OH)-H$$

(9)

48 这里的一个问题是，苯基甲基醇(苄基醇)中连在碳上的第二个氢是来自溶剂(水)，还是来自第二分子的醛？将反应在D_2O中进行，发现并没有 PhCHDOH 的生成，这说明第二个氢不可能来自水，而是直接由第二分子的醛提供。

一系列同位素标记元素，如^{3}H(T)、^{13}C、^{14}C、^{15}N、^{32}P、^{35}S、^{37}Cl、^{131}I等也被用来提供重要机理信息。在这些同位素标记实验中遇到的困难主要包括：(i)确保标记只引入到被测化合物所需要的位置上；(ii)反应结束后准确地找到标记元素在产物中的确切位置。

高选择性的现代合成方法使得困难(i)能够被解决，然而(ii)仍是主要问题，特别是在用碳同位素来标记时。由于所有有机化合物均含有碳元素，碳同位素的标记在研究有机反应时特别有用。^{14}C标记就常被用来研究生物合成途径，即用来说明生命体合成高度复杂化合物的路径。

例如，我们就有理由相信从真菌培养液中得到的五环化合物柄曲霉素(sterigmatocystin)是从乙酸经过多步反应构建的。

(i) $^{14}CH_3CO_2H$ (ii) $CH_3{}^{14}CO_2H$ ⟶ (i) 8 ^{14}C 原子 (ii) 9 ^{14}C 原子

OH, O, OCH$_3$

柄曲霉素

这个假设的基本确认可以通过如下方式获得：我们对真菌群分别提供含$^{14}CH_3CO_2H$和$CH_3{}^{14}CO_2H$的培养液。对两个样萃取的柄曲霉素进行辐射计数实验(^{14}C发生 β 辐射)，结果表明：喂养$^{14}CH_3CO_2H$的样品，产物中引入了 8 个^{14}C原子；而喂养$CH_3{}^{14}CO_2H$的样品，产物中引入了9个^{14}C原子。但是，这个实验仍然无法说明两组实验中得到的化合物中^{14}C在哪个具体位置上。

在不久之前，这些信息还需要费劲的且经常不太准确的降解实验得到；然而碳核磁共振的出现使得这些信息的获得方式变得完全不同。^{12}C和^{14}C都不会在碳核磁共振谱上产生信
号；只有在碳中丰度占1.11%的^{13}C会显示信号。因此通过合适的测量，可记录所有含碳化 49
合物(由于1.11%的^{13}C的贡献)的^{13}C核磁共振谱图，那么分子中每一个碳原子或者一组相同的碳原子会产生可区别的不同的信号。

正常的柄曲霉素的^{13}C核磁共振谱图可以与分别喂养$^{13}CH_3CO_2H$和$CH_3{}^{13}CO_2H$得到的柄曲霉素的^{13}C核磁共振谱图进行对比，这样我们就可以通过^{13}C信号的增强确定相应碳的位置。

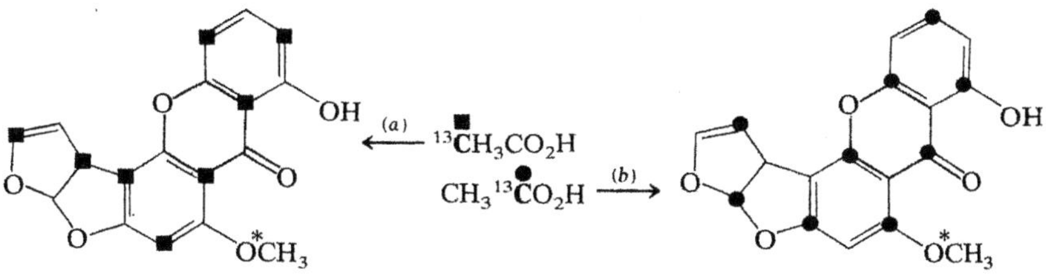

$\xleftarrow{(a)}$ $^{13}\overset{\blacksquare}{C}H_3CO_2H$　　$CH_3{}^{13}\overset{\bullet}{C}O_2H$ $\xrightarrow{(b)}$

(a) 8^{13}C$^{\blacksquare}$原子　　(b) 9^{13}C$^{\bullet}$原子

知道了乙酸中两个碳具体在柄曲霉素中的哪个位置，使我们有可能能够对真菌培养液采取的合成途径提出相关的建议。顺带地，该结果也说明了甲氧基$^*CH_3O$中的碳原子并不是来自乙酸。

2.3.4 中间体研究

在机理研究中最直接的证据是实际分离得到一个或多个中间体。例如，在霍夫曼(Hofmann)消除反应(由酰胺得到胺)中：

$$RC(=O){-}NH_2 \xrightarrow[^{\ominus}OH]{Br_2} RNH_2$$

通过仔细操作，我们有可能分离得到氮上N-溴代酰胺(RCONBr)及其负离子($RCON^-Br$)和异氰酸酯(RNCO)。因此通过综合分析可以说明反应的机理。当然，我们有必要去确认分离出的物种是反应的真正中间体，而不只是一个副产物：需要证明这些物种在通常条件下可以
转化为产物，而且要以与总反应速率至少一样快地转化为产物。说明分离出的物种是反应直 50
接涉及的中间体而不是与真正中间体的平衡物种，这也是非常重要的。

更常见的是我们无法分离得到任何中间体，但这并不能说明没有中间体形成。这只是说明，这些中间体太不稳定或者存在的寿命较短而无法分离得到。通常它们的存在可以通过对体系进行物理测量和推测来说明，特别是光谱学方法。例如，在羰基化合物与羟胺缩合得到肟的反应中(见**129页**)，

$$R_2C{=}O \xrightarrow{NH_2OH} R_2C{=}\dot{N}{-}OH + H_2O$$

红外光谱检测显示，原料中的羰基 C ═O 特征吸收峰很快消失，甚至在 C ═N 双键特征峰尚未出现之时便完全消失。这明显说明一定生成了某个中间体。进一步研究证据表明，该中间体是甲醇胺(10)，它会快速形成然后慢慢分解成产物肟和水。

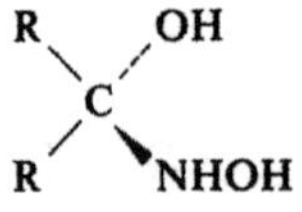

R　OH
C
R　NHOH

(10)

当我们有理由去怀疑反应中存在某个不稳定的中间体时，我们可以向体系中加入预先推测的能够很容易地与中间体反应的活性物种，进而捕获中间体并分离得到稳定的物种来确认该中间体确实是反应的中间体。例如在三氯甲烷在强碱条件下的水解反应当中，一般认为生成了非常缺电子的不稳定的二氯卡宾中间体(参考 **267 页**)。通过向反应体系中引入富电子的顺-2-丁烯(11)，可以捕获二氯卡宾中间体并分离得到稳定的环丙烷衍生物(12)，而这个产物的生成几乎不能通过其他途径进行解释。

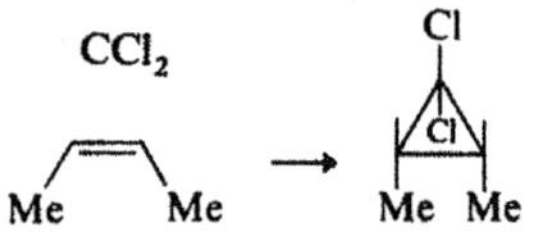

CCl_2

Me　Me　→　Cl Cl Me Me

(11)　　(12)

51 成功的中间体研究不仅能为反应具体所经历路径的确立提供一个或数个有用的信息，这些中间体自身也可能用来推测反应的过渡态，因为它们常常被当作过渡态的模型(见 **41 页**)。

2.3.5　立体化学判据

一个反应的立体化学结果往往能够提供非常有效的机理信息，并且能够很好地给出严格的判据，任何假设的机理方案都需要满足这些判据。例如，碱催化的光学活性酮(13)的溴化得到了非光学活性的消旋产物(见 **295 页**)：

$$\underset{(+)}{PhCO\overset{*}{C}HMeEt} \xrightarrow[\ominus OH]{Br_2} \underset{(\pm)}{PhCO\overset{*}{C}BrMeEt}$$

(13)

这说明反应肯定经历了平面型的中间体，从该平面的两侧进攻的概率相同从而得到等量的两种镜像的产物。再如，环戊烯(14)的溴化反应只得到反式的二溴化合物(15)：

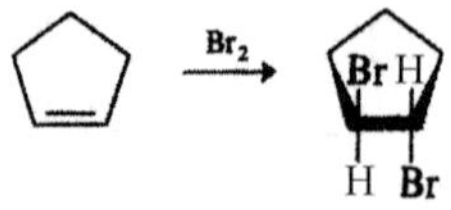

$\xrightarrow{Br_2}$　Br H　H Br

(14)　　(15)

这说明反应不可能简单地经历溴单质对双键的一步加成，因为这样只能得到顺式的二溴化合物(16)。

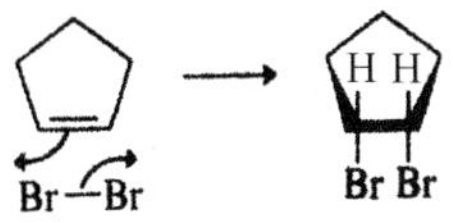

(14) (16)

该加成反应至少要经历两步过程(参考 **179 页**)。像这种反应主要或全部得到的是两种可能 52
产物中的一种的情况，称为是立体选择性的。

在消除反应中经常可以发现，要消除的原子或者基团处于反式时的几何同分异构体要比其对应的顺式几何同分异构体具有更快的消除反应速率(见 **255 页**)。例如，反式和顺式的肟消除得到苯甲腈的相对容易程度比较如下：

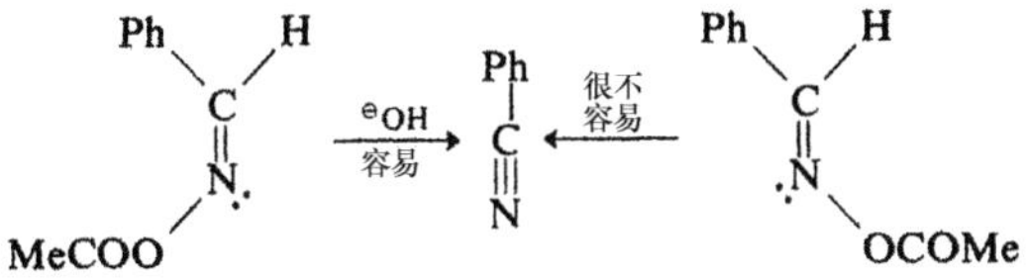

反式 顺式

这明显与反应必须遵循的主要原则"套索化学"(lasso chemistry)是不符的。"套索化学"认为，当反应的基团最接近时更容易消除。

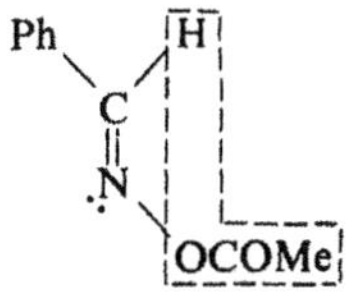

提出的反应机理对于描述某个特定反应的成功程度不仅取决于能解释已知的反应事实，更严峻的考验在于，当反应条件或者原料的结构改变时，能否预测反应速率甚至产物性质的变化。有些提出的机理比其他的更加符合这些要求，但是对于有机反应应用机理研究手段的成功主要体现在利用若干简单的原理来揭示有机化合物的平衡、反应速率和相对活性等这些大量不同的信息。接下来我们将继续通过考虑一些简单例子来说明这一点。

53 # 第 3 章　酸和碱的强度

有机化合物的电子理论在解释结构与性能关系方面取得了巨大的成功，尤其在解释有机物的酸碱强度方面。根据阿仑尼乌斯的定义，酸是在溶液中能够电离出氢正离子(H^+)的化合物，碱是在溶液中能够电离出氢氧根负离子(HO^-)的化合物。假如反应只考虑在水中进行，则这样的定义就已经足够了。但是酸碱关系在实际应用中被证明是如此有用，以致酸和碱的概念已被相当大程度推广。因此，布朗斯特(Brønsted)定义酸为能够给出质子的化合物，即质子的给体，而碱是质子的受体。硫酸在水中的一级电离就可以看成如下形式：

$$\underset{\text{酸}}{H_2SO_4} + \underset{\text{碱}}{H_2O:} \rightleftarrows \underset{\text{共轭酸}}{H_3O^{\oplus}} + \underset{\text{共轭碱}}{HSO_4^{\ominus}}$$

这里，水作为碱接受质子，被转化成所谓的共轭酸，H_3O^+；硫酸(H_2SO_4)则作为酸提供质子并转化为其共轭碱 HSO_4^-。

54 更普遍的酸/碱定义是由路易斯(Lewis)提出的，他定义酸是可以和孤对电子进行配位的分子或者离子，而碱是能够提供用于配位的孤对电子的分子或者离子，这在前面已经提到(见 **29 页**)。路易斯酸包括三氟化硼(1)这样的例子，它可以和三乙胺作用形成固体盐(熔点128 ℃)。

$$Me_3N\!: \curvearrowright BF_3 \rightleftarrows \underset{(1)}{Me_3\overset{\oplus}{N}\!:\!\overset{\ominus}{B}F_3}$$

其他常见的例子包括三氯化铝、四氯化锡和二氯化锌等。这里我们主要考虑质子酸，接下来考虑结构因素对一些有机酸和碱强度的影响。而化合物中 C—H 键的电离将在后面讨论(见 **270 页**)。

3.1　酸

3.1.1　pK_a

酸(HA)在水中的强度即其解离的程度，可以考虑用如下平衡来确定：

$$H_2O: + HA \rightleftarrows H_3O^{\oplus} + A^{\ominus}$$

则该酸在水中的平衡常数如下：

$$K_a \approx \frac{[H_3O^+][A^-]}{[HA]}$$

由于水是大大过量的，其浓度无明显变化，因此可以将$[H_3O^+]$项合并到平衡常数中。值得注意的是，这里的酸常数只是用浓度计算出的一个近似值，如果用活度计算会更准确。当溶液非常稀时，这是一个合理的假设。酸常数受溶剂(见下文)及其他因素的影响，但是其仍然可以较好地用来比较酸的强度。为了避免书写 10 的负指数项，我们一般对 K_a 进行转换得

到 pK_a（$pK_a = -\lg K_a$）。这样 25 ℃时乙酸在水中的 K_a 是 1.79×10^{-5}，$pK_a = 4.76$。pK_a 的值越小，其酸性越强。

非常弱的酸，即那些 K_a 大致上比 16 大的酸，在水中将无法被检测到是酸，因为这些酸的解离程度还不如水自身解离的程度大，

$$H_2O + H_2\ddot{O}: \rightleftharpoons H_3O^{\oplus} + {}^{\ominus}\ddot{O}H$$

所以它们的相对酸性（$pK_{a,s}$）不能被测量得到。当酸性足够强（即 pK_a 足够小）时，它们在水 55
中基本全部解离，因此都显示出相同的强度，如 HCl、HNO_3 和 $HClO_4$ 等。这被称为水的拉平效应。

然而，pK_a 测量的范围可以通过选择比水强的（对于前者）或者弱的（对于后者）碱作为溶剂得到扩展。通过在碱性逐渐增加的一系列溶剂中进行酸度测量（对每一种测量，用一种酸作为参照，这种酸的酸性接近一种溶剂酸度范围的最低限，而接近下一种溶剂酸度范围的最高限），有可能测到像甲烷（$pK_a \approx 43$）一样弱的酸的酸性。①

3.1.2 有机化合物酸性的来源

可能影响一个有机酸（HA）酸性的因素包括：

(i) H—A 键的强度。

(ii) A 的电负性。

(iii) 和稳定 HA 的因素相比，稳定 A^- 的因素。

(iv) 溶剂的性质。

其中，(i)往往不是决定性因素；而因素(ii)则可以经常在实际中反映出来，例如甲醇的 $pK_a \approx 16$，而甲烷的 $pK_a \approx 43$，其原因就在于氧的电负性远大于碳，进一步对比，甲酸的 pK_a 是 3.77，部分原因是因为羰基增加了其与连接氢原子的氧的电子亲和性，但更重要的是因素(iii)的影响，即甲酸解离后的甲酸根负离子的稳定化作用和未解离的甲酸的稳定化作用的对比。

$$\left[\begin{array}{c} HC(=O)-\ddot{O}-H \\ \updownarrow \\ HC(-O^{\ominus})=\overset{\oplus}{O}-H \end{array}\right] + H_2O: \rightleftharpoons \left[\begin{array}{c} HC(=O)-O^{\ominus} \\ \updownarrow \\ HC(-O^{\ominus})=O \end{array}\right] + H_3O^{\oplus}$$

在甲酸负离子里存在极为有效的离域作用，即存在两种能量相同、贡献很大的结构，虽
然甲酸分子里也有离域作用，但是需要电荷分离，因此其稳定效果不太有效（见 **20 页**）。这 56
种稳定性的差别一定程度上不利于甲酸负离子和质子之间的结合，即甲酸的解离平衡偏向于得到质子一侧。在有机化合物中，甲酸是中等强度的酸。

烷氧基负离子中没有相比于其醇的这种类似的稳定因素存在，因此其酸性要比有机羧酸

① 原著有误。对于像甲烷这样极弱的酸，其酸度需用动力学或电化学等方法进行测量。——译者注

小得多。然而对于酚，通过负电荷与芳环 π 体系之间的离域作用，其负离子(2)又有机会具有这种类似的相对稳定性。

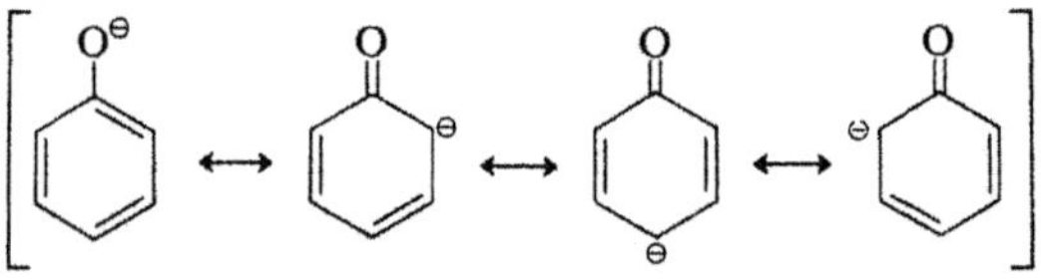

(2a) (2b) (2c) (2d)

未解离的苯酚分子(见 **23 页**)中也存在离域作用，但是这涉及电荷分离，因此稳定化效果不如苯酚负离子，这也一定程度上不利于苯酚负离子与质子的再结合。苯酚(苯酚的 pK_a 是 9.95)的确比醇的酸性强，但远不如酸。这是因为羧酸负离子中负电荷的离域形式包含两种能量相同的结构(见上)，且电荷中心是电负性较大的两个氧原子。然而在苯酚负离子的离域形式(2)中，负电荷在碳上的形式能量要比在氧上的形式能量高，并且负电荷中心只有一个是高电负性的氧原子。所以相对于未解离的分子而言其解离后形成的离子的稳定化作用，苯酚可能不及羧酸有效，这也就导致了苯酚相对较弱的酸性。

3.1.3 溶剂的影响

虽然我们上面讨论了化合物内在结构对酸性的影响，但很多情况下决定性的因素是溶剂，特别是当溶剂为常用的水时。

由于水是离子型的溶剂，因此首先许多非电离状态的有机化合物在水中的溶解度不够，
57 所以水作为有机化合物的溶剂有一定的劣势。撇开这个限制，水由于有高的介电常数($\varepsilon=80$)和离子化能力，因此是一个非常有效的离子化溶剂。第一个性质发挥其作用是由于溶剂的介电常数(极性)越大，其中的离子对的静电能就越低，即越容易形成离子对，其在水中越稳定，因此离子对更难互相重组。

离子在溶液中强烈地极化附近的溶剂分子，并在其周围形成一层溶剂分子：这种溶剂化作用的程度越大，这些通过分离或者离域其电荷来稳定的离子稳定化作用就越明显。水作为特别有效的离子化溶剂的原因在于水本身极化程度很高并且体积较小，因此既可以稳定正离子也可以稳定负离子。水对负离子的稳定作用还有较强的"氢键"类型溶剂化作用(见下文)。类似的氢键作用很难在正离子中发生，但是在特例酸中，最初的质子也可以与水形成氢键，产生溶剂化作用。

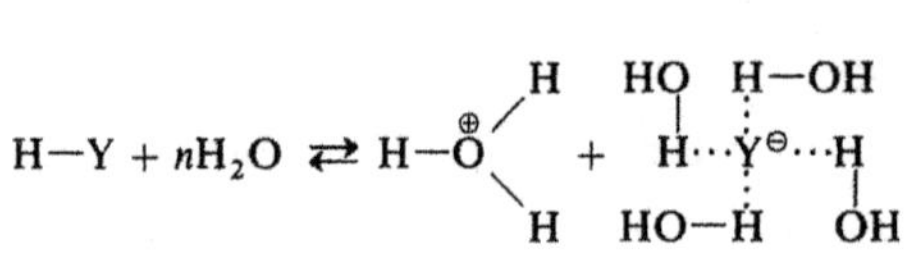

$$\mathrm{H{-}Y} + n\mathrm{H_2O} \rightleftharpoons \mathrm{H{-}\overset{\oplus}{O}H_2} + \mathrm{Y^{\ominus}}\cdot\cdot\cdot(\mathrm{H{-}OH})_4$$

只要醇的体积不是很大，例如甲醇，那么它们与水的性质就有类似之处。例如 HCl 在甲醇中也是强酸。然而我们应该记住溶剂的基本要求是可以作为碱：碱性越弱，酸的解离越少。因此我们发现 HCl 在甲苯中几乎不发生电离。

3.1.4 简单烷基羧酸

将甲酸中非羟基的氢用烷基取代，应该会得到一个弱的酸，因为烷基的给电子诱导效应会降低氧的电子亲和力从而降低酸的强度。与甲酸负离子的体系相比，烷基取代的羧酸负离

子增加了羟基氧上的电荷密度，从而促进了其与质子的结合。

$$\left[Me \rightarrow C \overset{O}{\underset{O}{\lessgtr}}\right]^{\ominus} \quad \left[H-C \overset{O}{\underset{O}{\lessgtr}}\right]^{\ominus}$$

相对于甲酸/甲酸负离子的平衡，我们因此会预测烷基羧酸/烷基羧酸负离子的平衡会偏 58
向左侧。事实也的确如此，乙酸的 pK_a 是 4.76，而甲酸的 pK_a 是 3.77。然而对于像甲酸这样小的分子的结构变化(即将 H 用 CH_3 代替)所引起酸性的改变，其影响因素是否如上述那样简单是值得怀疑的。也有可能是由于两个分子形状和电荷分布相当大的不同而带来相对溶剂化能力的差别，从而导致了酸性的不同。

重要的一点是，酸常数 K_a 与离子化过程的吉布斯自由能变化有如下关系：

$$-\Delta G^{\ominus} = 2.303RT \lg K_a$$

吉布斯自由能变包括焓变和熵变两部分：

$$\Delta G^{\ominus} = \Delta H^{\ominus} - T\Delta S^{\ominus}$$

人们发现，乙酸 25 ℃下在水中水解 ($K_a = 1.79 \times 10^{-5}$)时的 $\Delta G^{\ominus} = 27.2$ kJ (6.5 kcal)，$\Delta H^{\ominus} = -0.5$ kJ (−0.13 kcal)，$\Delta S^{\ominus} = -92$ J (−22 cal) K^{-1}[$T\Delta S^{\ominus} = -27.6$ kJ (−6.6 kcal)]；而对于甲酸 ($K_a = 17.6 \times 10^{-5}$)，相应的数据如下：$\Delta G^{\ominus} = 21$ kJ (5.1 kcal)，$\Delta H^{\ominus} = -0.3$ kJ (−0.07 kcal)，$\Delta S^{\ominus} = -74$ J (−18 cal) K^{-1}[$T\Delta S^{\ominus} = -27.6$ kJ (−6.6 kcal)]。如此小的焓变应该是因为 O—H 键解离时需要的能量被溶剂离子化放出的能量给补偿了。

因此，两者吉布斯自由能变化值($\Delta G^{\ominus}$)的不同则主要来自于两者熵差值($\Delta S^{\ominus}$)的不同，从而导致了不同的酸常数(K_a)。每个平衡两侧都有两个物种，因此平动熵差别不大。然而每个平衡的左侧为中性分子，右侧为离子，因此对熵变起主要贡献的是包围在羧酸负离子(RCO_2^-)和质子(H_3O^+)周围的水分子层，使得溶剂水分子的排布受到约束，增加了有序性，但是增加的有序性不会太大，因为液态水本身就已经有了较大的有序性。所以甲酸和乙酸两者酸性的差别应是来自于水对其离子的不同溶剂化作用。

进一步在乙酸的烷基上增加取代基，则相比于把甲酸的氢换作甲基对酸性的影响要小很
多，基本上是一个次级作用。这种改变对化合物酸性的影响规律也不是很明显，位阻和其他 59
因素对酸性的影响也有一定的作用。如相关化合物的 pK_a 如下：

Me_2CHCO_2H 4.86 Me_3CCO_2H 5.05

CH_3CO_2H 4.76 $MeCH_2CO_2H$ 4.88

$Me(CH_2)_2CO_2H$ 4.82 $Me(CH_2)_3CO_2H$ 4.86

如果有双键与羰基相连，则对应羧酸的酸性会增加。丙烯酸($CH_2=CHCO_2H$)的 pK_a 是 4.25，而对应的饱和丙酸的 pK_a 是 4.88。这是因为不饱和的 α 位碳为 sp^2 杂化碳，相比于 sp^3 杂化碳，由于 s 成分所占比例增加，电子更偏向于 sp^2 杂化的碳。结果就是 sp^2 杂化碳相比 sp^3 杂化碳是一个较弱的给电子体，故丙烯酸的酸性比甲酸弱，但比丙酸的酸性强。对于和 sp^1 杂化碳相连的羧基，其对应的酸性更强，如丙炔酸的 pK_a 是 1.84。类似的情况在乙烯和乙炔的氢原子上也有所体现：乙烯的氢的酸性仅比乙烷稍强，而乙炔的末端氢的酸性

足够强，可以被很多金属取代(见 **272 页**)。

3.1.5 取代的烷基羧酸

将吸电子基团引入到简单的烷基羧酸的效应更加显著。例如卤素原子具有和烷基相反的诱导效应，故将其引入羧酸中就有可能会得到酸性增强的酸。部分卤素取代的酸的 pK_a 如下：

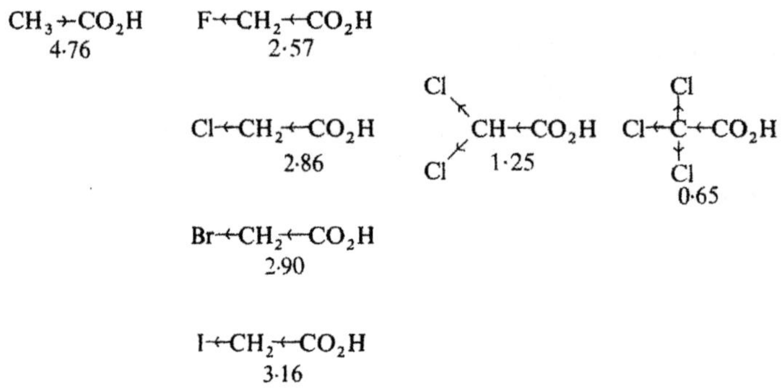

$CH_3 \rightarrow CO_2H$ 4.76　　$F \leftarrow CH_2 \leftarrow CO_2H$ 2.57

$Cl \leftarrow CH_2 \leftarrow CO_2H$ 2.86　　$Cl_2CH \leftarrow CO_2H$ 1.25　　$Cl_3C \leftarrow CO_2H$ 0.65

$Br \leftarrow CH_2 \leftarrow CO_2H$ 2.90

$I \leftarrow CH_2 \leftarrow CO_2H$ 3.16

60 不同卤素取代的相对效果和其电负性大小顺序一致，电负性最强的氟取代乙酸的酸性是乙酸酸性的 100 倍。卤素取代带来的羧酸酸性增加的幅度远远大于烷基取代带来的酸性减小的幅度。进一步增加卤素的引入更会大大增强酸的酸性，例如三氯乙酸就是一个非常强的酸。

这里我们还需要提醒的是，K_a(pK_a 同样)与离子化过程的 $\Delta G^\ominus$ 有关，而 $\Delta G^\ominus$ 包括 $\Delta H^\ominus$ 和 $\Delta S^\ominus$。在一系列卤素取代的乙酸中发现 $\Delta H^\ominus$ 差别不大；在该系列中观察到的 $\Delta G^\ominus$ 的变化，很大程度是由于 $\Delta S^\ominus$ 的变化。这是由于取代的卤原子影响整个负离子的电荷离域。

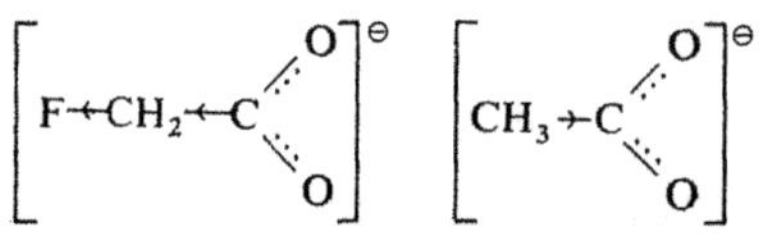

$$\left[F \leftarrow CH_2 \leftarrow C \overset{\cdots O}{\underset{\cdots O}{}}\right]^\ominus \qquad \left[CH_3 \rightarrow C \overset{\cdots O}{\underset{\cdots O}{}}\right]^\ominus$$

卤素取代的乙酸负离子对其周围的溶剂水分子的约束较小，而非取代的乙酸负离子由于其电荷较为集中(基本限制在 CO_2^-)，对其周围的溶剂水分子的约束较大。因此卤素取代的负离子的溶剂化具有较小的熵减。这在 CF_3CO_2H(pK_a=0.23)中尤其明显，其离子化能 $\Delta G^\ominus$= 1.3 kJ(0.3 kcal)，乙酸的 $\Delta G^\ominus$ 是 27.2 kJ(6.5 kcal)，而两者的 $\Delta H^\ominus$ 差别很小。

如引入的卤素的位置距离羧基 α 位较远，其对酸性的影响将显著减小。因为随着碳链延长，卤素的诱导效应会迅速衰减，结果负电荷不能被有效地分散，即负电荷在羧基负离子上更集中。这样的酸的酸性和未取代的烷基羧酸的酸性就比较类似，例如下面几个化合物的 pK_a：

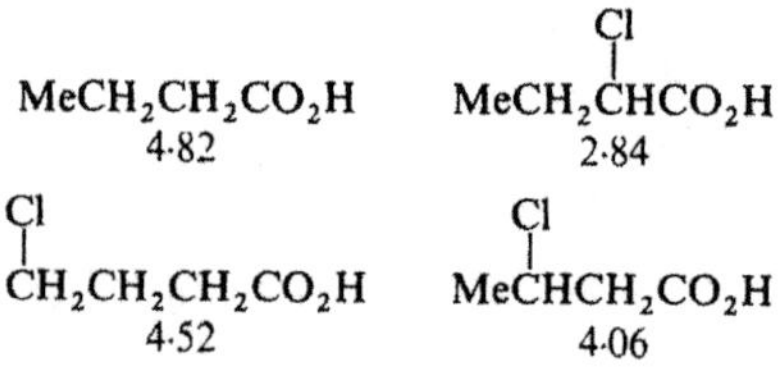

$MeCH_2CH_2CO_2H$ 4.82　　$MeCH_2CH(Cl)CO_2H$ 2.84

$ClCH_2CH_2CH_2CO_2H$ 4.52　　$MeCH(Cl)CH_2CO_2H$ 4.06

其他吸电子基团，例如 R_3N^+、CN、NO_2、SO_2R、CO、CO_2R 等的引入也可以增加对应脂肪酸的酸性，羟基和甲氧基也会有同样的效果。由于饱和碳原子的阻碍，羟基和甲氧基上的孤对电子不能产生和它们的诱导效应作用相反的共轭效应。这些都可以在 pK_a 的大小上体现出来。 61

$O_2N \leftarrow CH_2 \leftarrow CO_2H$ 1·68　　$EtO_2C \leftarrow CH_2 \leftarrow CO_2H$ 3·35

$Me_3\overset{\oplus}{N} \leftarrow CH_2 \leftarrow CO_2H$ 1·83　　$MeCO \leftarrow CH_2 \leftarrow CO_2H$ 3·58

$NC \leftarrow CH_2 \leftarrow CO_2H$ 2·47　　$Me\ddot{O} \leftarrow CH_2 \leftarrow CO_2H$ 3·53

$H\ddot{O} \leftarrow CH_2 \leftarrow CO_2H$ 3·83

3.1.6 酚

取代的苯酚也具有相似的效应：吸电子基团的存在会增加它们的酸性。就硝基取代基而言，诱导效应在邻、间、对硝基苯酚中随距离的增加而逐渐减弱。但是当硝基在邻、对位时，也有吸电子的共轭效应存在，而间位则没有共轭效应。这两方面的原因可以稳定相应的负离子(通过离域)，从而促进相应酚的电离。因此邻、对硝基苯酚比间硝基苯酚具有更强的酸性。引入更多的硝基将会明显增强酚的酸性，比如 2，4，6-三硝基苯酚(苦味酸)就是一个很强的酸。

	pK_a
C_6H_5OH	9·95
o-$O_2NC_6H_4OH$	7·23
m-$O_2NC_6H_4OH$	8·35
p-$O_2NC_6H_4OH$	7·14
2,4-$(O_2N)_2C_6H_3OH$	4·01
2,4,6-$(O_2N)_3C_6H_2OH$	1·02

在邻、间、对硝基苯酚中，$\Delta H^\ominus$ 的变化也非常微弱，三者 $\Delta G^\ominus$ 的不同是由于 $T\Delta S^\ominus$ 项的不同而造成的，这种变化是由于负离子中负电荷的分布不同，进而造成了不同的溶剂化形式。

在芳环上引入给电子烷基，对其酸性的影响是比较小的：

	pK_a
C_6H_5OH	9·95
o-MeC_6H_4OH	10·28
m-MeC_6H_4OH	10·08
p-MeC_6H_4OH	10·19

相应的取代苯酚都是相对稍弱的酸，但是取代基的影响很小且无规律，这表明取代基通过干扰其负电荷和芳环离域 π 轨道的相互作用使得酚羟基负离子不稳定，但该作用如预期的那样是很小的。 62

3.1.7 芳香羧酸

苯甲酸(pK_a＝4.20)相对于相应的饱和的环己基甲酸(pK_a＝4.87)是个更强的酸，这说明苯基，类似于双键，由于 sp^2 杂化的碳原子与羧基相连，相对于饱和的烷基碳原子表现出更弱的给电子性质(参考 **59 页**)。在苯甲酸的苯环上引入烷基对酸性强度的影响非常小(与

苯酚的情况类似，见 61 页），

	pK_a
$C_6H_5CO_2H$	4·20
m-$MeC_6H_4CO_2H$	4·24
p-$MeC_6H_4CO_2H$	4·34

但是吸电子基团会使得酸性增强，和酚类似，吸电子取代基在邻、对位的影响效果是最显著的：

	pK_a
$C_6H_5CO_2H$	4·20
o-$O_2NC_6H_4CO_2H$	2·17
m-$O_2NC_6H_4CO_2H$	3·45
p-$O_2NC_6H_4CO_2H$	3·43
3,5-$(O_2N)_2C_6H_3CO_2H$	2·83

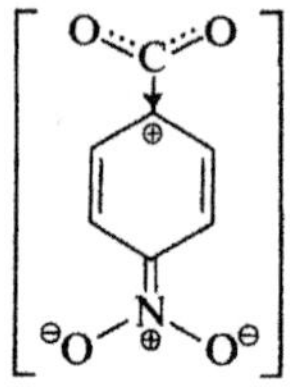

邻硝基表现出特别显著的影响，可能是由于非常短的距离所表现出的强大的诱导作用导致的，但是邻近的硝基与羧基之间一些直接的相互作用也不能被排除。

羟基、甲氧基、卤原子等具有吸电子诱导作用，但是在邻、对位时又具有给电子共轭作用，可能会使得对位取代的芳基羧酸酸性比间位取代弱，有时甚至弱于无该取代基的羧酸自身，比如对羟基苯甲酸：

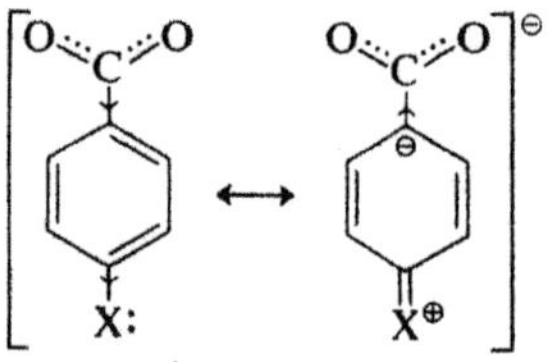

$XC_6H_4CO_2H$ 的 pK_a

	H	Cl	Br	OMe	OH
o-	4·20	2·94	2·85	4·09	2·98
m-	4·20	3·83	3·81	4·09	4·08
p-	4·20	3·99	4·00	4·47	4·58

63 值得注意的是，这种补偿效应从 Cl、Br 到 OH 变得更加显著，这和芳环相连的原子提供其孤对电子的难易顺序一致。

需要强调的是，在上述例子中观察到的不同的 pK_a 可能是负离子电荷分布不同所带来的不同溶剂化作用引起的，即与局部溶剂分子的有序度相关的 $T\Delta S^{\ominus}$ 是导致 pK_a 不同的原因。

如前所述，邻位取代羧酸的表现也是毫无规律的。由于邻位基团直接的相互作用，酸的强度有时候比预想的要大很多。比如邻羟基苯甲酸(3)形成的负离子(4)可以通过分子内氢键分散电荷而稳定(见 36 页)，这种优势在间、对位异构体以及邻甲氧基苯甲酸中则没有。

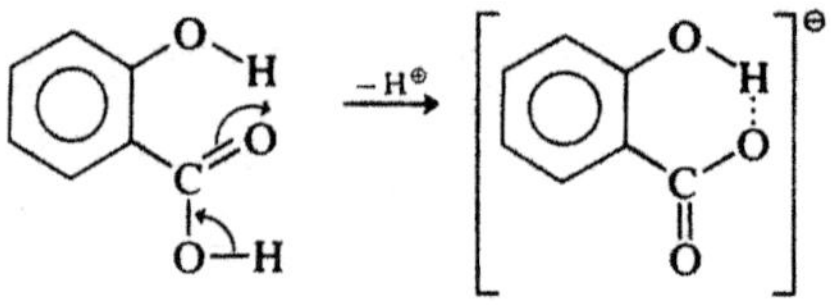

$-H^{\oplus}$

(3) (4)

当然，分子内的氢键既可以在未解离的羧酸中形成，也可以在其羧酸负离子中形成，由于负离子中氧原子负电荷的存在，会形成更强的氢键，所以在解离的负离子中的氢键作用要比未解离的分子中的作用更强。这种作用在氢键同时发生于双邻位的羟基时会非常显著，这也使得 2，6-二羟基苯甲酸具有较强的酸性，$pK_a=1.30$。

3.1.8 二元羧酸

由于羧基本身带有吸电子诱导作用，在羧酸中存在第二个羧基时可能会使得其酸性增强，如下 pK_a 所示：

HCO_2H 3.77	HO_2CCO_2H 1.23
CH_3CO_2H 4.76	$HO_2CCH_2CO_2H$ 2.83
$CH_3CH_2CO_2H$ 4.88	$HO_2CCH_2CH_2CO_2H$ 4.19
$C_6H_5CO_2H$ 4.17	$HO_2CC_6H_4CO_2H$ *o*-2.98 *m*-3.46 *p*-3.51

该作用非常明显，但是当羧基之间被一个以上的饱和碳原子分开时，影响作用急剧减弱。顺 64
式丁烯二酸(马来酸)(5，$pK_{a_1}=1.92$)相比于反式丁烯二酸(6，$pK_{a_1}=3.02$)是一个更强的酸，这主要是由于前者形成的顺式马来酸负离子(7)可以通过形成分子内氢键稳定负离子(与前面提到的邻羟基苯甲酸类似)，但是后者在构型上无法形成氢键。

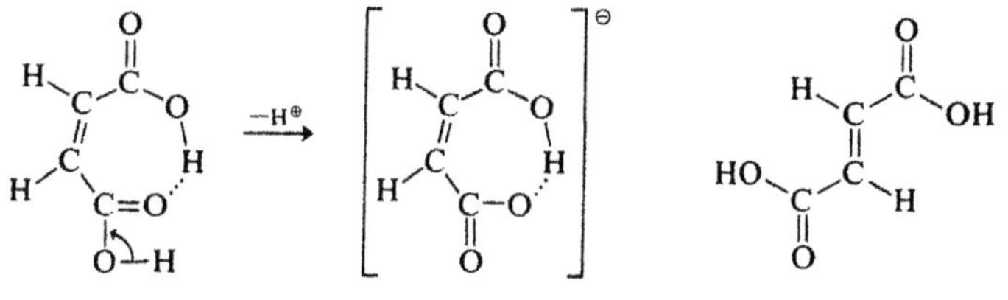

(5) $\xrightarrow{-H^{\oplus}}$ (7) (6)

然而，由于分子内氢键的存在，从负电荷环状体系的负离子(7)中失去质子是非常困难的，这也使得反式丁烯二酸的二级解离($pK_{a_2}=4.38$)比顺式丁烯二酸($pK_{a_2}=6.23$)要更加容易。乙二酸(草酸)、1，3-丙二酸、1，4-丁二酸(琥珀酸)的二级解离要分别比甲酸、乙酸、丙酸弱，这是因为相对于无取代的羧酸，前者的第二个质子需要从一个带有给电子取代基(羧基负离子)的负电荷物种中离去，而羧基负离子的存在会导致二级解离后形成的负离子不稳定。

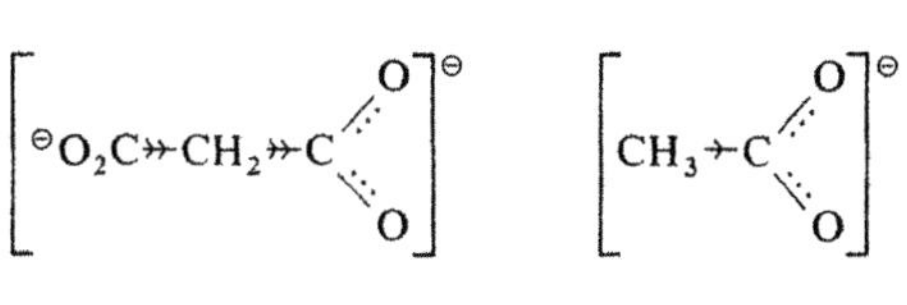

$[{}^{\ominus}O_2C \rightarrow CH_2 \rightarrow CO_2]^{\ominus}$ $[CH_3 \rightarrow CO_2]^{\ominus}$

3.1.9 pK_a 和温度

我们已经了解到一个酸(见 **56 页**)的 K_a 及其得出的 pK_a 值不是酸自身固有的属性，它会随溶剂的改变而发生变化：其值依赖于整个体系，而酸只是其中一个组分。如果没有特殊标注，K_a 和 pK_a 的数值通常是指水溶液体系中的数据，这是由于大部分的数据在水溶剂中都可得到。同时，大部分数值是指在 25 ℃下的数据，这也是由于大部分数据都是在该温度下获得的。由于平衡常数 K_a 随温度变化，因此常数必须指明相应的温度。在之前我们对不
65 同种类酸的相对强度进行了探讨，也尝试了将酸性强度的顺序和其结构进行了合理的联系，并取得了一定程度的成功。然而需要指出的是，不仅仅各自的 K_a 会随温度变化，彼此之间 K_a 的相对变化也是不同的。比如在 30 ℃以下，相对于 2-乙基-1-丁酸，乙酸是个较弱的酸，然而在 30 ℃以上却是个较强的酸。随温度变化而出现的相对酸性的反转是十分常见的，因此我们不必对 25 ℃下相对酸度和结构的关系做太多繁琐的分析。

3.2　碱

3.2.1　pK_b，pK_{BH^+} 和 pK_a

碱 B：在水中的强度可以通过以下平衡来判断：

$$\mathrm{B{:}} + \mathrm{HOH} \rightleftarrows \mathrm{BH^{\oplus}} + {}^{\ominus}\mathrm{OH}$$

在水中的平衡常数 K_b 可以由如下公式给出：

$$K_b \approx \frac{[\mathrm{BH^+}][\mathrm{HO^-}]}{[\mathrm{B:}]}$$

其中，由于水一般大大过量，故水的浓度没有明显的改变，因此水的浓度项[H_2O]可以作为常数并入 K_b 中；并且，在适当稀释的溶液中，虽然活度比浓度更加准确，但是一般还是使用浓度来替代活度。

然而，现在人们更加普遍地使用 K_a 和 pK_a 来描述碱的强度，由此可以建立一个对酸、碱都适用的统一标准。为了实现这种可能，我们利用碱的共轭酸作为参照反应，其平衡如下：

$$\mathrm{BH^{\oplus}} + \mathrm{H_2O{:}} \rightleftarrows \mathrm{B{:}} + \mathrm{H_3O^{\oplus}}$$

对此，其相应的平衡常数 K_a 表达如下：

$$K_a \approx \frac{[\mathrm{B:}][\mathrm{H_3O^+}]}{[\mathrm{BH^+}]}$$

其中，K_a(和 pK_a)是碱 B：的共轭酸 BH^+ 酸性强度的衡量。该测量表示 BH^+ 失去一个质子的难易程度，相反地，也表示 B：得到一个质子的难易程度。酸 BH^+ 的酸性越强，碱 B：的碱性就越弱。因此，BH^+ 的 pK_a 数值越小，则碱 B：的碱性就越弱。当用 pK 去描述一个碱 B：的碱性强度时，实际上通常需要指明是 pK_{BH^+}，不过现在普遍简写成 pK_a 了，尽管这是不正确的。

66 以 NH_4^+ 为例，其 pK_a 为 9.25，

$$\mathrm{NH_4^{\oplus}} + \mathrm{H_2O{:}} \rightleftarrows \mathrm{NH_3} + \mathrm{H_3O^{\oplus}}$$

在 25 ℃下，该反应的 $\Delta G^{\ominus}=57.2$ kJ (12.6 kcal)，$\Delta H^{\ominus}=51.9$ kJ (12.4 kcal)，$\Delta S^{\ominus}=-2.9$ J (−0.7 cal)・K^{-1}[即 $T\Delta S^{\ominus}=-0.8$ kJ (−0.2 kcal)]。上述反应平衡的位置主要由 $\Delta H^{\ominus}$ 决定，当然 $\Delta S^{\ominus}$ 也有一定的作用，但是其变化较小，可以忽略。这种结果与大多数酸的表现是

有鲜明对比的(见 **58 页**)。$\Delta S^{\ominus}$影响较小的原因是平衡的两边都有一个带电物种(正电荷)，对离子周围的水分子的约束作用也非常类似，这导致它们的溶剂化熵能够相互抵消。

3.2.2　脂肪族碱

由于含氮碱强度的增加与其获取质子容易程度有关，因此根据获取氮原子上孤对电子的能力，我们可以预测从 $NH_3 \rightarrow RNH_2 \rightarrow R_2NH \rightarrow R_3N$ 其碱性不断增强，这是由于烷基的诱导效应导致氮原子带有更多的电荷。然而，实际上该系列胺的相关 pK_a 值如下所示：

NH_3 9·25

$Me \rightarrow NH_2$ 10·64　　Me_2NH 10·77　　Me_3N 9·80

$Et \rightarrow NH_2$ 10·67　　Et_2NH 10·93　　Et_3N 10·88

从数据我们可以看出：在氨上引入一个烷基，其碱性如预料中一样有显著增强；引入第二个烷基会使碱性再次增强，然而相对于第一次引入烷基时，其效果不那么显著；然而，在引入第三个烷基时，实际上会降低其碱性。这主要是由于胺在水中的碱性强度不仅仅 67
由氮原子上的有效电子决定，还在一定程度上受到其获得质子后所形成的正离子被溶剂化作用而稳定的影响。在正离子中氮原子上的氢越多，通过氢键与水作用的溶剂化可能性越大：

$$R\!-\!\overset{\oplus}{N}H_2\!-\!H\cdots:OH_2\ (\text{两个 N–H}\cdots:OH_2) > R_2\overset{\oplus}{N}H_2\ (\text{两个 N–H}\cdots:OH_2) > R_3\overset{\oplus}{N}\!-\!H\cdots:OH_2$$

溶剂化稳定作用降低 →

因此，对于 $NH_3 \rightarrow RNH_2 \rightarrow R_2NH \rightarrow R_3N$，诱导效应将使其碱性增强，但是由于水合作用其相应的正离子会逐步不稳定，从而使得碱性减弱。连续引入烷基带来的影响的净结果会逐步削弱，从而导致二级胺到三级时碱性强度发生了反转。如果真的是这样，那么在不会形成氢键的溶剂中进行碱性强度的测量，将不会观测到上述反转的现象。事实的确如此，在氯苯中观测到的丁胺类碱性强度顺序为

$$BuNH_2 < Bu_2NH < Bu_3N$$

不过，其在水中的相关 pK_a 分别为 10.61，11.28，9.87。

季铵盐，比如 $R_4N^+I^-$ 与潮湿的 AgOH 作用形成的碱性溶液的碱性强度与碱金属相当。这可以较为容易地理解：形成的 $R_4N^+HO^-$ 必定完全电离，而不会像三级铵盐一样重新形成未离子化的形式。

$$R_3\overset{\oplus}{N}H + {}^{\ominus}OH \rightarrow R_3N: + H_2O$$

由于吸电子基团的诱导效应，在碱的中心附近引入吸电子的氯、硝基等吸电子基团，会

使碱性减弱(参见下图取代胺，另见 **70 页**)。因此，由于三个强吸电子三氟甲基的存在，三-*N*-三氟甲基甲胺几乎没有碱性。

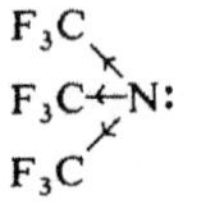

$$(F_3C)_3N:$$

68 这种改变在氮原子上连有羰基时也非常明显，这不仅仅是氮原子与具有 sp^2 杂化碳原子的吸电子基团直接成键(参考 **59 页**)，同时也存在着吸电子的共轭效应。

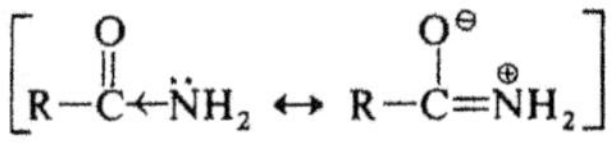

$$\left[R-\overset{O}{\overset{\|}{C}}\leftarrow\ddot{N}H_2 \leftrightarrow R-\overset{O^{\ominus}}{\overset{|}{C}}=\overset{\oplus}{N}H_2\right]$$

因此，酰胺在水中具有非常弱的碱性(乙酰胺的 $pK_a \approx 0.5$)。如果酰胺中存在两个羰基，非但不显碱性，反而表现出足够的酸性，可以形成相应的碱金属盐，比如邻苯二甲酰胺(8)：

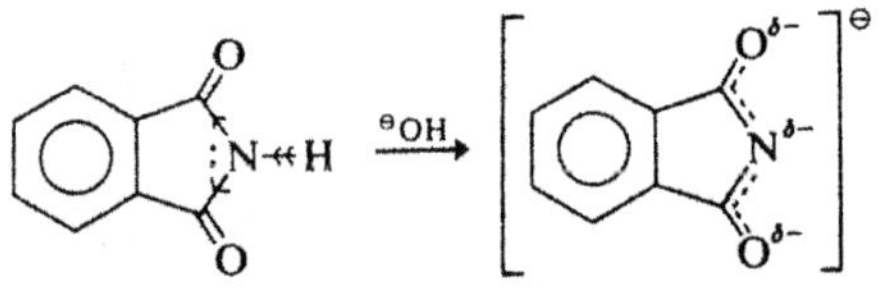

$\xrightarrow{^{\ominus}OH}$ $[\ldots O^{\delta-} \ldots N^{\delta-} \ldots O^{\delta-}]^{\ominus}$

(8)

在胍 $HN{=}C(NH_2)_2$(9)中，我们可以看到离域效应使得其中一个胺的碱性增强，除了上面我们提到过的季铵碱，这也是已知的最强有机含氮碱之一，其 $pK_a = 13.6$。其中性分子和质子化的正离子$[H_2N{=}C(NH_2)_2]^+$都可以通过离域作用而稳定：

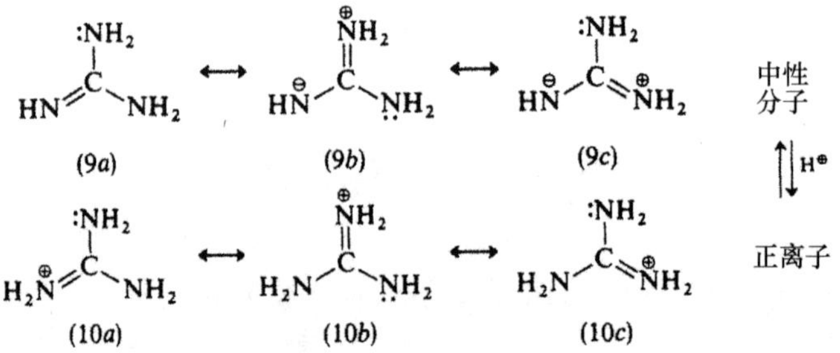

(9a) ⟷ (9b) ⟷ (9c)　中性分子

$\Updownarrow H^{\oplus}$

(10a) ⟷ (10b) ⟷ (10c)　正离子

但是在正离子中，正电荷是均匀分布的，所以三个异构体结构完全等价，具有相同的能量。在中性分子中则表现不同(有两个电荷分离的结构)，这就导致正离子比其更加稳定，从而导致胍的质子化在能量上有利，使胍成为一个非常强的碱。

69 在脒类化合物 $RC({=}NH)NH_2$(11)中也存在一些类似的情况：

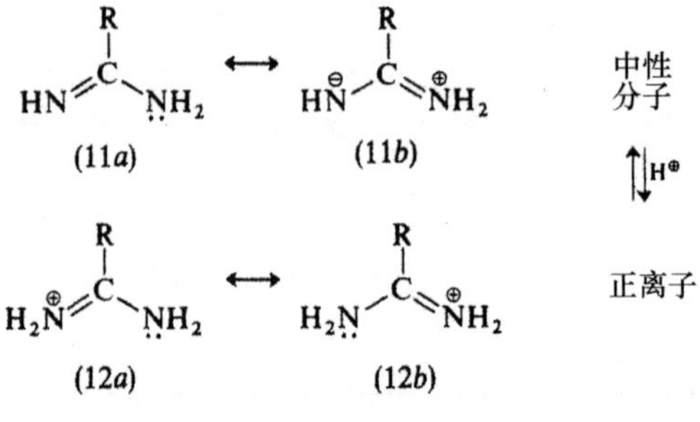

(11a) ⟷ (11b)　中性分子

$\Updownarrow H^{\oplus}$

(12a) ⟷ (12b)　正离子

尽管正离子(12)通过离域来稳定的作用不如胍正离子(10)中的那么有效，乙脒[化学式为 $CH_3C(=NH)NH_2$($pK_a=12.4$)]相对于乙胺 $MeCH_2NH_2$($pK_a=10.67$)是一个更强的碱。

3.2.3 芳基碱

从苯胺(13)可以看到与上述胺相反的变化，相比于氨水($pK_a=9.25$)或者环己胺($pK_a=10.68$)，苯胺($pK_a=4.62$)是一个非常弱的碱。在苯胺中，氮原子也是与 sp^2 杂化的碳原子相连，但是更重要的是，氮原子上的孤对电子可以与芳环上离域的 π 轨道进行作用：

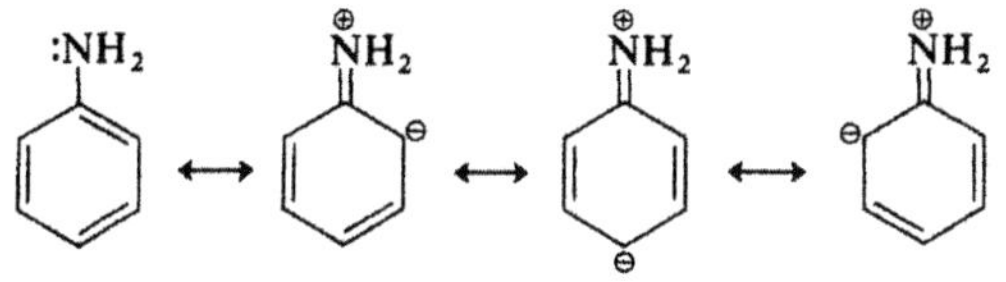

(13*a*) ⟷ (13*b*) ⟷ (13*c*) ⟷ (13*d*)

如果苯胺质子化，那么与 π 轨道作用带来的稳定性在苯铵盐(14)中将不复存在，因为此时氮原子上已没有孤对电子：

(14)

因此，苯胺分子相对于其正离子更稳定，这也使得苯胺质子化在能量上是不利的，从而 70
使苯胺略微表现出碱性(苯胺 $pK_a=4.62$，相比于环己胺的 $pK_a=10.68$)。当氮原子上引入更多的苯基时，其碱性的削弱会更加明显，因此二苯胺是非常弱的碱($pK_a=0.8$)，而三苯胺则完全没有碱性。

在苯胺的氮原子上引入烷基，如甲基等，会使得其 pK_a 略微有所增加：

$C_6H_5NH_2$	C_6H_5NHMe	$C_6H_5NMe_2$	$MeC_6H_4NH_2$
4·62	4·84	5·15	*o*-4·38
			m-4·67
			p-5·10

与脂肪胺(见 **66 页**)氮原子上引入烷基不同，芳胺氮原子上引入烷基其 pK_a 是逐渐增加的。这表明，通过氢键溶剂化稳定性正离子在脂肪胺中引起了不寻常表现，在芳胺类化合物中该作用对总的影响较小。烷基取代芳胺碱性强度的主要决定因素是芳胺(13)相对于其正离子(14)具有共轭稳定作用，这也可由在苯胺的邻、间、对位引入甲基表现出无规律的影响所证实。在苯酚邻、间、对位引入甲基对 pK_a 的影响也表现出类似的无规律效应(见 **61 页**)。

引入具有很强诱导效应(吸电子)的基团，比如硝基，对苯胺碱性强度具有更大的影响。当硝基在邻、对位时其吸电子效应进一步增强，因为此时氮上的孤对电子与苯环的离域 π 轨道之间的作用加强了。这也导致中性分子相对于其正离子稳定性进一步提高，故使其碱性进一步减弱。相应的硝基苯胺的相关 pK_a 如下：

$PhNH_2$	$NO_2C_6H_4NH_2$
4·62	*o*- −0·28
	m- 2·45
	p- 0·98

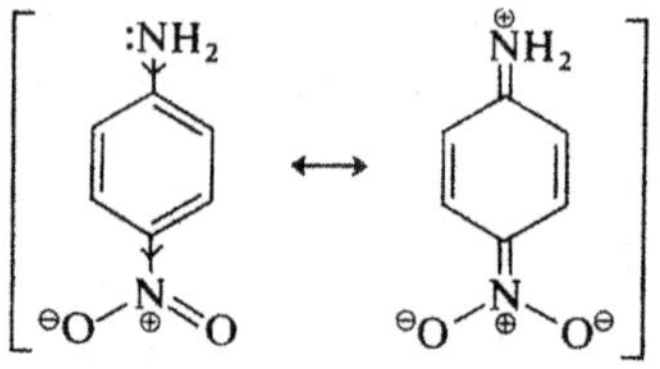

当硝基取代基在邻位时，具有特别大的碱性削弱作用，这主要是由于不仅存在短距离的诱导作用，也存在与氨基的位阻以及与氨基形成氢键的直接作用(参见邻硝基苯甲酸的例
71 子)。这导致邻硝基苯胺是一个很弱的碱，其盐在水溶液中大部分发生水解，而 2，4-二硝基苯胺在酸性溶液中不溶。2，4，6-三硝基苯胺则类似于酰胺，也称苦酰胺，可以容易地水解成苦味酸(2，4，6-三硝基苯酚)。

当带有未成对电子的羟基、甲氧基等给电子取代基时，邻、对位会受到共轭效应的影响，而间位不受到影响，这导致对位取代的苯胺相对于间位具有更强的碱性。间位取代的苯胺相对于未取代的苯胺碱性更弱，这主要是受到了间位取代基氧原子的吸电子诱导效应的影响。而邻位取代基的影响通常有点反常，这是因为与氨基存在位阻以及极化作用。具体的取代苯胺的相关 pK_a 如下：

$PhNH_2$	$HOC_6H_4NH_2$	$MeOC_6H_4NH_2$
4·62	*o*- 4·72	*o*- 4·49
	m- 4·17	*m*- 4·20
	p- 5·30	*p*- 5·29

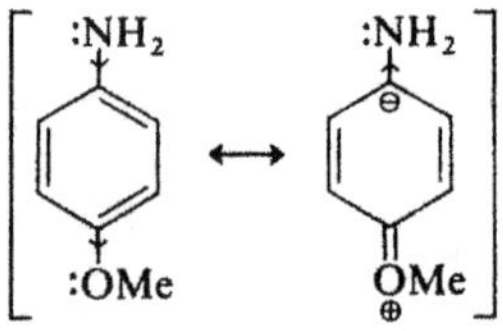

一个有趣的例子是，2，4，6-三硝基-*N*，*N*-二甲基苯胺(15)的碱性大，强度约是 2，4，6-三硝基苯胺的 40000 倍($\Delta pK_a=4.60$)，而 *N*，*N*-二甲基苯胺与苯胺的碱性强度差异却非常小。这是由于 NMe_2 基团足够大，和双邻位硝基之间存在非常大的位阻作用，因此导致芳环碳和氮之间键的旋转来避免硝基氧原子与氮上甲基的位阻，而此时氮上孤对电子与芳环上离域的 π 轨道不再平行。因此使得 NMe_2 中氮上的孤对电子和硝基中的氧原子通过芳环 p 轨道的共轭效应受到了禁止(参考 **70 页**)，这也让预期的吸电子共轭效应造成的碱性削弱效果不再存在(参见 **27 页**)。因此，(15)中碱性减弱的影响主要来自三个硝基的诱导效应。

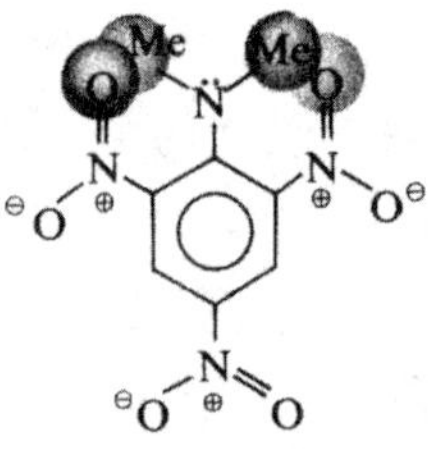

(15)

72 然而，在 2，4，6-三硝基苯胺(16)中，NH_2 足够小，从而不会引起空间位阻的限制；同时硝基氧原子与氨基氢原子之间的氢键会帮助维持这些基团在一定的平面和方向。因此 p 轨道可以与之平行，从而使得 2，4，6-三硝基苯胺(16)的碱性由于 3 个强吸电子硝基的吸电子共轭效应而急剧减弱。

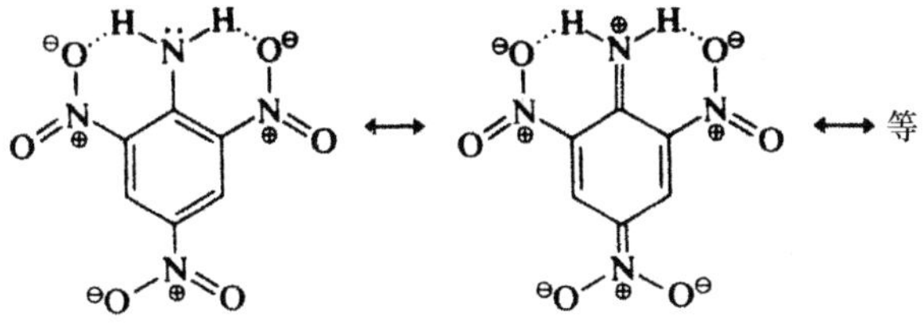

(16*a*) (16*b*)

3.2.4 杂环碱

吡啶是一个芳香化合物(参见 **18 页**)，其 N 原子以 sp^2 杂化成键，提供一个电子形成 6π 电子体系($4n+2$，$n=1$)。同时 N 原子上还留有一对电子(填充在一个 sp^2 轨道中)，这使得吡啶有一定的碱性($pK_a=5.21$)。然而，相比三烷基胺(比如三乙胺，$pK_a=10.75$)而言，吡啶是一个比较弱的碱，并且这种碱性的减弱是当氮含多重键时的特征。这是由于当氮原子参与形成更多的不饱和键时，其孤对电子填充的轨道 s 成分也变多，这就导致孤对电子更加靠近氮原子核，结合更加紧密，从而不容易与质子成键，最终降低了化合物的碱性(参见 **59 页**)。比如从 $R_3N: \rightarrow C_5H_5N: \rightarrow RC\equiv N:$，孤对电子分别填充在 sp^3、sp^2 和 sp 轨道中，其碱性的削弱也可以从上述两个的 pK_a 大小体现出来，同时，烷基腈的碱性事实上确实非常小(MeCN，$pK_a=-4.3$)。

在奎宁环(17)中，未共享的电子对也填充在 sp^3 轨道上，因此，其相应的 $pK_a(10.95)$ 73
与三乙胺($pK_a=10.75$)差别非常小。

(17)

吡咯(18)具有一定的芳香性(尽管其芳香性没有苯和吡啶显著)，也如预料的那样不会表现出共轭二烯性质：

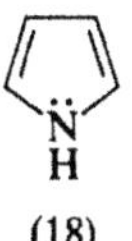

(18)

为了形成这种芳香性，环上原子的 6π 电子($4n+2$，$n=1$)必须填充在 3 个成键分子轨道中(参见 **17 页**)。这就需要氮原子提供 2 个电子，尽管由于氮原子电负性比 4 个碳原子更大，导致电子云向氮原子变形，但是氮原子的孤对电子不再容易接受质子(18*a*)。

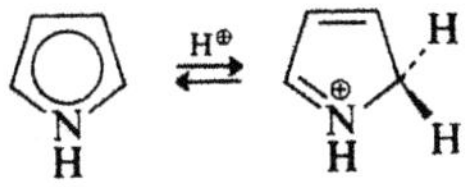

(18*a*) (19)

如果吡咯勉强质子化，其质子化不会在氮上而是在 α 位的碳原子上(19)。这是由于氮上的孤对电子被用于 6π 电子体系，导致氮原子极化而带有部分正电荷：质子会被其排斥从而与邻近的 α 位的碳原子作用。其碱性的情况非常类似于之前讨论的苯胺(见 70 页)：正离子(19)相对于中性分子(18*a*)是不稳定的。然而，对于吡咯这种影响更为显著，因为质子化后吡咯将失去所有的芳香性及其带来的稳定效果。这种影响由吡咯很小的 pK_a(−0.27)所反映，与之形成对比的是苯胺的 pK_a 是 4.26，可以看出吡咯确实是一个非常弱的碱。实际上，吡咯可以作为一个酸，尽管非常弱，NH 基团上的氢原子可以被强碱去除，比如$^-NH_2$；与正离子(19)不同，形成的负离子(20)仍然保留有吡咯的芳香性。

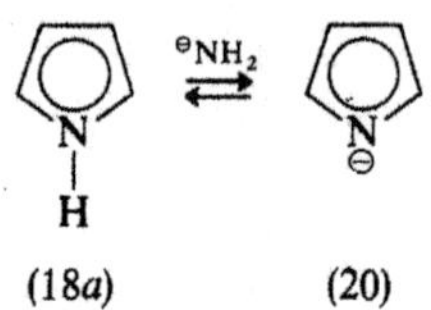

(18*a*) (20)

74 当然，在完全还原的吡咯化合物，如吡咯烷(21)中上述问题将不复存在，其相应的 pK_a 为 11.27，与二乙胺(pK_a=11.04)非常相近。

(21)

3.3 酸/碱催化

之前提到的均相溶液的催化(见 41 页)通常是由一个新的更加稳定的(能量更低的)中间体通过更低能量的反应途径而进行的。到目前为止，在有机化学中最常见且重要的催化剂是酸和碱。

3.3.1 特定和一般酸催化

最简单的实例是，一个反应的速率与质子浓度[H^+](在水溶液中则为[H_3O^+])相关，反应速率随 pH 的减低而升高。常见的有简单缩醛的水解反应(参见 210 页)，比如 $MeCH(OEt)_2$ 的水解，其速率为

$$r=k[H_3O^+][MeCH(OEt)_2]$$

这就是所谓的特定酸催化。其特定在于 H_3O^+ 是唯一的酸性物种来催化反应，反应速率不受外加的潜在质子给体(酸)的影响，比如 NH_4^+，这是由于[H_3O^+]，或者是 pH 不会因为它们的加入而有所改变。上述缩醛水解的反应机理如下：

$$MeCH(OEt)_2 + H_3O^{\oplus} \underset{快}{\rightleftharpoons} MeCH(OEt)(\overset{\oplus}{O}HEt) \xrightarrow[慢\ (决速步)]{} MeCH{=}\overset{\oplus}{O}Et + EtOH \xrightarrow[快]{①} MeCH{=}O + EtOH$$

① 符号⟿常用来表示包含多步反应的总的转化。

特定酸催化作用具有如下特征：反应底物在慢的决速步之前有快速且可逆的质子化过程。 75

一些反应不仅可以被 H_3O^+ 催化，也可以被体系中其他的酸催化。例如原酸酯在酸 HA 存在下的水解反应，比如 $MeC(OEt)_3$，其速率为

$$r = k_{H_3O^+}[H_3O^+][MeC(OEt)_3] + k_{HA}[HA][MeC(OEt)_3]$$

这称为一般酸催化，“一般”是指不仅仅 H_3O^+ 可以催化，一般的质子给体也可以用于反应催化。一般酸催化通常在较高的 pH 才变得重要，比如 7 左右，质子浓度约为 10^{-7} mol L^{-1}，而 HA 的浓度可能为 1～2 mol L^{-1}；一般酸催化在较低的 pH 下仍然可以发生，但是可能被 H_3O^+ 的催化贡献所掩盖。上述原乙酸酯的水解通过如下途径进行(仅画出了 HA 催化过程，但是 H_3O^+ 也可以进行同样的催化过程)：

MeC(OEt)₃ + H—A ⇌ (慢 (决速步)) $MeC^{\oplus}(OEt)_2$ + EtOH + $A^{\ominus}$ → (H_2O, 快) MeC(=O)OEt + EtOH

一般酸催化作用具有如下特征：反应底物的质子化是决速步，并且中间体可以快速转化成产物。

3.3.2 特定和一般碱催化

与上面类似，完全相同的区分也可以用在碱催化上。因此，在特定碱催化中，反应常数也是和 pH 或氢氧根浓度$[HO^-]$相关，这时反应速率随 pH 的升高而增加。例如，在羟醛缩合的逆反应(比较 **224 页**)中，其速率为

$$r = k[HO^-][Me_2C(OH)CH_2COMe]$$

其反应途径被认为如下：

$Me_2C(OH)CH_2COMe$ + $HO^{\ominus}$ ⇌ ($^{\ominus}$OH, 快) $Me_2C(O^{\ominus})CH_2COMe$ → (慢 (决速步)) $Me_2C{=}O$ + $CH_2{=}C(O^{\ominus})Me$

与上面酸催化类似，特定碱催化具有如下特征：在慢的决速步之前存在反应底物快速且可逆的去质子的过程。 76

在一般碱催化中，除了 HO^-，也涉及其他碱。比如在乙酸盐缓冲体系下碱催化的丙酮溴化反应(参见 **295 页**)，其反应速率为

$$r = k_{HO^-}[HO^-][MeCOMe] + k_{MeCOO^-}[MeCOO^-][MeCOMe]$$

其反应途径如下：

B: + H—CH_2—C(=O)—Me ⇌ (慢 (决速步)) $CH_2{=}C(O^{\ominus})$—Me + Br—Br ⇌ (快) Br—CH_2—C(=O)—Me + $Br^{\ominus}$

(B: = $^{\ominus}$OH 或 $MeCO_2^{\ominus}$)

同样，与之前酸催化类似，一般碱催化具有如下特征：反应底物失去质子是慢的，即是反应的决速步，并且中间体可以快速转化成产物。

77 # 第 4 章　饱和碳原子上的亲核取代反应

由于英果尔德(Ingold)及其学派的里程碑式的工作，对饱和碳原子上的亲核取代反应研究可能比其他任何反应都要更加详细。而通过碱溶液将烷基卤化物转化为醇是经典取代反应的一个典型例子：

$$HO^{\ominus} + R\text{—}Hal \rightarrow HO\text{—}R + Hal^{\ominus}$$

各种不同的亲核试剂 Nu：进攻烷基卤化物，反应的动力学测量大体上显示了两个极端类型。在一类中：

$$r = k_2[\text{RHal}][\text{Nu：}] \qquad [1]$$

而在另一类中：

$$r = k_1[\text{RHal}] \qquad [2]$$

即其速率和亲核试剂 Nu：的浓度[Nu：]无关。在一些例子中，速率方程被发现是“混合型”的或其他的复杂形式，然而也已知有反应速率都完全符合上述简单关系的例子。

4.1　动力学和反应机理的关系

一级卤化物溴甲烷在碱溶液中的水解按公式[1]中所示的那样进行，这可以解释为在反
78 应的决速步中，同时涉及烷基卤化物和氢氧根负离子。英果尔德认为，反应的过渡态中，在溴离子从反应的碳原子上完全解离前，进攻的氢氧根负离子已经和碳原子部分成键，因此 HO—C 键形成时释放的部分能量提供了 C—Br 键断裂所需要的能量。量子力学计算表明，氢氧根、溴原子与碳原子成一条直线时具有最低的能量。可以描述如下：

$$HO^{\ominus} + \underset{(1)}{H_3C\text{—}Br} \rightarrow \underset{(2)\ 过渡态}{\left[\overset{\delta-}{HO}\cdots\cdots \overset{H}{\underset{H\ H}{C}}\cdots\cdots\overset{\delta-}{Br}\right]^{\ddagger}} \rightarrow HO\text{—}CH_3 + Br^{\ominus}$$

在过渡态中，负电荷从氢氧根负离子向溴负离子转移，同时被进攻的碳原子上的氢原子都处在一个平面上(如上所示垂直于纸平面)。在过渡态中，碳原子由最初的 sp^3 杂化变成 sp^2 杂化，因此，OH 和 Br 原子可以一起使用未杂化 p 轨道的两个波瓣。这种类型的反应机理被英果尔德定义为 S_N2：双分子亲核取代反应。

与之相比，碱性条件下叔丁基卤化物 2-氯-2-甲基丙烷(氯代叔丁烷)的水解动力学如公式[2]所示，其速率与氢氧根负离子浓度[HO^-]无关，这表明 HO^- 没有参与决速步反应。这可以解释为作为决速步，卤素非常慢地解离(实际上 R—Cl 的极化已经在该分子中存在)形成离子对 R^+Cl^-(4)，随后迅速接受 HO^- 的进攻，或者合适情况下溶剂的进攻，由于溶剂的浓度很高，所以溶剂的进攻通常是占优势的。

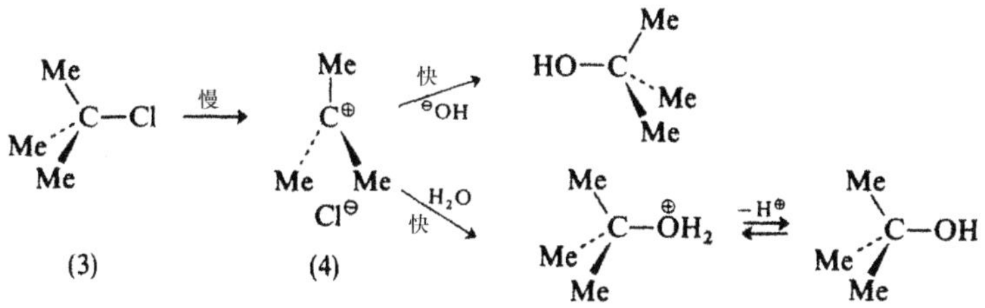

这种类型的反应机理被称为 S_N1：单分子亲核取代反应。影响最初解离的能量大多来自 79
形成离子对的溶剂化能。活化熵 $\Delta S^{\neq}$ 在该解离过程(参见 **39 页**)中也是有利的；Me_3CCl 的水解熵变 $\Delta S^{\neq}$ 为 $+51\ J\ K^{-1}\ mol^{-1}$，CH_3Cl 的水解熵变则为 $-17\ J\ K^{-1}mol^{-1}$。离子对(4)中正离子中心碳上带有部分正电荷，是一个碳正离子中间体，在其形成过程中，碳原子由 sp^3 杂化逐渐转变成更加稳定的平面状态(sp^2 杂化)，在这种结构下，3 个甲基可以尽可能地彼此远离。随后，HO^- 或者溶剂(比如 H_2O)可以从平面中间体的两边进行进攻。如果形成这种平面状态被位阻或其他因素所限制(参见 **87 页**)，其碳正离子中间体的形成将存在很大的问题，此时反应可能不会通过 S_N1 途径发生。

S_N2 和 S_N1 反应途径明显的不同在于，S_N2 反应仅仅只有一步，经过一个过渡态；而 S_N1 则有两步，经由了一个真实的中间体(碳正离子)。

动力学反应级数(见 **39 页**)和反应分子数在教科书和文献中有时有一些混淆。反应级数是实验测量的物理量，一个反应的总反应级数是所有出现在速率方程中浓度项的指数之和。

$r=k_3[A][B][C]$　　总反应级数三级

$r=k_3[A]^2[B]$　　总反应级数三级

$r=k_2[A]^2$　　总反应级数二级

然而，通常一个(或数个)特定底物的反应级数相比于总的反应级数更有意义，例如上述反应中，对于 A 其反应级数分别为一级、二级、二级。也存在底物为零级、非整数级的反应。

而反应分子数通常是指一步反应中参与成键或断键的物种数(分子、离子等)，通常是指在决速步。特别值得指出的是，反应分子数并不是，通过实验测量确定的，它只有在阐明反
应机理时才有意义：它是反应机理解释的组成部分，并且容易在有更多实验信息的情况下被 80
重新评估，而反应级数则不会如此。一般来说，反应的分子数只有在通过一步转化完成的反应(基元反应)中才有意义，如上面的氯甲烷水解的例子(见 **78 页**)就被认为是基元反应，在这时反应级数和反应分子数一致，总的反应级数是二级(对每个反应物而言是一级)，为双分子反应。然而，反应级数和反应分子数的数值并不总是也没有必要一样。

通过简单的动力学测量来确定反应是 S_N1 还是 S_N2 是不够充分的，例如氯化物的水解反应。前文(见 **45 页**)提到溶剂可以作为亲核试剂(溶剂解反应)，如水，因此我们可以得到 S_N2 类型的反应速率：

$$r=k_2[R—Hal][H_2O]$$

然而，水的浓度基本上是恒定不变的，以至于观测到的速率常数为

$$r=k_{obs}[R—Hal]$$

这就导致在水溶液中简单的动力学测量会产生错误的结果而认为反应是通过 S_N1 类型进

行的。

从动力学角度区分 S_N1 和 S_N2 的一个方法是，通常可以通过加入竞争的亲核试剂来观测总的反应速率的变化，比如叠氮离子 N_3^-。总亲核试剂的浓度增加了，对于 S_N2 反应［Nu：］出现在速率方程中，因此反应速率将随亲核试剂浓度的增加而增加。相比之下，S_N1 反应，决速步不包含 Nu：，［Nu：］也不会出现在速率方程中，因此加入 N_3^- 也不会对观测到的速率有明显的影响，虽然它显然会影响产物的组成。

4.2　溶剂的影响

改变一个反应的溶剂通常会对其反应速率产生显著的影响，并且也可能改变其反应机理。比如卤化物通过 S_N1 进行水解的过程，增加溶剂的极性(增加介电常数 ε)或者其离子溶剂化的能力，会导致反应速率有非常明显的增加。比如，叔丁基卤化物 Me_3CBr 在 50%的
81 乙醇-水溶液中水解，反应速率是在纯乙醇中的 30000 倍。这是因为在 S_N1 反应中，相对于起始原料，电荷会在过渡态中产生并集中：

$$R{-}Hal \rightarrow \left[\overset{\delta+}{R}\cdots\overset{\delta-}{Hal}\right]^{\ddagger} \rightarrow R^{\oplus}Hal^{\ominus}$$

该过程所需的能量随介电常数 ε 的升高而降低，相比于原料，生成的离子对的溶剂化能可以很好地促进该反应过程。溶剂的影响，特别是溶剂化效应对 S_N1 反应具有非常重要的影响，这也是在气相中 S_N1 反应极为罕见的原因。

然而，对于 S_N2 反应，增加溶剂的极性对反应速率的影响要小得多，甚至会对反应速度有稍微的降低作用。这是因为在该类型反应中没有新的电荷生成，并且相比起始原料，过渡态(TS)中存在的电荷是被分散的：

$$Nu^{\ominus} + R{-}Hal \rightarrow \left[\overset{\delta-}{Nu}\cdots R\cdots\overset{\delta-}{Hal}\right]^{\ddagger} \rightarrow Nu{-}R + Hal^{\ominus}$$

因此，过渡态的溶剂化没有起始的亲核试剂明显，导致反应速率稍微降低。改变溶剂带来的反应速率的不同表现，在一定程度上可以用来区分 S_N1 和 S_N2 反应模式。

但是，将 S_N2 反应从一个极性的羟基溶剂中转移到极性的非羟基溶剂中，其反应速率会有非常显著的变化。比如在 0 ℃下，一级卤化物 MeI 与 N_3^- 在 *N*，*N*-二甲基甲酰胺(DMF，ε =37)中的反应速率是在甲醇(ε =33)中的 45000 倍，虽然这两种溶剂的极性非常接近。这一巨大的差异主要在于，在甲醇体系下亲核试剂 N_3^- 与甲醇通过氢键而高度溶剂化(见 **57 页**)，而在 DMF 中则没有氢键而不存在强溶剂化作用。DMF 中大量未溶剂化的 N_3^- 比在甲醇中被溶剂化的 N_3^- 具有更好的亲核性，所以反应速率增加。S_N2 反应速率从甲醇转移到另一极性非质子溶剂二甲亚砜(DMSO，ε =46)时，其反应速率可以增加多达 10^9 倍。

通过改变溶剂还可能对反应机理产生实际影响，比如增加溶剂的极性和对离子的溶剂化能力可能会(但不是一定会)使反应模式由 S_N2 变成 S_N1。

将溶剂从羟基溶剂换成极性的非质子溶剂(DMSO)，通常会极大地增加反应体系亲核试剂的亲核能力，从而可以并经常使反应由 S_N1 类型转变为 S_N2 类型。

4.3　结构的影响 82

当卤化物和碱发生反应时，我们可以得到以下有趣的系列：

$$\underset{(5)}{CH_3—Br}\qquad \underset{(6)}{MeCH_2—Br}\qquad \underset{(7)}{Me_2CH—Br}\qquad \underset{(8)}{Me_3C—Br}$$

根据文献报道，在这个系列中，第一个化合物和最后一个化合物能够很容易地发生水解反应，而其余两个化合物则较难发生水解反应。通过测量这些化合物在稀释的氢氧化钠乙醇溶液中的水解速率，可以得到相应的速率图(图 4.1)。①

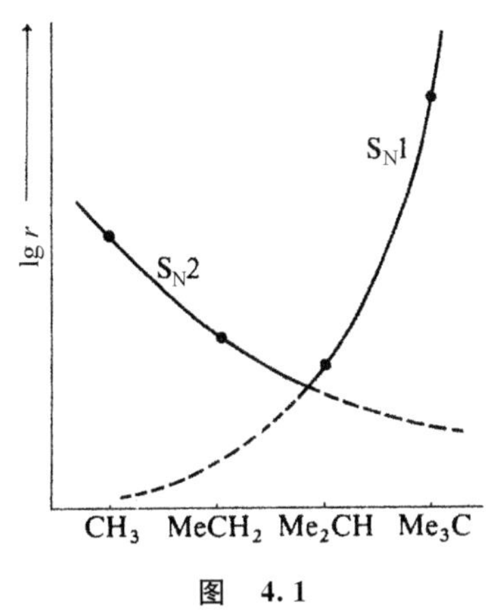

图　4.1

进一步的动力学研究表明，反应级数也随着底物改变而发生变化，说明反应的机理也可能发生了变化。对于溴甲烷(5)和溴乙烷(6)而言，水解反应动力学方程遵循二级反应速率方程，而 2-溴丙烷(7)的水解反应动力学方程则是一级和二级反应速率方程的混合形式，两者具体的比例与起始的 HO^- 浓度有关(HO^- 起始浓度越大，二级反应的比例越大)，其水解速率是 4 个化合物中最小的。2-溴-2-甲基丙烷(8)的水解反应动力学方程遵循一级反应速率方程。

为了找出反应机理变化的合理解释，我们需要思考在每一个例子中过渡态的电子效应和立体效应。对于 S_N2 反应而言，底物从溴甲烷到 2-溴-2-甲基丙烷的变化过程中，由于甲基
个数的增加，给电子诱导效应增强，使得连有溴原子的碳原子上的正电荷密度下降，因此更 83
难以被 HO^- 进攻。这一电子效应的影响可能是较小的，更重要的是立体效应的影响。随着底物的变化，连有溴原子的碳原子上取代基逐渐增多，使得 HO^- 难以发生亲核进攻。更重要的是，相应的 S_N2 反应过渡态中，碳原子的周围将含有 5 个取代基团(起始的卤化物中心碳原子上只有 4 个基团)，这说明相比于起始物而言，S_N2 反应的过渡态变得更加拥挤，并且这种相对拥挤程度会随着起始底物取代基大小的增加而增加，例如取代基从氢变成甲基。过渡态比起始底物越拥挤，则过渡态的能量越高，其形成也就越慢。因此我们可以预见，简

① 本图经康奈尔大学出版社许可，引自英果尔德的著作 *Structure and Mechanism in Organic Chemistry*。

单的 S_N2 反应速率随系列从左到右依次降低。实际上，可以在全程严格遵循二级反应（S_N2 途径）的条件下对一系列类似于图 4.1（见 **82 页**）的卤化物的亲核取代反应（$^-Br + R—Cl$）进行测量，得到相应 S_N2 反应的速率：

相对速率	CH_3Cl	$MeCH_2Cl$	Me_2CHCl	Me_3CCl
S_N2	1	$2{\cdot}7\times10^{-2}$	$4{\cdot}9\times10^{-4}$	$2{\cdot}2\times10^{-5}$

对于 S_N1 反应而言，在过渡态中发生了明显的电荷分离（见 **81 页**），我们通常会把其形成的离子对中间体作为相应的过渡态模型。对于上述系列中卤化物而言，它们形成的碳正离子稳定性逐渐增加，因此形成反应过渡态的速率也增加。这一碳正离子的稳定性增加来源于诱导效应

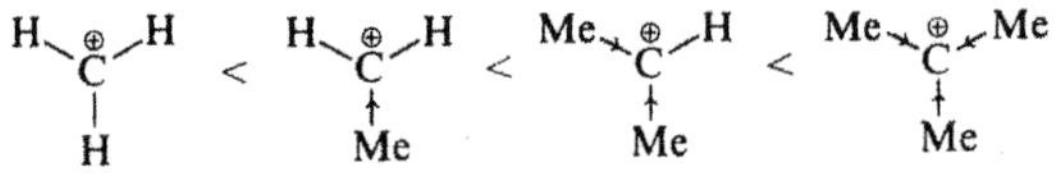

$$H_2\overset{\oplus}{C}—H < H_2\overset{\oplus}{C}\leftarrow Me < Me\rightarrow\overset{\oplus}{C}H\leftarrow Me < Me\rightarrow\overset{\oplus}{C}(\leftarrow Me)_2$$

以及 α 碳原子上氢原子提供的超共轭效应（见 **25 页**）。对于上述卤化物而言，其形成的碳正离子分别含有 0，3，6，9 个 α 碳原子上的氢原子。

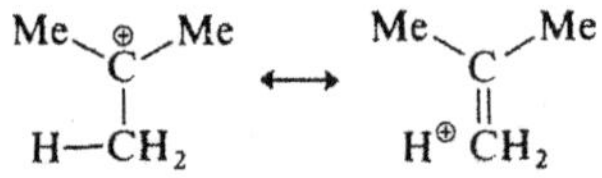

$$Me_2\overset{\oplus}{C}—CH_2—H \longleftrightarrow Me_2C{=}CH_2\ H^{\oplus}$$

上述 C—H 键与碳正离子的相互作用可以通过氘代卤化物的反应来证明。当用一个氘原子取代氢原子后，相应离子对形成速率会降低约 10%，这种现象只能由 C—H 键参与了离子化来解释。这种现象被称为二级动力学同位素效应，称为二级是因为含有同位素标记的键并
84 没有直接发生断裂（参见 **46 页**）。诱导效应和超共轭效应的具体贡献比例有待争议，但是许多碳正离子以平面结构生成，而平面结构则是超共轭效应形成的最有效的状态（参见 **104 页**）。

在立体效应方面，在卤化物通过 S_N1 途径形成碳正离子的过程中，底物中的碳原子从一个四面体形的四取代的 sp^3 碳原子变成了一个平面型的三取代的 sp^2 碳原子（参比 S_N2 中的五取代过渡态），取代基之间的排斥作用得到释放。3 个取代基会尽量地远离以形成平面型的碳正离子，而且随着取代基大小的增加（$H\rightarrow Me\rightarrow Me_3C$），这种排斥作用的释放更为明显。根据电子效应和立体效应的综合结果，我们可以预见 S_N1 反应的速率将随系列从左到右大幅提高。然而目前从实验上还不可能设计相关的条件，使得图 4.1（见 **82 页**）中的 4 个卤化物都通过 S_N1 的路径进行反应。

综上所述，图 4.1 的上述系列中的卤化物从左至右，S_N2 反应的速率将降低，S_N1 反应的速率将增加。我们也很容易理解实验中观察到的反应速率变化规律和反应途径变化的原因。

在下述系列卤化物的反应中我们能观察到类似的机理变化，并且相应的变化趋势更为明显。

$CH_3—Cl$	$C_6H_5CH_2—Cl$	$(C_6H_5)_2CH—Cl$	$(C_6H_5)_3C—Cl$
(9)	(10)	(11)	(12)

在 50%的丙酮水溶液中，我们可以观察到苯基氯甲烷(10)的水解速率方程是一级和二级反应速率方程的混合形式；而在水溶液中，该反应则基本上完全经历 S_N1 的反应途径。二苯基氯甲烷(11)的水解反应遵循一级速率方程，反应速率大大增加；而三苯基氯甲烷(12)的电离非常显著，这一化合物溶解在液态二氧化硫中会显示出电导性，离子化被更大程度地促进，进而导致反应更早地向 S_N1 途径变化，其原因在于形成的碳正离子可以通过离域更好地被稳定。

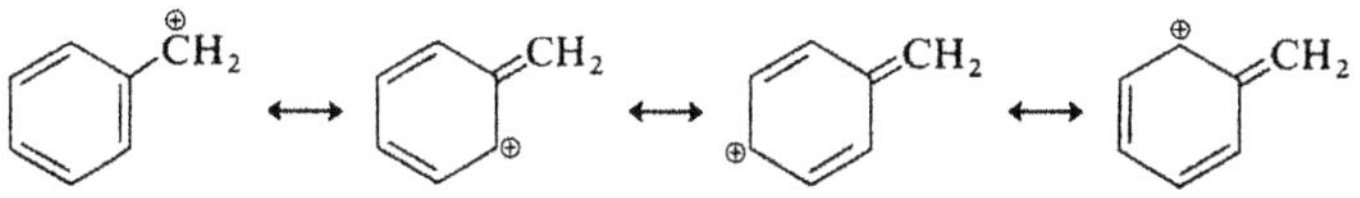

这是一个典型的通过苯环离域 π 轨道来实现的电荷离域，从而使得相应的离子更加稳定的例 85
子(参比带负电荷的苯酚离子，见 **23 页**)。而且对于化合物(11)和(12)来说，正电荷能够更好地被分散，因此这种稳定作用会逐渐变得更加显著，S_N1 取代反应途径也会更有优势。

对于化合物(10)而言，其 S_N2 反应的速率基本上与氯乙烷($MeCH_2Cl$)一致。这说明，苯基较大的位阻对过渡态造成拥挤的不利因素可以被促进反应进行的电子效应(有可能是诱导效应)所弥补。

相似的正电荷的稳定效应也可以在烯丙基卤化物的水解反应中观察到，如 3-氯丙烯的水解反应：

$$CH_2{=}CH{-}CH_2Cl \rightarrow [CH_2{=}CH{-}\overset{\oplus}{C}H_2 \leftrightarrow \overset{\oplus}{C}H_2{-}CH{=}CH_2]\ Cl^{\ominus}$$

其 S_N1 取代反应变得更加容易，烯丙基类化合物，如苄基卤化物是比 $CH_3CH_2CH_2Cl$ 或 $C_6H_5CH_2CH_2CH_2Cl$ 更加活泼的物种，因为在后两个化合物中不存在上述的能够稳定碳正离子的作用。同时，相比于 $CH_3CH_2CH_2Cl$，烯丙基卤化物的 S_N2 取代反应速度也会变快，这可能是因为双键的电子效应对反应的促进作用不会被它不利的立体效应所抵消[例如上述化合物(10)的有利的电子效应被较大的 C_6H_5 基团的不利位阻效应抵消]。两种反应途径的相对比例与反应条件有关，亲核试剂的亲核能力越强，S_N2 反应的比例越大(参见 **96 页**)。

与之相比，烯基卤化物，如氯乙烯或者氯苯在亲核试剂的存在下，则显示出很差的反应性。这是因为卤素原子现在与一个 sp^2 杂化的碳原子相连，与 $C(sp^3)$ —Cl 相比，$C(sp^2)$ —Cl 中的成键电子更偏向于碳原子，因此相比于化合物 CH_3CH_2Cl 而言，C—Cl 键具有更小的偶极，键能更强，更难发生断裂。这类化合物由于难以发生电离，因此其经由 S_N1 途径发生取代反应是不利的；同时它们的碳原子所带的正电荷程度也更小，因此其经由 S_N2 途径(接受 HO^- 的进攻)发生取代反应的倾向也变小。双键上的 π 电子会与亲核试剂发生排斥作用，从而阻碍亲核试剂与底物的接近。同时双键无法稳定 S_N2 反应的过渡态或者 S_N1 反应所经由的碳正离子。上述分析同样也适用于卤代苯类化合物，因为它们的结构中也存在 sp^2 杂化的碳原子和苯环的 π 电子。这些化合物的双分子反应，并不是通过简单的 S_N2 反应途径进行的，具体的内容将在后面的章节讨论(参见 **170 页**)。

当取代反应发生在 β 位时，立体效应对反应途径的影响也可以特别地被观察到。对于下面这个系列的化合物来说，

86 CH_3-CH_2-Br (6) 1·0 $MeCH_2-CH_2-Br$ (13) $2·8 \times 10^{-1}$ Me_2CH-CH_2-Br (14) $3·0 \times 10^{-2}$ Me_3C-CH_2-Br (15) $4·2 \times 10^{-6}$

图中给出了它们在 EtOH 中与 EtO^- 发生亲核取代(都是 S_N2)反应的相对速率。甲基与反应中心相隔两个饱和的碳原子，因此甲基的电子效应影响非常小。造成反应速率不同的原因是空间位阻效应，EtO^- 从连有溴原子碳的背面进攻的难度增加，相应的过渡态也变得更加拥挤。从化合物(14)到化合物(15)，反应速率大幅度降低，这是因为在化合物(14)所形成的反应过渡态中，虽然较为拥挤，但是可以通过 $C_\alpha—C_\beta$ 键的旋转来调整过渡态的构象(14*a*)，使得 EtO^- 仅与氢原子发生作用；而在化合物(15)中则不能通过键的旋转来使过渡态处于开放的构象(15*a*)，从而接受亲核试剂的进攻(参见 **110 页**)。

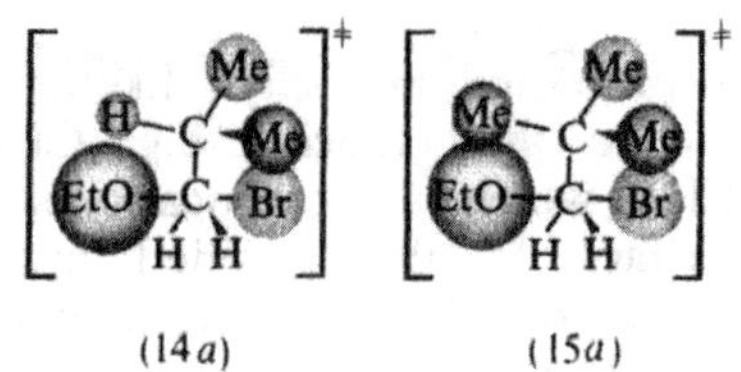

(14*a*) (15*a*)

过渡态(15*a*)处于一个很高的能量，故反应的活化自由能 $\Delta G^{\neq}$(参见 **38 页**)很大，反应速率相应降低。

当卤原子处于双环化合物的桥头碳原子上时，底物结构对于相对反应活性的影响将体现得更为清楚。下面给出了一系列化合物在 80%乙醇水溶液中的溶剂解速率(25 ℃)：

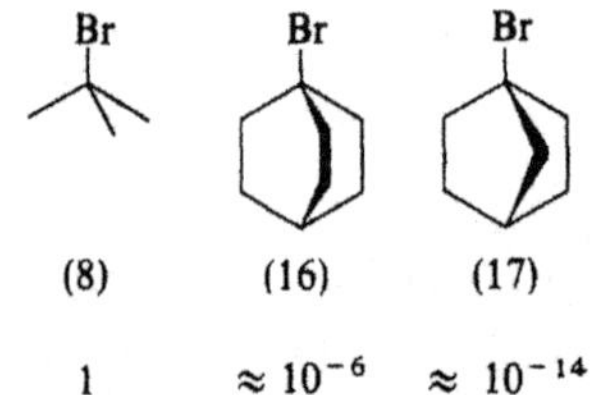

(8) 1　(16) $\approx 10^{-6}$　(17) $\approx 10^{-14}$

这些化合物都是三级卤化物，(16)和(17)比(8)更不可能按照 S_N2 机理发生反应(参见 **82 页**)。S_N2 反应需要亲核试剂从连有溴的碳原子的背后进攻，而化合物(16)和(17)具有笼状结构，因此亲核试剂无法从背后接近碳原子，也无法形成桥头碳原子变为平面型的过渡态
87 (参见 **84 页**)。对于化合物(16)和(17)而言，它们也很难像化合物(8)一样，经过生成离子对(S_N1 机理)的决速步来发生溶剂解反应，这是因为刚性骨架使得它们形成的碳正离子很难被稳定(碳正离子需要一个平面结构，才能被很好地稳定)，因此相应的碳正离子具有很高的能量，形成起来非常缓慢且艰难。同时，相比于化合物(16)而言，化合物(17)的溶剂解速率更加缓慢，这是因为(17)的结构中，两个桥头碳原子只相隔一个碳原子，因此骨架的刚性更强。

桥头碳原子的骨架刚性在化合物(19)中体现得更加明显，使得这一化合物基本上不会与亲核试剂发生反应。

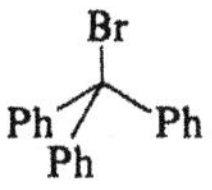

Ph_3CBr

(18)

1

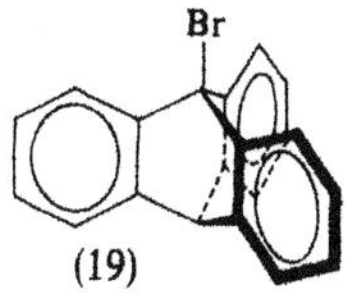

(19)

10^{-23}

虽然化合物(19)中溴原子的化学环境与化合物(18)中的比较类似，然而它们在相同的取代反应条件下表现出来的速率之比却为 10^{-23} ∶1！这是因为化合物(18)形成的碳正离子可以被 3 个苯环的 π 轨道所离域，然而化合物(19)高度的刚性结构使得碳正离子(失去 Br^- 所形成的)空轨道和苯环 π 体系垂直，因此不能发生离域作用。

4.4 反应机理涉及的立体化学

具有光学活性的手性①卤化物的水解反应体现出了一些有趣的立体化学特征。下面我们分不同的机理来讨论。

4.4.1 S_N2 机理：构型翻转

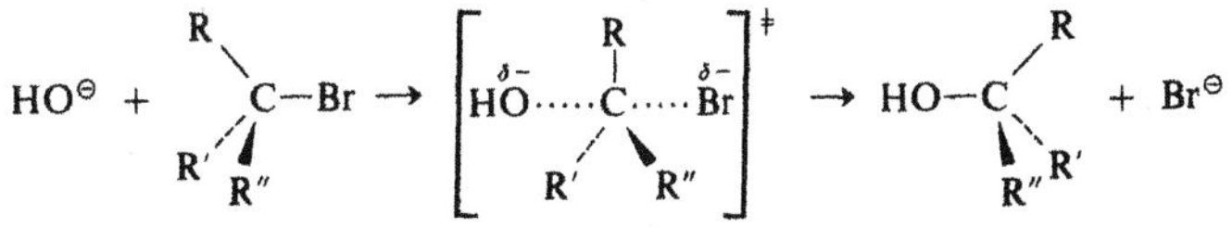

$$HO^{\ominus} + RR'R''C—Br \rightarrow [\overset{\delta-}{HO}\cdots C(R)(R')(R'')\cdots \overset{\delta-}{Br}]^{\ddagger} \rightarrow HO—CRR'R'' + Br^{\ominus}$$

(+)　　　　　　　　(?)

进攻碳原子上的 3 个基团被完全从里面翻出，我们将其称为碳原子的构型发生了翻转 88
(一个原子的构型指与其相连基团的空间分布)。事实上，如果产物是溴化物，而不是对应的醇，如果起始物使得偏振光向(＋)方向偏转，那么产物会使得偏振光朝着另一个方向(－)偏转，即产物和起始物是镜像关系(参见 89 页)。然而事实上产物是醇，因此我们无法简单地通过其使得偏振光偏转方向的结果，来判断产物和起始物的构型是保持一致还是发生了翻转。这是因为两个非镜像的构型相反的化合物，不一定会表现出相反的旋光；同理，具有相同构型的非镜像化合物也不一定表现出相同方向的旋光。因此，为了在实验上确认上述的 S_N2 反应如理论分析一样发生了碳原子的构型翻转，我们需要通过其他的办法来确定起始物和产物(如上例中的溴化合物和醇)中碳原子的立体构型。

4.4.2 相对构型的确定

这一方法建立在这样一个事实之上：如果在一个反应中，手性化合物的手性中心相连的化学键发生了断裂，那么这一手性中心的构型有可能(但不是绝对地)发生翻转；但是如果在反应中该化学键没有发生断裂，那么该手性中心的构型将保持。

在下面有关光学活性醇(20)的一系列反应中：

① 手性化合物指的是与其镜像不能重合的化合物。

(20) $\xrightarrow{ArSO_2Cl}$ (21) $\xrightarrow{Br^{\ominus}}$ (24)

(21) $\xrightarrow{MeCO_2^{\ominus}}$ (22) $\xrightarrow{^{\ominus}OH}$ (23)

$R = PhCH_2$; $R' = Me$; $R'' = H$; $Ar = p\text{-}MeC_6H_4$

89 其与 4-甲基苯磺酰氯的成酯反应不会使得醇的 C—O 键发生断裂①，因此得到的化合物(21)和原来的醇具有相同的构型。使用乙酸根负离子和酯(21)发生反应，会发生 $ArSO_3^-$ 和 $MeCO_2^-$ 的置换反应，在这个反应中 C—O 发生了断裂，在生成相应乙酸酯(22)的时候会发生构型的翻转。乙酸酯化合物(22)在碱的作用下发生水解，这个过程不牵涉 C—O 的断裂②，因此得到的醇(23)应该与乙酸酯(22)具有相同的构型。实验结果表明，化合物(23)是起始物(20)的镜像(具有相反的旋光)，因此在这一系列反应之中必定发生了手性中心构型的翻转，而且这一翻转过程只可能发生在 $MeCO_2^-$ 与磺酸酯(21)的反应过程中。一系列的亲核试剂与磺酸酯(21)发生反应的时候，我们都能够观察到构型翻转的现象。因此我们可以有把握地得出结论，当 Br^- 作为亲核试剂时，得到的溴化物(24)像醋酸酯(22)一样，与起始的醇(20)具有相反的构型。

两分子取代反应(S_N2 反应)会造成碳原子的构型发生翻转这一基础的理论可以通过一个十分巧妙的实验来证明。在这个实验中，一个光学纯的烷基卤化物与一个相同卤素的同位素负离子发生亲核取代反应，例如 $^{128}I^-$ 与(+)-2-碘辛烷(25)的反应。

$$^{128}I^{\ominus} + (25) \longrightarrow \left[{}^{128}\overset{\delta-}{I}\cdots\cdots C\cdots\cdots \overset{\delta-}{I}\right]^{\ddagger} \longrightarrow (25a) + I^{\ominus}$$

这一取代反应可以通过观察放射性的 ^{128}I 在碘化钠和 2-碘辛烷之间变化的分布来监测。我们可以发现，在这一条件下，该取代反应是总的二级反应(对于 $^{128}I^-$ 和 2-碘辛烷分别是一级的)，速率常数为 $k_2 = (3.00 \pm 0.25) \times 10^{-5}$ (30 ℃)。

如果经过 S_N2 反应途径发生了构型的翻转，那么溶液的光学活性应该趋近于 0，即将会发生消旋化。这是因为(25)通过 S_N2 反应途径得到的化合物应该是它的镜像(25a)，它可以
90 与(25)配对，生成外消旋化合物。同时这一外消旋化的速率应该是构型翻转速率的 2 倍。消旋的速率可以通过偏振计来测定，进而计算出相应的构型翻转的速率大约为 $k = (2.88 \pm$

① 这可以通过将醇的 OH 的氧用 ^{18}O 进行标记，并在磺酸酯的产物中发现 ^{18}O 没有消失来证明；但是当形成的磺酸酯与 $MeCO_2^-$ 进行反应时会发现 ^{18}O 标记的氧消失了。

② 醇上氧被 ^{18}O 标记的醋酸酯水解时不能得到 ^{18}O 被取代的产物，说明烷基-氧键在水解过程中没有发生断裂(参见 **47 页**)。

0.03)×10^{-5}(30 ℃)。

在实验允许的误差范围内，取代反应的速率和构型翻转的速率是基本一致的，这就说明双分子的取代反应确实经历了构型翻转的过程。因为 S_N2 反应总会伴随构型的翻转，所以我们通常也根据产物相比于起始物是否发生了构型翻转来判断反应是否经历了 S_N2 反应途径。

4.4.3 S_N1 机理：外消旋化？

在决速步中缓慢形成的碳正离子是一个平面的结构，因此亲核试剂，如 HO^- 或 H_2O 理论上可以相同的概率从碳正离子的两面进攻，得到一种比例为 50/50 的与起始物具有相同构型和相反构型的混合物，即发生外消旋化，反应会得到不具有光学活性的产物。

实际上，我们所预期的完全消旋化现象很少被观察到，这一消旋的过程总是伴随着一定程度的构型翻转。这两个途径的比例取决于：(i) 卤化物的结构，特别是其产生的碳正离子的稳定性；(ii) 溶剂，特别是其作为亲核试剂的亲核能力。当碳正离子越稳定时，外消旋化的比例就越大，而当溶剂的亲核性越强时，构型翻转途径所占的比例就越大。我们可以通过下面的过程来理解上述事实：

$$\overset{\delta+}{R}-\overset{\delta-}{Br} \rightleftarrows [R^{\oplus}Br^{\ominus}] \rightleftarrows [R^{\oplus}][Br^{\ominus}] \rightleftarrows [R^{\oplus}] + [Br^{\ominus}]$$

(26) (27) (28)

(26)是一个紧密离子对，共同溶剂化的抗衡离子之间非常紧密地连在一起，其离子之间 91
没有溶剂分子；(27)是一个溶剂相隔的离子对；而(28)代表的是完全分离的溶剂化的离子对。

在溶剂解反应中，R^+ 离子被一个溶剂分子(如 H_2O)进攻，如果是在(26)的阶段发生取代反应，那么构型很有可能发生翻转，此时溶剂分子会从 R^+ 离子的背后而不是正面进攻，因为 R^+ 离子的背面没有溶剂分子且正面被抗衡离子 Br^- 所屏蔽。当在(27)的阶段发生取代反应时，进攻更有可能从两面进行，导致产物的消旋化。当在(28)的阶段发生取代反应时，进攻可以相同的概率从碳正离子两面发生，因此相应的碳正离子的寿命越长，越不容易被亲核试剂进攻，那么我们可以预想到消旋的比例会更大。对于以上(i)的影响，碳正离子越稳定，其存在寿命越长；而对于以上(ii)的影响，溶剂的亲核性越强，碳正离子存在的寿命就越短。

因此，对于底物(+)-$C_6H_5CHMeCl$ 的溶剂解反应而言，可以形成一个稳定苄基正离子(参见 **84 页**)，所以会发生 98% 的消旋；而对于底物(+)-$C_6H_{13}CHMeCl$ 的溶剂解反应，由于它无法形成相同程度稳定的碳正离子，所以它的溶剂解反应仅发生 34% 的消旋。(+)-C_6H_5CHMeCl 在 80%丙酮/20%水体系中的水解反应会发生 98%的消旋，而在亲核性更强的纯水体系中的水解反应仅发生 80%的消旋。我们也可以将相同的理论应用于一般亲核试剂 Nu：的亲核取代反应中，区别在于：对于外加亲核试剂的取代反应而言，碳正离子的寿命会更长，至少部分原因是溶剂化的碳正离子要先发生溶剂的离去，亲核试剂才能进攻。需要注意的是，相比于 S_N2 反应的构型翻转而言，消旋化并不是 S_N1 机理严格的立体化学要求。

4.4.4 机理的界限

通过前面的讨论(参见 **82 页**)可以看出，一些底物的反应，例如二级卤化物的反应是一级动力学反应和二级动力学反应的混合，那么问题在于，这个反应是否同时经历了 S_N2 和 S_N1 的机理(具体两种途径的相对比例与溶剂等因素有关)，或者是否经历了介于 S_N2 和 S_N1 机理之间的某个特定机理?

在我们之前所讨论的溶剂解反应中，亲核试剂是反应的溶剂，这一混合的动力学很难被检测。这是因为无论发生的是 S_N2 还是 S_N1 反应，动力学方程都体现为如下方程式：

$$r = k\,[\text{R—X}]$$

因为在 S_N2 反应中，亲核试剂为大量存在的溶剂，因此亲核试剂的浓度在反应过程中可以
92 认为是不变的。这就产生了一个问题：在溶剂解反应中观察到的外消旋和构型翻转，是否更倾向于同时经历 S_N2 和 S_N1 机理，而不是之前所提及的相对更精细的离子对机理?

至少在一些例子中，我们可以说明 S_N1+S_N2 途径的混合机理在一些反应中是不正确的。例如卤化物(+)-C_6H_5CHMeCl 在 $MeCO_2H$ 中的溶剂解反应：

$$\underset{(+)}{C_6H_5\underset{\text{Me}}{\underset{|}{C}}H\text{—Cl}} \xrightarrow{MeCO_2H} C_6H_5\underset{\text{Me}}{\underset{|}{C}}H\text{—OCOMe}$$

88% 消旋
12% 净翻转

会导致 88%的消旋和 12%的构型翻转。在反应体系中加入亲核性更强的 $MeCO_2^-$(例如 $MeCO_2Na$)，我们可以观察到：(i) 反应的总速率没有增加；(ii) 构型翻转的比例没有增加。这很大程度上说明了观察到的构型翻转并不是来源于与 S_N1 途径同时进行的 S_N2 反应。假如是，我们可以预见到将亲核试剂由 $MeCO_2H$ 改变为亲核性更强的 $MeCO_2^-$ 后，反应的总速率和构型翻转的比例都应该增加。

对这一问题的很多兴趣和争议存在于最后的分析中，即是否可能有一个介于 S_N2 和 S_N1 途径的连续变化的中间机理：这些机理中分别逐渐从纯粹的 S_N2 途径的过渡态，经过离子对/溶剂组合，最后偏离到纯粹的 S_N1 途径。这实际上是一个理论逐步偏离到语义学甚至神学的领域!

4.4.5 S_Ni 反应机理：构型保持

尽管之前所提到的取代反应可能导致构型翻转、外消旋化或者两者的混合情况，我们在一些例子中也发现了构型保持的现象，即反应起始物和产物具有相同的构型。其中一个例子是使用二氯亚砜 $SOCl_2$ 发生的 Cl 取代 OH 的反应：

$$\text{(29)}\ \text{Me(Ph)(H)C—OH} \xrightarrow{SOCl_2} \text{Me(Ph)(H)C—Cl}\ \text{(30}a\text{)} + SO_2 + HCl$$

这个反应遵循着二级动力学方程：$r=k_2[ROH][SOCl_2]$，但是这个反应并不是经过简单的 93
S_N2 途径进行的，因为在反应中并没有观察到构型翻转(见 **87 页**)。

在温和的反应条件下，我们可以分离得到 ROSOCl(31)，可以证明这是反应的真正中间体。亚磺酸酯形成的时候 R—O 键没有断裂，因此构型没有发生变化。当反应溶剂的极性增加时，由亚磺酸酯中间体(31)变为产物 RCl(30a)的速率增加，这很有可能是由于碳正离子 R^+ 的稳定性增加的缘故，故离子对 R^+OSOCl^-(32)应该参与了反应。假如离子对到产物反应发生得足够快，即在一个溶剂笼中的紧密离子对(33)的反应(参见 **90 页**)，那么 Cl^- 就可能从$OSOCl^-$离去的那一面进攻，构型得到保持。

$$\text{(31)}\ \text{Me(Ph)(H)C—OS(O)Cl} \xrightarrow{\text{慢}} \text{(32)}\ \text{Me(Ph)(H)C}^{\oplus}\ {}^{\ominus}\text{OS(O)Cl} \longrightarrow \text{(33)}\ \text{Me(Ph)(H)C}^{\oplus}\ Cl^{\ominus} + SO_2 \longrightarrow \text{(30}a\text{)}\ \text{Me(Ph)(H)C—Cl}$$

实际上，C—O 和 S—Cl 的断裂是同时发生还是 C—O 的断裂先发生，仍是一个具有争议的问题。

有趣的是，如果在吡啶存在的条件下，$SOCl_2$ 和 ROH(29)的反应会导致构型翻转(30b)。这是因为在 ROH 和 $SOCl_2$ 反应生成(31)的同时会产生 HCl，其会和吡啶反应生成 $C_5H_5NH^+Cl^-$，而 Cl^- 是一个有效的亲核试剂，可以经过 S_N2 途径从(31)的背面进攻，生成构型翻转的产物。

$$Cl^{\ominus} + \text{(31)}\ \text{Me(Ph)(H)C—OS(O)Cl} \longrightarrow \left[\overset{\delta-}{\text{Cl}}\cdots\cdots\text{C(Me)(Ph)(H)}\cdots\cdots\overset{\delta-}{\text{OS(O)Cl}}\right]^{\ddagger} \longrightarrow \text{(30}b\text{)}\ \text{Cl—C(Me)(Ph)(H)} + SO_2 + Cl^{\ominus}$$

4.4.6 邻基参与：构型保持

也有一些亲核取代反应的例子，其产物的构型得到保持，这些反应有一个共同的特点，
即被进攻的碳原子的附近碳上有一个含有孤对电子的原子或者基团。这个邻基基团可以用它 94
的孤对电子从被进攻碳原子的背后发生亲核进攻，从而阻止亲核试剂的直接进攻。这样一来，亲核试剂的进攻只能从“正面”发生，因此构型得到保持。例如化合物(34)在碱性条件下的水解反应会得到构型相同的二醇(35)。

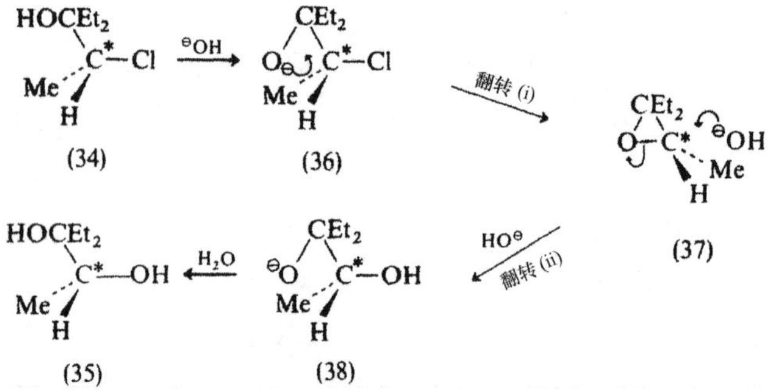

(34)　(36)　(37)　(35)　(38)

(34)在碱的作用下可以生成相应的烷氧基负离子(36)，随后 RO^- 内部进攻可以得到碳原子构型翻转的环氧化合物(37)(这些环状的中间体在很多情况下可以分离得到)，这一个碳原子①接受 HO^- 的进攻，发生正常的 S_N2 反应和第二次的碳原子构型翻转。最后，烷氧基负离子(38)从溶剂中获得一个质子，生成产物二醇(35)，它与起始物(34)有相同的构型。这一形式上的构型保持，实际上由连续两次的构型翻转所导致。

另一个氧原子作为邻基基团的例子是在低浓度 HO^- 下的 2-溴丙酸酯(39)的水解反应，反应中也观察到生成了构型保持的产物(40)。反应速率和 HO^- 的浓度无关，而反应应该是经由下面的途径进行的：

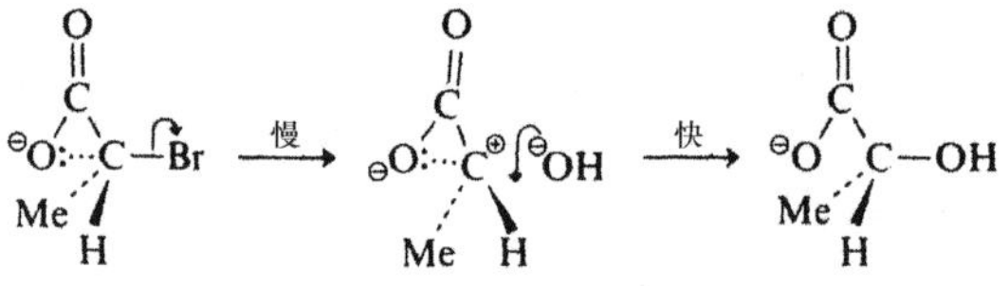

(39)　(41)　(40)

95 中间体是以两性离子(41)还是以不稳定的 α 内酯(41*a*)的形式存在，并不是非常清楚。

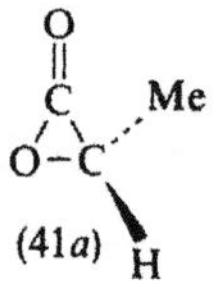

(41*a*)

当亲核试剂 HO^- 的浓度增加时，通过正常 S_N2 进攻而使碳原子构型发生翻转的比例会增加。

除了氧原子以外，其他原子(例如 S、N 原子)也可以进行邻基参与反应。在这些反应中，尽管没有立体化学的问题，但是反应速率的加快暗示着反应途径的变化。如化合物(42) $EtSCH_2CH_2Cl$ 的水解反应比相同条件下化合物(43) $EtOCH_2CH_2Cl$ 的水解反应要快 10^4 倍，这是因为 S 原子作为邻基基团参与了反应：

① 优先在该碳原子上发生进攻而不是另一个，是因为该碳原子上只有一个烷基取代基，因此在空间上更为有利。

$$EtS\!:\!CH_2{-}Cl\ (42)\xrightarrow[\text{慢}]{}\ Et\overset{\oplus}{S}{-}CH_2\ Cl^{\ominus}\ (44)\xrightarrow[\text{快}]{H_2O}\ EtS\!:\ CH_2OH$$

相比之下，化合物(43)中氧原子的电负性较大，不利于给出电子(与上述的 RO^- 和 RCO_2^- 中的 O^- 不同)，因此 $EtOCH_2CH_2Cl$ 的水解反应是外加亲核试剂作用下的正常 S_N2 取代反应，相比于分子内的亲核进攻[(42)→(44)]速率慢很多。像(44)这样的环状硫鎓离子参与到反应可以通过如下实验证明，(45)的水解反应得到了两种醇类化合物(非预期的产物产率更高)，这表明不对称的中间体(46)参与到了反应中：

(45) —慢→ (46) —H_2O，快→ EtS　CH(Me)OH　CH₂　预期的

(46) —H_2O，快→ EtS—CH(Me)—CH₂OH　非预期的

在相似的情况下氮原子也可以作为邻基基团，例如在 $Me_2NCH_2CH_2Cl$ 的水解反应中。 **96**
但是在相同的反应条件下，反应速率则没有像化合物(42)那么快，因为环状的铵离子比相应的(44)更加稳定。类似的环状离子会在芥子气($S(CH_2CH_2Cl)_2$)和相应的氮杂芥子气的水解反应中生成，所生成的环状铵盐也是很强的神经毒素。苯环的 π 轨道也可以作为邻基基团(参见 **105 页**和 **376 页**)。

4.5　进攻和离去基团的影响

4.5.1　进攻基团

改变所使用的亲核试剂，即进攻基团，将不会直接改变 S_N1 取代反应的速率，因为亲核试剂并不参与总反应的决速步骤。然而在 S_N2 取代反应中，亲核试剂的亲核性越强，反应速率越快。一个试剂的亲核性和它的碱性有一定的关系，因为两者都包含电子对的可用性以及给出这些电子的难易程度。然而亲核性和碱性的相关性其实一点也不精确，因为碱性是指孤对电子与氢原子的给予作用，而亲核性是指孤对电子与其他原子的给予作用(通常是碳原子)；碱性涉及平衡情况(热力学)，即反应的自由能变 $\Delta G^{\ominus}$，而亲核性通常是指动力学因素，即反应的活化自由能变 $\Delta G^{\neq}$；碱性受到立体因素的影响比较小，而亲核性受到立体因素的影响比较大。

这个区别在一定程度上遵循最近提出的硬碱和软碱的关系：硬碱是指提供电子的原子是具有高电负性、低极化性且较难氧化的物质，如 HO^-、RO^- 和 R_3N：；而软碱是指提供电子的原子是具有低电负性、高极化性且较易氧化的物质，如 RS^-、I^- 和 SCN^-。相同碱性的情况下，亲核试剂越软，亲核性越强。已知的碱性的数据通常更多，可以用来比较亲核

性，条件是所比较的试剂是相似的。因此，如果进攻的原子是相同的(电负性)，那么两者基本平行，即亲核试剂的碱性越强，亲核性就越强：

$$EtO^- > PhO^- > MeCO_2^- > NO_3^-$$

当亲核试剂变化时，反应的机理也可能发生变化。例如用 H_2O、HCO_3^- 和 $MeCO_2^-$ 作为亲核试剂时，反应按照 S_N1 途径发生；而用 HO^- 或 EtO^- 作为亲核试剂时，反应可能按照 S_N2 途径发生。

97 亲核试剂进攻的原子大小对亲核性的影响很大，对于元素周期表同一主族或副族的元素来说，有以下顺序：

$$I^- > Br^- > Cl^-, \quad RS^- > RO^-$$

原子的大小和电负性决定亲核试剂的可极化性(参见以上的软碱)：当原子大小增加时，其原子核对外围电子的束缚能力降低，因此它们变得更容易被极化，使得核之间距离较大时即可开始成键。同时，如果离子或基团越大，其溶剂化能越低，即它越容易成为有效的没有被溶剂化的亲核试剂。例如 I^- 和 F^- 的水化热分别为 284 和 490 kJ mol^{-1}。这些因素的共同影响使得半径大的、易极化的和溶剂化程度低的 I^- 相比半径小的、难极化的和溶剂化程度高(与羟基溶剂的氢键作用)的 F^- 而言是更好的亲核试剂。在这个基础上，我们可以预测将反应溶剂由含羟基溶剂换为极性非质子溶剂(参见 **81 页**)时，I^- 作为亲核试剂的反应速率的增加程度不如 Br^- 或 Cl^- 作为亲核试剂时速率增加的程度那么明显。这确实在许多例子中得到了证实(在丙酮中，Br^- 相比于 I^- 是更好的亲核试剂)。

另一个有趣的问题是，有些亲核试剂含有一个以上，通常是两个的亲核位点，我们称之为两可亲核试剂：

$$[{}^{\ominus}X{=}Y \leftrightarrow X{=}Y^{\ominus}]$$

在实际中我们发现，在高极性的 S_N1 反应中，进攻碳正离子 R^+ 的原子是亲核试剂中电荷密度较高的原子。例如对于不容易发生 S_N1 反应的卤化物而言，可以使用银盐来促进，如 AgCN、Ag^+ 的加入会与卤离子形成卤化银沉淀(参见 **102 页**)，促进了碳正离子 R^+ 的生成。

$$[{}^{\ominus}\ddot{C}{\equiv}\ddot{N} \leftrightarrow \ddot{C}{=}\ddot{N}^{\ominus}]$$

$$R{-}Br + Ag^{\oplus}[CN]^{\ominus} \xrightarrow[\text{慢}]{} AgBr\downarrow + R^{\oplus} + [CN]^{\ominus} \xrightarrow[\text{快}]{} R{-}\overset{\oplus}{N}{\equiv}C^{\ominus}$$

当没有 Ag^+ 的促进作用时，用 NaCN 作为亲核试剂，此时会发生 S_N2 取代反应，亲核试剂中容易被极化的原子发生进攻。

$$NC^{\ominus} + R{-}Br \rightarrow \left[\overset{\delta-}{NC}\cdots R\cdots\overset{\delta-}{Br}\right]^{\ddagger} \rightarrow N{\equiv}C{-}R + Br^{\ominus}$$

T.S.

这是容易理解的：因为与 S_N1 途径不同的是，此时键的形成发生在形成过渡态的决速步中，
98 因此亲核试剂中成键原子的可极化性大小很重要，这样可以使得在成键的开始核与核之间的距离尽可能大(见上文)。使用 AgCN 和 NaCN 作为亲核试剂得到不同的产物这一现象经常被用于有机合成中。类似地，当使用 NO_2^- 作为亲核试剂时，在 S_N1 反应中会生成烷基亚硝

酸酯 R—O—N═O（O 原子具有更高的电子云密度），而在 S_N2 反应中会生成硝基烷烃 RNO_2（N 原子更容易被极化）。

4.5.2　离去基团

改变离去基团会明显改变 S_N1 和 S_N2 反应的速率，因为连有离去基团的键的断裂都包含在 S_N1 和 S_N2 反应的决速步中。在化合物 R—Y 中，Y 作为离去基团，其能力会受到以下因素的影响：(i) R—Y 键的键能大小；(ii) R—Y 键的可极化性大小；(iii) Y^- 的稳定性；(iv) 在 S_N1 或 S_N2 反应过渡态中形成的 Y^- 通过溶剂化产生的稳定化作用程度的大小。

我们在实验中观察到的卤化物的活性顺序如下（S_N1 或 S_N2 反应）：

$$R—I>R—Br>R—Cl>R—F$$

说明这里因素(i)和(ii)比因素(iii)和(iv)可能更加重要。对更多的离去基团而言，因素(iii)说明，当 Y^- 的碱性越弱（或者 HY 的酸性越强）时，其作为离去基团的能力也就越强。这一结论在某种程度上通过一系列化合物 R—Y 的亲核取代反应被证实，其中 R 基团是相同的。因此，相应的负离子如果是强的含氧酸，例如 p-$MeC_6H_4SO_3^-$（参见对甲苯磺酸根，见**88 页**）或者 $CF_3SO_3^-$（三氟甲磺酸根）等好的离去基团（与卤素负离子一样），对于这些含氧的离去基团，因素(iii)和(iv)的重要性就上升了。然而，溶剂的改变会影响离去基团相对的离去能力，这体现了因素(iv)的影响。这一影响在溶剂由含羟基的溶剂改变为极性非质子溶剂（例如 DMSO、DMF 等）时体现得非常明显，因为离去基团的离去性由最初的因素(iii)/(iv)控制变为后来的因素(i)/(ii)控制。

高的可极化性使得 I^- 既是一个好的进攻基团，又是一个好的离去基团，因此它经常可以作为催化剂来促进速率较慢的亲核取代反应，例如：

$$H_2O\!: + R—Cl \xrightarrow[\text{慢}]{} HO—R + H^{\oplus}Cl^{\ominus}$$

$$I^{\ominus} + R—Cl \xrightarrow{\text{快}} I—R + Cl^{\ominus}$$

$$I—R + H_2O \xrightarrow{\text{快}} H^{\oplus}I^{\ominus} + R—OH \;(\uparrow \text{返回 } I^{\ominus})$$

这被称为亲核性的催化剂。当一个离去基团的碱性越强且越偏向于硬碱，它就越不容易被取 99
代。例如与碳相连的 HO^-、RO^- 和 NH_2^- 这些半径小、电负性高、可极化性低的基团（参见硬碱），通常不容易被其他亲核试剂取代。

对于这些很难发生甚至不能发生的取代反应，能够通过离去基团的修饰使其发生。例如通过质子化过程使得离去基团变为弱碱和（或）软碱。例如 HO^- 不能直接被 Br^- 所取代，但是如果首先被质子化，取代反应就能够顺利进行：

$$Br^{\ominus} + R—\ddot{O}H \nrightarrow Br—R + {}^{\ominus}OH$$

$$H^{\oplus} \downarrow\uparrow$$

$$Br^{\ominus} + R—\overset{\oplus}{\ddot{O}}H(H) \longrightarrow Br—R + H_2O$$

造成这个结果可能有以下两个原因：(i) Br^- 进攻的是一个带有正电荷的物种而不是一个中

性分子；(ii)弱碱 H_2O 相比于强碱性的 HO^- 是一个更好的离去基团。大家熟知的使用 HI 切断醚的反应机理就是强酸性溶液下发生了最初的质子化过程，同时产生了亲核性最强的 I^-：

$$R-\ddot{O}Ph \xrightleftharpoons{H^{\oplus}} R-\overset{\oplus}{\ddot{O}}(H)Ph \xrightarrow{I^{\ominus}} RI + PhOH$$

4.6 其他的亲核取代反应

在讨论对饱和碳原子的亲核取代反应时，人们倾向于关注亲核性负离子 $Nu{:}^-$，如 HO^-，对极性中性物种(特别是卤化物)的亲核进攻反应。事实上，这种类型的取代反应也非常普遍地包括中性亲核试剂对于极性中性物种的进攻，

$$Me_3N{:} + Et-Br \rightarrow Me_3\overset{\oplus}{N}Et + Br^{\ominus}$$

$$Et_2S{:} + Me-Br \rightarrow Et_2\overset{\oplus}{S}Me + Br^{\ominus}$$

亲核性的负离子对于带正电荷物种的进攻，

$$I^{\ominus} + C_6H_{13}-\overset{\oplus}{O}(H)H \rightarrow C_6H_{13}-I + H_2O{:}$$

$$Br^{\ominus} + Me-\overset{\oplus}{N}Me_3 \rightarrow Me-Br + {:}NMe_3$$

100 以及不带电荷的亲核试剂对于带正电荷物种的亲核进攻(N_2 可能是其中最好的离去基团)。

$$H_2O{:} + PhN_2{}^{\oplus} \rightarrow PhOH + N_2 + H^{\oplus}$$

我们也会看到，好的离去基团除了是卤素离子以外，还可以是其他的负离子，如对甲苯磺酸根离子(参见 **88 页**)

$$MeCO_2{}^{\ominus} + ROSO_2C_6H_4Me\text{-}p \rightarrow MeCO_2R + p\text{-}MeC_6H_4SO_3{}^{\ominus}$$

或者是“内部”的离去基团(参见 **94 页**)

$$Cl^{\ominus} + CH_2-CH_2(\text{-O-}) \rightarrow ClCH_2CH_2O^{\ominus}$$

也有一些在合成上具有重要意义的亲核取代反应，反应中的进攻原子是碳负离子(见 **288 页**)，或者是极化的带有负电荷的碳原子(见 **221 页**)，反应会形成新的碳碳键：

$$HC{\equiv}CH \xrightleftharpoons{^{\ominus}NH_2} HC{\equiv}C^{\ominus} + Pr-Br \rightarrow HC{\equiv}C-Pr + Br^{\ominus}$$

$$CH_2(CO_2Et)_2 \xrightleftharpoons{EtO^{\ominus}} (EtO_2C)_2CH^{\ominus} + PhCH_2-Br \rightarrow (EtO_2C)_2CH-CH_2Ph + Br^{\ominus}$$

$$Br\overset{\delta+}{Mg}\overset{\delta-}{Ph} + C_6H_{13}-Br \rightarrow MgBr_2 + Ph-C_6H_{13}$$

我们需要记住的是，在上述反应中，从一个试剂的角度来看是亲核进攻，但从另一个试剂的角度来看则是亲电进攻。因此，将整个反应认为是亲电反应或者是亲核反应是比较武断的，这取决于我们把哪一个试剂看成反应物，哪一个试剂看成底物(参见 **30 页**)。

不奇怪的是，不是所有的亲核取代反应都会得到100%的目标产物！副反应的发生会产生一些没有预想到的、合成上不希望得到的产物。亲核取代反应的一个主要副反应是消除反应，生成相应的不饱和化合物，这一类反应将在后文中被详细讨论(见 **246 页**)。

101 # 第 5 章　碳正离子和缺电子的 N、O 原子及其反应

在上一章中我们已经讨论了在一些饱和碳原子的取代反应中生成了含碳正离子的离子对中间体，例如通过 S_N1 途径进行的卤化物的溶剂解反应。虽然碳正离子的存在时间十分短暂，但是这一物种却经常出现，在许多化学反应中具有重要的意义。

5.1　形成碳正离子的方法

5.1.1　中性物种的异裂

明显的例子是一个化合物的简单电离，与碳原子相连的基团带着成键电子离去，形成离子对 R^+Y^-

102 $$Me_3C{-}Br \rightleftarrows Me_3C^{\oplus}Br^{\ominus}$$

$$Ph_2CH{-}Cl \rightleftarrows Ph_2CH^{\oplus}Cl^{\ominus}$$

$$MeOCH_2{-}Cl \rightleftarrows MeOCH_2{}^{\oplus}Cl^{\ominus}$$

在以上的各个例子中，通常需要高度极化的(高介电常数 ε)、溶剂化能力强的介质。在另一个相似的 Ag^+ 参与的反应(参见 **97 页**)中，Ag^+ 通常通过将 S_N2 反应转化为 S_N1 反应而起到促进反应的作用。

$$Ag^{\oplus} + R{-}Br \rightarrow AgBr\downarrow + R^{\oplus}$$

但是需要注意，Ag^+ 在其中表现的催化作用可能十分复杂，反应中产生的卤化银沉淀也可能作为一个非均相催化剂而起到作用。

另一方面，路易斯酸也可以引发离子化，如 BF_3：

$$MeCOF + BF_3 \rightleftarrows MeCO^{\oplus}BF_4{}^{\ominus}$$

这个过程产生一个酰基正离子(acyl cation)，通常认为这个反应平衡的驱动力是生成相当稳定的 BF_4^- 负离子。$AlCl_3$ 也有类似的作用：

$$Me_3CCOCl + AlCl_3 \rightleftarrows Me_3CCO^{\oplus}AlCl_4{}^{\ominus} \rightarrow Me_3C^{\oplus}AlCl_4{}^{\ominus} + CO\uparrow$$

但是，这里生成的酰基正离子相对而言不那么稳定，会分解生成非常稳定的叔丁基碳正离子 Me_3C^+，这个反应平衡向右移动的驱动力来自 CO 的生成。

一个十分值得注意的例子是欧拉(Olah)报道的以 SbF_5 作为路易斯酸、以液态 SO_2 或者过量的 SbF_5 作为溶剂的工作：

$$R{-}F + SbF_5 \rightleftarrows R^{\oplus}SbF_6{}^{\ominus}$$

这个反应可以生成一个简单的烷基碳正离子，而其反应条件能够允许通过核磁共振等方式详

细地研究这些碳正离子的性质。同样是欧拉的工作，用“魔酸”（如 SbF_5/FSO_3H 体系）甚至可以从烷烃生成相应的烷基碳正离子：

$$Me_3C{-}H + SbF_5/FSO_3H \rightarrow H_2 + Me_3C^{\oplus}SbF_5FSO_3^{\ominus}$$

在这个条件下，由正丁烷得到的 MeC^+HCH_2Me 几乎立刻重排为 Me_3C^+，由此显示了 Me_3C^+ 的相对稳定性。碳正离子的结构与稳定性之间的关系以及相应的重排反应，将在接下来的内容中深入讨论（分别位于**104 页**和**109 页**）。

5.1.2 正离子对中性物种的加成 103

H^+ 是最常见的正离子，可以与不饱和键发生加成反应，即质子化过程（protonation），例如酸催化的烯烃水合反应（见 **187 页**）：

$$-CH{=}CH- \underset{}{\overset{H^{\oplus}}{\rightleftarrows}} -\underset{}{\overset{H}{\overset{|}{C}}}H-\underset{\oplus}{C}H- \overset{H_2O}{\rightleftarrows} -\overset{H}{\overset{|}{C}}H-\underset{^{\oplus}OH_2}{\underset{|}{C}}H- \overset{-H^{\oplus}}{\rightleftarrows} -\overset{H}{\overset{|}{C}}H-\underset{OH}{\underset{|}{C}}H-$$

这个反应是可逆的，其逆反应是可能大家都熟知的酸催化醇的脱水反应（见 **247 页**）。质子化同样也能发生在碳氧双键的氧原子上，得到一个更加具有正电性的碳原子：

$$\gt\overset{\delta+}{C}{=}\overset{\delta-}{O} \overset{H^{\oplus}}{\rightleftarrows} \left[\gt C{=}\overset{\oplus}{O}H \leftrightarrow \gt\overset{\oplus}{C}{-}OH\right] \overset{H_2O}{\rightleftarrows} \gt C\lt^{OH}_{OH} + H^{\oplus}$$

这样形成的更具正电性的碳原子可以被亲核试剂进攻。在这个例子中 H_2O 作为亲核试剂，该反应即为酸催化的羰基化合物的水合反应（参见 **207 页**）。在无水的条件下，酮类化合物在浓硫酸中溶解，会造成双倍的凝固点降低效应，这个现象可以说明羰基的质子化作用确实是发生了的。

$$\gt C{=}O + H_2SO_4 \rightleftarrows \gt\overset{\oplus}{C}{-}OH + HSO_4^{\ominus}$$

碳正离子也可以通过孤对电子的质子化作用而产生。如果一个原子（或原子团）被质子化之后会变成一个更好的离去基团，此时分子的电离就被促进了：

$$Ph_3C{-}\ddot{O}H \xrightleftharpoons{H_2SO_4} HSO_4^{\ominus} + Ph_3C{-}\underset{H}{\overset{\oplus}{O}}H \xrightleftharpoons{H_2SO_4} Ph_3C^{\oplus} + H_3O^{\oplus} + 2HSO_4^{\ominus}$$

在上述过程中 OH 基团被质子化了，但是相邻碳上没有可以作为 H^+ 离去的氢原子，因此发生了电离而不是消除反应。同样地，路易斯酸也可以发生加成反应：

$$\gt C{=}O{:} + AlCl_3 \rightleftarrows \gt\overset{\oplus}{C}{-}OAlCl_3^{\ominus}$$

其他正离子也可以发生加成反应，如 NO_2^+ 对苯的亲电加成（苯的硝化反应，参见 **134 页**），生成离域的碳正离子（1）：

$$\text{C}_6\text{H}_6 + \overset{\oplus}{\text{N}}\text{O}_2 \rightleftarrows \text{(1)}$$

(1)

104　5.1.3　由其他正离子生成

碳正离子也可以通过其他正离子的分解而得到，例如重氮正离子（RNH_2 与 $NaNO_2$/HCl 反应生成重氮正离子，参见 **119 页**）的分解：

$$[\text{R}-\text{N}=\overset{\oplus}{\text{N}} \leftrightarrow \text{R}-\overset{\oplus}{\text{N}}\equiv\text{N}] \rightarrow \text{R}^{\oplus} + \text{N}\equiv\text{N}\uparrow$$

也可以通过易得的碳正离子来反应生成不易获得的另一个碳正离子（参见 **106 页**）：

$$\text{Ph}_3\text{C}^{\oplus} + \text{C}_7\text{H}_8 \rightleftarrows \text{Ph}_3\text{C}-\text{H} + \text{C}_7\text{H}_7^{\oplus}$$

5.2　碳正离子的结构及稳定性

简单的烷基碳正离子的稳定性序列已经在之前介绍过了（见 **83 页**），遵循如下的稳定性顺序：

$$\text{Me}_3\text{C}^{\oplus} > \text{Me}_2\text{CH}^{\oplus} > \text{MeCH}_2^{\oplus} > \text{CH}_3^{\oplus}$$

带正电荷的碳原子上连接的取代基越多，通过诱导效应和超共轭效应实现的正电荷的离域作用越强，碳正离子的稳定性越强。Me_3C^+ 具有特殊的稳定性，这可以被以下的事实所证明：在剧烈的反应条件下，Me_3C^+ 可以由其他初期生成的碳正离子通过重排反应而得到（参见 **102 页**），并且其在 SbF_5/FSO_3H 条件下以 170 ℃加热 4 周，也不会发生进一步转化。

平面结构是碳正离子拥有这种稳定化作用的必要条件，因为只有平面构型可以发生有效的离域作用。量子力学计算表明，对于普通的烷基正离子，平面（sp^2）构型的确比锥形（sp^3）构型稳定约 84 kJ mol^{-1}（20 kcal mol^{-1}）。如果偏离了平面构型，或者达不到平面构型，则会导致碳正离子不稳定且其生成的难度会迅速上升。这在之前讨论过的 1-溴三蝶烯（见 **87 页**）对于 S_N1 反应表现出的极大惰性中已经看到，因为此时假设的平面构型不可能达到，因而阻止了碳正离子的生成。对于像 $Me_3C^+SbF_6^-$ 这样非常简单的碳正离子，其平面构型可以通过核磁共振或红外光谱进行确认。这些碳正离子与三烷基硼烷相似，它们本身就是等电子体。

对于结构较为复杂的碳正离子，影响它们稳定性的一个主要因素还是其是否可以发生电荷的离域作用，特别是能否与 π 轨道发生离域作用：

$$CH_2{=}CH{-}\overset{\oplus}{C}H_2 \leftrightarrow \overset{\oplus}{C}H_2{-}CH{=}CH_2$$ 105

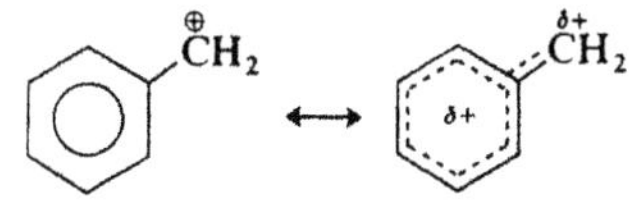

$$Me{-}O{-}\overset{\oplus}{C}H_2 \leftrightarrow Me{-}\overset{\oplus}{O}{=}CH_2$$

烯丙基与苄基卤化物的 S_N1 反应活性可以用上述的离域作用解释。而氧原子上的孤对电子的特殊作用可以由以下事实得到佐证：$MeOCH_2Cl$ 的溶剂解反应速率比 CH_3Cl 快 10^{14} 倍。

离域化的稳定化作用同样也可以通过邻基参与、形成“桥”状的碳正离子的方式来实现。例如在液体 SO_2 溶剂中，SbF_5 对 p-$MeOC_6H_4CH_2CH_2Cl$(2)的作用会形成(3)而不是简单的碳正离子(4)，在这个过程中苯基起到了邻位基团的作用(参见 **99 页**和 **376 页**)：

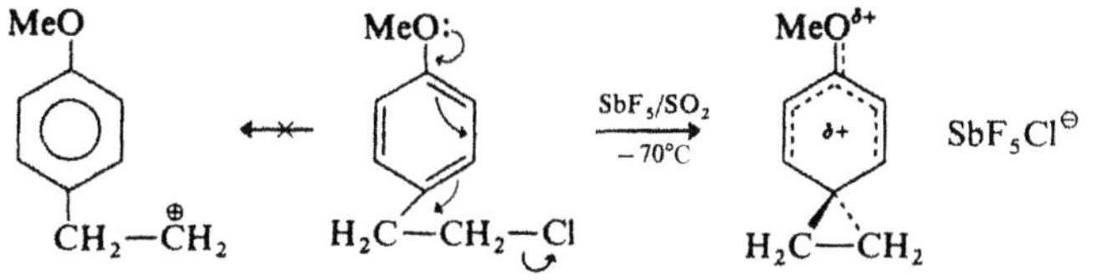

这样，含有一个桥状苯基的物种被称为苯鎓离子(phenonium)。如果在苯基的对位上是一个 OH 取代基团而非 OMe 基团的话，邻位基团的作用会显著增加。在类似的条件下，其溶剂解反应的速率可以提升约 10^6 倍，这是由于生成了桥状中间体(5)，该中间体可以被分离，尽管它并非是一个碳正离子：

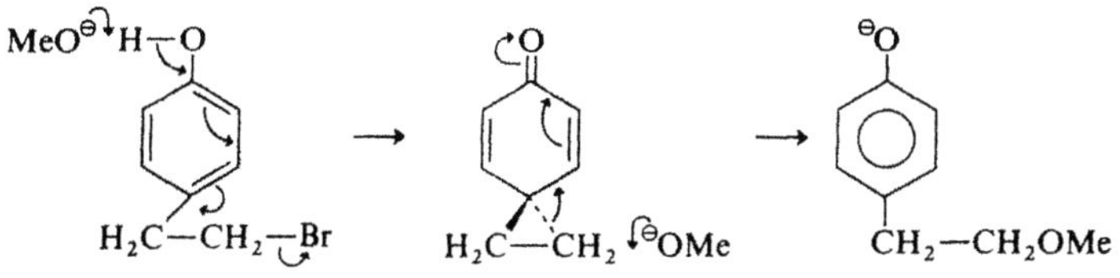

通过离域作用发生的稳定化作用也可以通过芳构化作用(aromatisation)发生。例如，106
1-溴环庚-2,4,6-三烯(6)是 $C_6H_5CH_2Br$ 的异构体，

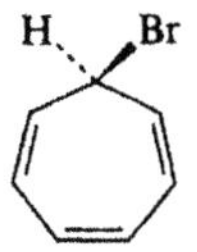

但和后者不同的是，它是一个结晶性的固体(熔点 208 ℃)，在水中高度可溶，电离产生溴离子。即它并非是如上图所示的共价结构，而是以离子对的形式存在。造成它这种性质的原因是环状正离子(7)具有 6 个 π 电子，占据 3 个离域的分子轨道，这 3 个离域的分子轨道沿着

7 个碳原子分布。这构成了一个休克尔（Hückel）$4n+2$ 体系（$n=1$），类似苯分子（参见 **17 页**），其显示了准芳香性：

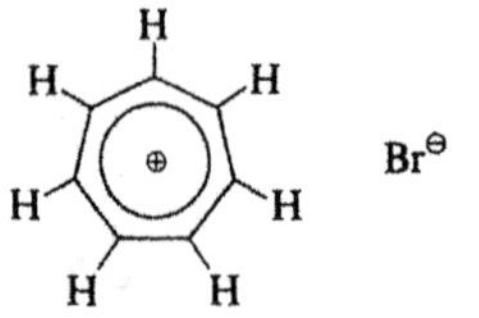

$Br^{\ominus}$

(7)

因此，这个平面的碳正离子由于芳构化而稳定了。上述的离域结构可以通过核磁共振波谱确认，它仅表现出了一个质子信号，即 7 个氢原子是等价的。这种芳香稳定化作用的有效性体现在它的稳定性约是另一个高度离域化结构 Ph_3C^+ 的 10^{11} 倍。Ph_3C^+ 与环庚三烯作用生成(7)的反应之前已经提到（见 **104 页**）。

一个特别有趣的碳正离子稳定化作用发生在休克尔 $4n+2$ 体系中，当 $n=0$ 时，即一个环体系含有 2 个 π 电子（见 **18 页**）。例如 1，2，3-三丙基环丙烯的衍生物(8)极容易产生对应的包含环丙烯正离子(9)的离子对，

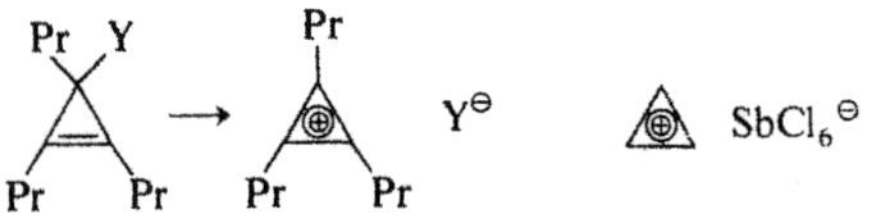

$Y^{\ominus}$　　$SbCl_6^{\ominus}$

(8)　　(9)　　(10)

并且(9)比上述的(7)更加稳定（大约 10^3 倍）：它在 pH 为 7 的水中依然有约 50％以碳正离子
107 的形式存在。最近，已经可以分离出含有环丙烯正离子的母体离子对(10)，它是一个白色结晶状固体。^{13}C NMR（参见 **48 页**）在这个领域非常有用，因为＋ve 碳的信号与该原子上的电子云密度相关（参见 **393 页**）。

5.3　碳正离子的反应

碳正离子能够经历如下四种基础类型的反应：

(*a*) 与亲核试剂结合；

(*b*) 消除一个质子；

(*c*) 与一个不饱和键加成；

(*d*) 发生结构的重排反应。

前两个反应类型通常形成稳定的产物，但(*c*)和(*d*)会导致生成新的碳正离子，并且可以继续发生碳正离子的各类反应。以上的大多数反应过程都可以通过 1-丙胺(11)在稀盐酸中与亚硝酸钠的反应展示[重氮正离子如(12)的反应会在后面深入讨论（见 **119 页**）]：

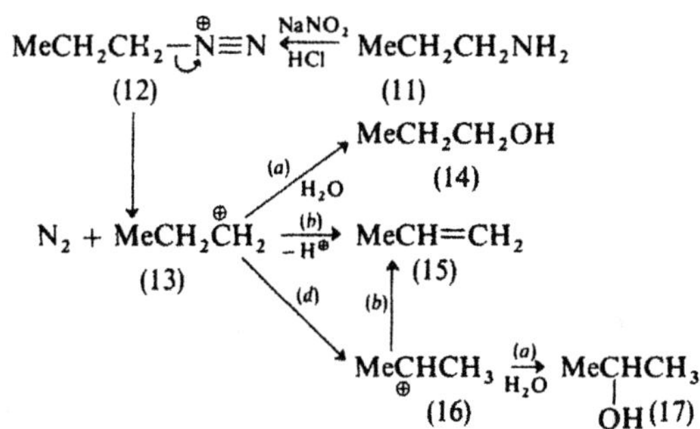

1-丙基正离子(13)与水的反应(反应类型 a)会生成 1-丙醇(14)；而从(13)消除质子(反应类型 b)会生成丙烯(15)；(13)的重排反应(反应类型 d)，发生 H^- 的迁移，会生成 2-丙基正离子(16)。正离子(16)上经过反应类型(b)会生成更多的丙烯(15)，而经过反应类型(a)则会生成 2-丙醇(17)。在具体实验中，得到的产物的混合物中含有 7%的 1-丙醇、28%的丙烯及 32%的 2-丙醇：1-丙醇和 2-丙醇的相对含量显示了两个碳正离子(13)和(16)的相对稳定性。

上述产物之和仅代表了反应物 1-丙胺 67%的总转化率，然而我们显然没有穷尽这个体系所有可能的反应。这个反应中确实存在其他的亲核试剂，如 Cl^- 和 NO_2^-，它们可以与正 108
离子(13)或(16)反应，后者可以反应生成 RNO_2 和 RONO(亚硝酸酯也有可能是由首先生成的醇的酯化反应得到)。正离子(13)和(16)也可以与首先生成的醇 ROH 反应生成酯 ROR，或与未反应的 RNH_2 生成 RNHR(RNHR 也可以进行进一步的烷基化或硝化，参见 **121 页**)。最后，这两个碳正离子可以与首先生成的丙烯 $MeCH=CH_2$ 发生加成反应(反应类型 c，参见 **188 页**)，生成新的碳正离子 $MeCH^+—CH_2R$，这个碳正离子又可以发生以上的反应。实际得到的混合产物很大程度上受到反应条件的影响，但显而易见的是，这个反应并非一个令人满意的实现从 RNH_2 到 ROH 转化的制备方法。

反应类型(d)也会使苯与 1-溴丙烷在三溴化镓作为路易斯酸催化下发生的傅-克烷基化的反应(反应类型 c、b，见 **141 页**)变得更加复杂。这里进攻的亲电试剂是一个高度极化的配合物，$R^{\delta++}GaBr_4^{\delta--}$，当 $R^{\delta++}$ 的正电荷主要分布于二级碳($Me_2C^{\delta++}HGaBr_4^{\delta--}$)上而非一级碳($MeCH_2C^{\delta++}H_2GaBr_4^{\delta--}$)上时，其稳定性更高，反应中发生了一个 H^- 迁移(参见上文)，所以得到的主要产物为 $Me_2CHC_6H_5$。

这样的重排反应不一定像它们看上去那样简单，如简单的 H^- 迁移。对于 $^{13}CH_3CH_2CH_3$ 与 $AlBr_3$ 反应，此时会发现产物中标记的碳原子在统计上发生了置乱：通过质谱的碎片分析可以知道，生成的产物为 2∶1 的 $^{13}CH_3CH_2CH_3$ 和 $CH_3{}^{13}CH_2CH_3$。这种置乱过程可能是通过一个质子化的环丙烷中间体(18)进行的：

$$H_3{}^{13}C{-}CH_2{-}CH_3 + AlBr_3 \rightleftarrows H_3{}^{13}C{-}CH_2{-}\overset{\delta++}{C}H_2AlHBr_3^{\delta--}$$

$$\Updownarrow$$

$$H_2{}^{13}C(CH_3){-}CH_3 + AlBr_3 \leftrightarrows \underset{(18)}{H_2{}^{13}C{-}CH(H){-}CH_2\ (\text{bridged } CH_2,\ \delta+)}\quad HAlBr_3^{\ominus}$$

109 这个过程也可以解释类似的反应，例如，以 ^{13}C 标记的 $CH_3{}^{13}CH(Cl)CH_3$ 与 SbF_5 在 −60 ℃ 生成的2-丙基正离子 $CH_3{}^{13}CH^+CH_3$（在数小时内）发生 ^{13}C 置乱现象。

碳正离子的消除反应（反应类型 *b*）将会在接下来的章节中继续仔细讨论（见 **248 页**），而重排反应（反应类型 *d*）非常有趣且具有重要性，故值得下面进一步学习。

5.4　碳正离子的重排反应

无论看上去有多么复杂，把碳正离子的重排反应分为碳骨架改变或不改变两种，就可以很好地将其分类。虽然前者比后者重要得多，但是我们先简要地介绍一下后者。

5.4.1　碳骨架不发生改变的重排反应

我们已经在之前讨论过一个这种类型的例子（见 **107 页**），其中 1-丙基正离子通过一个带有电子对的氢原子（H^-）的迁移而重排成为 2-丙基正离子，氢原子与它的一对电子一同迁移（因此它是一个 H^-），从 C_2 正离子变成 C_1 正离子，这被称为 1,2-氢迁移：

$$CH_3\overset{H}{\overset{|}{C}}H\overset{\oplus}{C}H_2 \rightarrow CH_3\overset{\oplus}{C}H\overset{H}{\overset{|}{C}}H_2$$

这个反应体现了二级碳正离子比一级碳正离子更为稳定，而相反方向的迁移反应（如三级→二级碳）则需要拥有更强的离域作用，如与苯环的 π 轨道体系相连的碳正离子：

$$C_6H_5CH_2\overset{OH}{\overset{|}{C}}Me_2 \xrightarrow[SbF_5]{FSO_3H} C_6H_5\overset{H}{\overset{|}{C}}H\overset{\oplus}{C}Me_2 \longrightarrow C_6H_5\overset{\oplus}{C}H\overset{H}{\overset{|}{C}}Me_2$$

在离域的正离子上，会有更多的重排的可能性，例如烯丙基重排反应。

烯丙基重排反应

3-氯-1-丁烯（19）在 EtOH 中经历 S_N1 过程的溶剂解反应并非得到单一的醚类化合物，而会得到由两个异构体组成的混合产物。类似的 1-氯-2-丁烯（20）的溶剂解反应也得到一致
110 的混合产物（以近似的比例得到相同的醚）。

$$\underset{(19)}{Me\overset{Cl}{\overset{|}{C}}HCH{=}CH_2} \xrightarrow{EtOH} \underset{(21)}{Me\overset{OEt}{\overset{|}{C}}HCH{=}CH_2} + \underset{(22)}{MeCH{=}CHCH_2OEt} \xleftarrow{EtOH} \underset{(20)}{MeCH{=}CHCH_2Cl}$$

这清晰地表明，在这个过程中从两个卤化物产生了同样的、离域的烯丙基正离子（23，参见 **105 页**）中间体，它可以快速地被 EtOH 从 C_1 或 C_3 亲核进攻：

$$\underset{(23)}{[Me\overset{\oplus}{C}H-CH{=}CH_2 \leftrightarrow MeCH{=}CH-\overset{\oplus}{C}H_2]\,Cl^{\ominus}}$$

非常有趣的是，当使用比乙醇更高浓度的 EtO^- 作为亲核试剂时，(19)发生的反应历程变为了 S_N2 反应，仅生成一个单一的醚(21)。然而，在通过双分子过程进行的取代反应中也能观察到烯丙基重排反应。这样的反应被称为 S_N2' 反应，并且被认为通过如下途径进行：

$$Nu^{\ominus}: \ CH_2{=}CH{-}CH(R){-}Cl \longrightarrow Nu{-}CH_2{-}CH{=}CH(R) + Cl^{\ominus}$$

当 α 碳上连接的取代基团的体积足够大时，该过程倾向于发生，这是因为大位阻的 R 基团可以有效地减少 C_α 上的直接 S_N2 取代反应。烯丙基重排反应非常常见，但是要理清它们经历了什么具体的过程是比较困难的。

5.4.2　碳骨架发生改变的重排反应

5.4.2.1　新戊基的重排反应

我们已经注意到(参见 **86 页**)，2,2-二甲基-1-溴丙烷(新戊基溴化物，24)的 S_N2 溶剂解反应因为空间阻碍作用而较慢。如果反应在倾向 S_N1 模式的条件下进行，则反应速率可以得到提升，但得到的醇将是 2-甲基-2-丁醇(26)，而非预想中的 2,2-二甲基丙醇(新戊醇，111
25)。因为这时反应中发生了新戊基重排：

$$\underset{(24)}{Me_3C{-}CH_2Br} \xrightarrow{S_N1} \underset{(27)}{Me_3C{-}\overset{\oplus}{C}H_2} \overset{H_2O}{\nrightarrow} \underset{(25)}{Me_3C{-}CH_2OH}$$

$$(27) \downarrow$$

$$\underset{(29)}{Me_2C{=}C(Me)H} \xleftarrow{-H^{\oplus}} \underset{(28)}{Me{-}\overset{\oplus}{C}(Me){-}CH_2Me} \xrightarrow{H_2O} \underset{(26)}{Me{-}C(OH)(Me){-}CH_2Me}$$

相对于最初的一级碳正离子(27)，三级碳正离子(28)的更高的稳定性为 C—C 键的断裂、甲基(带有一对电子)的迁移提供了驱动力。这种涉及碳正离子的碳骨架改变被统称为瓦格奈尔-麦尔外因(Wagner-Meerwein)重排。该反应同时生成了 2-甲基-2-丁烯(29)，进一步地表明了反应中(28)的生成，因为(29)能通过(28)消除一个质子获得，而不能通过(27)获得。

在一个明确的反应过程中，化合物的碳骨架发生的可能的主要重排反应对产物的结构阐释具有非常重要的意义，特别是当实际的产物是预想产物的异构体时。有些这类重排反应是高度复杂的，例如对天然产物而言，如萜烯类，对它们的重排反应路径的明确阐释是极为困难的。不应该假设反应产物的结构，而总是需要通过鉴定测量来确定产物的结构，其中 ^{1}H 和 ^{13}C 核磁共振被证明在产物结构的确定中具有巨大价值。

有趣的是，当一个新戊基类型的溴化物(30)经由 S_N1 过程进行水解反应时，会经历重排反应，而其苯基取代的类似物(31)则没有经历重排过程：

112

$$\mathrm{Me-\underset{Me}{\overset{Me}{C}}-\underset{Br}{C}HMe \xrightarrow{S_N1} Me-\underset{Me}{\overset{Me}{C}}-\overset{\oplus}{C}HMe \longrightarrow Me-\underset{Me}{\overset{\oplus}{C}}-\overset{Me}{C}HMe \rightsquigarrow}\text{产物}$$

(30)

$$\mathrm{Me-\underset{Me}{\overset{Me}{C}}-\underset{Br}{C}HPh \xrightarrow{S_N1} Me-\underset{Me}{\overset{Me}{C}}-\overset{\oplus}{C}HPh \nrightarrow Me-\underset{Me}{\overset{\oplus}{C}}-\overset{Me}{C}HPh}$$

(31)　　(32)　　(33)

(32) ⟶ 产物

这表明，苄基正离子(32)虽然是一个二级碳正离子，推测它应当会经历重排反应，但实际上它比相应的三级碳正离子(33)具有更高的稳定性，因此没有发生重排反应。

5.4.2.2 碳氢化合物的重排反应

瓦格奈尔-麦尔外因类型的重排反应在路易斯酸催化的石油裂解反应中也会发生。这类反应从直链烷烃生成碳正离子(参见 **108 页**中^{13}C 标记的丙烷的异构化反应)，并且倾向于重排成为具有支链的产物。碳正离子的裂分也会发生，但支链化更为重要，因为其产生的支链烷烃产物相较于它们的直链烷烃异构体，在内燃机的气缸中会发生更少的爆燃。必须说明，石油裂解也会用利于产生自由基中间体的催化剂来催化进行(参见 **305 页**)。

烯烃的重排反应常常在有酸存在的情况下发生：

$$\mathrm{Me-\underset{Me}{\overset{Me}{C}}-CH=CH_2 \underset{}{\overset{H^{\oplus}}{\rightleftarrows}} Me-\underset{Me}{\overset{Me}{C}}-\overset{\oplus}{C}H-CH_3}$$

$$\downarrow$$

$$\mathrm{(Me)_2C=C(Me)CH_3 \overset{-H^{\oplus}}{\leftrightarrows} Me-\underset{Me}{\overset{\oplus}{C}}-\overset{Me}{C}H-CH_3}$$

在酸对烯烃的加成反应中，相对容易发生的重排反应是一个令人讨厌的副反应，如氢卤酸对
113 烯烃的加成反应(见 **184 页**)或酸催化烯烃的水化反应(见 **187 页**)，产生的混合产物很难分离，或是在某些不利的情况下根本得不到预期产物。进一步地，也可能发生碳正离子对原料或产物中烯烃的加成反应(见 **188 页**)。

二烷基苯或多烷基苯的重排反应也很容易在路易斯酸的催化下发生(参见 **163 页**)，例如发生双烯酮/苯酚重排(见 **115 页**)。

5.4.2.3 频哪醇的重排反应

另一个基团向碳正离子迁移的反应的例子是，酸催化的 1,2-二醇类发生的甲基迁移反应，例如频哪醇(参见 **218 页**)$Me_2C(OH)C(OH)Me_2$(34)重排为频哪酮 $MeCOCMe_3$(35)：

$$MeC(Me)(HO)-C(\ddot{O}H)Me_2 \underset{}{\overset{H^{\oplus}}{\rightleftarrows}} MeC(Me)(HO)-C(\overset{\oplus}{O}H_2)Me_2 \overset{-H_2O}{\rightleftarrows} MeC(Me)(HO)-\overset{\oplus}{C}Me_2$$

(34) (36)

$$MeC(=O)-C(Me)Me_2 \overset{-H^{\oplus}}{\leftrightarrows} \left[MeC(=\overset{\oplus}{O}H)-C(Me)Me_2 \leftrightarrow \overset{\oplus}{MeC}(HO\!:)-C(Me)Me_2 \right]$$

(35) (37)

事实上，发生甲基迁移的碳正离子(36)已经是三级碳正离子，但是它还能发生重排的原因是
其重排成(37)后获得了额外的稳定化作用，即重排后的碳正离子(37)将其电荷离域到氧的孤
对电子上，该中间体可以很快地通过失去质子生成最终的产物(35)。可以预期，相似的反应
也会发生在可以生成关键碳正离子(36)的其他化合物上，而这也确实是事实。例如相应的β-
溴代醇类(38)和β-氨基醇类(39)化合物也可以在 Ag^+ 或 $NaNO_2/HCl$ 处理下生成频哪酮 114
(35)：

$$MeC(Me)(HO)-C(Br)Me_2 \xrightarrow[-AgBr\downarrow]{Ag^{\oplus}} MeC(Me)(HO)-\overset{\oplus}{C}Me_2 \rightsquigarrow MeC(=O)-C(Me)Me_2$$

(38) (36) (35)

$$MeC(Me)(HO)-C(NH_2)Me_2 \xrightarrow[HCl]{NaNO_2} MeC(Me)(HO)-C(\overset{\oplus}{N}\equiv N)Me_2 \rightarrow (36)$$

(39)

人们进行了大量实验以确定在频哪醇/频哪酮重排中各个基团的相对迁移能力(relative migratory aptitude)。一般，发生迁移的相对容易程度为

$$Ph > Me_3C > MeCH_2 > Me$$

应当意识到，为这些实验选择合适的模型并解释实验结果是有相当大困难的。在1,2-二醇 $Ph_2C(OH)C(OH)Me_2$(40)的重排反应中，是甲基进行了迁移，而非按上述顺序预期的苯基迁移。这个反应是被OH基团质子化的优先选择性控制的，即优先生成更稳定的碳正离子(更稳定的是41而非42)，因而发生了Me而非Ph的迁移。

Me
Ph₂C—CMe —$-H_2O$→ Ph₂C⊕—CMe
H₂O⊕ OH　　OH
(41)
$H^{\oplus}$
Ph₂C—CMe₂
HO OH
(40)
$H^{\oplus}$
Ph
PhC—CMe₂ —H_2O→ PhC—C⊕Me₂
HO OH₂⊕　　HO
(42)

115 这个问题可以通过选择对称的1,2-二醇而避开，如PhArC(OH)C(OH)PhAr(43)，并且可以通过选用此类化合物来确定各种芳基基团的迁移顺序。

(43) —(1) $H^{\oplus}$ (2) $-H_2O$→ 碳正离子 → (44) ArC(=O)—C(Ph)(Ph)Ar；(45) PhC(=O)—C(Ar)(Ph)Ar

例如，通过确定生成的两个酮类(44)和(45)的相对比例，可以得到各种取代芳基的相对迁移能力由强至弱的序列：

$$p\text{-MeOC}_6\text{H}_4 > p\text{-MeC}_6\text{H}_4 > \text{C}_6\text{H}_5 > p\text{-ClC}_6\text{H}_4 > o\text{-MeOC}_6\text{H}_4$$

500	15·7	1·0	0·7	0·3

这个序列可以通过迁移基团向带正电的碳原子依次递减地给出电子对的能力而予以解释(除了o-MeOC$_6$H$_4$)，一个相似而简单的给出电子对能力的理论也可以用于解释之前所述的烷基基团的迁移能力顺序。对于o-MeOC$_6$H$_4$基团，尽管它是给电子的，它的迁移速率依然比C$_6$H$_5$低，有证据表明有以下两个原因：可能的过渡态相对拥挤以及起始原料在反应中采取的构象(如下所示)也是相当重要的，这些因素在o-MeOC$_6$H$_4$中的重要性超过了电子效应。

116 一个与频哪醇/频哪酮重排的逆反应非常相近的重排反应是双烯酮/苯酚重排：

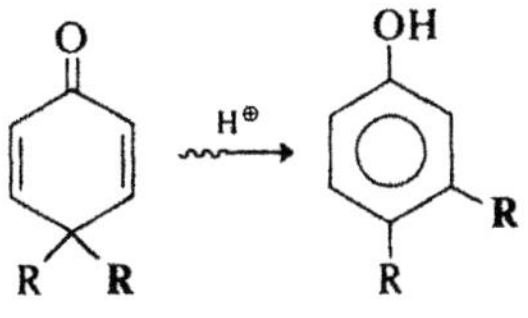

在其中，初始的双烯酮(46)的质子化作用允许其通过一个烷基的1,2-迁移反应重新获得完整的芳香性(47)。

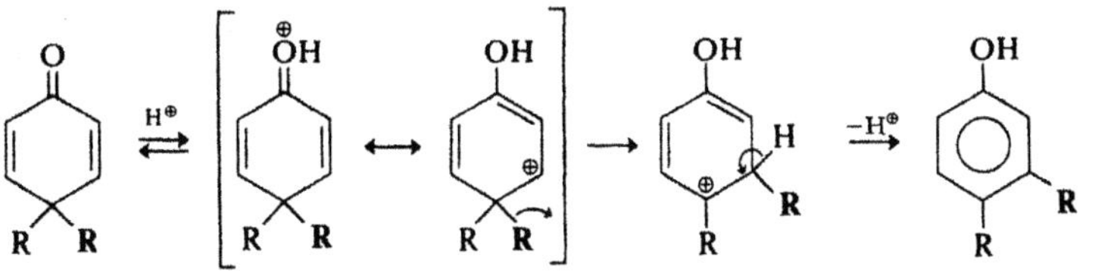

5.4.2.4 重排反应的立体化学

在碳正离子的重排反应中有三个主要的立体化学的问题(如果以下碳原子具有手性的话，如 PhMeCH)：迁移开始位置的碳原子(迁移起点，migration origin)的构型会怎样变化；向其发生迁移的碳原子(带正电的碳原子，迁移终点，migration terminus)的构型会怎样变化；以及迁移基团的构型发生了什么变化。有趣的是，尽管关于碳正离子已做了大量的研究工作，但是对于这个以及其他类似的化合物而言，以上三个问题还从未能回答清楚。

迁移基团在迁移的过程中并不是自由的，例如将两个结构十分相似(重排速率十分相近)，但具有不同迁移基团的频哪醇(48)和(49)同时在同一个溶液中发生重排反应(交叉实验，crossover experiment)，结果表明没有发现交叉迁移的产物：

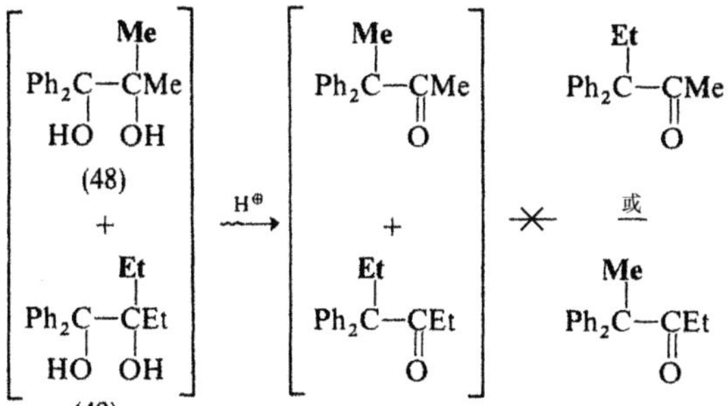

相似地，如果重排反应中涉及氢迁移(参见 **109 页**)，则将重排反应在氘代溶剂(如 D_2O、 117
MeOD 等)中进行，最终重排产物的 C—H(D)中会没有氘原子被引入。在这两个例子中，重排反应是严格的分子内反应，即迁移基团从始至终没有与分子的其他部分分离，这与分子间的反应是相反的。

这表明，迁移基团 R 与迁移起点完全分离之前就与迁移终点存在紧密的联系，因此我们认为它在迁移的过程中不会有机会发生任何的构型变化，即对于一个手性的 R* 基团，其构型会保持。这已经被如下反应所证实(参见 **118 页**)：

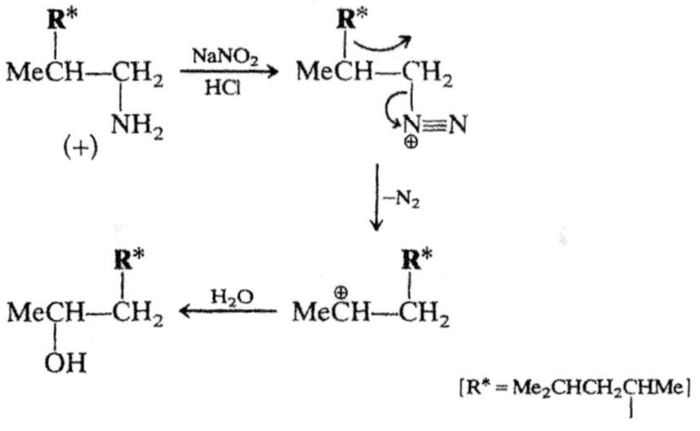

$[R^* = Me_2CHCH_2CHMe]$

在这个反应中，手性的 R^* 基团发生了构型保持的迁移过程。

对于另外两点，有证据表明对于迁移起点(a)和终点(b)，构型主要发生翻转：

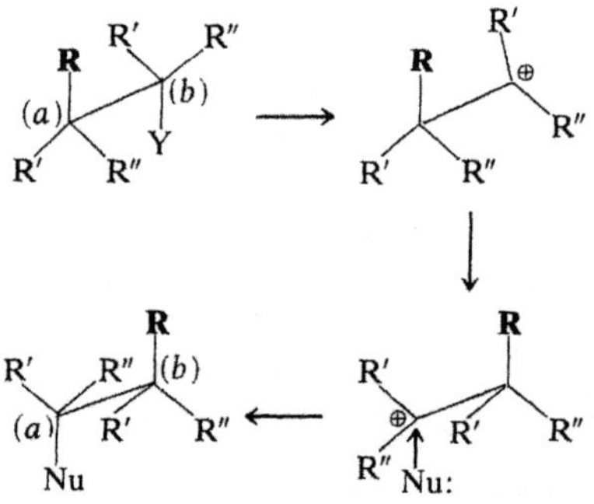

这个翻转在环状化合物中几乎是完全的，因为在环状化合物中 $C_1—C_2$ 键的旋转被大大地抑
118 制了，但在非环状化合物中 $C_1—C_2$ 键的旋转也有很大程度被抑制。这个特性可以用“桥状”
中间体(参见 **180 页**，比较溴鎓离子)或过渡态来解释。

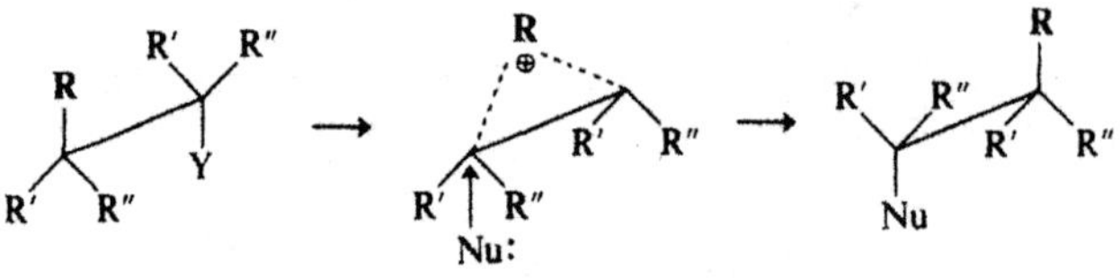

然而，重排过程中形成桥状中间体并不一定是普遍的，即使迁移基团是苯基，其 π 轨道体系仍可以通过离域作用稳定生成的桥状碳正离子(参见 **105 页**)。

光学活性的氨基醇(50)的脱氨频哪醇重排反应(参见 **114 页**)可以很好地证明上述观点。该反应中的迁移基团(Ph)和离去基团(NH_2 转化为 N_2 离去，参见 **114 页**)处于反式位置的构象(反叠构象，antiperiplanar，50a 或 50b)。无论原料的起始构象(50a 或 50b)是什么，当经由一个桥状碳正离子的重排反应时会导致生成的酮(51ab)中的迁移终点的 100%的构型翻转：

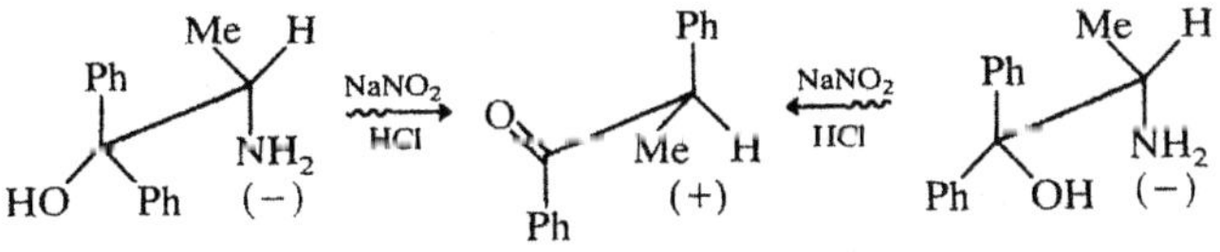

(50*a*)　　(51*ab*)　　(50*b*)

然而事实上，尽管构型翻转占主要(51*ab*：88%)，然而产物酮中也包含了较多的镜像构型的产物(51*d*：12%)，因此，在总反应中有12%并没有经过桥状碳正离子。最简单的解释是，总反应至少有一部分经历了非桥状的碳正离子(52*c*)，其中 $C_1—C_2$ 键部分发生了旋转(52*c*→52*d*)，在这个过程中重新形成了最初的构象，对于(51*d*)而言是(50*a*)或(50*b*)。

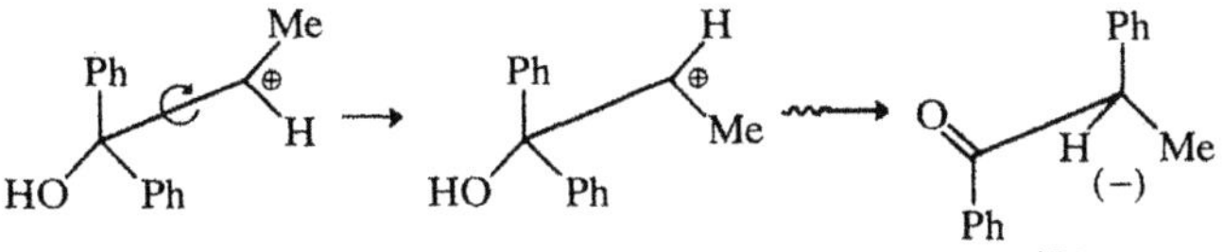

(52*c*)　　(52*d*)　　(51*d*)

在得到的酮中，构型翻转的产物(51*ab*)与构型保持的产物(51*d*)的比例取决于(52*c*)中 $C_1—C_2$ 键旋转和Ph基团迁移的相对速率。

5.4.2.5　沃尔夫(Wolff)重排反应 119

这个重排反应之所以没有与碳正离子重排分为一类，是因为它涉及的是向一个无电荷的、缺电子的与卡宾类似的碳原子(参见 **266 页**)的重排，而非向一个带正电的碳原子的重排。在该反应中，α-重氮羰基化合物(53)失去一分子氮气，随后重排成高活性的烯酮(54)：

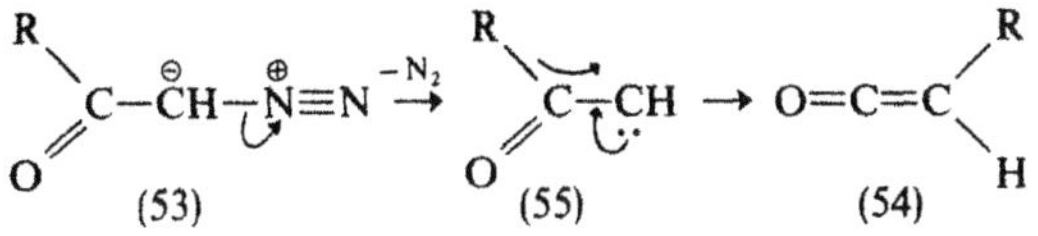

$$RC(=O)-\overset{\ominus}{C}H-\overset{\oplus}{N}\equiv N \xrightarrow{-N_2} RC(=O)-\ddot{C}H \rightarrow O=C=C(R)H$$

(53)　　(55)　　(54)

该烯酮会快速地与体系中存在的任何亲核试剂反应，例如在下面的例子中的 H_2O。这个反应可以光解、热解或以氧化银处理的方式引发。在前两个引发方式中，如上图所示，可能生成了一个真实的卡宾中间体(55)，而在银催化的反应中，氮气的离去和R基团的迁移或多或少是同时发生的。当R基团具有手性时，如 $C_4H_9C^*MePh$，它在迁移过程中会保持它的构型(参见 **117 页**)。

重氮酮(53)可以通过重氮甲烷 CH_2N_2 与酰氯反应得到。在水的存在下发生后续的沃尔夫重排反应十分重要，因为它是阿尔恩特-艾斯特(Arndt-Eistert)过程的一部分，该过程可以将一个酸转化为它的同系物：

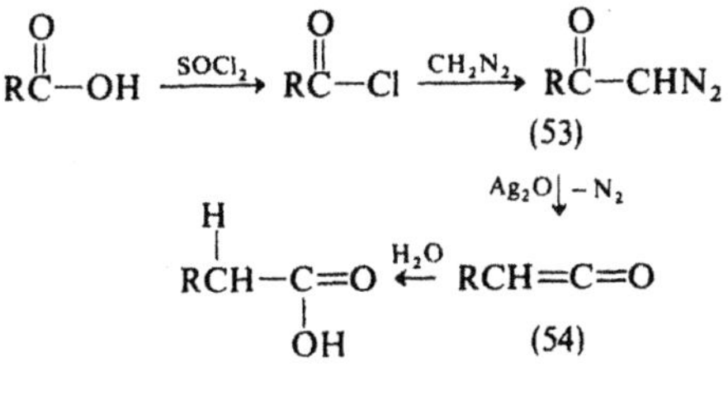

$$RCOOH \xrightarrow{SOCl_2} RCOCl \xrightarrow{CH_2N_2} RCOCHN_2\ (53) \xrightarrow[-N_2]{Ag_2O} RCH=C=O\ (54) \xrightarrow{H_2O} RCH_2-C(=O)OH$$

与在水中的反应一样，这个反应同样可以在氨或醇中进行，此时溶剂也会与烯酮的 C═C 键发生加成反应，分别生成相应的酰胺或酯。

沃尔夫重排与霍夫曼反应及相关反应(见 122 页)有着形式上的相似性。在霍夫曼反应中，迁移也是向着一个缺电子的氮原子进行，生成异氰酸酯 RN═C═O 中间体。

5.5　重氮盐正离子

对于一级胺 RNH_2 的亚硝化反应，例如其与亚硝酸钠和稀酸反应(参见 107 页)会生成
120 重氮盐正离子(56)：

$$RNH_2 + N{=}O{-}X \longrightarrow RN^{\oplus}H_2{-}N{=}O\ X^{\ominus} \xrightarrow{-H^{\oplus}} RNH{-}N{=}O \rightleftharpoons RN{=}N{-}\ddot{O}H \xrightarrow[(2)\ -H_2O]{(1)\ +H^{\oplus}} \left[R{-}\ddot{N}{=}N^{\oplus} \leftrightarrow R{-}\overset{\oplus}{N}{\equiv}N\right] (56) \longrightarrow R^{\oplus} + N{\equiv}N\uparrow$$

有效的亚硝化试剂可能不是 HNO_2 本身：在较低的酸度下可能是 N_2O_3，它是通过如下反应得到的(X＝ONO)：

$$2HNO_2 \rightleftarrows ONO{-}NO + H_2O$$

当酸度提高后，HNO_2 会生成活性更高的物种，质子化的亚硝酸 H_2O^+—NO(X＝H_2O)，而最终则是亚硝鎓离子 ^+NO(参见 137 页)。在亚硝化反应中，由于随着酸度的升高，亚硝化试剂的活性会升高，但游离胺分子的浓度会因为质子化而降低，因此在提高亚硝化试剂活性与降低胺分子浓度之间要有一定的妥协。

对于简单的脂肪胺，最初的重氮正离子(56)会极其快速地分解生成碳正离子(参见 107 页)，并比通过其他方式($RBr \rightarrow R^+Br^-$)得到的碳正离子更加活泼，其中的原因并不完全清楚。如果主要目的是生成碳正离子，那么最好是在无水条件下，对胺的衍生物进行亚硝化反应(防止生成 H_2O)：

$$RNH_2 \xrightarrow{COCl_2} RNCO \xrightarrow{^{\oplus}NOSbF_6^{\ominus}} R^{\oplus}SbF_6^{\ominus} + N_2\uparrow + CO_2\uparrow$$

如果 R 基团包含一个强的吸电子基团，那么反应中会失去 H^+ 而不是失去 N_2，生成一个取代的重氮化合物，如氨基乙酸乙酯→重氮乙酸乙酯：

$$NH_2CH_2CO_2Et \xrightarrow[HCl]{NaNO_2} \left[N{\equiv}\overset{\oplus}{N}{-}CH(H)CO_2Et\right] \rightarrow \overset{\ominus}{N}{=}\overset{\oplus}{N}{=}CHCO_2Et$$

烷基重氮正离子在没有特殊的结构起稳定作用时是不稳定的，这很大程度上是因为 N_2 是一
121 个非常好的离去基团，然而对于芳基重氮正离子，芳环的 π 轨道体系提供了这样一个特殊的

稳定结构：

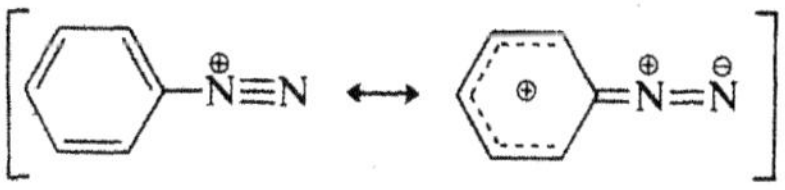

因为一级芳胺相较于脂肪胺而言，是更弱的碱和亲核试剂(因为芳胺中 N 上孤对电子与芳香 π 轨道系统有作用)，因此其反应需要相对较强的亚硝化试剂，在较强的酸性下进行。平衡中有相当大浓度的未质子化的胺存在(因为芳胺是弱碱)，但是其浓度足够低，可以防止未被重氮化的胺和已经形成的 ArN^+ 发生偶联(参见 **147 页**)。芳香重氮正离子的氯化盐、硫酸盐、硝酸盐等的水溶液在室温或更低的温度下相当稳定，但将它分离出来后可能会造成分解。芳香重氮正离子的氟硼酸盐 $ArN_2^+ BF_4^-$ 更加稳定(参见 BF_4^- 对其他离子对的稳定作用，见 **136 页**)，并且可以干燥的固体形式被分离出来。干燥固体 $ArN_2^+ BF_4^-$ 的热解是制备氟代芳香烃的重要方法：

$$ArN_2^{\oplus}BF_4^{\ominus} \xrightarrow{\Delta} Ar{-}F + N_2\uparrow + BF_3\uparrow$$

如期望的那样，芳基上的取代基对 ArN_2^+ 的稳定性具有明显的影响，其中给电子基团具有明显的稳定化作用：

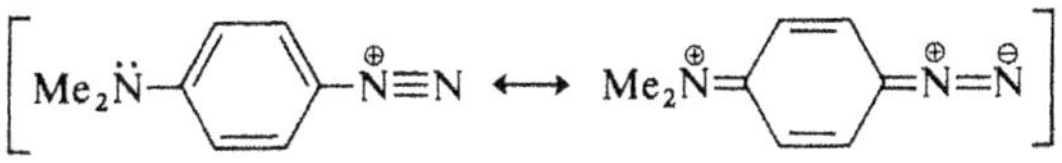

二级胺也可以发生亚硝化反应，但反应会停留在稳定的 *N*-亚硝基化合物 $R_2N{-}N{=}O$ 上。三级的脂肪胺最初被转化为三烷基亚硝基铵盐，但它立刻发生 C—N 键的断裂，生成较为复杂的产物。对于芳香三级胺 $ArNR_2$，亚硝化反应不发生在 N 上，而发生在芳基被活化的对位(参见 **137 页**)，得到 *C*-亚硝基化合物：

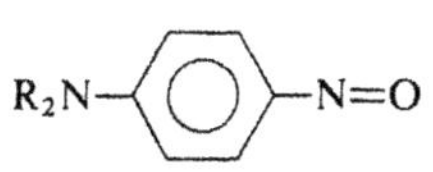

5.6 向缺电子氮原子的转移反应 122

目前为止我们涉及的重排反应都有一个共同点：一个带电子的烃基或芳基向一个缺电子的碳原子进行迁移，不论其是否是碳正离子。另一个具有类似的缺电子性质的原子是在 R_2N^+ 或 RN：(氮宾，参见上文的卡宾)中的氮原子。可以预料，烷基或芳基也可以向这些氮原子迁移，就如同向 R_3C^+ 或 R_2C：上迁移一样。事实也正是如此。

5.6.1 霍夫曼、克尔提斯、洛森和施密特重排反应

一个典型的例子是酰胺(57)在碱性次溴酸负离子的作用下向胺(58)的转化，该反应中少掉了一个碳原子，即霍夫曼(Hofmann)反应(见下图)。

$$\underset{(57)}{RCONH_2} \xrightarrow{BrO^{\ominus}} \underset{(59)}{RCONHBr} \xrightarrow{^{\ominus}OH} \underset{(60)}{RCON^{\ominus}Br} \longrightarrow \left[R-\ddot{N}^{\ominus}-\overset{\oplus}{C}=O \leftrightarrow R-N=C=O\right]_{(61)}$$

$$\underset{(58)}{RNH_2 + HCO_3^{\ominus}} \xleftarrow{^{\ominus}OH} \underset{(62)}{RNH-C(=O)-OH} \xleftarrow{H_2O} \underset{(61)}{R-N=C=O}$$

该反应中的一个重要中间体是异氰酸酯(61)，它和沃尔夫(Wolff)反应(见 **117 页**)中的烯酮中间体相对应。它同样会和水加成，得到不稳定的羧酸(62)，之后脱羧生成胺(58)。仔细地控制条件有可能分离出 *N*-溴酰胺(59)、它的负离子(60)以及异氰酸酯(61)，这些中间体为反应机理的阐述提供了很好的证明。反应的决速步可能是溴离子从(60)上的离去，因此产生一个问题：Br 离子的离去和 R 基团的迁移是协同发生，还是先生成酰基氮宾 RCON：再发生重排？当芳基酰胺 $ArCONH_2$ 的芳基上有给电子基团时，其重排速率会更快(参见频哪醇、频哪酮重排，见 **115 页**)，而羟肟酸 ArCONHOH(预期的水进攻氮宾得到的产物)从未
123 被观测到，以上两个事实支持协同机理。交叉实验时没有发现混合产物，也就是说重排是一个严格的分子内反应。进一步发现，若 R 基团有手性，例如 PhC^*HCH_3，迁移时构型会保持。

有一系列反应和霍夫曼反应紧密相关，它们都是经过与(60)类似的中间体，随后重排得到异氰酸酯(61)的过程(见下图)：

洛森:
$$\underset{(63)}{RCONHOCOR'} \xrightarrow{^{\ominus}OH} \underset{(64)}{RCON^{\ominus}-OCOR'} \longrightarrow \underset{(61)}{R-N=C=O}$$

克尔提斯:
$$\underset{(65)}{RCONHNH_2} \xrightarrow[HCl]{NaNO_2} \underset{(67)}{RCON^{\ominus}-\overset{\oplus}{N}\equiv N} \longrightarrow \underset{(61)}{R-N=C=O}$$

施密特:
$$\underset{(66)}{RCOOH} \xrightarrow{HN_3} \underset{(67)}{RCON^{\ominus}-\overset{\oplus}{N}\equiv N}$$

洛森(Lossen)反应是碱和 *O*-酰基羟肟酸衍生物 RCONHOCOR′(63)的反应，然后 $RCOO^-$ 从中间体(64)上离去，类似于溴离子从(60)上离去。使用羟肟酸时这个反应也能发生，但是效果较差，因为 $RCOO^-$ 是比 HO^- 更好的离去基团。R 上有给电子取代基(参见霍夫曼反应)和 R′上有吸电子取代基均会促进这个反应，说明反应的重排步骤经历了协同机理，即 R 基团的迁移和 $RCOO^-$ 的离去都参与了决速步。

克尔提斯(Curtius)和施密特(Schmidt)反应都经过了叠氮中间体(67)，而后发生 N_2 离去、协同的 R 基团的迁移过程。叠氮在克尔提斯反应中是通过酰肼(65)的亚硝化得到的，而在施密特反应中则是通过羧酸(66)和叠氮酸反应得到的。

5.6.2 贝克曼重排反应

最著名的 R 基团从碳向氮的迁移重排反应无疑是酮肟向 *N*-取代酰胺的转化反应，即贝克曼(Beckmann)重排反应： 124

$$\mathrm{RR'C{=}NOH \longrightarrow R'CONHR} \quad 或 \quad \mathrm{RCONHR'}$$

该反应可由许多种酸催化，例如硫酸、三氧化硫、二氯亚砜、五氧化二磷、五氯化磷、三氟化硼等。不仅酮肟可以发生该反应，氧上酯化的底物也能发生该反应。只有很少的醛肟在这些条件下发生这个反应，更多的是使用聚磷酸作为催化剂。这个重排最有趣的地方也许不是之前所考虑的性质问题(例如给电子能力相关)，而是决定 R 和 R′基团哪个迁移的立体化学问题。几乎毫无例外地，和羟基处于反位的基团会从碳迁移到氮：

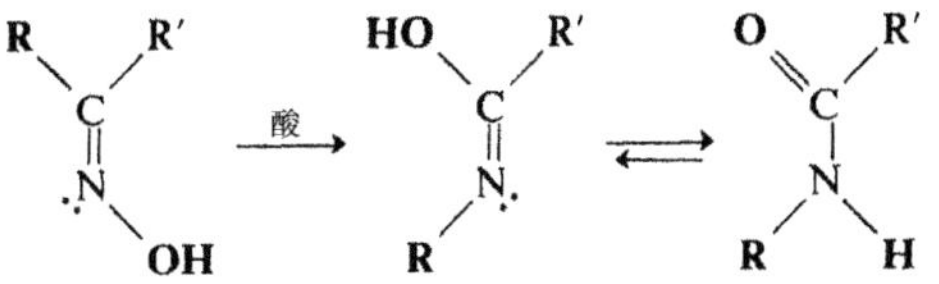

(即仅有 R′CONHR)

这个问题的考证首先需要明确地确定一对肟的构型。该问题可以通过研究下列一对肟(68)和(69)来进行探究。(68)和(69)中一个可以在碱性条件下环化生成苯并异噁唑(70)，甚至在低温下也可以发生，但另一个则在更剧烈条件下也几乎没有变化。在此基础上可以判定(68)的构型，其中的羟基氧和它所进攻的与溴原子相连的碳距离更近。

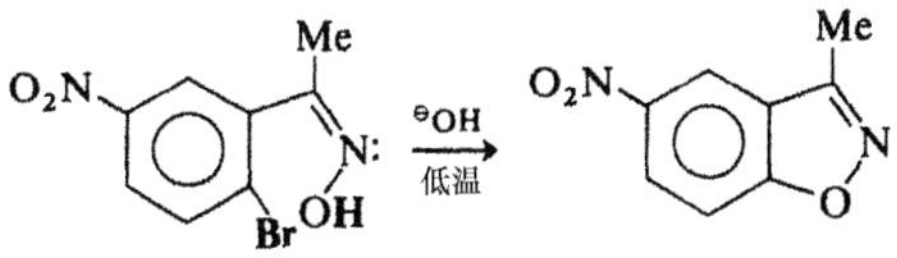

(68) (70)

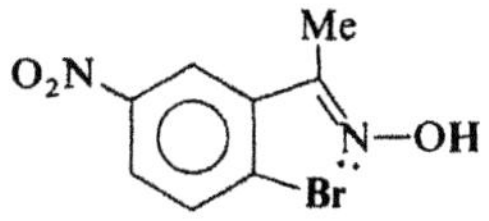

(69)

而(69)中这两个原子距离太远，只有 C═N 键断裂，才能使它们接近。

另外，也可以将它们的物理常数和已知构型的肟的物理常数对比，从而确定它们的构型。我们已经清楚地证明了只有反位 R 基团会在贝克曼重排中迁移，因此能够使用生成的酰胺结构来确定底物酮肟的构型。正如所期待的那样，(68)只能得到 *N*-甲基苯甲酰胺(71)，而(69)则得到的是 *N*-芳基乙酰胺(72)： 125

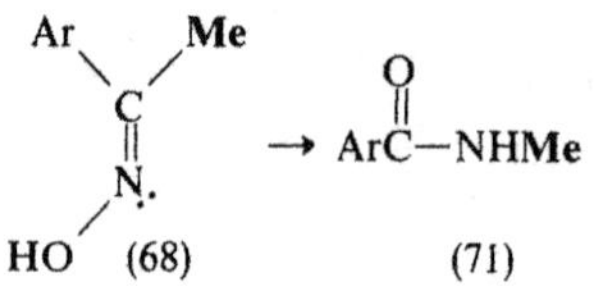

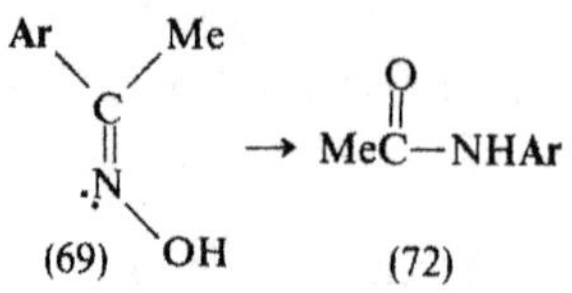

Ar(Me)C=N—OH (68) → ArC(=O)—NHMe (71)　　Ar(Me)C=N—OH (69) → MeC(=O)—NHAr (72)

反应中并没有发生简单的 R 基团和羟基的交换，这可以通过二苯甲酮肟 $Ph_2C{=}NOH$ 在 $H_2{}^{18}O$ 中的重排生成 *N*-苯甲酰苯胺 PhCONHPh 得到证明。由于反应物和生成的酰胺溶解在 $H_2{}^{18}O$ 中时都不会发生与水的 ^{18}O 交换，因此如果分子内的苯基和羟基发生交换，那么产物中则没有 ^{18}O。但事实上产物中 ^{18}O 的比例和水中是相同的，因此重排一定经过了羟基的离去，随后从水分子中重新引入一个氧。而酸催化剂的主要作用是通过质子化或者酯化等过程让羟基变为一个更好的离去基团。

反应过程如下图所示：

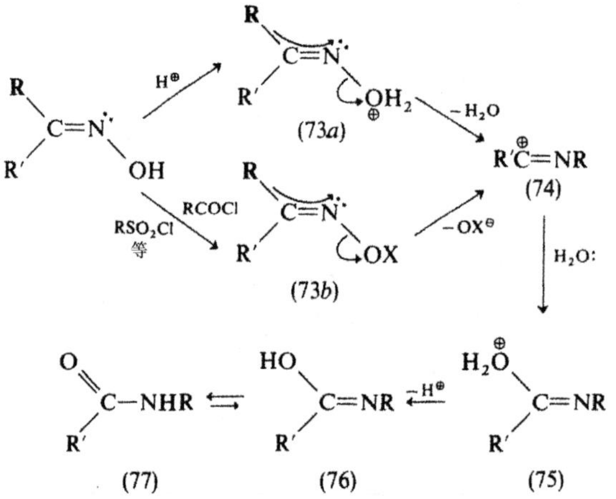

RR'C=N—OH —$H^{\oplus}$→ RR'C=N—$\overset{\oplus}{O}H_2$ (73*a*) —$-H_2O$→ $R'\overset{\oplus}{C}{=}NR$ (74)

RR'C=N—OH —RCOCl, RSO_2Cl 等→ RR'C=N—OX (73*b*) —$-OX^{\ominus}$→ $R'\overset{\oplus}{C}{=}NR$ (74)

(74) —H_2O:→ $H_2\overset{\oplus}{O}$—C(R')=NR (75) —$-H^{\oplus}$→ HO—C(R')=NR (76) ⇌ O=C(R')—NHR (77)

在强酸中，该重排反应经历羟基的质子化生成(72*a*)，随后失去水得到(74)；而和酸性氯化
126 物如五氯化磷作用时，则会生成中间体酯(73*b*)，由于 XO^- 离子是一个好的离去基团，所以也得到(74)。一些(73*b*)这样的中间体确实可以被单独制备出来，并且在没有催化剂和在中性溶剂下重排得到期望的酰胺。XOH 的酸性越强，XO^- 离子的稳定性就越强，它也就是一个更好的离去基团，因此重排反应也就越快。各种 XO^- 离子在重排反应中被观察到存在如下的顺序：$CH_3CO_2^- < ClCH_2CO_2^- < PhSO_3^-$。反应速率随溶剂极性的增加而增加，也说明离子化是反应的决速步。

与之前的重排反应类似，在(73)到(74)的转化过程中，离去基团的离去和 R 基团的迁移一般认为同时发生。主要证据有：严格的分子内反应（不能观察到交叉产物，参见**116 页**）；反应有非常好的立体选择性（即只有 R 会迁移，而不是 R′）；当 R 基团有手性时，例如 PhCHMe，其迁移时构型会保持。这也反映碳正离子中间体 $R'C^+{=}NR$(74，能够在 NMR 中观测到）比氮正离子中间体 $RR'C{=}N^+$（如果离去基团先离去，可能会生成）稳定。水对碳正离子(74)的进攻（在 $H_2{}^{18}O$ 中反应，重排产物中会引入 ^{18}O）来完成重排得到(75)，随后去质子得到产物(77)的烯醇式(76)。

我们已经提到了贝克曼重排的立体化学在确定酮肟结构中的应用。此外，在纤维高分子尼龙-6 的合成中它也有大规模的应用，即环己酮肟(78)发生重排得到己内酰胺(79)，再发生聚合反应生成尼龙-6：

$$\text{苯酚} \xrightarrow{Ni/H_2} \text{环己醇} \xrightarrow[250℃]{Cu} \text{环己酮} \xrightarrow{NH_2OH} (78) \xrightarrow{H^{\oplus}} (79) \xrightarrow[\text{碱}]{\Delta} \left(-NH(CH_2)_5\overset{O}{\overset{\|}{C}}- \right)_n$$

尼龙-6　　(79)　　(78)

5.7　向缺电子氧原子的转移反应 127

假设迁移终点是缺电子的氧原子，我们也能合理地期待与之前类似的重排反应的发生：这样的重排反应确实是已知的。

5.7.1　酮的拜耳-维立格氧化反应

对酮用过氧化氢或者过氧酸 RCO_2OH(参见 **330 页**)氧化可以得到酯：

$$R-\overset{O}{\overset{\|}{C}}-R \xrightarrow{H_2O_2} R-\overset{O}{\overset{\|}{C}}-OR$$

环状的酮即被转化成了内酯(环状的酯)：

$$\text{4-甲基环己酮} \xrightarrow{H_2O_2} \text{内酯}$$

反应被认为经历如下过程：

$$\underset{(80)}{R-\overset{O}{\overset{\|}{C}}-R} \overset{H^{\oplus}}{\rightleftarrows} R-\overset{OH}{\overset{|}{C^{\oplus}}}-R \xrightarrow[(2)\ -H^{\oplus}]{(1)\ R'CO_3H} \underset{(81)}{R-\overset{OH}{\overset{|}{C}}(O-O\overset{O}{\overset{\|}{C}}R')-R} \xrightarrow{-R'CO_2^{\ominus}} \underset{(82)}{R-\overset{O-H}{\overset{|}{C^{\oplus}}}-OR} \xrightarrow{-H^{\oplus}} \underset{(83)}{R-\overset{O}{\overset{\|}{C}}-OR}$$

酮(80)首先被质子化，然后过氧酸对其加成得到(81)，易离去基团 $R'COO^-$ 发生离去，R 基团向缺电子的氧迁移得到(82)，即产物酯(83)的质子化形式。当对 $Ph_2C{=}^{18}O$ 进行氧化时只得到 $PhC^{18}O{-}OPh$，即产物中 ^{18}O 不会发生置乱，这也支持了以上的机理。离去基团
128 上的 R′所带吸电子基团和迁移基团 R 上的给电子基团都会加快反应的进行，这说明 $R'CO_2^-$ 的离去和 R 的迁移是协同进行的：(81)到(82)的协同转化是这个反应的决速步。另外，手性的 R 基团在迁移时构型保持。不对称的酮 RCOR′进行氧化反应时两个基团都能迁移，但通常是亲核性更好的，也就是更能稳定负电荷的基团迁移，这和频哪醇/频哪酮重排类似(参见 **115 页**)。和后者一样，位阻因素也有影响，甚至可能改变基于给电子能力决定的迁移优先顺序。

5.7.2　过氧化物重排反应

另一种类似的重排反应是酸催化的氢过氧化物 ROOH 的降解，其中 R 是带有烷基或者芳基的二级或三级碳原子。一个典型例子是过氧化氢异丙苯(84)的降解，它由异丙苯(枯烯)在空气中氧化得到，这个反应用于工业上大规模制备丙酮和苯酚：

$$\underset{(84)}{Ph{-}CMe_2{-}O{-}OH} \overset{H^{\oplus}}{\rightleftarrows} \underset{(85)}{Ph{-}CMe_2{-}O{-}\overset{\oplus}{O}H_2} \xrightarrow{-H_2O} \underset{(86)}{{}^{\oplus}CMe_2{-}OPh}$$

$$\underset{(86)}{{}^{\oplus}CMe_2{-}OPh} \xrightarrow{(1)\ H_2O;\ (2)\ -H^{\oplus}} \underset{(87)}{HO{-}CMe_2{-}OPh} \xrightarrow{H^{\oplus}/H_2O} O{=}CMe_2 + PhOH$$

同样，在该反应中，(85)中 H_2O 的离去和 Ph 向缺电子氧的迁移几乎可以肯定是协同的。水对碳正离子(86)的加成得到半缩酮(87)，随后水解得到苯酚和丙酮。根据前面的经
129 验，我们是能预见(85)中苯基的迁移优先于甲基。迁移基团上的给电子取代基可以加快反应，也可以增加该基团的迁移能力。以上苯基优良的迁移能力可能是因为迁移经历了桥状的过渡态：

$$\left[\ \overset{\delta+}{Ph}\cdots\overset{\delta+}{C}(Me)_2\cdots\underset{\delta+}{O}\cdots\cdots\overset{\delta+}{O}H_2\ \right]^{\ddagger}$$

在超酸溶液中可以检测到类似于(86)的中间体(参见 **102 页**)，其结构可以由 NMR 确定。

这些例子中我们介绍了重要的过氧键在极性溶剂中的异裂，—O : O— ⟶ —O⁺ : O⁻—；合适的条件下，它还可以均裂生成自由基—O : O— ⟶ —O· ·O—，该内容在后文中会介绍(参见 **304 页**)。

第 6 章　芳香体系的亲电与亲核取代 130

之前我们介绍过苯环的结构和它的离域 π 轨道(见 **15 页**)。在苯环平面上下集中的负电荷是苯环最明显的特征：

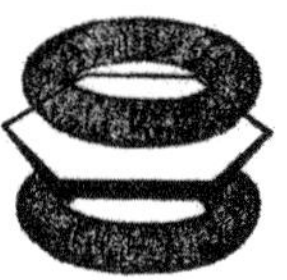

这种电荷集中可以屏蔽亲核试剂对环上碳原子的进攻，而有利于亲电试剂，即正离子 X^+ 和 131
缺电子物种的进攻，即亲电进攻。

6.1　对苯环的亲电进攻

6.1.1　π 和 σ 配合物

反应的第一步应当是接近的亲电试剂和离域的 π 轨道之间的作用，事实上，这一步生成了 π 配合物(1)：

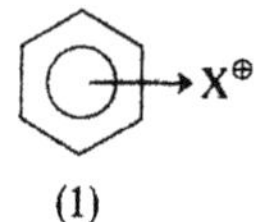

(1)

例如，甲苯在 −78 ℃下和 HCl 反应得到 1∶1 的配合物，该过程是可逆的。在环上的碳原子和来自 HCl 的质子之间没有实际形成的化学键。这可以由和 DCl 的反应证明：这个过程得到 π 配合物，但是它的生成和分解都不会引起苯环上的氢氘交换，说明在配合物中没有生成 C—D 键。芳烃还可以和其他物种形成 π 配合物，例如卤素、银离子，以及人们更为熟知的与苦味酸(2,4,6-三硝基苯酚)形成有色晶体加合物。这个晶体的熔点可用于表征该芳烃。这些加合物也被称为电荷转移配合物。在苯和溴形成的 π 配合物中，卤素分子已被证明在苯环的中心，且垂直于苯环平面。

当有缺电子轨道的化合物，即路易斯酸，例如 $AlCl_3$ 存在时，会与苯形成另一种配合物。如果在这里使用 DCl 代替 HCl，可以观察到苯环上快速的氢氘交换，表明生成了 σ 配合物(2)①，也被称为韦兰德(Wheland)中间体(参见 **41 页**)，其中 H^+ 和 D^+ 与环上的碳原子以
共价键结合。正电荷也会通过 π 轨道在环上剩余的 5 个碳原子上分布，H 或 D 原子在与苯 132
环平面垂直的平面上：

① 这些物种也被称为芳正离子，或者更广泛的叫法是碳正离子中间体。

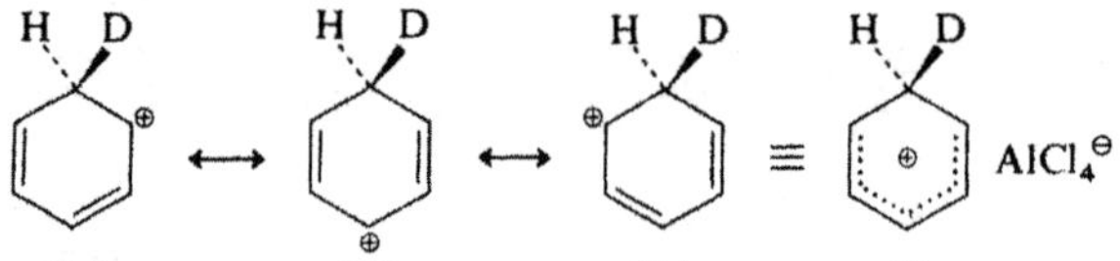

(2a) ⟷ (2b) ⟷ (2c) ≡ (2) $AlCl_4^{\ominus}$

π 和 σ 配合物有很大的不同，它们具有不同的性状。例如，甲苯和 HCl 作用，生成前者时溶液为绝缘体，没有颜色变化，紫外光谱变化很小，这都说明苯环上电子云几乎没有被扰动。而当有 $AlCl_3$ 存在而生成后者时溶液会变为绿色，具有导电性，紫外光谱有变化，加上没有证据表明生成 $H^+ AlCl_4^-$，说明生成了 σ 配合物(2)。

$AlCl_4^-$ 从 σ 配合物上夺取一个质子，可以完成从(2)到(4)的转化。当使用 HCl 时这仅仅引起了单纯的氢原子交换，但是 DCl 参与反应时则用 D 取代了 H，即总的过程是发生了亲电取代。理论上(2)可能和 $AlCl_4^-$ 上脱离的 Cl^- 发生反应，总过程是亲电加成得到(3)，如同一个普通碳碳双键的加成(见 **181 页**)；但是这样会破坏 6 个碳原子形成的离域 π 轨道带来的稳定化作用，即产物不再具有芳香性。而取代反应的产物(4)中这个离域 π 轨道完整地保留，芳香性得到恢复：

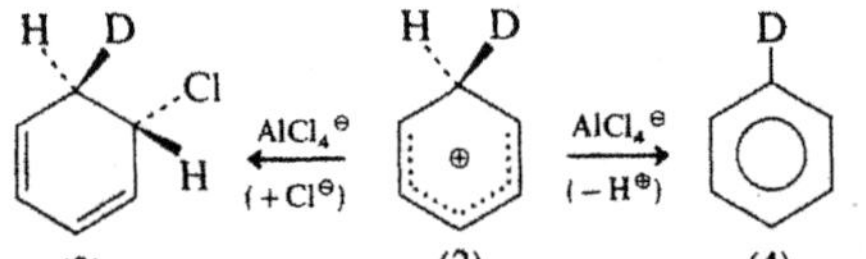

(3) 加成 ← $AlCl_4^{\ominus}$ (+$Cl^{\ominus}$) — (2) — $AlCl_4^{\ominus}$ (−$H^{\oplus}$) → (4) 取代

(2)到(4)的转化中稳定化作用的获得，为通过断裂强的 C—H 键而消除 H^+ 提供了能量。例如，在 HCl 和烯烃的反应中(见 **184 页**)就没有这样的因素促进取代反应，因此生成加成产物而不是取代产物。

133 或许我们会认为，苯向 σ 配合物(2)的转化破坏了芳香性，将需要很高的能量，即亲电取代反应的活化能将很高，反应较慢。但事实上许多亲电取代在室温下就可以很快地进行。这主要是有两个因素降低能垒并促进其生成：(i) 形成新的 σ 键释放出能量；(ii) 具有正电荷的 σ 配合物可以稳定自身(通过离域作用降低其能量)。这在书写(2)的结构时已经表明了，如图所示：

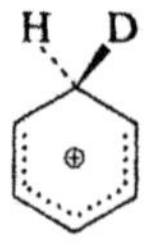

(2)

然而，(2)的结构并不代表电荷密度的均匀分布——当我们写出其他的电荷分离的共振结构(2*a*，2*b*，2*c*，见 **132 页**)时这就很明显了。

如果我们的假设是正确的，即芳香亲电取代经历了 σ 配合物的中间体(实际上在一些取代反应中它可以被分离，见 **136 页**)，那么我们会发现所谓的“取代反应”事实上经过了先加成再消除的过程。在通常苯的亲电取代反应中，这一基础理论是如何建立的？这将会在接下来的内容中进行阐述。

6.2 硝化反应

芳香取代反应中迄今研究得最详细的是硝化反应，因此它的机理也有最清晰的描述。硝化反应通常用浓硝酸和浓硫酸的混合物进行，这也被称为"硝化混合物"。对浓硫酸作用的传统解释是，它可以吸收硝化反应中产生的水，从而阻止了逆反应的进行。

$$C_6H_6 + HNO_3 \longrightarrow C_6H_5NO_2 + H_2O$$

然而这种说法在几个方面不能令人满意，至少硝基苯一旦生成，在反应条件下是不容易被水 134
进攻的。事实是，在没有浓硫酸时硝化反应速率很慢，而硫酸在通常使用的条件下和苯不发生反应。由此推断出，硫酸应当和硝酸而不是苯作用。以下的事实可以证明这一点：硝酸的纯硫酸溶液的凝固点几乎会降低 4 倍(实际上 $i \approx 3.82$)。这可以用生成了 4 个离子来解释：

$$\ddot{H O}-NO_2 \xrightleftharpoons{H_2SO_4} H_2\overset{\oplus}{O}-NO_2 + HSO_4^{\ominus} \xrightleftharpoons{H_2SO_4} H_3O^{\oplus} + HSO_4^{\ominus} + {}^{\oplus}NO_2$$

$$\text{即 } HNO_3 + 2H_2SO_4 \rightleftharpoons \underbrace{{}^{\oplus}NO_2 + H_3O^{\oplus} + 2HSO_4^{\ominus}}$$

而 i 值和 4 的稍微差距可能是因为在这些条件下水的不完全质子化造成的。

硝基正离子($^+NO_2$)在溶液和一些盐(其中的一些实际已经被分离出来，例如 $^+NO_2ClO_4^-$)中的存在可通过光谱方法确认，在拉曼光谱中每个在 1400 cm^{-1} 处都有谱线，这只能来源于线形的三原子物种。事实上硝酸在浓硫酸中会完全转化为 $^+NO_2$，这种条件下它无疑才是硝化反应中起作用的亲电试剂。如果硫酸的作用仅仅是作为强酸辅助 $^+NO_2$ 的生成，那么可以推断其他强酸，例如高氯酸也能促进硝化反应。事实也确实如此，氟化氢和三氟化硼的混合物也是有效的。只有硝酸时反应较慢，根据以上事实可以解释如下。硝酸中确实含有少量的 $^+NO_2$，通过如下方式生成：

$$2HNO_3 \rightleftharpoons NO_2^{\oplus} + NO_3^{\ominus} + H_2O$$

其浓度远远低于存在等量浓硫酸时的浓度，后一种情况下几乎完全转化为 $^+NO_2$。比苯活泼的芳香化合物的硝化反应速率通常和[ArH]无关，表明 $^+NO_2$ 的生成是慢的，也就是总反应 135
的决速步。$^+NO_2$ 是高活性的硝基化试剂，一旦生成，就会发生迅速的硝基化反应，例如使用 $^+NO_2BF_4^-$ 盐在室温或更低温度下，甚至能使反应性不强的芳香物种发生反应。

然而，也有很多使用硝化混合物的硝化反应有"理想"的速率方程：

$$r = k[ArH][^+NO_2]$$

但是，由于各种因素，实际的动力学过程是很难进行跟踪或者确定的。例如，苯在硝化混合物中的溶解性很差，使得硝化的速率被难溶的芳烃在酸中的溶解速率控制。在硝化混合物中，[$^+NO_2$]和[HNO_3]直接相关，硝酸转化为硝酰正离子速率很快且完全，但是在其他溶剂中这个关系可能是一些复杂的平衡。因此，有效的亲电试剂(几乎都是$^{+}NO_2$)和实际加入的 HNO_3(或其他可能的硝化试剂)的浓度关系远不是那么简单。

上述“理想”的速率方程至少与三种不同的可能过程是一致的：经过过渡态(5)的一步协同反应[1]

$C_6H_6 + NO_2^{\oplus} \longrightarrow [(5)]^{\ddagger} \longrightarrow C_6H_5NO_2 + H^{\oplus}$ .....[1]

(5)

其中 C—NO_2 键的形成和 C—H 键的断裂是同时发生的；或者经过韦兰德中间体或 σ 配合物(6)的两步过程[2]

$C_6H_6 + {}^{\oplus}NO_2 \xrightarrow{(a)} (6) \xrightarrow{(b)} C_6H_5NO_2 + H^{\oplus}$ .....[2]

(6)

其中 C—NO_2 键形成(a)或者 C—H 键断裂(b)可能是慢的决速步。当然，在上述的三种反应历程([1]、[2a]、[2b])中，C—H 键必定在某一阶段发生断裂，它们之间稍微的不同是，在[1]和[2b]中碳氢键的断裂在决速步中，但是在[2a]中碳氢键的断裂不在决速步中。如果碳氢键的断裂在决速步中，当使用 C_6H_6 代替 C_6D_6 时，则会表现出一级动力学同位素效应
136 (参见 **46 页**)。出于实验上的考虑，以 $C_6H_5NO_2$ 和 $C_6D_5NO_2$ 比较(并不影响问题的讨论)，25 ℃下 $k_H/k_D \approx 1.00$，即没有一级动力学同位素效应。因此 C—H 键断裂不在决速步中，即[1]和[2b]反应历程可以排除。当然这不是经过[2a]过程的确切证据：也即慢的 C—NO_2 形成是决速步，紧接着发生的快的 C—H 键的断裂是非决速步。但是[2a]是以上所考虑的路径中唯一和我们的实验数据相符的。

$C_6H_6 + {}^{\oplus}NO_2 \xrightarrow{慢} (6) \xrightarrow{快} C_6H_5NO_2 + H^{\oplus}$ ...... [2a]

(6)

强的 C—H 键断裂是快速过程并不奇怪，因为中间体(6)失去质子可以重新得到稳定的芳香结构。(6)上的质子通过碱的进攻离去，碱在硝化混合物中可以是 HSO_4^-，有时也可能是溶剂分子。类似于(6)的中间体在一般的苯衍生物的硝化反应中还不能被明确地观测到。然而，使用$^{+}NO_2BF_4^-$ 对复杂的芳环例如蒽(7，参见 **17 页**)进行硝化时，可以从光谱上检测到中间体(8)。

$NO_2^{\oplus}BF_4^{\ominus}$

(7) (8) $BF_4^{\ominus}$

(8)的相对稳定性部分是由于离子对中的 BF_4^- 离子(参见 **102 页**)。当然(8)的存在不代表所有硝化反应都经过类似的中间体，但是结合动力学和其他证据，它的确说明其他的硝化反应经历这样的物种是很有可能的。

讨论芳香取代反应的速率时，过渡态 T. S.$_1$ 的形成起到控制性影响(图 6.1)： 137

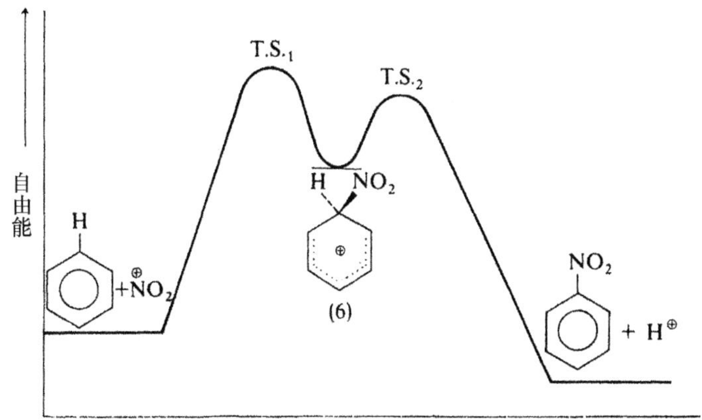

图 6.1

要得到这些物种的详细信息非常困难，过渡态是中间体的前体，所以通常这些中间体作为过渡态的模型，因为中间体的信息更容易获得。根据哈蒙德(Hammond)原理，连续的反应过程中，前后相邻且能量上接近的物种在结构上也可能是接近的。所以上图过程中，中间体(6)相对于起始底物是 T. S.$_1$ 更好的模型。之后我们会讨论更多利用 σ 配合物中间体来作为它之前的过渡态的结构模型的例子(参见 **151 页**)。

在这里需要解释另一个进行合成时很重要的问题。高活性的芳环，例如苯酚，在稀硝酸中就可以发生硝化反应，速率非常快，不能用溶液中的$^+NO_2$ 的浓度来解释。这主要是因为体系中存在微量亚硝酸，它会形成亚硝酰正离子^+NO(或者其他的能硝化的物种，参见 **120 页**)和底物反应：

$$HNO_2 + 2HNO_3 \rightleftarrows H_3O^{\oplus} + 2NO_3^{\ominus} + {}^{\oplus}NO$$

OH —$^{\oplus}$NO→ OH, H NO (9) —$^{\ominus}$NO$_3$→ OH, NO (10) —HNO$_3$→ OH, NO$_2$ (11) + HNO$_2$

对亚硝基苯酚(10)可以被分离出来，它可以非常迅速地被硝酸氧化得到对硝基苯酚(11)和亚硝酸，亚硝酸得以再生，反应可以继续。反应体系中最初可以没有亚硝酸，因为它可以由微 138

量的硝酸被苯酚还原得到。决速步同样是中间体(9)的形成。一些 NO_2 直接硝化高活性芳环的过程也会同时发生，两种路径的相对比例取决于反应条件。

很多其他芳香亲电取代反应经过了上面讨论的[2]这一类机理，一般是[2*a*]，也有一些是[2*b*]。下面将继续阐述对芳环进攻中的亲电物种的确切性质。

6.3　卤化反应

和硝化反应相比，卤化反应涉及更多种类的亲电试剂对芳环的进攻。自由卤素，例如 Cl_2 和 Br_2，可以直接进攻活泼的芳环(例如苯酚，参见 **150 页**)，但是不能直接和苯发生取代反应(然而，光化学活化可以经历自由卤素原子与苯环发生加成反应，见 **316 页**)，而是需要路易斯酸。例如 $AlCl_3$ 协助卤素分子极化而生成“亲电端”，而生成 Cl^+ 是能量禁阻的。速率方程通常有以下形式：

$$r=k[\text{Ar—H}][X_2][\text{路易斯酸}]$$

很可能苯环首先和卤素分子(例如 Br_2)形成 π 配合物(12)(参见 **131 页**)，之后路易斯酸和它作用，极化 Br—Br 键，协助在溴分子的“亲电端”和芳环碳原子之间形成 σ 键，最后帮助溴负离子离去而得到 σ 配合物(13)：

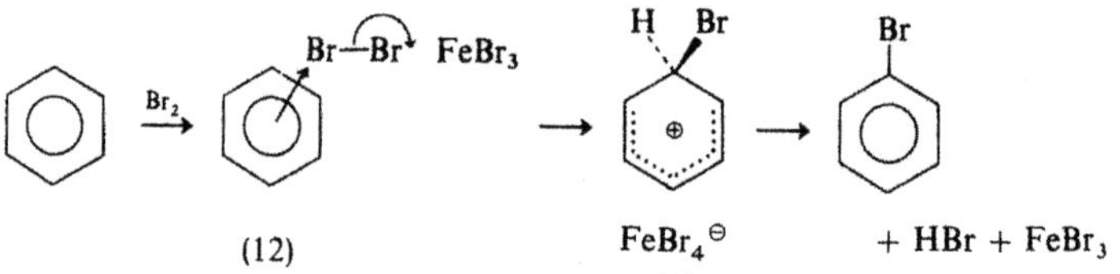

负离子 $FeBr_4^-$ 可以协助 σ 配合物(13)的质子离去。经典的卤素载体铁粉，事实上是在转化为路易斯酸 FeX_3 后才起作用。

139 动力学同位素效应在氯化反应中观察不到，溴化反应中也很少出现，也就是说，这个反应主要经过了类似硝化反应[2*a*]的过程。碘化反应只有用 I_2 和活泼芳环作用才能发生，会出现动力学同位素效应。这可能是因为碘化反应和前两者不同，它是可逆的，中间体(14)离去碘比离去质子还要容易，即 $k_{-1}\gtrsim k_2$：

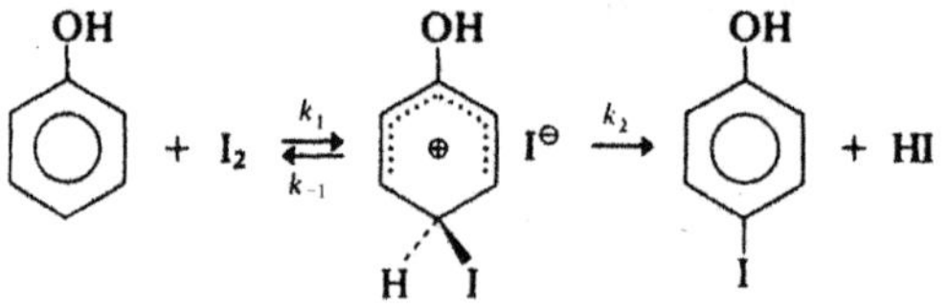

因此，苯酚和 2，4，6-三氘代苯酚的 $k_H/k_D\approx4$，即经过了类似硝化反应[2*b*]的过程。碘化反应经常需要碱或者氧化剂促进，它们可以消耗掉生成的 HI 使平衡右移。氧化剂也可以产生 I^+ 或者将 I_2 转化为极化的 I_2 分子，从而提供更好的亲电试剂。使用卤间化合物 $Br^{\delta+}$—$Cl^{\delta-}$、$I^{\delta+}$—$Cl^{\delta-}$ 等也可以发生卤化反应，其中电负性较小的卤素原子作为“亲电端”进攻。上述两者分别发生溴化和碘化反应。

卤化反应也可以由次卤酸 $HO^{\delta-}—X^{\delta+}$ 来进行。该反应比使用卤素分子要慢，因为和 X^- 相比 HO^- 是更差的离去基团。然而，有 X^- 存在时反应会加快，因为生成了活性更高的 X_2，例如：

$$^{\ominus}OCl + Cl^{\ominus} + 2H^{\oplus} \rightarrow Cl_2 + H_2O$$

有强酸存在时，次卤酸 HO—X 是很强的卤化试剂，这是因为生成了高度极化的配合物(15)：

$$H\ddot{O}—Hal + H^{\oplus} \rightarrow H_2\overset{\oplus}{O}—Hal \nrightarrow H_2O + Hal^{\oplus}$$

(15)

证据表明，这个物种在该条件下是很好的亲电试剂，且(15)不会向 X^+ 转化，这和硝酰正离子的生成不同(参见 **134 页**)。HOCl 加强酸是比 Cl_2 加 $AlCl_3$ 更好的氯化试剂。 **140**

虽然 F_2 可以和芳环发生剧烈的反应，但是会引起碳碳键断裂，因此该反应没有制备意义(参见 **170 页**)。

6.4 磺化反应

磺化反应的机理细节研究得不如硝化反应和卤化反应详细。苯在热的浓硫酸中的磺化反应相当慢，但是和发烟硫酸(反应速率和其中的 SO_3 含量相关)或惰性溶剂中的 SO_3 反应时速率很快。实际的亲电试剂和具体条件有关，但一般是 SO_3，它可以是游离的或者与其他载体结合，例如 $H_2SO_4 \cdot SO_3(H_2S_2O_7)$。硫酸中通过如下的平衡能够产生少量的 SO_3：

$$2H_2SO_4 \rightleftarrows SO_3 + H_3O^{\oplus} + HSO_4^{\ominus}$$

由于硫原子高度极化，相对缺电子，由它进行亲电进攻：

$$\overset{\delta-}{O}\cdots S^{\delta+++}(\cdots O^{\delta-})(\cdots O^{\delta-})$$

磺化反应和碘化反应类似，是可逆的。在浓硫酸中按下列过程进行：

$$C_6H_6 + SO_3 \underset{k_{-1}}{\overset{k_1}{\rightleftarrows}} \underset{(16)}{[C_6H_6(SO_3^{\ominus})]^{\oplus}} \overset{k_2}{\rightleftarrows} \underset{(17)}{C_6H_5SO_3^{\ominus}} + H^{\oplus} \underset{快}{\rightleftarrows} C_6H_5SO_3H$$

在发烟硫酸中，在 σ 配合物(16)中的 C—H 键断裂之前，(16)中的 SO_3^- 就会质子化而直接得到(17)的 SO_3H 类似物。和碘化反应类似，磺化反应表现出动力学同位素效应，即 C—H 键断在反应的决速步中，$k_{-1} \gtrsim k_2$。

在水蒸气对磺酸的作用下将 SO_3H 取代为 H，因此可以引入 SO_3H 作为定位基团(参见

150 页)，然后消除它。萘的磺化有一些其他的有趣性质(参见 **164 页**)。

141 ## 6.5　傅-克反应

傅-克反应通常分为烷基化和酰基化反应。

6.5.1　烷基化反应

卤代烷烃 $R^{\delta+}—X^{\delta-}$ 的碳原子有一定亲电性，但是很少能够直接在芳环上进行取代，需要路易斯酸催化剂，例如 AlX_3。卤代烷烃和路易斯酸反应的证据有：EtBr 和放射性同位素标记的 $AlBr_3^*$ 之间的溴交换，以及它们之间的 1∶1 的固体配合物，例如 $MeBr\cdot AlBr_3$ 在低温(−78 ℃)下可以被分离出来。这些配合物虽然是极性的，但是电导很弱。当 R 可能形成一个相对稳定的碳正离子时，例如 Me_3CBr，烷基化中实际的亲电试剂可能是离子对中的碳正离子，Me_3C^+：

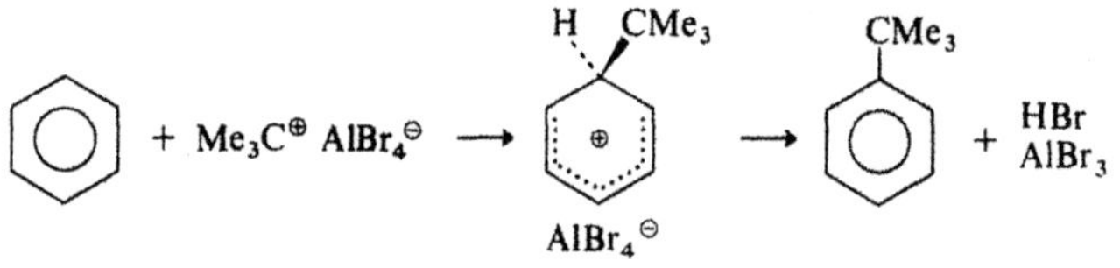

(18)

其他情况下亲电试剂是极化的配合物(19)，极化程度取决于卤化物 R—X 中的 R 基团和使用的路易斯酸：

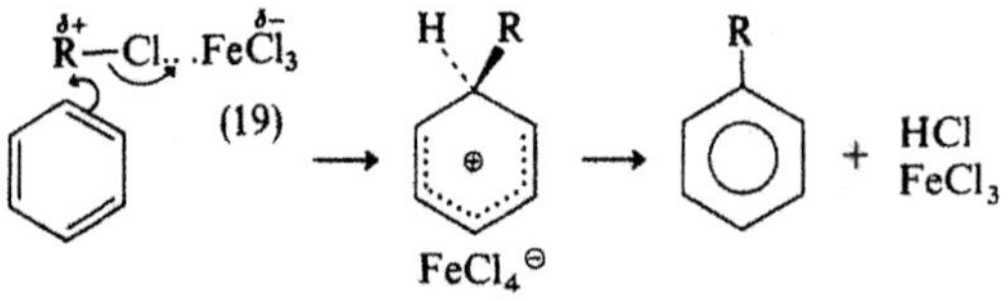

(19)

(20)

当然，上述两种情况都符合通常的速率方程：

$$r=k[ArH][RX][MX_3]$$

路易斯酸作为催化剂的活性顺序是

$$AlCl_3>FeCl_3>BF_3>TiCl_3>ZnCl_2>SnCl_4$$

142 傅-克烷基化中像(18)和(20)这样的韦兰德中间体的存在已经被其实际分离所证实。例如(21)在低温下就可以被分离出来(BF_4^- 对离子对的稳定化作用于**136 页**已指出)：

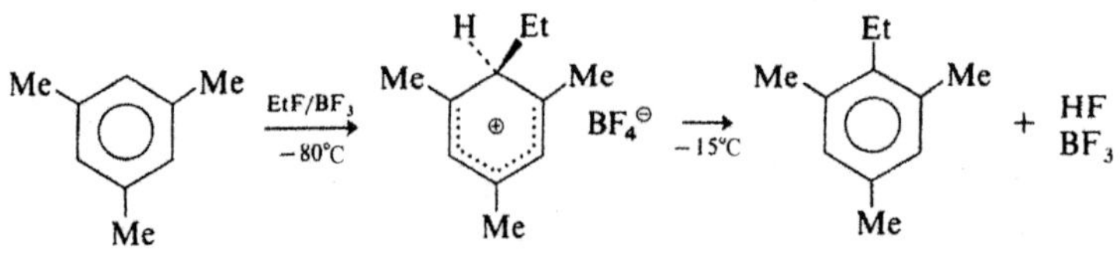

(21)

(21)是黄色的结晶性固体，在−15 ℃下会分解，以基本定量的产率得到预期的烷基化产物

(参见 **136 页**)。

在很多的傅-克烷基化反应中，最终产物中会含有重排过的烷基基团。例如 Me_3CCH_2Cl 在 $AlCl_3$ 作用下与苯的反应几乎全部得到重排后的产物($PhCMe_2CH_2Me$)。这可以解释为，反应中初始的亲电配合物得到充分的极化，使得由$[Me_3CCH_2]^{\delta+}\cdots Cl\cdots AlCl_3^{\delta-}$ 重排成更加稳定的$[Me_2CCH_2Me]^{\delta+}\cdots Cl\cdots AlCl_3^{\delta-}$ 的过程能够发生(参见 **104 页**，对应碳正离子的相对稳定性)。与之形成对比的是，Me_3CCH_2Cl 在 $FeCl_3$ 作用下与苯的反应几乎全部得到未重排的产物($PhCH_2CMe_3$)，这可能是由于 $FeCl_3$ 是更弱的路易斯酸，与卤代烃形成的配合物没有足够的极化能力促使异构化发生。温度对于异构化也有一定的影响，在较低的温度下，给定的卤代烃与路易斯酸会得到更少的重排产物。

值得注意的是，在许多实例中，重排与未重排产物的实际比例并不一定会反映出起始碳正离子的相对稳定性。这是由以下实验事实得出的：碳正离子与芳香物种的相对反应速率与它们的相对稳定性顺序并不一致，甚至有可能截然相反。最先形成的极化配合物对芳香物种的进攻可能比它的重排速率要快。路易斯酸能够同时促进起始卤代烃以及最终烷基化产物的重排反应，这使得对重排过程的研究更加复杂。例如：

$$C_6H_5CH_2CHMe_2 \underset{}{\overset{AlCl_3}{\rightleftharpoons}} C_6H_5CH(Me)CH_2Me$$

烯烃与醇也可替代卤代烃，实现芳香化合物的烷基化反应。在该过程中需要质子酸的参与来对烯烃与醇质子化；BF_3 经常用作路易斯酸催化剂： 143

$$MeCH{=}CH_2 \overset{H^{\oplus}}{\rightleftharpoons} Me\overset{\oplus}{C}HCH_3 \underset{BF_3}{\overset{C_6H_6}{\longrightarrow}} Me_2CHPh$$

$$Me\overset{\oplus}{C}HCH_3 \rightleftharpoons^{-H_2O} MeCH(\overset{\oplus}{O}H_2)CH_3$$

$$MeCH(\ddot{O}H)CH_3 \overset{H^{\oplus}}{\rightleftharpoons} MeCH(\overset{\oplus}{O}H_2)CH_3$$

路易斯酸催化剂也可用于去烷基化，即这类反应是可逆的。因此，当乙基苯(22)与 BF_3 以及 HF 混合后，会发生歧化：

$$\underset{(22)}{C_6H_5Et} \underset{BF_3}{\overset{HF}{\longrightarrow}} \underset{45\%}{C_6H_6} + \underset{10\%}{C_6H_5Et} + \underset{45\%}{1,3\text{-}C_6H_4Et_2}$$

当然，这个反应一定是分子间过程，但苯环上取代基相对位置变化的重排是已知的，而且被发现是分子内过程。例如将对二甲苯(23)与 $AlCl_3$ 以及 HCl 共同加热，会使大部分的对二甲苯转化为更加稳定的间二甲苯(24)(参见 **163 页**)。HCl 的存在是必要的，这类重排被认为是通过起始质子化物种(25)中甲基的迁移实现的：

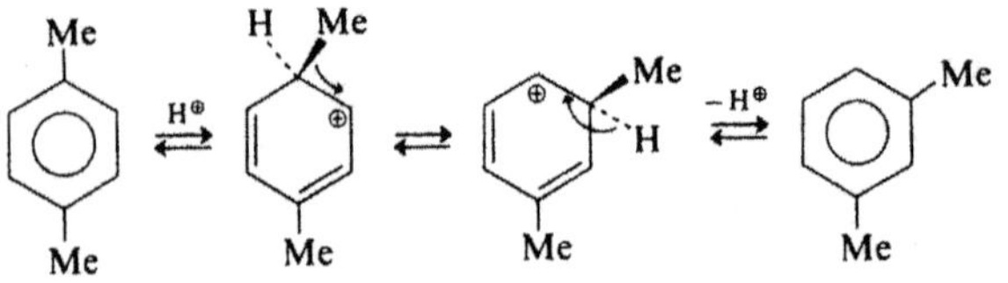

除了重排的可能性，这类傅-克反应在制备中最主要的问题是多烷基化(参见 **153 页**)。一个吸电子取代基的存在通常足以抑制傅-克烷基化，因此硝基苯常用作这类反应的溶剂，这是由于 $AlCl_3$ 易溶于其中，从而能够避免非均相反应。

6.5.2　酰基化反应

在动力学参数能够测定的傅-克酰基化反应中，其经常与烷基化反应遵循相同的基本速率规则：

144 $$r = k[\mathrm{ArH}][\mathrm{RCOCl}][\mathrm{AlCl_3}]$$

这类反应中同样存在相似的问题：起作用的亲电试剂是离子对中的酰基正离子(26)还是极化的配合物(27)？

一些酰基卤化物和路易斯酸在极性溶剂中可以通过红外光谱方法测定其中的酰基正离子(RCO^+)，尤其当 R 体积较大时；盐 $MeCO^+BF_4^-$(由 MeCOF 与 BF_3 制得)也能够被分离与表征。然而，在极性较弱的溶剂以及一些其他环境中，酰基正离子无法被检测到，反应中的亲电试剂一定是极化的配合物。

(26)还是(27)参与反应的直接化学证据取决于化学环境。在甲苯的苯甲酰基化反应中，无论采用哪种路易斯酸催化剂，无论酰基化试剂是苯酰基溴还是苯酰基氯，但最终都会得到相同的混合物产物(1%间位取代，9%邻位取代，90%对位取代)，虽然它们的反应速率会有所变化。这证明在所有反应中有着共同的进攻物种，即 $Ph—C^+═O$。另一方面，在很多实例中，和其他亲电取代反应(例如硝化反应)相比邻位取代的产物比例很少。这表明亲电试剂位阻较大，与直线形的 $R—C^+═O$(26)相比，配合物(27)更加符合这一现象。在任何给定的反应中，亲电试剂的特性都明显取决于反应条件。

因此，该反应可表示如下：

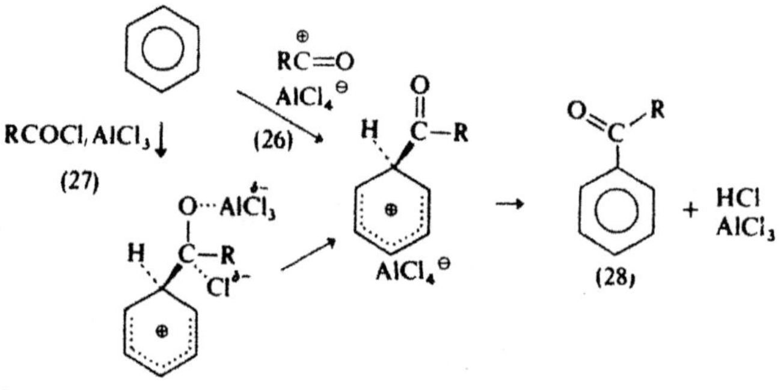

酰基化与烷基化之间的一个显著区别是，酰基化需要加入一倍量以上的路易斯酸，而烷基化只需要催化量的路易斯酸。这是由于该反应的产物酮(28)一旦生成，就会与路易斯酸配位生成配合物(29)， 145

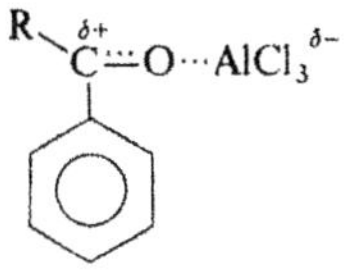

(29)

由此无法继续参与后续反应。由于产物酮比起始原料反应活性大大降低(参见 **151 页**)，并不会发生多酰基化(参比烷基化反应，**143 页**)。与烷基化相比，R 基团并不会发生重排，但 $R—C^+═O$ 可能发生脱羰基过程，尤其是当 R 基团能够形成稳定的碳正离子时，这会导致最终的反应是烷基化而非预期的酰基化：

$$Me_3C—\overset{\oplus}{C}=O \longrightarrow CO + Me_3C^{\oplus} \xrightarrow{C_6H_6} PhCMe_3$$

甲酰化反应能够通过应用 CO、HCl 以及 $AlCl_3$ 实现，即加特曼-科赫(Gattermann-Koch)反应。该过程中，HCOCl 是否形成是值得怀疑的，最可能的亲电试剂应为离子对 $HCO^+ AlCl_4^-$ 中的酰基正离子 $HC^+═O$，即质子化的 CO：

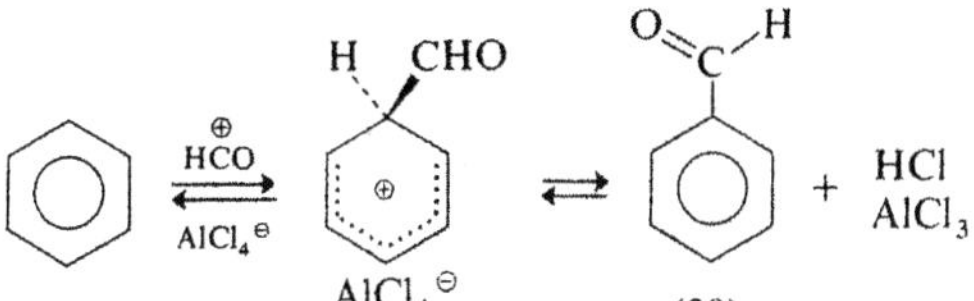

(30)

这一反应的反应平衡实际上对于产物形成较为不利，但通过醛(30)与路易斯酸的配位作用使得平衡向右移动。

酸酐$(RCO)_2O$ 与路易斯酸的混合物也能实现酰基化（在这里起作用的亲电试剂应为 $RC^+═O$，或者在某些例子中，起始酸酐能够在 $AlCl_3$ 的作用下生成 RCOCl)，羧酸自身同样如此。与路易斯酸一样，这一转化也能够被强酸(例如 H_2SO_4、HF)促进，通过质子化生成酰基正离子：

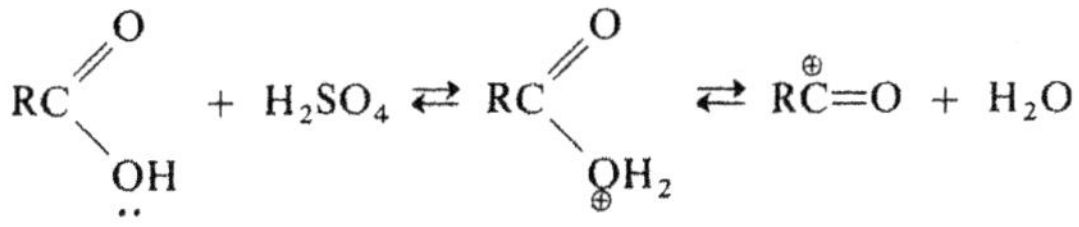

$$RCOOH + H_2SO_4 \rightleftarrows RC(=O)\overset{\oplus}{O}H_2 \rightleftarrows R\overset{\oplus}{C}=O + H_2O$$

特别地，羧酸实现的酰基化过程常用于关环反应之中： 146

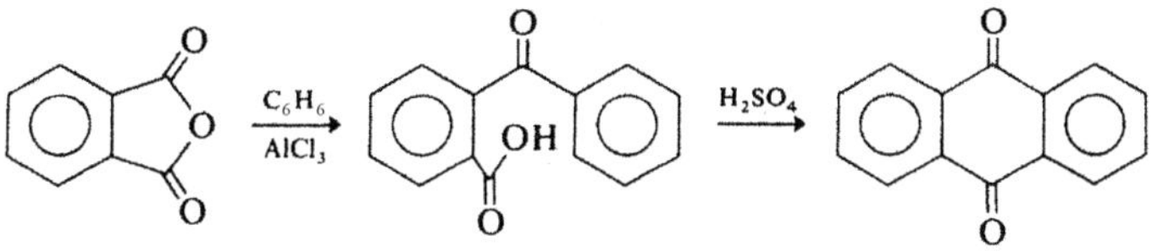

因为不会发生多酰基化(参见 **145 页**)，烷基苯常常通过酰基化之后进行克莱门森(Clemmensen)还原或其他还原反应制备，而不是利用直接的烷基化反应制备：

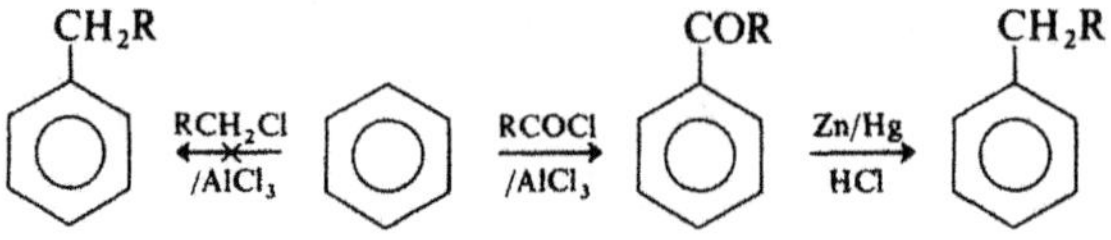

6.6　重氮偶联反应

另一个经典的亲电芳香取代反应是重氮偶联反应，其中有效的亲电试剂是重氮盐正离子(参见 **120 页**)：

$$PhN^{\oplus}\equiv N \leftrightarrow PhN=N^{\oplus}$$

然而，与硝基正离子等物种相比，重氮盐正离子是一种较弱的亲电试剂，且一般只进攻高活性的芳香化合物，如酚类和芳香胺类，因此，它无法与 PhOMe 作用，虽然 PhOMe 在其他情况下是高活性的底物。将吸电子基团引入重氮盐正离子的邻位或对位，能够通过增加重氮基团上的正电荷来加强其亲电性：

因此，2，4-二硝基苯重氮盐正离子能够与 PhOMe 偶联，2，4，6-三硝基苯重氮盐甚至能够与均三甲苯这样单纯的烃类化合物偶联。重氮盐正离子能够存在于酸性以及弱碱性溶液中(在更强的碱性溶液中它们首先被转化成重氮酸 PhN＝N—OH，之后进一步被转化成重氮酸盐负离子 PhN＝N—O$^-$)，所以偶联反应一般在这些条件下进行，反应最优的 pH 取决于被进攻的物种。对于酚类化合物，通常在弱碱性的 pH 下进行反应，因为反应物是 PhO$^-$ 负离子被 ArN_2^+ 进攻，而不是 PhOH 被进攻：

147 $$r = k[ArN_2^+][PhO^-]$$

与苯氧基负离子的偶联可以发生在氧原子或者碳原子上，虽然从相对电子云密度的差异推测更倾向前者，但生成的键的强度也是重要的影响因素。因此在这里，和其他对酚类化合物的亲电进攻类似，生成了碳原子取代产物(31)：

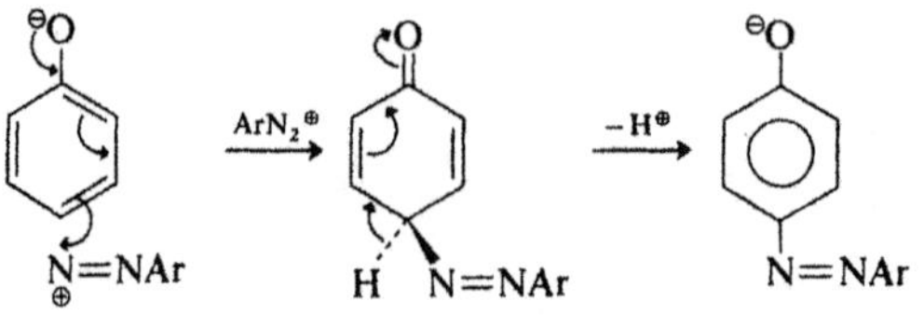

(32)的去质子过程(通常不是决速步)由溶液中的某种或某些碱性物种协助完成。如果邻位和对位两个位置均可发生偶联，偶联通常大比例地发生在对位而不是邻位(参见 **154 页**)，这

是由于进攻的亲电物种 ArN_2^+ 具有较大的位阻(参见 **159 页**)。

与酚类化合物相比，芳香胺类化合物通常不太易于被进攻，这类偶联通常在弱酸性溶液中进行，由于这类芳香胺是很弱的碱(参见 **69 页**)，这样能够在保证 PhN_2^+ 浓度较高的同时不将芳香胺大量地转化为不活泼的、质子化的正离子 $ArNH_3^+$。最初的一级芳香胺的重氮化会在强酸性介质中实现，从而保证未反应的胺被全部转化为正离子来抑制胺与生成的重氮盐之间的偶联。

对于芳香胺类化合物，同样存在氮上或碳上进攻的可能性，但与酚类化合物相比，一级与二级胺(例如 *N*-烷基苯胺)通常大比例地在氮上被进攻从而生成重氮氨基化合物(33)：

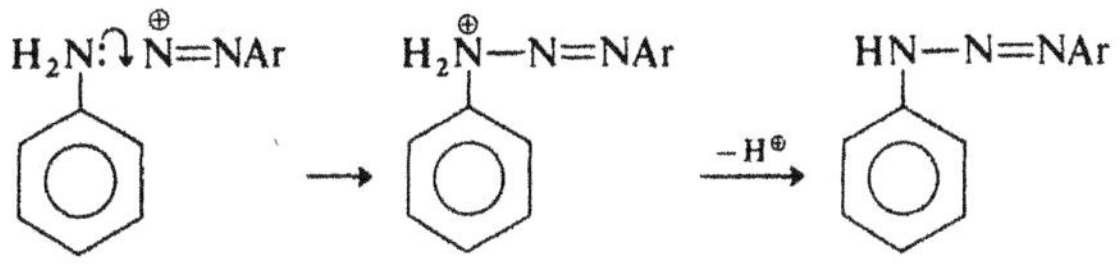

事实上对于大多数一级胺，这是唯一的产物；但对于二级胺(例如 *N*-烷基苯胺)，一些偶联也会发生在碳原子上；而对于三级胺(例如 *N*，*N*-二烷基苯胺)，则只能得到碳上偶联的产 148
物(34)：

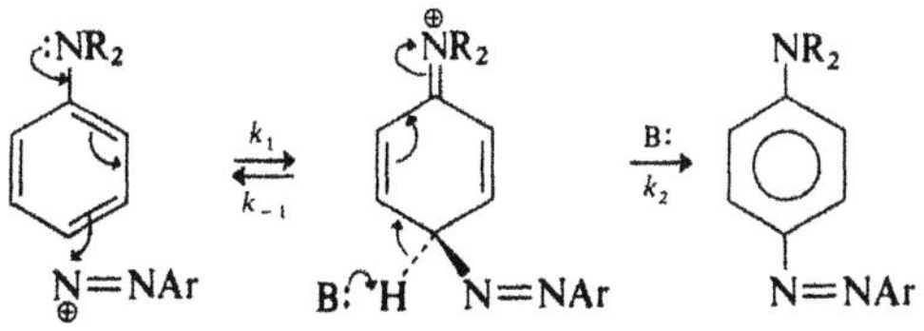

该反应一般遵循如下速率方程：

$$r=k[ArN_2^+][PhNR_2]$$

某些例子中，该偶联反应能够被碱催化，并伴随有动力学同位素效应，即 $k_{-1}\lesssim k_2$，并且(35)中碳氢键的断裂被包含在反应的决速步中。

一个有趣的例子是重氮化的邻二氨基苯(36)的分子内偶联反应：

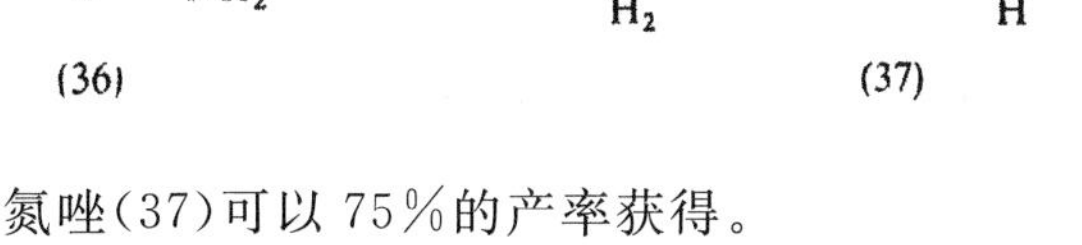

在这种方式下，苯并三氮唑(37)可以 75%的产率获得。

与酚类化合物相比，一级芳香胺与二级芳香胺之间进攻位点的差异，可能反映了这些胺中不同位点之间起到控制性影响的电子云密度的差异。这表明，与许多其他的芳香亲电取代反应相比，重氮偶联反应对于电子云密度之间较为微小的差异更加敏感，也反映了 PhN_2^+ 是很弱的亲电试剂。在酚参与的反应之中当然存在类似的电子云密度的差异，但这里进攻位点的控制更取决于两种不同产物中形成的键的相对强弱，而对于胺生成的两种不同的偶联产物，后者的差异很小。

对 ArN_2^+ 与一级胺间的偶联，重氮氨基化合物的形成并不意味着完全无法实现苯环上
149 偶联产物的制备。这是由于重氮氨基化合物(33)在酸中加热，能够重排成对应的氨基偶氮化合物(38)：

在这些条件下发生的重排过程被证明是分子间的过程，即是指重氮盐正离子变成自由离子，能够被传递到酚、芳香胺或被加入溶液中的其他合适物种。实际上，重排过程确实被发现在酸催化剂与过量的胺存在下会进行得更快速，这个胺最初是发生偶联生成重氮氨基化合物(33)。可能在胺偶联生成重氮氨基化合物之后，过量的胺能够直接进攻质子化的重氮氨基化合物(39)，并伴随着 $PhNH_2$ 的离去与质子的脱除：

虽然大部分芳香亲电取代反应是对氢的取代，但值得注意的是，其他原子或基团也可参与到这类反应中。我们已经学习了磺化反应的逆反应中对于 SO_3H 基团的取代(参见 **140 页**)、去烷基化反应中对烷基的取代(参见 **143 页**)，以及一个不太常见的取代反应，即质子化脱硅反应(参见 **161 页**)中对 SiR_3 基团的取代：

$$ArSiR_3 + H^{\oplus} \longrightarrow Ar{-}H + {}^{\oplus}SiR_3$$

这一类取代反应体现了芳香亲电取代的所有的常规特征(取代基效应等，见下文)，但与我们已经讨论过的例子相比，它们往往在制备上的价值较小。在之前讨论的极性中间体的基础之上，这里需要指出的是均裂型的芳香取代反应，如通过自由基实现的这类反应，同样是存在的(参见 **331 页**)，亲核进攻亦是如此(参见 **167 页**)。

150 6.7　对 PhY 的亲电进攻

当单取代的苯衍生物 C_6H_5Y 进行进一步的亲电取代(例如硝化反应)时，进攻的取代基可能进入原取代基的邻位、间位或对位，且取代反应的总速率与苯环的取代反应速率相比可

能更快或者更慢。

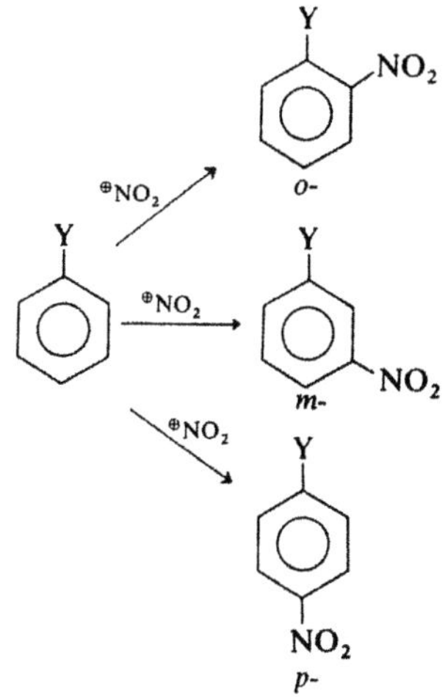

实践发现，取代反应主要生成间位取代的产物，或者主要生成邻位与对位取代产物的混合物。在前一种情况中的取代速率总是比苯的取代速率要慢，而在后一种情况中的取代速率常常比苯的取代速率要快。这一现象的主要控制因素是取代基 Y，这能够以 Y 表现出的电子效应为基础来进行详细的解释。当然，Y 的立体效应也存在一定的影响，但这一因素的影响局限于对邻位的进攻，这会在下文单独讨论(见 **159 页**)。

因此，取代基 Y 能够被分类为间位定位基或者邻/对位定位基；如果在它们的作用下能实现较苯自身更快的进攻，则被称为活化基团，反之被称为钝化基团。这里需要强调的是，这些定位效应是相对的而非绝对的：一些取代反应中常常会全部生成 3 种异构体，但 Y 为邻/对位定位基时生成的间位取代产物比例会非常小，或者 Y 为间位定位基时生成的邻/对位取代产物所占的比例会非常小。例如硝基苯(Y 为 NO_2)的硝化反应会生成 93％的间位取代产物、6％的邻位取代产物以及 1％的对位取代产物，也就是说，硝基被归为间位定位(钝化)基团。相对地，苯甲醚(Y 为 OMe)的硝化反应会得到 56％的对位取代产物、43％的邻位取代产物以及 1％的间位取代产物，也就是说，甲氧基是邻/对位定位(活化)基团。

6.7.1 Y 的电子效应 151

接下来我们将分别讨论特定的 Y 取代基对于 Y 的邻/对位以及间位进攻速率的影响。这里我们假定生成的异构体比例完全由它们生成的相对速率决定，即反应完全由动力学控制(参见 **163 页**)。严格来讲，我们需要比较 Y 对于邻位、间位以及对位进攻的不同过渡态之间的影响，但这通常不能实现。因此，与之前分别讨论亲电取代反应时类似(参见 **136 页**)，我们改为应用在决速步形成的韦兰德(Wheland)中间体作为该步反应过渡态的模型，这样在依序讨论不同种类的 Y 取代基时会更加方便。

6.7.1.1 Y 为 $^+NR_3$、CCl_3、NO_2、CHO、CO_2H 等

这些基团以及其他类似的基团(如 SO_3H、CN、COR 等)的共同点在于，在苯环碳原子的邻位均有一个带正电的或者极化出正电性的原子：

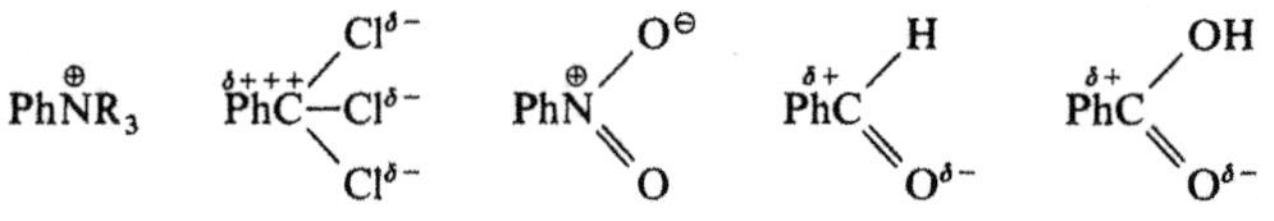

$Ph\overset{\oplus}{N}R_3$　　$Ph\overset{\delta+++}{C}(Cl^{\delta-})_3$　　$Ph\overset{\oplus}{N}(O^{\ominus})=O$　　$Ph\overset{\delta+}{C}(H)=O^{\delta-}$　　$Ph\overset{\delta+}{C}(OH)=O^{\delta-}$

因此，就苯环而言它们都具有吸电子的电子效应，也就是说，含有这些基团的芳香物种都具有一个正极端位于苯环上的偶极。以 Y 为 $^{+}NR_3$ 时为例，我们可以写出亲电试剂 E^{+}（如 $^{+}NO_2$）进攻取代基 $^{+}NR_3$ 的邻位、间位以及对位时的 σ 配合物：

邻位进攻:　(40*a*) ⟷ (40*b*) ⟷ (40*c*)

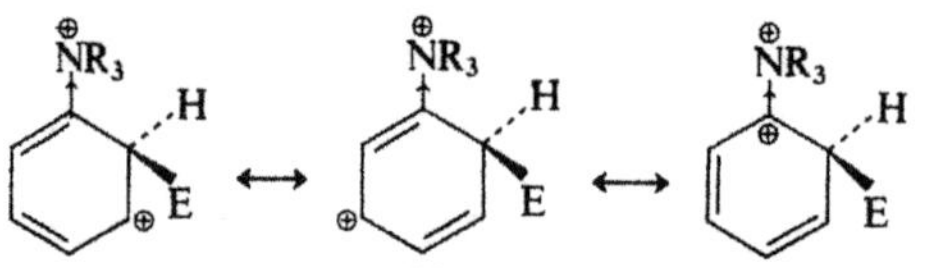

间位进攻:　(41*a*) ⟷ (41*b*) ⟷ (41*c*)

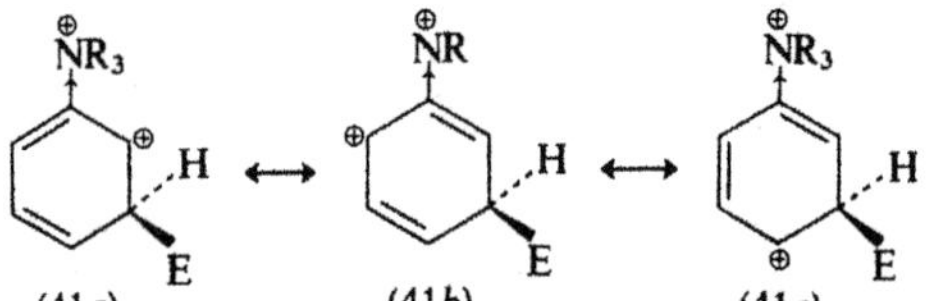

152 对位进攻:　(42*a*) ⟷ (42*b*) ⟷ (42*c*)

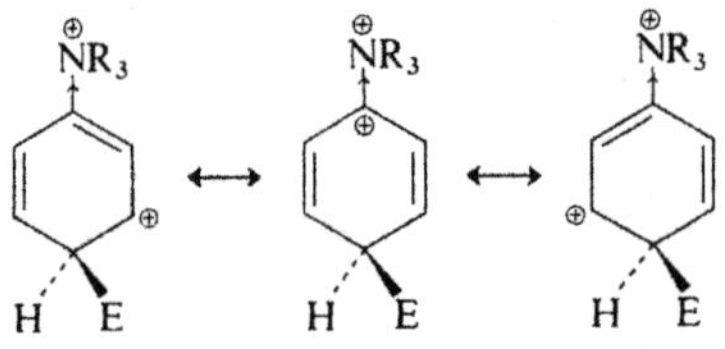

当然，取代基 $^{+}NR_3$ 会表现出强的吸电子效应，与苯上发生类似进攻而生成的 σ 配合物相比(参见 **132 页**)，取代基 $^{+}NR_3$ 对 3 个带正电的 σ 配合物(40，41，42)均具有去稳定化和诱导(极性)效应。因此，在 $C_6H_5^{+}NR_3$ 上任意位点(邻位，对位和间位)的进攻速率均比苯环上对应的进攻要慢，例如，当 R 为 Me 时，溴化反应的反应速率有 $k_{PhY}/k_{PhH}=1.6\times10^{-5}$。

对于邻位进攻形成的 σ 配合物的一个代表性结构(40*c*)以及对位进攻时的一个结构(42*b*)，$^{+}NR_3$ 基团会表现出选择性的去稳定化效应，因为在这两种结构中两个正电荷均位于相邻的两个原子上。因此在(40)与(42)结构中，环上正电荷的离域化效应要差于不存在这一问题的(41)。故生成(41)所采取的过渡态能级要低于生成(40)与(42)对应的能级，它的活化自由能($\Delta G^{\neq}$)更低，从而使得其生成速率更快，最终生成的产物中主要的是间位异构体。

在这里取代基是 $^{+}NR_3$ 而不是 NO_2，故与芳环相邻的原子上的正电荷是实际存在的而不是形式上的。有证据证明，它对于 σ 配合物的作用除了通过键传递的诱导(极性)效应之外，还存在通过空间传递的场效应(参见 **22 页**)。Y 对于环系的钝化效应降低顺序，即取代反应总体速率按以下近似顺序增加：

$$^{\oplus}NR_3 < NO_2 < CN < SO_3H < C{=}O < CO_2H$$

这里称这个顺序是近似的，只是因为不同取代过程之间该顺序会有微小的变化，一定程度上取决于进攻的亲电试剂自身性质的不同。因此，对于进攻的亲电试剂自身就带正电的情况

（如$^+NO_2$），$^+NR_3$ 等取代基会有较为显著的钝化作用（当 R 为 Me 时，硝化反应的反应速率有 $k_{PhY}/k_{PhH}=1.5\times10^{-8}$）。

6.7.1.2 Y 为烷基和苯基

与氢相比，烷基是给电子基团，因此邻位进攻与对位进攻的典型结构中，分别都有一个正电荷位于相邻环的碳原子上（43*c* 与 44*b*），这两种结构都能因此被选择性地稳定化； 153

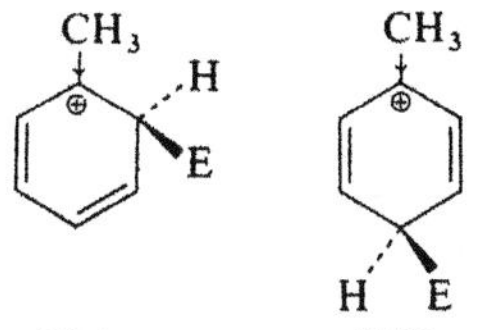

(43*c*) (44*b*)

与之前形成对比的是，（40*c*）和（42*b*）被选择性地去稳定化。对于间位进攻的 σ 配合物，则不存在这种影响因素，例如 41*a*→41*c*。因此与间位取代相比，邻位与对位取代得到了促进。由于总体上的给电子诱导（极性）效应，对任意位点的进攻都会快于苯自身（对于氯化反应，$k_{PhMe}/k_{PhH}=3.4\times10^2$）。

因此，我们可以推测对于 $C_6H_5CMe_3$ 的进攻比对 C_6H_5Me 的要快，这是由于 Me_3C 基团更强的给电子诱导效应。在硝化反应中我们确实观察到这一结果，但在氯化反应中这一顺序是颠倒过来的，这说明对于这个极性较弱的反应，C_6H_5Me 通过超共轭实现的给电子效应（45*b*↔45*d*）比 $C_6H_5CMe_3$（46*b*）要强。另外，这些烷基的相对大小也起到了一定的作用（参见 **159 页**）：

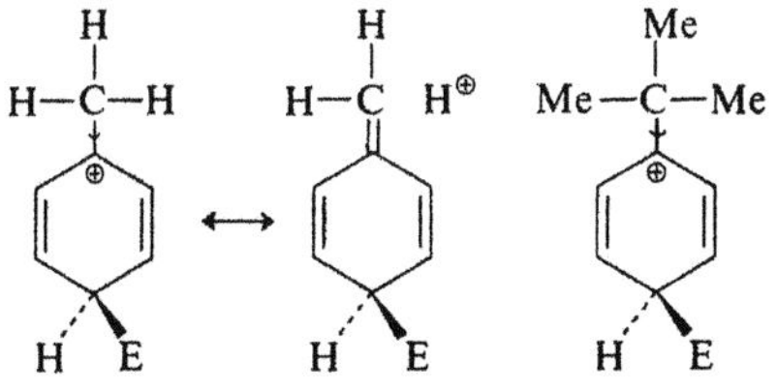

(45*b*) (45*d*) (46*b*)

苯基对邻位与对位进攻形成的典型 σ 配合物也有独特的稳定化作用，例如（47*b*↔47*d*），

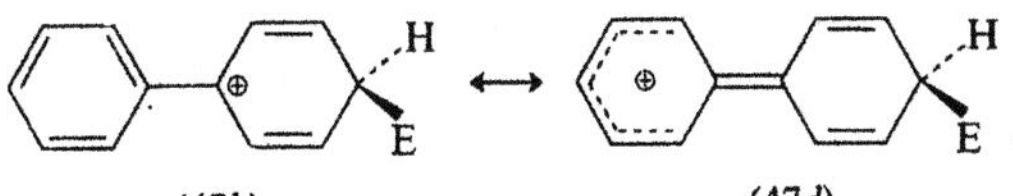

(47*b*) (47*d*)

在联苯上的总体进攻速率比在苯上的要快（对于氯化反应，$k_{PhY}/k_{Ph}=4.2\times10^2$）。

6.7.1.3 Y 为 OCOR、NHCOR、OR、OH、NH_2、NR_2

这些基团的共同之处是都具有一个与芳环相邻且表现出吸电子诱导（极性）效应的原子（例如 NO_2 中的 N），但它们同样也拥有能够对邻位与对位进攻形成的 σ 配合物（48*c*↔48*d* 与 49*c*↔49*d*）具有特定稳定作用的电子对（如 OMe），但对间位进攻（50*a*→50*c*）过程则没有该稳定作用： 154

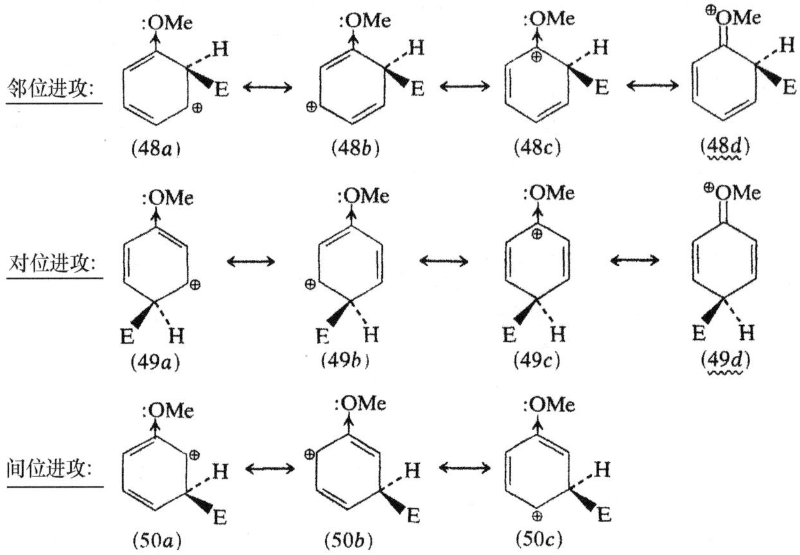

邻位进攻: (48a) ⟷ (48b) ⟷ (48c) ⟷ (48d)

对位进攻: (49a) ⟷ (49b) ⟷ (49c) ⟷ (49d)

间位进攻: (50a) ⟷ (50b) ⟷ (50c)

这种稳定作用的特别之处，不仅仅在于对于邻位与对位 σ 配合物拥有额外的(第四种)共振结构，而且这些正电荷位于氧原子上的形式(48*d* 与 49*d*)比其他 3 种正电荷位于碳上的互补形式(48*a*→48*c* 与 49*a*→49*c*)本质上更加稳定。这种效应要远远强于吸电子诱导(极化)效应且能够被充分表现出来，因此取代反应几乎完全生成邻/对位取代产物(PhOMe 的硝化反应中，间位异构体含量远小于 1%)，且速率远快于苯(对于氯化反应，$k_{PhOMe}/k_{PhH}=9.7\times10^6$)。

吸电子诱导效应对反应的影响，体现在很少量的间位进攻(对于间位进攻的 σ 配合物没有离域化稳定作用)的速率比苯本身的反应(参见 **158 页**)要慢。对于苯酚负离子，

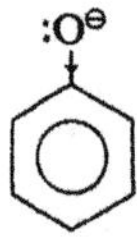

155 由于氧原子带有负电荷，诱导效应的方向会相反，这使它比苯酚的反应速率更快，以至于间位进攻也比苯自身(虽然间位取代产物生成较少或不会生成)更易进行。很多亲电取代反应在酸性条件下发生，因此不会存在苯酚负离子，但存在一个例外，即重氮偶联反应(见 **146 页**)，苯酚参与的该类反应在弱碱性溶液中进行(参见 **147 页**)。

Y 基团对于环系的激活效应，或者说取代反应的总体速率按以下近似顺序递增：

$$OCOR<NHCOR<OR<OH<NH_2<NR_2$$

NR_2 较 NH_2 而言有更强的激活效应，是由于 R 基团的给电子效应。然而不应忽略的一点是，在酸性溶液中(例如硝化反应)，这两个基团会分别被转化为 $^+NHR_2$ 与 $^+NH_3$，这样芳环就会被钝化，且取代主要发生在间位(参见 $^+NR_3$，**151 页**)。羟基具有足够的活化效应，能使得室温下苯酚在溴水中的溴化反应瞬间发生，且生成对位以及两个邻位位点均被进攻的 2,4,6-三溴代产物。OCOR 与 NHCOR 基团的活化效应分别弱于 OH 与 NH_2，这是由于 O

与 N 原子上的电子云密度被相邻的吸电子的羰基的离域化作用削弱：

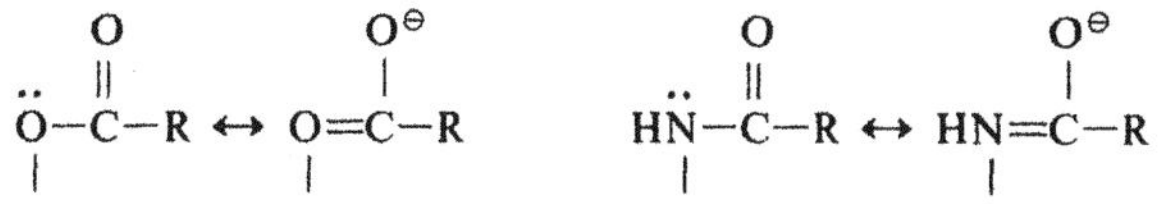

$$\ddot{\text{O}}-\overset{\text{O}}{\overset{\|}{\text{C}}}-\text{R} \leftrightarrow \text{O}=\overset{\text{O}^{\ominus}}{\overset{|}{\text{C}}}-\text{R} \qquad \text{H}\ddot{\text{N}}-\overset{\text{O}}{\overset{\|}{\text{C}}}-\text{R} \leftrightarrow \text{HN}=\overset{\text{O}^{\ominus}}{\overset{|}{\text{C}}}-\text{R}$$

NHCOR 基团在酸性溶液中不会被质子化，因此要实现芳香胺类化合物在邻位和对位的硝化反应时，可以利用如 COMe 等基团作为保护基来进行，该类保护基随后能够被移除。

6.7.1.4 Y 为 Cl、Br、I

卤代苯同样具有与芳环相邻的且具有孤对电子的原子，因此对于邻位与对位进攻形成的 σ 配合物(51*c*↔51*d* 与 52*c*↔52*d*)的特性的稳定化作用同样能够产生，

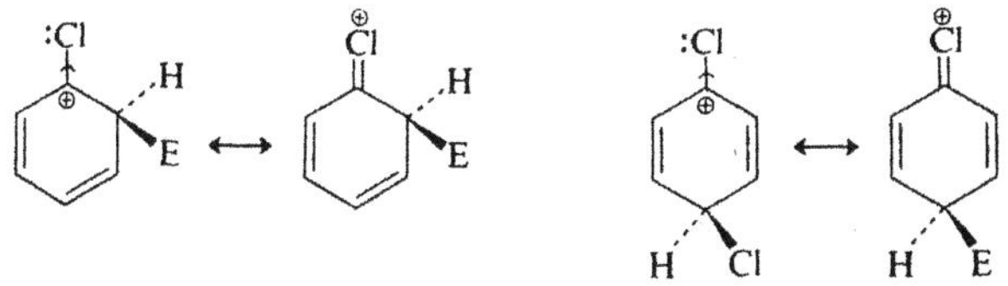

(51*c*) (51*d*) (52*b*) (52*d*)

即卤素是邻/对位定位基。卤素的吸电子诱导效应使得亲电进攻比苯自身要慢，即卤素是钝化取代基(对于硝化反应，$k_{PhCl}/k_{PhH}=3\times10^{-2}$)。卤素的这一净吸电子效应体现为，基态时的氯苯(53)具有一个正电性一端位于芳环上的偶极，与苯甲醚(54)相比偶极方向正好相反： 156

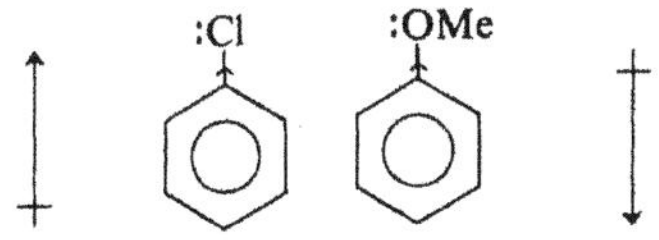

μ = 1·6 D (53) (54) μ = 1·2 D

一个取代基所表现的总体效应是由诱导效应、场效应以及共轭效应的贡献加和而成的。对于 OMe(见 **154 页**)，这一平衡导致对于邻、对位进攻的带正电荷中间体(48 与 49)的选择性稳定化作用比苯对应的中间体[(2)，见 **132 页**]的稳定化作用要强，因此 C_6H_5OMe 上的邻/对位进攻比苯上的进攻要快。然而对于卤素(如 Cl)，由于较强的吸电子诱导效应/场效应，这一平衡会导致对邻、对位进攻的带正电荷中间体(分别是 51 和 52)的选择性稳定化作用比苯对应的中间体的稳定化作用稍弱，因此 C_6H_5Cl 上的邻、对位进攻比苯上的进攻稍慢。

一个非常类似的情况是，不对称加合物(例如 HBr)对卤代烯烃(如 $CH_2=CHBr$)的亲电加成反应。其中卤素的诱导效应控制了加成反应的反应速率，但碳正离子中间体的相对共轭稳定化作用控制了加成反应的方向(见 **185 页**)。

6.7.2 速率比因子和选择性

如今，更多精确的动力学方法，以及对于邻、间、对异构体产物相对比例的精确测定(例如，用光谱方法取代过去的分离方法)使得对于芳香取代反应的定量化研究更加简单。这

里要引入一个很有用的概念：速率比因子，即 C_6H_5Y 上的某一位点被进攻的反应速率（如对位）与苯上一个位点被进攻的反应速率之间的比值，写作 $f_{p\text{-}}$。

速率比因子能够通过在类似的条件下利用动力学方法测量总体速率常数 k_{PhY} 与 k_{PhH}，
157 （或者通过加入不足的亲电试剂以及等物质的量的 C_6H_5Y 与 C_6H_6 进行竞争实验来给出 k_{PhY}/k_{PhH}），同时分析以 C_6H_5Y 为底物获得的邻、间、对位产物的相对量（通常以占总产量的百分比表示）。然而需要注意的是，在 C_6H_6 上有 6 个位点能够被进攻，而 C_6H_5Y 上有 2 个邻位、2 个间位以及 1 个对位位点能够被进攻，于是我们有

$$f_{o\text{-}}=\frac{k_{o\text{-}}}{k_{H}}=\frac{k_{C_6H_5Y/2}}{k_{C_6H_6/6}}\times\frac{\%(o\text{-}\text{异构体})}{100}\qquad(2\text{ 个邻位：}6\text{ 个氢位置})$$

$$f_{m\text{-}}=\frac{k_{m\text{-}}}{k_{H}}=\frac{k_{C_6H_5Y/2}}{k_{C_6H_6/6}}\times\frac{\%(m\text{-}\text{异构体})}{100}\qquad(2\text{ 个间位：}6\text{ 个氢位置})$$

$$f_{p\text{-}}=\frac{k_{p\text{-}}}{k_{H}}=\frac{k_{C_6H_5Y/1}}{k_{C_6H_6/6}}\times\frac{\%(p\text{-}\text{异构体})}{100}\qquad(1\text{ 个对位：}6\text{ 个氢位置})$$

我们可以测得 0 ℃下在醋酸酐中利用硝酸进行的甲苯的硝化反应的 k_{PhY}/k_{PhH} 值为 27，且异构体比例为：邻位 61.5%，间位 1.5%，对位 37.0%，由此可得该条件下的硝化反应速率比因子为

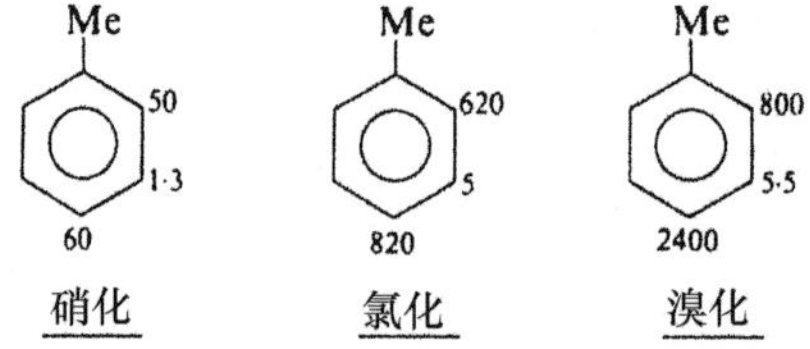

对比甲苯的硝化反应与氯化反应以及溴化反应的速率比因子，我们可以发现，在亲电试剂的进攻下它们之间的区别既有绝对的又有相对的，也就是说，C_6H_5Y 的相对导向效应不仅与 Y 有关，也取决于 E^+。我们注意到，上述例子中速率比因子的绝对值（即 k_Y/k_H）按以下顺序增加：

硝化反应＜氯化反应＜溴化反应

即随着进攻的亲电试剂的反应活性降低而速率比因子增加。这一明显的矛盾其实经仔细考虑后是能够合理解释的：如果 E^+ 足够活泼以至于每次碰撞均能导致取代的发生，则进攻试剂对各位点就会不加区别，那么每个速率比因子就会相等。然而，随着 E^+ 的活性降低，每次
158 碰撞并不都会导致反应发生，由于需要提供与 E^+ 成键的孤对电子，C_6H_5Y 各位点与 C_6H_6 上位点间的相对活性高低就更加决定了速率比因子之间的差异。因此试剂的区分度——即选择性就会更高，速率比因子的绝对值会增加。同样，如同图中数字所示，这些数值的相对区别也会加大。相对选择性最好只选择 $f_{p\text{-}}$ 与 $f_{m\text{-}}$ 进行比较，这是由于 $f_{o\text{-}}$ 除了对 3 个数值都有影响的电子效应外，还会被空间位阻效应影响（Y 的大小以及进攻试剂的相对大小，参见 **159 页**）。

目前，速率比因子的应用为我们提供了对定向效应研究较为精确的方法。甲苯上所有位点的速率比因子都大于 1，表明与苯相比，CH_3（见 **153 页**）能够活化芳环上所有的位点。当 Y 为 CMe_3 时有着类似的情况，但这里硝化反应的 $f_{m\text{-}}$ 的值为 3.0，与甲苯的 1.3 比较可以

说明 CMe_3 拥有比 CH_3 更强的给电子诱导(极化)效应。相比之下，当 Y 为 C_6H_5(见 **153 页**)时，联苯氯化反应的 $f_{m\text{-}}$ 值为 0.7，也就是说对间位的进攻比苯的要慢(虽然 $k_{PhY}/k_{PhH}=4.2\times10^2$)。这是由于与苯环相连的 C_6H_5 的 sp^2 碳原子表现出吸电子诱导(极性)效应(55)：

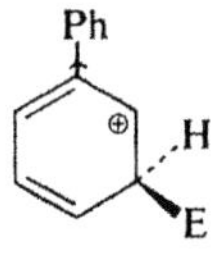

Ph
H
E
(55)

如果一个反应的间位取代产物多到可以研究[例如 C_6H_5OPh(56)与强酸 CF_3CO_2D 进行的氘交换反应]，则对于邻、对位诱导的活化取代基也能观测到类似的效应：

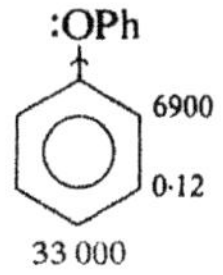

:OPh
6900
0·12
33 000
(56)

非常大的 $f_{p\text{-}}$ 与 $f_{o\text{-}}$ 值表明，氧上的孤对电子选择性地稳定邻、对位被进攻的过渡态(参见 **154 页**)，然而 $f_{m\text{-}}$ 值小于 1 表明，氧原子的吸电子诱导(极化)效应对间位被进攻过渡态有去稳定化作用(与苯被进攻相比)。

速率比因子及其所导致的某一特定反应产物中异构体的比例同样也受到温度的影响。升高温度会对取代反应中 3 种可能的进攻之中最高的 $\Delta G^{\neq}$，即最慢的途径，有相对最大的影 159
响。因此，升温温度与提高 E^+ 的活性类似，会拉平速率比因子之间的差异，从而使产物中异构体的比例更接近于统计学结果。

6.7.3 对位和邻位的比例

在我们目前学习的基础之上，很容易理解当 Y 为邻/对位定位基时，由 C_6H_5Y 得到的邻/对位产物比例很少遵循 2∶1 的统计比例。对于环己二烯正离子(57)，即苯上发生质子交换的韦兰德中间体(参见 **133 页**)，环上正电荷分布情况的计算值与核磁给出的数据十分接近：

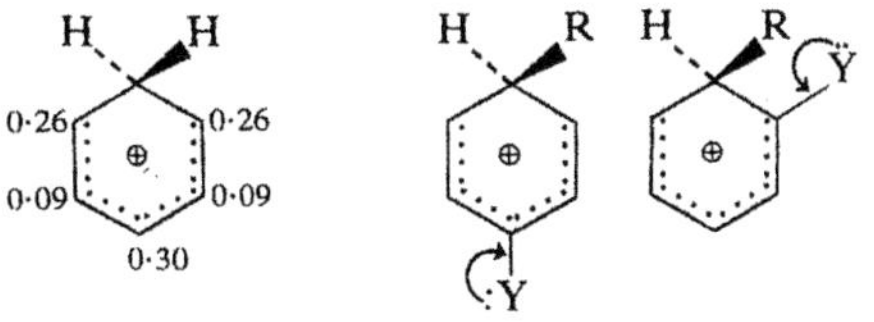

H H
0·26 0·26
0·09 0·09
0·30
(57)

H R
Y
(57*a*)

H R
Y
(57*b*)

在此基础之上，Y 为给电子取代基时，比起对邻位的进攻(57*b*，R=H)，Y 更有利于促进质子对于对位的进攻(57*a*，R=H)，这是由于正电荷对于对位稍强的离域化效应。由(57)中标注的数字可以预测速率比因子的对数比 $\lg f_{o\text{-}}/\lg f_{p\text{-}}\approx0.87$。实际上，在对一系列不同的 C_6H_5Y 质子化的过程中，观测到的这一数值与预测结果十分接近。

然而，质子的空间需求是十分小的，当任意一种其他的更大的亲电试剂 E^+ 进攻 C_6H_5Y

时，随着进攻的亲电物种与取代基尺寸上的增加，邻位进攻的过渡态(57*b*，R=E)中 E 与 Y 间的相互作用也会越来越大；而对于对位进攻的过渡态(57*a*，R=E)则不存在这样的相互作用。这体现为邻位进攻逐渐增大的 $\Delta G^{\neq}$ 以及更慢的反应速率，因此邻位取代产物的相对比例会随着 E 与(或)Y 的尺寸增大而下降。相似条件下，在烷基苯($Y=CH_3 \rightarrow CMe_3$)的硝化反应以及氯苯接受几种不同亲电试剂的进攻中 $f_{o\text{-}}/f_{p\text{-}}$ 比例的下降能够说明这一现象：

160

	Y	%*o*-	%*p*-	$f_{o\text{-}}/f_{p\text{-}}$
Y体积增大 ↓	CH_3	58	37	0·78
	CH_2Me	45	49	0·46
	$CHMe_2$	30	62	0·24
	CMe_3	16	73	0·11

	反　应	%*o*-	%*p*-	$f_{o\text{-}}/f_{p\text{-}}$
$E^{\oplus}$体积增大 ↓	氯　化	39	55	0·35
	硝　化	30	69	0·22
	溴　化	11	87	0·06
	碘　化	1	99	0·005

然而，空间位阻因素并不是唯一的决定因素，这一点由卤苯的硝化反应数据能够说明。这一类反应虽然是邻、对位导向的，但总体进攻速率较苯上的要慢(见 **155 页**)：

	Y	%*o*-	%*p*-	$f_{o\text{-}}/f_{p\text{-}}$
Y的尺寸增大 ↓	F	12	88	0·07
	Cl	30	69	0·22
	Br	37	62	0·30
	I	38	60	0·32

虽然 Y 从氟到碘，取代基的尺寸逐渐增大，但实际上邻位异构体的比例以及 $f_{o\text{-}}/f_{p\text{-}}$ 比值都有所增大。如同烷基苯那样，增大空间位阻效应会抑制邻位进攻，但是这里卤素原子的吸电子诱导效应/场效应超出了位阻的影响。与相近的邻位相比，诱导效应/场效应对较远的对位的影响稍弱。对于具有较高电负性的氟原子的邻位而言，吸电子效应会十分显著，因而 C_6H_5F 上的邻位进攻相对较少。卤素的吸电子效应从氟到碘会显著降低(氟与氯之间的变化最大)，即使 Y 的位阻逐渐增大，对其邻位的进攻还是会逐渐增加。

在一些实例中，邻位取代远多于对位取代。这通常是由于进攻的亲电试剂已经与取代基存在配位作用，从而将亲电基团导向至较近的邻位。当苯乙基甲基醚(58)在硝化混合物中发生硝化反应时，会得到 32%邻位取代产物与 59%对位取代产物，这是一个正常的比例；但在 N_2O_5 的乙腈溶液中发生硝化反应时，会得到 69%邻位取代产物与 28%对位取代产物。第二个例子中偏向邻位进攻的反应可能按如下过程发生：

(58)

最后需要指出的是，溶剂也会显著影响反应产物的邻/对位比例。这是由于溶剂分子对邻、对位进攻的过渡态的相对稳定化作用存在差异，但也可能是由于两种不同的溶剂中实际进攻的亲电试剂不同：与溶剂分子配位加合后才生成适当的亲电物种，且在不同的溶剂中该物种有所不同。在无路易斯酸催化剂参与的卤化反应中，这一现象几乎必定发生，例如，甲苯在 25 ℃下的氯化反应中，由于溶剂的不同，观察到 f_o/f_p 比值在 0.75～0.34 间变化。 161

6.7.4 芳香本位取代反应

除了对 C_6H_5Y 上的邻、间、对位进攻之外，至少理论上存在亲电试剂进攻 Y 连接的碳原子的情况：

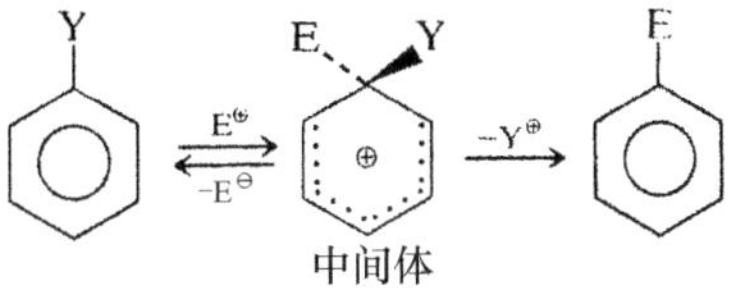

中间体

如果该反应不只是存在重新生成中间体的逆反应，净结果将会是 E^+ 对 Y^+ 的取代。这样的总反应被称作芳香本位(*ipso*)取代反应。

有一些这样的反应是已知的，其中进攻的亲电试剂为质子(H^+)：

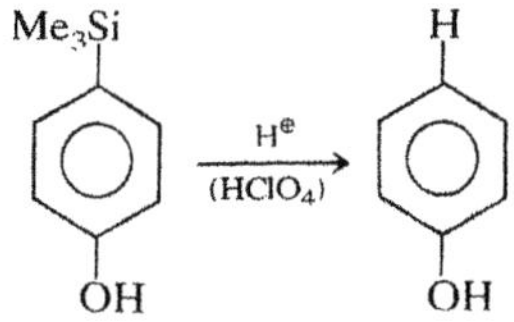

用这种方法能够十分简单地脱除 Me_3Si 基团(脱硅质子化反应)。但是，我们已经见过的一个更为熟悉的类似的取代反应是脱磺酸酯质子化反应，即磺化反应的逆反应(见 **140 页**)：

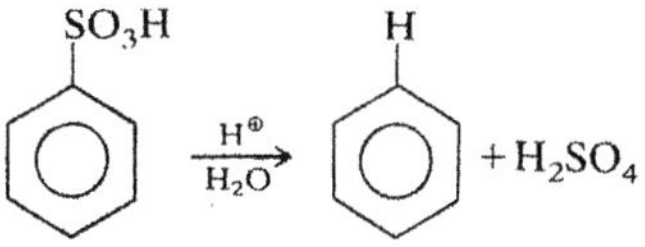

能够促进芳香本位取代反应进行的一个因素是 Y^+ 容易形成潜在的离去基团。这一结论被已知的二级和三级烷基取代基的取代反应所证实，这些取代反应反映了相关碳正离子 R^+ 的相对稳定性和形成的难易程度，例如，脱烷基硝化反应(nitrodealkylation)： 162

4.78 : 1

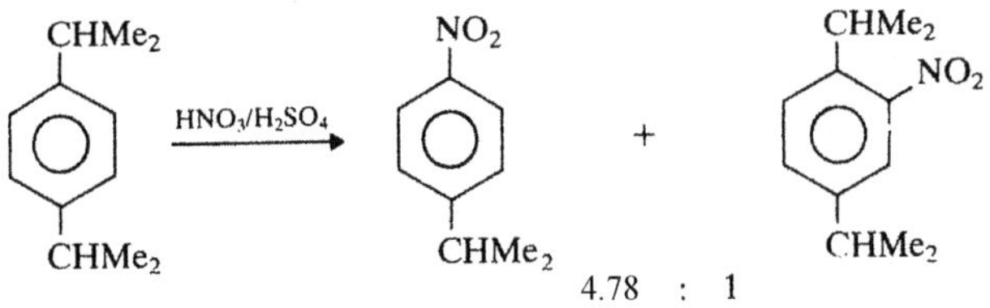

在硝化反应中，除烷基外，其他基团也可以被取代，如脱溴硝化反应：

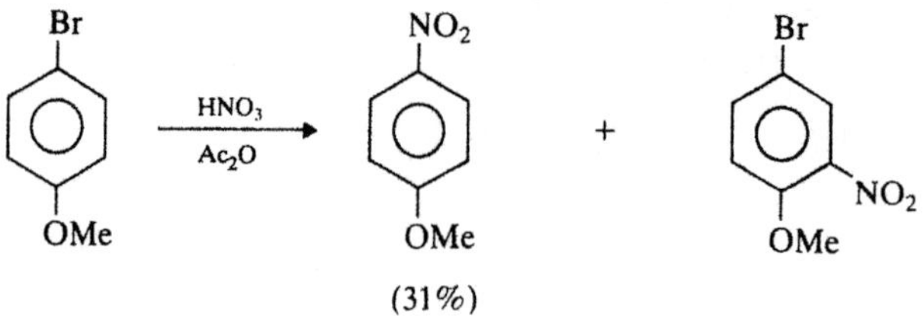

然而，类似的脱氯硝化反应是观察不到的，因为与 Br^+ 相比，Cl^+ 是很难形成的。硝化反应是研究较多的原位取代反应，但是其他反应也同样是已知的，如脱磺酸基溴化：

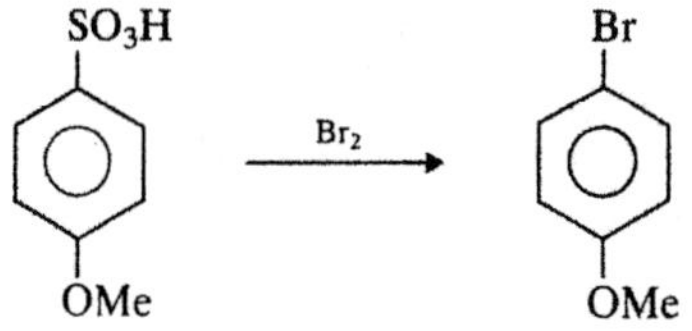

体系中存在的合适的亲核试剂偶然“捕获”(见 **50 页**)到的最原始的中间体(参见 **161 页**)，为直接的芳香本位取代反应提供了证据：

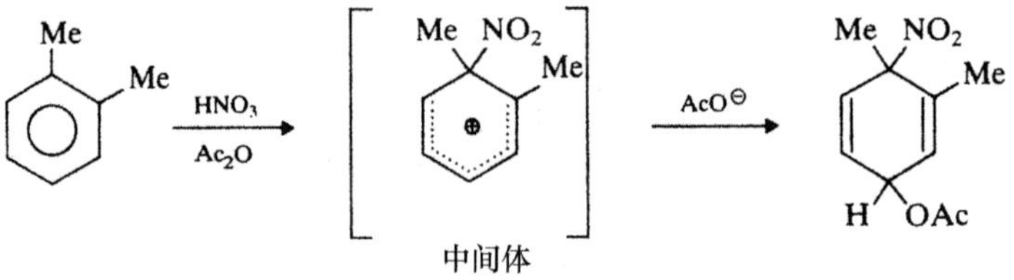

取代位点的本位进攻可以被对该位点起到导向(或活化)作用的其他取代基促进。在最初的本位取代的中间体中，亲电试剂 E^+ 的 1，2-迁移(参见 **143 页**)有时会影响最后得到的产物的性质。

163 然而，关于本位取代需要注意的最关键的一点是，当考虑多取代芳香体系的亲电取代时，不能忽视本位取代发生的可能性。

6.8 动力学与热力学控制

以上所有讨论中一个默认的假设是：一个反应中，多个产物的比例，如邻、间、对异构体，是由它们形成的相对速率决定的，即反应是动力学控制的(见 **42 页**)。然而，实际上并不总是这样。例如 25 ℃时，$GaBr_3$ 催化的(作为路易斯酸催化剂)苄溴与甲苯(Me ：*o*-/*p*-导向基)的傅-克烷基化反应，其异构体的分布如下表所示：

t/s	%*o*-	%*m*-	%*p*-
0·01	40	21	39
10	23	46	31

即使经历一个非常短的反应时间(0.01 s)，也不能确定异构体的分布(形成的产物较少)是否

单纯地由动力学控制——邻位异构体的比例相对较大，但是 10 s 后很明显不再是这样：热力学上最稳定的间苄基甲苯异构体占优势，现在明显已趋于平衡或受热力学控制(见43 页)。

这种情况需要注意，即在反应条件下生成的各种产物的相互转化，可以通过直接的异构化，或者通过逆反应得到起始物，而后经历新的进攻得到热力学稳定的异构体。需要强调的是，两种产物的相对比例取决于反应条件下它们的相对热力学稳定性，该比例可能与分离出来的分子不同。例如，如果邻位二甲苯和 HF 在催化量的 BF_3 下于 82 ℃下加热，产物中 3 种二甲苯的异构体的比例与热力学计算的比例非常相似。

	实验值	计算值
%*o*-	19	18
%*m*-	60	58
%*p*-	21	24

然而，如果反应中用了过量的 BF_3，发现反应产物中包含了>97%的间二甲苯。这是因为该二甲苯可以转化为相应的盐，如： 164

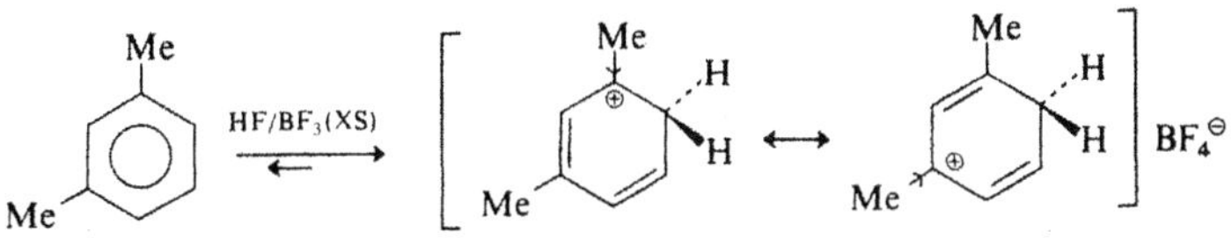

(59)

该平衡将会向更稳定的异构体移动，即在离子对中可以形成更稳定正离子(59)的形式(间位)。受温度控制的例子也是已知的(见下文)。

6.9 其他芳环的亲电取代

对于萘，亲电取代(如，硝化反应)倾向于发生在 1-(α-)位而不是 2-(β-)位。这是由于 1-位进攻(60*a*→60*b*)的韦兰德中间体比 2-位进攻的韦兰德中间体(61)具有更有效的离域化作用，因此更稳定。

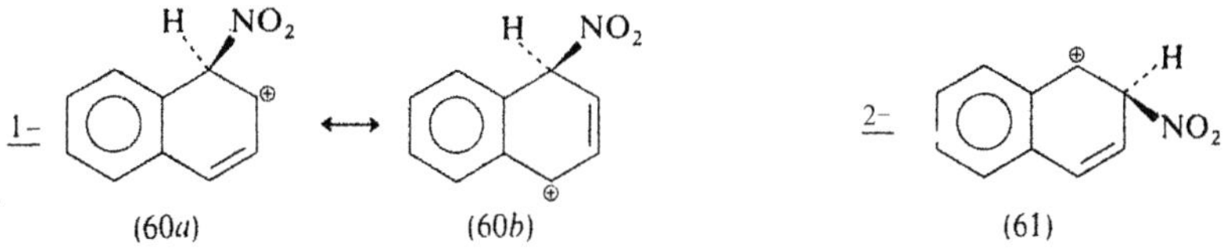

(60*a*) (60*b*) (61)

每种情况下，正电荷在第二个环中的离域可以写出更多的形式，导致 1-中间体总共有 7 种形式，而 2-中间体有 6 种形式。但是以上所有形式中，第二个环保持完整、完全离域化的 π 轨道的结构可能是最重要的。对比是明显的：在以上一种情况(1-位取代)有两个这样的结构，而在另一种情况(2-位取代)则只有一个。与苯相比，萘中间体的电荷离域的范围更广，这促使我们预测萘可能更有利于亲电进攻，而这也确实被观察到了。

80 ℃时，萘与浓硫酸的磺化反应近乎完全是 1-取代，在该温度下形成 2-磺酸的速率非

常慢，此时为动力学控制。然而在160 ℃下的磺化，形成不低于80%的2-磺酸，剩下的是1-
165 异构体。在160 ℃下加热1-萘磺酸或者2-萘磺酸与浓硫酸的混合物，得到的是与上述反应相同的平衡混合物，即含有80%的2-磺酸和20%的1-磺酸，现在我们可以确认反应是热力学控制的。2-萘磺酸明显的稳定性是源于1-萘磺酸中大体积的SO_3H与相邻的8-位的氢具有位阻作用，而2-萘磺酸中1-位的氢和3-位的氢则与SO_3H远离。

160 ℃时，在H_2SO_4中1-和2-酸的相互转化可以由直接的分子内异构化实现，或者通过可逆反应得到萘，然后在其他位置进行新的进攻得到。通过在$H_2{}^{35}SO_4$中进行该反应，这两种途径应该是可能被区分的，对于前一种途径，应该得到不包含^{35}S的磺酸产物，而后一种应该得到含有^{35}S的磺酸产物。实验发现，产物磺酸中确实含有^{35}S，但是以低于转化的速率生成。这可能表明两种途径同时发生，或者在磺化反应的逆反应后，离去的H_2SO_4分子对得到的萘的进攻快于周围的$H_2{}^{35}SO_4$分子——该问题有待进一步研究。

吡啶(62)，类似于苯，在离域的π轨道中有6个π电子(其中一个电子由氮原子提供)，但是与苯不同的是，其轨道会受氮原子的吸引并向氮原子变形，因为氮原子的电负性比碳原子更强。这在吡啶的偶极中可以反映出来，负电荷的端点在氮原子上，正电荷的端点在芳环上：

$\mu = 2{\cdot}3\ \mathrm{D}$　(62)

吡啶也因此被认为是π-缺电子的杂环，如同苯环带有吸电子基团[例如NO_2(见**151页**)，钝化亲电进攻]。发生在吡啶3-位的取代反应虽然困难，但是可以产生最稳定的韦兰德中间体(63)；对于2-和4-进攻的中间体(64和65)，均有正电荷定域在二价氮原子上的共振式——一种高度不稳定的状态，如高能量状态：

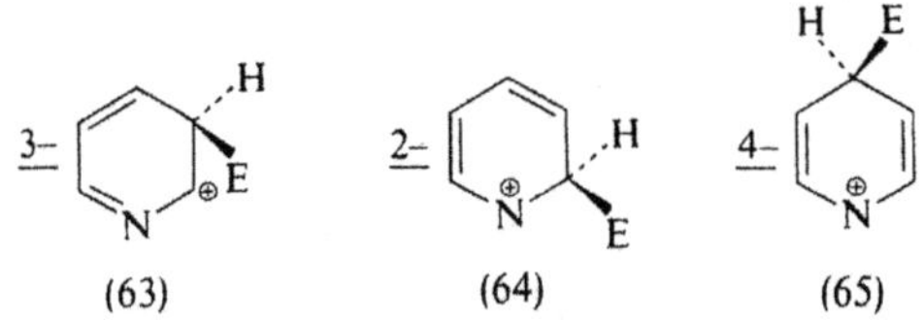

(63)　(64)　(65)

166 这与硝基苯的间位进攻相类似(参见**152页**)，但是相比于前者吡啶更难发生取代。因此，硝化、氯化、溴化和傅-克反应都不能有效发生，磺化反应也仅能在Hg^{2+}催化下，在230 ℃下与发烟硫酸加热24小时的条件下才能发生。进攻困难的部分原因是吡啶的氮原子上具有可利用的孤对电子，可以被质子化(66)，或者与亲电试剂相互作用(67)：

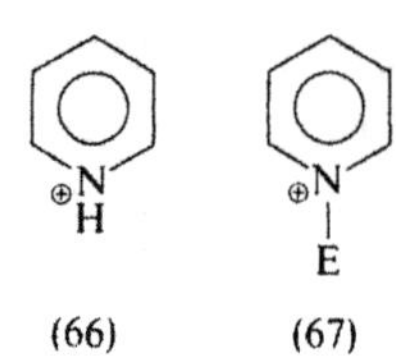
(66)　(67)

该正电荷将会使亲电取代的 σ 配合物进一步不稳定，正如苯环上的 $^{+}NR_3$ 取代基（见 **152 页**）。但是该去稳定化作用比 $^{+}NR_3$ 更明显，因为在这里正电荷是在环本身的一个原子上，而不是仅仅在一个取代基上。

吡咯同样在离域的 π 轨道上有 6 个 π 电子，但是这里氮原子需要贡献两个电子以达到 6π 电子体系（在此过程中氮实际上变得没有碱性，参见 **73 页**），同时吡咯具有与吡啶相反的偶极方向，即正电荷端头在氮原子上，而负电荷端头在环上。

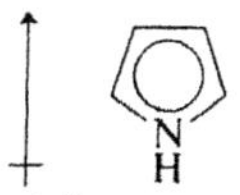

$\mu = 1{\cdot}8$ D　(68)

吡咯因此被认为是富电子杂环，表现类似于活泼的苯衍生物，如苯胺（见 **153 页**）较容易发生亲电进攻。不过实际情况可能变得很复杂，即在强酸溶液中即使具有弱碱性的吡咯环，也会被质子化（此时质子化发生在 2-碳原子上而不是氮原子上，参见 **73 页**）。

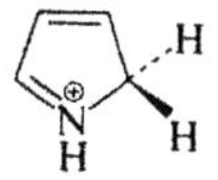

(69)

芳香体系的特征由此消失，这一正离子化合物的表现类似于共轭二烯，很容易发生聚合反应。

然而，吡咯的亲电取代也可以在一些特定的条件下实现[如，和 $(MeCO)_2O/BF_3$ 发生酰 167
化反应，在吡啶/SO_3 复合物 $C_5H_5N \cdot SO_3$ 条件下发生磺化反应，参见 **67 页**]对更容易被进攻的 2-位进行进攻，而不是 3-位。这反映了前者(70)的韦兰德中间体相比于后者(71)稍许具有更好的稳定性。

2-　(70*a*)　↔　(70*b*)　↔　(70*c*)

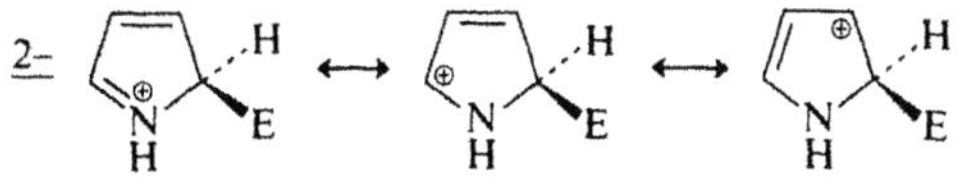

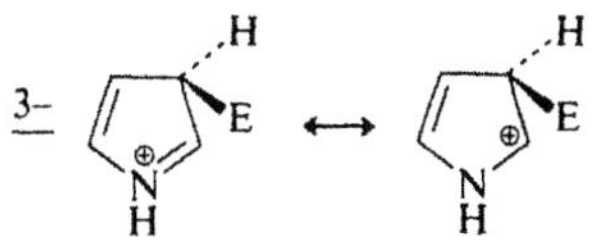

3-　(71*a*)　↔　(71*b*)

然而，两者的稳定性差别并不明显，表明芳环是高活泼状态，如果 2-位被占据，取代将会容易地发生在 3-位。事实上，在 4 个碳原子上的全取代也是常见的，例如，在乙酸中与溴的溴化反应。

6.10　芳香亲核取代反应

6.10.1　氢原子的取代

可以预见，在一个未取代的苯上，亲核试剂的进攻比亲电试剂的进攻更加困难。这是由于(i)因为苯的 π 电子云(见 **130 页**)将会排斥接近的亲核试剂，(ii)相比于带有正电荷的韦兰德中间体(73)，带有负电荷的中间体(72)中的两个电子不容易被 π 轨道离域(即稳定化)：

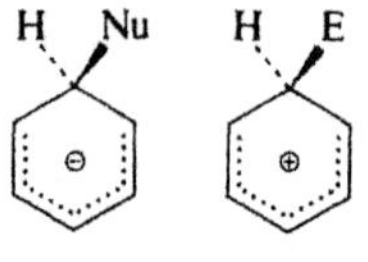

(72)　(73)

如果存在一个强的吸电子取代基，(i)和(ii)两者均会在一定程度上被克服，这时亲核取代会
168 变成可能(参见带有吸电子取代基的烯烃的亲核加成，见 **198 页**)。实际发现，在空气存在的条件下硝基苯与 KOH 熔融，可以得到邻位取代(少量对位取代)的硝基苯酚(74)：

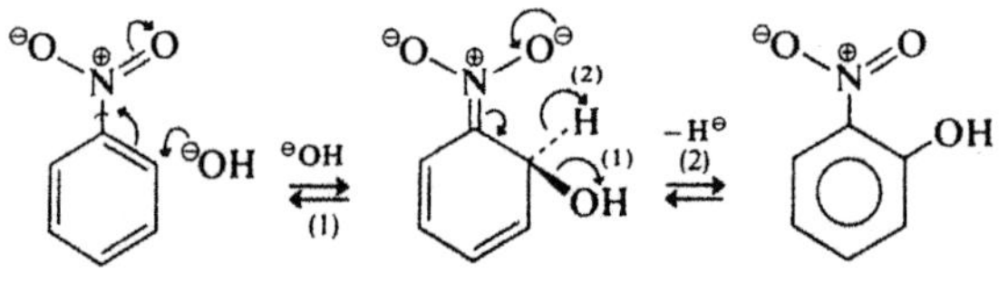

(75)　(74)

可以写出负离子(75，比较韦兰德中间体)的其他共振结构，但是最重要的是上述所示的负电荷在硝基的氧原子上的形式。这种情况只能是 HO^- 进攻硝基的邻位和对位时才能发生(比较亲电试剂进攻 OMe 的邻位和对位形成的 σ 配合物所具有的特殊稳定性，见 **154 页**)。物种(75)可以通过 HO^- 或 H^- 的离去重新芳构化：前者重新得到反应起始物(硝基苯)，后者得到形成的产物(74)。H^- 是一个弱的离去基团(相反，在亲电取代中 H^+ 是一个较好的离去基团)，因此平衡倾向于向左移动——HO^- 作为一个较好的离去基团，比 H^- 更容易发生离去——除非在氧化试剂，如空气、KNO_3 或者 $K_3Fe(CN)_6$ 存在下，可以辅助氢负离子的消除，并在它形成时即被氧化。在缺乏任何添加的氧化剂存在的情况下，一些转化确实能发生，因为硝基苯本身可以作为氧化剂(在反应过程中被还原成氧化偶氮苯)，但是这时硝基苯酚的产率非常低。

正如我们所期待的，吸电子取代基 NO_2，我们已经看到它对亲电取代导向在间位(见 **151 页**)，对亲核进攻导向在邻、对位。

吡啶(76)不需要比其本身更强的吸电子基团，它本身可以被较强的亲核试剂进攻，例如，在 *N*,*N*-二甲基苯胺作为溶剂的条件下被 $^-NH_2$(氨基钠，$NaNH_2$)进攻——齐齐巴宾(Tschitschibabin)反应。

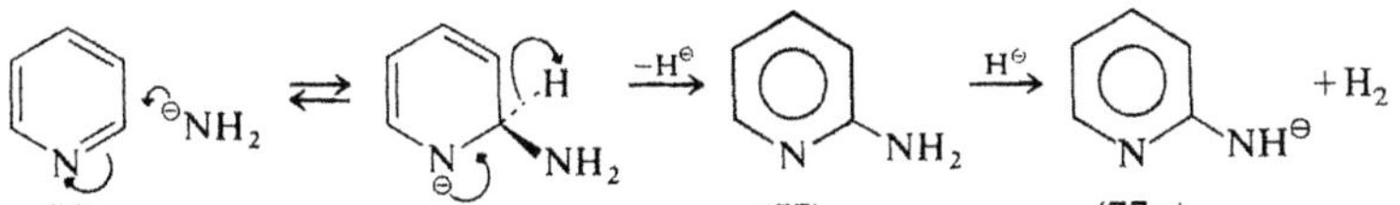

(76) (77) (77a)

离去基团 H^-，随后从引入的 NH_2 基团中得到一个质子，释放 H_2，并且将氨基转化成它的 **169**
负离子(77*a*)。该负离子用 H_2O 处理，最终可以得到期望的 2-氨基吡啶(77)，该化合物在进一步的合成中是一种非常有用的反应原料。

6.10.2 其他原子的取代

与 H^+ 相反，H^- 事实上是一种非常弱的离去基团，这导致在简单的芳香亲核取代中无一例外地发生本位取代(参见 **161 页**)。Cl^-、Br^-、N_2、SO_3^{2-}、$^-NR_2$ 等是一类较为有效的离去基团，因此与一些饱和碳原子(见 **77 页**)上类似的亲核取代可能会被观察到。

一个非常经典的例子是重氮盐 ArN_2^+ 中的 N_2 被取代的反应，这是一种非常有用的制备一系列化合物的方法：

$$ArN_2^{\oplus} + Y^{\ominus} \longrightarrow ArY + N_2$$

该反应遵循以下速率方程：

$$r = k[ArN_2^+]$$

如下图，反应速率不依赖于$[Y^-]$，我们马上会想到它类似于 S_N1 反应(见 **78 页**)。表观速率方程可以解释为芳基正离子[如(78)]的形成是一个慢的决速步，随后在亲核试剂的存在下发生快速的反应：

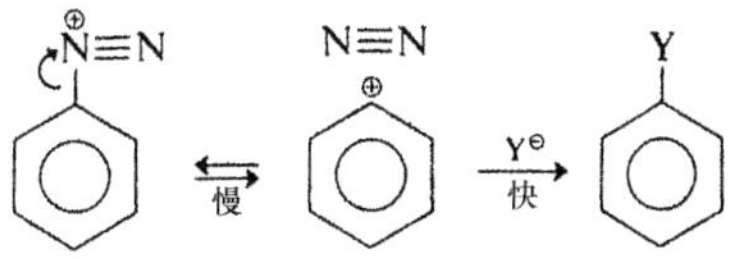

慢 快

(78)

当加入不同的亲核试剂，如 Cl^-、MeOH 等时，发现只能影响反应产物的组成而不能影响反应速率。这也进一步证实该反应是类似的 S_N1 反应——正如上述速率方程所表示的。

高度不稳定的苯基正离子(78，该正电荷并不能被 π 轨道体系离域)的形成乍看是令人吃惊的，但是其驱动力是 N_2 作为有效的离去基团离去而提供的[N ═ N 键能为 946 kJ mol^{-1} (226 kcal mol^{-1})]。这似乎是仅有的一个可以在溶液中形成简单芳基正离子的反应，因此该反应具有重要意义。芳基正离子具有高反应活性，因此对亲核试剂没有选择性，例如在 Cl^- 和 H_2O 之间的选择性(k_{Cl^-}/k_{H_2O})只有 3，与之相比 Me_3C^+ 的选择性为 180。$C_6H_5^+$ 的非常高的反应活性反映在它可以与 N_2 重新结合，即重氮盐正离子的分解是可逆的，这由在(79)中观察到部分 ^{15}N 的置乱所证实。 **170**

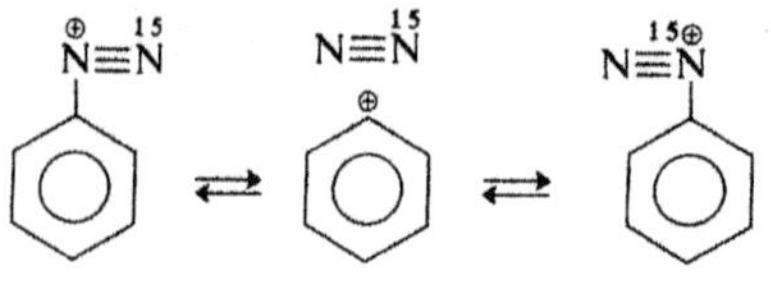

(79a) (79b)

ArN_2^+ 的一个非常有用的取代反应是在苯环上引入 F(不可能用芳烃与 F_2 直接反应得到，参见 **140 页**)：

$$ArN_2^{\oplus}BF_4^{\ominus} \xrightarrow{\Delta} Ar—F + N_2\uparrow + BF_3\uparrow$$

氟硼酸盐是重氮盐中比较特殊的，因为这类重氮盐相对稳定。它们可以被分离，然后在干燥环境中加热得到纯的 ArF，其他产物以气体形式离去。

然而，很多重氮盐的反应，尤其是在低极性溶剂中的反应，可能经历的是最初形成芳基自由基的过程(参见 **334 页**)。

也许最常见的芳基亲核取代反应是一个被吸电子取代基活化的卤化物被卤负离子取代的反应，如(80)：

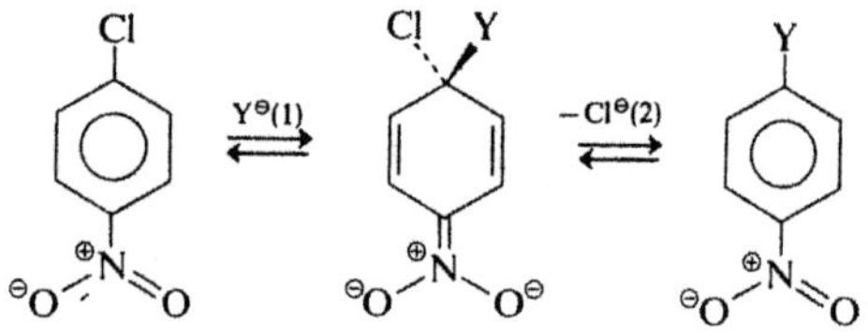

$$\xrightleftharpoons{Y^{\ominus}(1)} \quad \xrightleftharpoons{-Cl^{\ominus}(2)}$$

(80) (81)

该反应遵循以下速率方程：

$$r = k[ArX][Y^-]$$

因此，这与 S_N2 反应在形式上相类似。然而不同的是，路径中 Y^- 不能从离去基团的背面进攻碳原子(参见 S_N2，**78 页**)，而是从侧面进攻，因此常常称为 ArS_N2(或 S_N2Ar)。此外，在上述速率方程的基础上，该反应可能是协同的过程(像 S_N2)，这种情况下(81)是一个过渡态；该反应也可能是一个分步的过程，其中步骤(1)或步骤(2)都有可能是慢的决速步，这种情况下(81)是一个中间体。

171 为支持后者的解释，已证实该中间体有可能被分离出来，一些与(81)类似的物种，如(82)可以用 NMR 和 X 射线衍射表征：

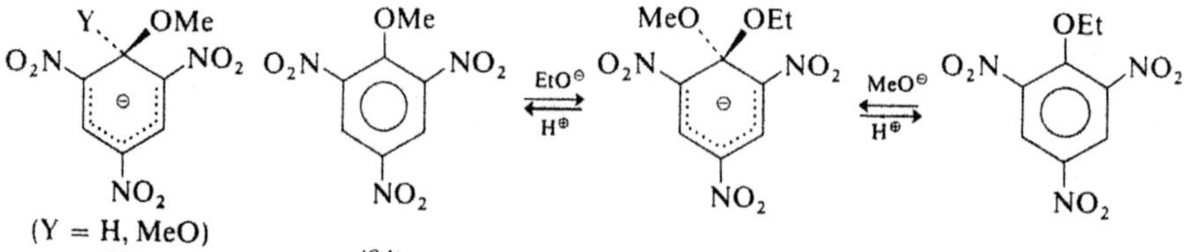

(Y = H, MeO)
(82) (84) (83) (85)

以及得到一种被称为迈森海默(Meisenheimer)配合物(83)的化合物。它是一种红色晶状固体，可以由甲醚(84)加成 EtO^- 得到，或者由乙醚(85)加成 MeO^- 得到。将从任一底物得到的反应混合物酸化，可以得到相同的平衡混合物(84)+(85)。这当然不能证明通常的取代反应，如芳香氯代物经由了这种中间体，但的确显示这是很有可能的。

然而，分步反应途径的直接证据是：在相同的亲核试剂下，对比一系列具有不同离去基团的底物的反应速率，如 2,4-二硝基卤苯(86)与哌啶(87)：

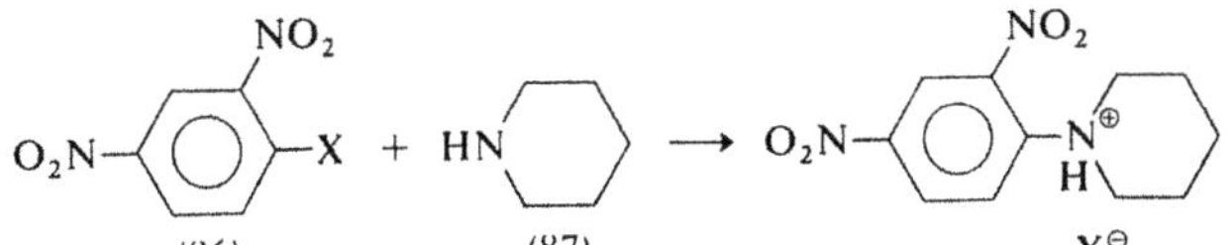

X=Cl、Br、I 的相对速率分别是 4.3、4.3 和 1.0，因此，C—X 键的断裂不是反应的决速步，否则反应速率顺序应该是 I>Br>Cl 且具有更大的速率差距。在这种情况下，反应不会是一步反应，即协同的过程(参见 S_N2)，而是一个两步反应，被亲核试剂进攻的步骤(1)可能是决速步。有趣的是，当 X=F 时，上述反应速率是 3300。这是因为 F 作为强吸电子基团可以加速步骤(1)：使与之连接的碳原子更加具有正电性，从而更容易被亲核试剂进攻，并且可以帮助稳定负离子中间体(88)：

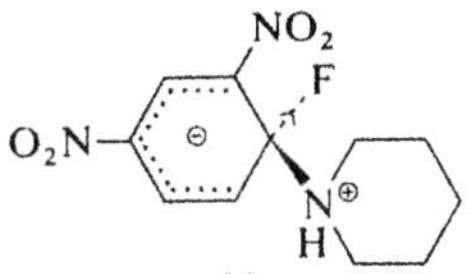

2,4-二硝基氟苯(86，X=F)因其反应活性，常被用来标记蛋白质中末端氨基酸的 NH_2 基团。 172
一旦它与 NH_2 反应，就很难被移除，因此能够承受后续蛋白质到其组成氨基酸的水解反应。

对(86)进攻速率的不同取决于 X 的亲核能力，通过吸电子效应去影响亲核试剂对底物进攻的难易程度，这与卤离子作为离去基团的相对能力顺序正好相反。然而，当同一系列的卤化物与 C_6H_5NHMe 反应时(120 ℃，在硝基苯中)，X=F、Cl 和 Br 的相对速率是 1、15 和 46，与它们作为离去基团的相对能力大小一致，因此在该反应中，至少在某种程度上看步骤(2)是总反应的决速步。

然而，上述提到的第一个途径更加常见，并且我们可以将其归结于 ArS_N2，离去基团键的断裂发生在亲核试剂键的形成之后；而 S_N2 中，离去基团键的断裂与亲核试剂键的形成同时发生；S_N1 中，离去基团键的断裂发生在亲核试剂键的形成之前。这些反应路径是我们已经遇到的。事实上，除去进攻物种不同外，芳香的亲核取代是一个加成/消除的过程，与芳香亲电取代非常相似。其他具有重要制备意义的芳香亲核取代的例子是：从磺酸的碱金属盐中取代 SO_3^{2-}，如 $ArSO_3^- Na^+$ 被 HO^- 和 CN^- 取代，其次比较重要的是对亚硝基-*N*,*N*-二烷基苯胺中 $^-NR_2$ 被 HO^- 取代的反应。

取代基的吸电子效应有效地稳定负离子中间体的作用只能通过共轭效应实现，即当硝基与离去基团处于邻位或者对位时，如(81)。由此可以看到以下的反应顺序：

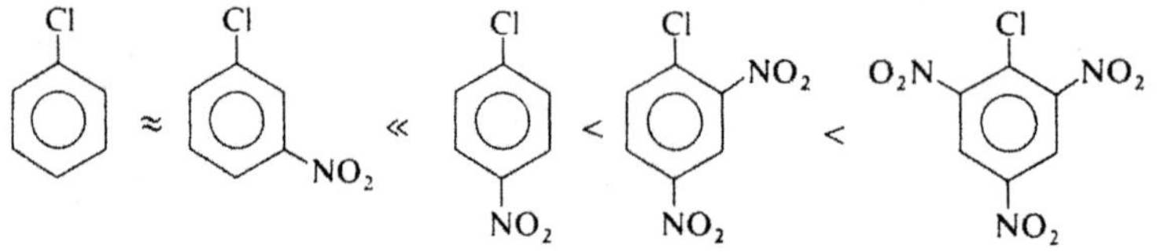

同样基于此原因，除 3-位取代外，2-位和 4-位取代的卤代吡啶也可以发生亲核取代。如果与芳环相邻原子(如 NO_2 中的 N)的 p 轨道与芳环的 p 轨道的平行受到限制，吸电子取代基的
173 共轭相互作用将会被减弱或抑制(位阻抑制离域效应，参见 **71 页**)。因此，可以观察到如下的亲核试剂进攻的相对速率：

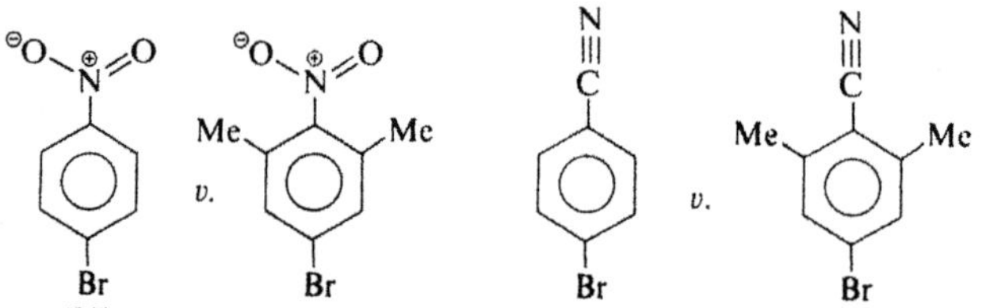

(89)	(90)	(91)	(92)
40	1	4	1

(91)和(92)的速率差距非常小，因为 Me 不能阻止线性 CN 的吸电子共轭效应。然而，(89)和(90)的速率差距更加明显，因为 Me 可以阻止硝基上的氧原子与苯环处于同一平面，因此 N 原子与相邻 C 原子的 p 轨道重叠明显减弱。

最后需要提及的是，许多未活化的卤化物的亲核取代反应可以在极性非质子溶剂中进行，如二甲基亚砜(DMSO)，$Me_2S^+—O^-$。此时没有形成氢键的溶剂化作用，例如在 MeOH 中的反应，在 Y^- 作为有效的亲核试剂之前，甲醇分子需要从其周围剥离，因此在极性非质子溶剂中的反应 $\Delta G^{\neq}$ 非常小，相应的反应速率也很快。将溶剂由 MeOH 换成 Me_2SO，反应速率的差异可以达到 10^9。在该反应条件下，氯苯可以与 Me_3CO^- 顺利反应：

$$Me_3CO^{\ominus} + Ph—Cl \xrightarrow{DMSO} Ph—OCMe_3 + Cl^{\ominus}$$

6.10.3　经由苯炔中间体的"取代反应"

在通常条件下，未活化的芳基卤化物对亲核试剂的相对惰性，与它们对同样是亲核试剂但又是强碱的高反应活性形成显著差异。例如在 −33 ℃下，氯苯在液氨中可以与 $^-NH_2$ ($NaNH_2$)反应，被顺利转化为苯胺：

$$PhCl + {}^{\ominus}NH_2 \xrightarrow[-33℃]{液\ NH_3} PhNH_2 + Cl^{\ominus}$$

这种出乎意料的反应性的不同暗示可能存在 ArS_N2 以外的另一种反应途径。以下的实验提
174 供了一些线索：当用对氯甲基苯进行相同的反应时，不仅得到预期的对氨基甲基苯(94)，同时也以相对较高的产率得到意料之外的间氨基甲苯(95)。

(93) $\xrightarrow[\text{液 NH}_3,\ -33^\circ\text{C}]{^{\ominus}\text{NH}_2}$ (94) + (95)

预期的：38％ 意外的：62％

该反应中没有得到邻位异构体，并且(94)和(95)在反应条件下不能发生相互转化。加上 $^-NH_2$ 可以去除掉苯环上的质子(氘)这一事实[$^-NH_2$ 对邻位氘代氟苯的去质子(氘)速率比对氘代苯的去质子速率快 10^6 倍]，

$$C_6H_5D \xrightarrow[\text{液 NH}_3,\ -33^\circ\text{C}]{^{\ominus}\text{NH}_2} C_6H_5H$$

表明在此条件下，$^-NH_2$ 可能是作为碱作用于 Cl 邻位的氢原子，而不是作为亲核试剂进攻 C—Cl 键中的 C 原子：

(93) → (96) → (97) $\xrightarrow{NH_3}$ (94)；(97) $\xrightarrow{NH_3}$ (95)

(93)失去质子，可以同时或随后发生 Cl^- 离子的离去，得到苯炔中间体(97)。然后可能是溶剂 NH_3 以两种不同的方式加成到苯炔中间体上，得到两种可能的产物(94)和(95)。然而，因为中间体(97)是不对称的，我们不能预期得到两种比例相同的产物，甲基的存在可能会影响 NH_3 加成的位置，正如我们所观察到的(38％：62％)。 175

很清楚这是一个消除/加成机理(与 ArS_N2 的加成/消除相对比)，在形式上，这与我们随后将要讨论的简单烷基卤化物的消除反应是平行的(见 **246 页**)。支持苯炔机理的直接证据是：卤化物(98)、(99)和(100)只有在更剧烈的条件下才能与 $^-NH_2$ 反应，且该剧烈的条件不仅仅是邻位甲基的位阻效应可以解释的。

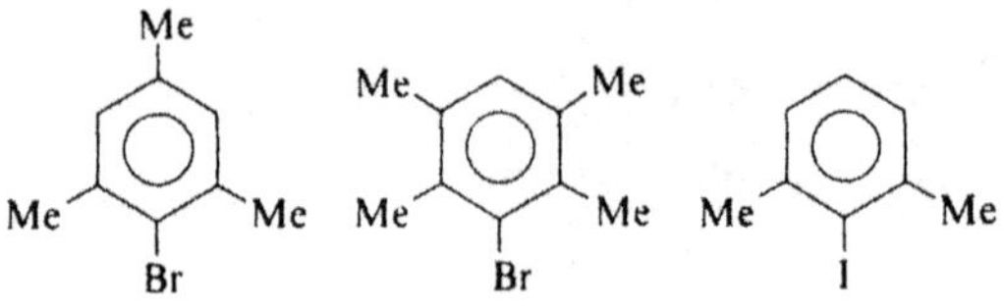

(98) (99) (100)

这些化合物邻位均不拥有氢：正如我们上述所见到的，这是经由苯炔中间体启动反应的基本条件。

苯炔的结构特征引起人们的兴趣。很清楚，它们并不能以一般概念上的炔的形式存在，因为这需要苯环发生巨大的形变以满足炔碳中 sp^1 杂化的 180°键角的要求(见 **9 页**)。更可能的情况是，芳香体系中离域的 π 轨道并没有被改变(芳香稳定性因此得以保留)，两个可利用的电子被填充在原来 sp^2 杂化的轨道中：

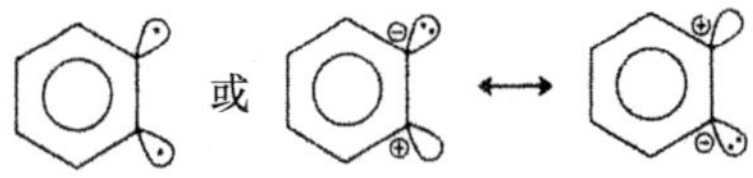

(101*a*) (101*b*) (101*c*)

在空间上，这两个轨道重叠非常差，相应所形成的键也非常弱。因此，芳炔对亲核试剂(和亲电试剂)具有很高的反应性，但是它们并不是完全没有选择性。

8 K 下，苯炔在固体氩中能够被分离出来，而更多关于苯炔存在的证据来自于“捕捉”实验和光谱。例如，苯炔(101)在呋喃(102)存在下可以形成狄尔斯-阿尔德(Diels-Alder)(见
176 **197 页**)加合物(103)，并在酸催化下发生开环得到我们更熟悉的 1-萘酚(104)：

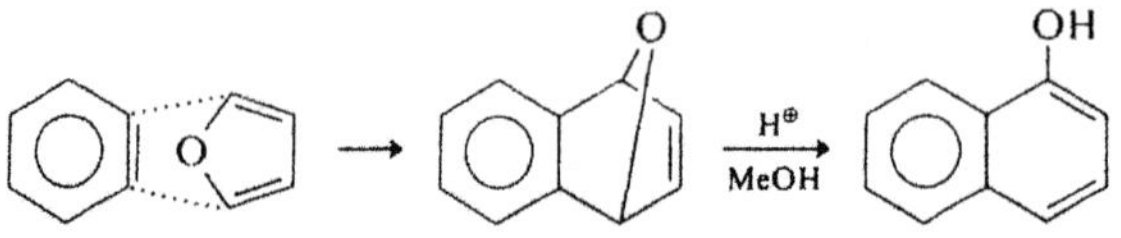

(101) (102) (103) (104)

如果反应条件中没有合适的物种可以与苯炔反应，苯炔会迅速发生二聚(自捕获)，得到稳定的联苯撑(105)：

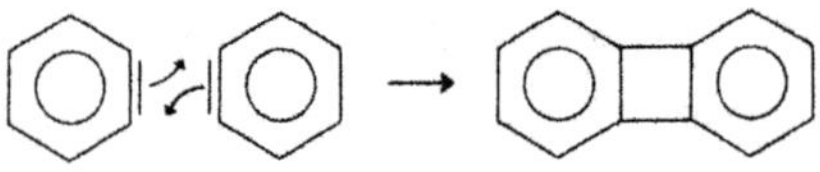

(101) (105)

一个非常有说服力的证明苯炔存在的物理方法是：将两性离子(106)——邻氨基苯甲酸(氨茴酸)的重氮盐引入到被加热的质谱进样口中，发现其质谱非常简单，存在 m/e 为 28、44、76 和 152 的峰：

(106) → (101) m/e 76 CO_2 m/e 44 N_2 m/e 28

随着时间的推移，m/e =76 的峰快速变弱而 m/e =152 的峰快速增强，表明苯炔不断二聚形成更稳定的联苯撑(上面的 105)。

(106)的高温分解是大量制备苯炔的方法，因为这不需要强碱环境。另一种更好的方法是用四醋酸铅氧化 1-氨基苯并三唑(107)：

(107) $\xrightarrow{Pb(OAc)_4}$ [ ] → (101) $+ 2N_2$

未活化的卤化物与弱碱 HO^- 的反应仅可以在相当剧烈的条件下才能进行，它可能包含 177
苯炔中间体和 ArS_N2 两种反应途径。经由两种途径转化为产物的相对比例取决于亲核试剂/碱、芳香底物的结构和反应条件。

178 # 第 7 章　碳碳双键的亲电与亲核加成

我们前面(见 **8 页**)已经讨论过，一个碳碳双键是由一个强的 σ 键加上一个占据位置不同且相对较弱的 π 键组成(1)：

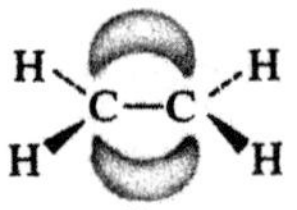

(1)

与 σ 电子相比，这一对 π 轨道上的电子更加弥散，与碳原子核的结合更不紧密，因此更容易被极化，这导致了这类不饱和化合物的特征反应活性。既然 π 电子是碳碳双键最容易看到的特点，我们应该期待它可以保护分子的其他部分不会被亲核试剂进攻，而且这也是事实(参见 **198 页**)。不出意外，这个体系最重要的性质是被缺电子物种，如 X^+ 或 $X\cdot$(自由基可以被看成是缺电子试剂，因为它们需要一个额外的电子以成键)引发的反应。正离子引发 π
179 键的异裂，自由基引发 π 键的均裂。前者通常在极性溶剂中占主导地位；后者则是在非极性溶剂中，尤其是光照条件下占主导地位。自由基引发的加成将会在之后讨论(见 **313 页**)。

7.1　卤素的加成

溴的 CCl_4 溶液颜色的消失是一个检验不饱和键的常用方法，同时可能是烯烃最常见的加成反应。没有催化剂的加入，它也能快速地发生，人们容易假设它经过了一个简单的一步过程：

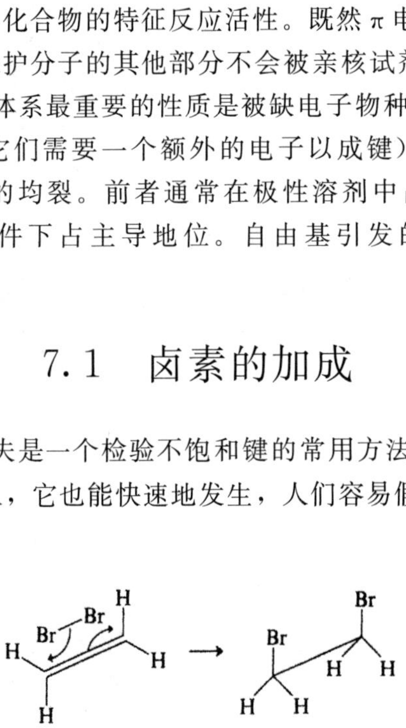

(1)　　　　(2)

然而，两个重要的实验事实表明并非如此。

第一点，如果在亲核试剂，如 Y^- 或 $Y:$(例如 Cl^-、NO_3^-、$H_2O:$)存在下发生溴的加成反应，那么，除期望的 1,2-二溴代物(3)以外，同时会得到一个溴原子和一个 Y 原子或基团加成到双键上的产物(4)：

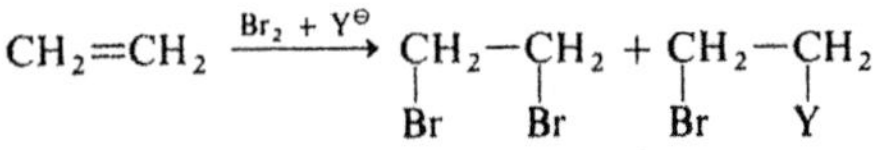

$$CH_2{=}CH_2 \xrightarrow{Br_2\ +\ Y^{\ominus}} \underset{Br}{CH_2}-\underset{Br}{CH_2} + \underset{Br}{CH_2}-\underset{Y}{CH_2}$$

(3)　　　　(4)

这个显然与上述的一步反应的过程是不兼容的，因为一步反应中 Y^- 将没有机会进攻双键。

当然，这里很重要的一点是，明确(4)不是通过 Y^- 对生成的(3)的进攻生成的。事实上，(4)的生成远远快过这个条件下发生的亲核取代反应。一个可能的解释是，Y^- 和 Br^-（衍生自 Br_2）对一个共同的中间体的竞争(见下文)。

第二点，对于简单的烯烃，如反-2-丁烯(5)，实验结果发现两个溴原子会从平面的烯烃 180
的两个相对的面分别进行加成，即反式加成(*anti*-addition)：

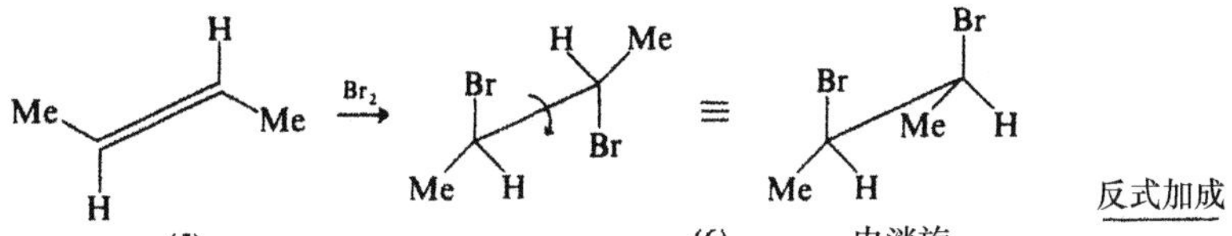

这个产物是对称的内消旋的二溴化物(6)。而如果加成是顺式的(两个溴原子从同一面加成)，那么得到的应该是非对称的(±)-二溴化物(7)：

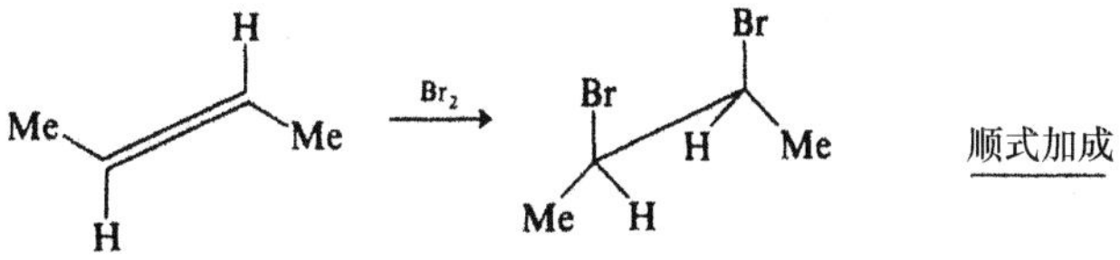

实际上可以发现，对于(5)和其他简单的非环状烯烃，加成反应几乎是完全立体选择性(stereoselective)的，即 100%反式加成。这个结论也同样与一步反应的过程不兼容，因为在一个溴分子中的两个溴原子过于靠近而不可能发生同时的反式加成。

这些观察到的现象可以被如下过程解释：溴分子受到烯烃 π 电子的电子排斥作用，一端的溴原子被极化而带正电荷，进而与之形成一个 π 配合物(8；参见 **131 页** Br_2＋苯)。这个配合物随后断裂生成一个环状溴鎓离子(9)，即典型碳正离子(10)的另外一种形式。产生的 Br^-(或加入的 Y^-)对原来双键上的随意一个碳原子进行亲核进攻完成整个加成反应，亲核进攻是从较大的溴鎓离子 Br^+ 的反方向进行的，进而生成了内消旋的二溴化物(6)：

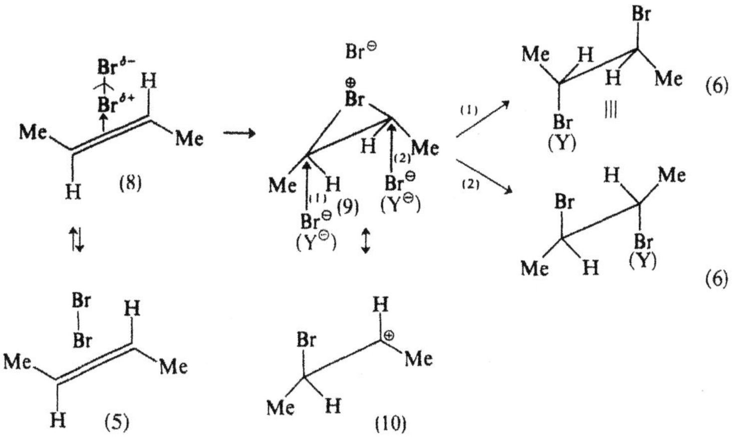

(8)中产生了足够的相互极化作用，从而生成了(9)，但溴分子的极化作用可以被加入的路易 181

斯酸如 $AlBr_3$(参见苯的溴化，138 页)极大地增强，从而导致反应速率的升高。(9)的生成通常是反应的决速步。

早在 1938 年就提出了用环状溴鎓中间体来解释观察到的简单的非环烯烃的高度立体选择性的反式加成。支持这一中间体存在的证据来自各个方面：如通过物理手段可能检测到该中间体，如使用欧拉“超”酸(见 102 页)和核磁共振波谱来检测。−60 ℃ 下，1，2-二溴化物(11)在液态的 SO_2 中与 SbF_5 反应生成一对离子对，但核磁共振氢谱并未检测到预期(12)中的两个信号峰(应该存在两组不同的 6 个等价的质子)，而是只检测到了一信号峰(δ 2.9)，表明所有的 12 个质子都是等价的，即几乎肯定表明观察到的是溴鎓离子(9*a*)：

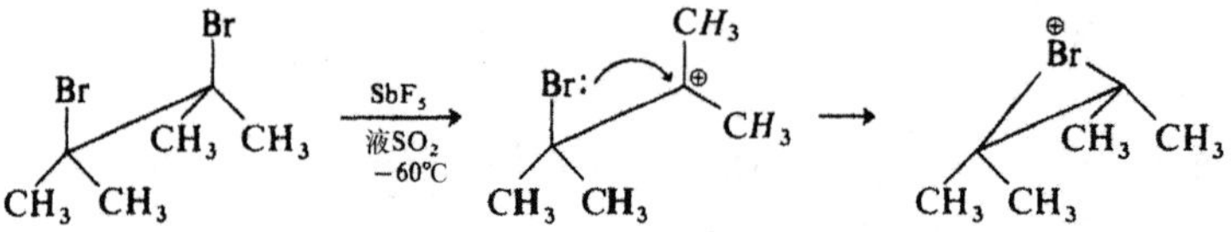

SbF_5, 液SO_2, −60℃

(11) δ 2·0　　　(12)　　　(9*a*) δ 2·9

溴的邻基参与(参见 93 页)并没有必然地证明烯烃的加成经过了一个环状的溴鎓离子，但说明这个物种并非仅仅是权宜的假设，从这种程度上讲，该物种很可能是反应的中间体。

当尝试 Br_2 对非常特殊的烯烃(13)的加成时，实际上证明是有可能分离出环状溴鎓中间体(14)的。

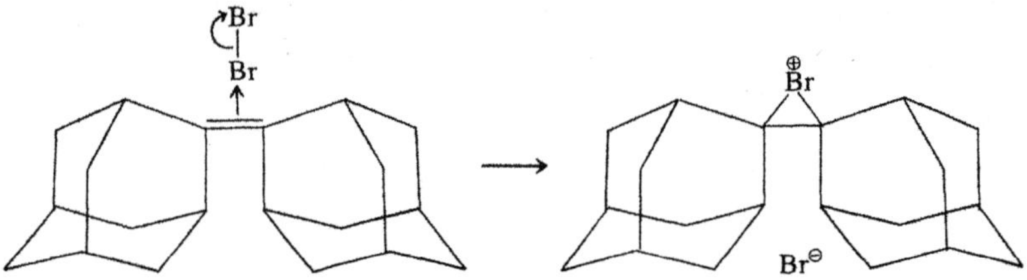

(13)　　　(14)

这是由于 Br^- 对生成的中间体(14)的进一步进攻完全被原本双键两端的位阻极大的笼状结构阻止了，因此无法完成整个的 Br_2 的加成反应。

182　很显然，卤素对烯烃加成的反式立体选择性的程度取决于在反应条件下的环状卤鎓离子中间体(例如 9*a*)和对应的碳正离子中间体(例如 12)的相对稳定性。例如，由于氯比溴的电负性大，因此不容易共享其电子，由此推测氯对于烯烃加成反应的立体选择性将会弱于溴对烯烃的加成反应的立体选择性，事实也是如此。也可以预计如果存在某种结构特点对碳正离子可以起到特定的稳定化作用，这也会导致反式加成的立体选择性降低，例如 Br_2 对反-1-苯基丙烯(15)的加成反应：

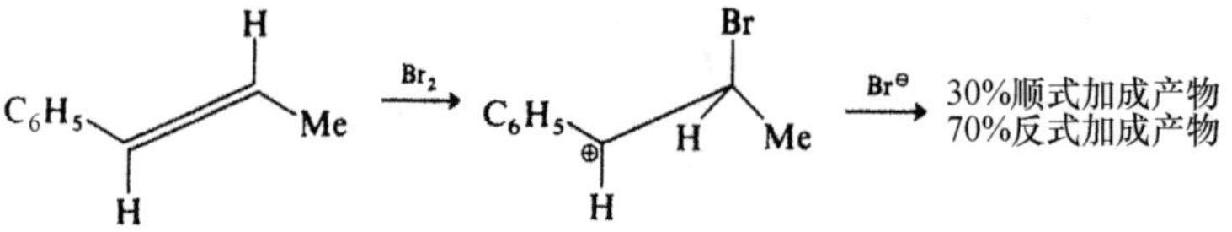

(15) $\xrightarrow{Br_2}$ (16) $\xrightarrow{Br^\ominus}$ 30%顺式加成产物
70%反式加成产物

该反应中可能生成了离域的苄基正离子(16)，因此与没有离域作用的反-2-丁烯(5；反式加成立体选择性接近100%)相比，该反应的反式加成立体选择性大大降低(70%)。此外，溶剂极性的增大和对离子的溶剂化能力的增强，也将对碳正离子起到稳定化作用(相对于溴鎓离子)，从而降低反式的立体选择性。因此，溴对1,2-二苯乙烯的加成在低介电常数的溶剂中具有90%～100%的反式立体选择性，而在介电常数 $\varepsilon=35$ 的溶剂中只有约50%。

氟对烯烃的直接加成通常难以进行，这是由于反应放出大量热会导致化学键断裂的发生。很多烯烃也不能直接与碘发生加成，即使反应能发生，常常也是可逆的。炔烃与卤素的加成也以反式优先，但不是专一的反式，例如丁炔二酸(17)与溴的加成：

$$HO_2C{-}C{\equiv}C{-}CO_2H \ (17) \longrightarrow \underset{70\%}{(Br)(HO_2C)C{=}C(CO_2H)(Br)} + \underset{30\%}{(Br)(Br)C{=}C(CO_2H)(CO_2H)}$$

7.2 取代基对加成速率的影响

溴对烯烃的加成反应的中间体，无论是溴鎓离子还是碳正离子，都具有正电荷。该正离子中间体的形成通常被认为是反应的决速步骤(可与芳香亲电取代进行类比，见153页)， 183
在其之前的过渡态可以被给电子取代基稳定，如(18)中取代基可以提高亲电加成的反应速率；反之，吸电子取代基(19)则会降低亲电加成的反应速率：

(18) Y→C=C $\xrightarrow{Br_2}$ 溴鎓离子（$Br^{\oplus}$ 桥连两个C）或 碳正离子（$\overset{\oplus}{C}{-}C{-}Br$）

(19) Y←C=C $\xrightarrow{Br_2}$ 溴鎓离子（$Br^{\oplus}$ 桥连两个C）或 碳正离子（$\overset{\oplus}{C}{-}C{-}Br$）

在类似的条件下，实际可以观察到如下的相对速率关系：

$$\underset{3\times10^{-2}}{CH_2{=}CH{\leftarrow}Br \approx CH_2{=}CH{\leftarrow}CO_2H} < \underset{1}{CH_2{=}CH_2} < \underset{9.6\times10}{Et{\rightarrow}CH{=}CH_2}$$

$$< \underset{4.16\times10^3}{(Me)(H)C{=}C(Et)(H)} < \underset{1.19\times10^5}{(Me)(H)C{=}C(Me)(Et)} < \underset{9.25\times10^5}{(Me)_2C{=}C(Me)_2}$$

然而，这些相对速率随反应条件不同易发生变化。当引入具有给电子效应的烷基时，实际观察到的反应速率的提高低于预期值。这可能是由于长链烷基的引入增加了过渡态的拥挤程度。苯基也可以提高亲电加成的速率(4×10^3)，这主要是由于苯基对中间体(20)及其之前的过渡态具有稳定化作用：

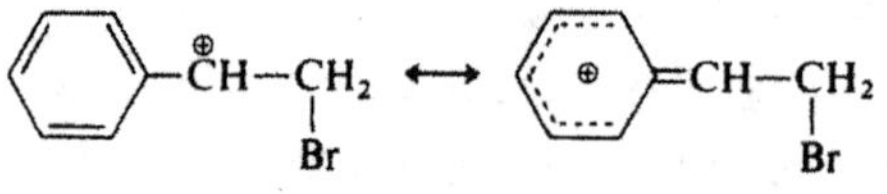

$$C_6H_5-\overset{\oplus}{C}H-CH_2Br \longleftrightarrow (\oplus)C_6H_5{=}CH-CH_2Br$$

(20)

184

7.3 加成的区位

与卤素不同，当加入的亲电试剂是非对称的，且与非对称的烯烃反应(如丙烯与卤化氢的反应)时，就会涉及加成的区位问题。卤化氢与烯烃加成的速率关系为：HI $\gtrsim$ HBr $\gtrsim$ HCl $\gg$ HF，这与这几种卤化氢的酸性强度顺序相同。因此，该加成过程的决速步很可能是质子对烯烃的加成，接下来发生快速的卤素负离子对碳正离子的亲核进攻，完成整个加成过程。在非极性溶剂中，质子无疑是由卤化氢分子提供的；但在极性溶剂，尤其是含羟基溶剂中，质子更有可能是由溶剂的共轭酸提供的，例如在水中，质子可能由 H_3O^+ 提供。

由于 H 没有可以给出的电子对，质子对烯烃的加成不能形成类似于溴鎓离子的带有桥键的中间体，但是有些情况下有可能会形成 π 配合物中间体(21)。我们通常将该中间体写成碳正离子的形式，可能形成的各种碳正离子(如 23 和 24)间的相对稳定性决定了加成的区位。例如，极性溶剂中 HBr 对丙烯(22)的加成：

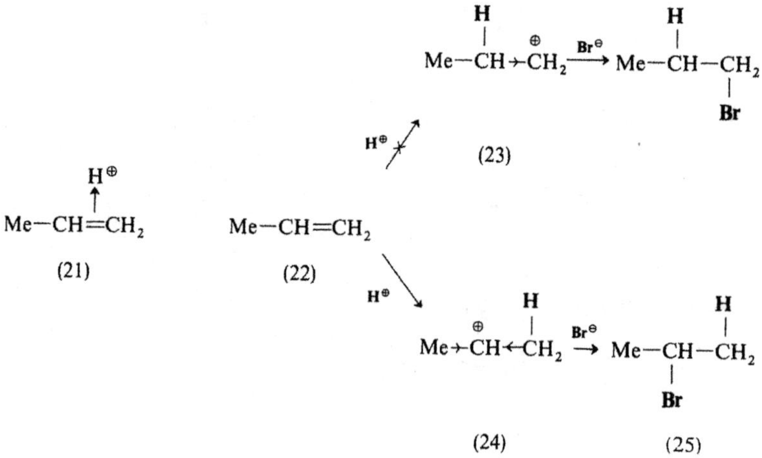

$$Me-CH(H)-\overset{\oplus}{C}H_2 \xrightarrow{Br^\ominus} Me-CH(H)-CH_2Br$$

(23)

$$Me-CH{=}CH_2 \;(H^\oplus\uparrow) \qquad Me-CH{=}CH_2 \xrightarrow{H^\oplus} (23)\ (\text{不生成}), (24)$$

(21) (22)

$$Me-\overset{\oplus}{C}H-CH_2(H) \xrightarrow{Br^\ominus} Me-CH(Br)-CH_2(H)$$

(24) (25)

在之前的章节中，我们已经知道二级碳正离子比一级碳正离子更稳定，在此也应当适用，因此上图中(24)比(23)更容易生成。事实上，(24)是反应中唯一生成的碳正离子，即产物只是 2-溴乙烷(25)。在加成反应中，卤素负离子(或其他非对称亲核试剂中带有负电性的部分)一般连接到烯烃双键的两个碳原子中取代较多的一个上，这样的加成称为马氏(马尔科夫尼科夫，Markownikov)加成。

对于一些烯烃，在与卤化氢加成时会得到一些只能通过碳正离子的重排产生的非正常的加成产物，如 3,3-二甲基丁烯(26)和 HI 的反应。这一现象为“卤化氢对烯烃的加成是通过碳正离子中间体实现的”提供了实验上的证据。 185

$$\mathrm{Me_2C(Me)-CH{=}CH_2}\ (26) \xrightarrow{H^{\oplus}} \mathrm{Me_2C(Me)-\overset{\oplus}{C}H-CH_2(H)}\ \text{二级碳正离子} \xrightarrow{I^{\ominus}} \mathrm{Me_2C(Me)-CH(I)-CH_2(H)}\ \text{预期产物}$$

$$\downarrow$$

$$\mathrm{Me_2\overset{\oplus}{C}-CH(Me)-CH_2(H)}\ \text{四级碳正离子} \xrightarrow{I^{\ominus}} \mathrm{Me_2C(I)-CH(Me)-CH_2(H)}\ \text{非预期产物}$$

在卤化氢与烯烃的加成反应中，还存在一些对于合成不利的其他问题。例如，在水溶液或一些其他的含羟基溶剂中，酸催化的水加合或溶剂加成反应可能会成为主要的竞争反应；在低极性溶剂中会有利于自由基形成，即可能会通过产生更稳定的自由基中间体 $MeCHCH_2Br$ 生成反马氏加成产物 $MeCH_2CH_2Br$。在后续章节中我们会详细讨论这一过程(见 **316 页**)。

1-卤代烯烃(如 27)的亲电加成过程与卤苯的亲电取代反应有很多相同之处(见 **155 页**)。例如，Br 原子上的孤对电子控制了加成反应的区位(对比溴苯的邻/对位导向)；

$$\mathrm{CH_2{=}CH-Br}\ (27) \xrightarrow[\times]{H^{\oplus}} \mathrm{\overset{\oplus}{C}H_2-CH(H)-Br}\ (28) \xrightarrow{Br^{\ominus}} \mathrm{CH_2(Br)-CH(H)-Br}$$

$$\downarrow H^{\oplus}$$

$$\left[\mathrm{CH_2(H)-\overset{\oplus}{C}H-\ddot{B}r}\ (29a) \leftrightarrow \mathrm{CH_2(H)-CH{=}\overset{\oplus}{B}r}\ (29b)\right] \xrightarrow{Br^{\ominus}} \mathrm{CH_2(H)-CH(Br)-Br}\ (30)$$

(29)比(28)更稳定，因此更优先生成，实际上 1,1-二溴乙烷(30)是该反应得到的唯一产物。然而，加成反应的速率受到溴原子的吸电子诱导效应影响，溴化氢与(27)的加成反应比乙烯慢 30 倍(参考溴苯接受亲电试剂进攻也比苯要慢)。即碳正离子(29)不如(31)稳定，生成也更慢。 186

$$\mathrm{CH_2(H)\leftarrow\overset{\oplus}{C}H\leftarrow Br}\ (29) \qquad \mathrm{CH_2(H)\leftarrow\overset{\oplus}{C}H_2}\ (31)$$

氢卤酸对简单烯烃的加成的立体选择性比卤素的要差，且更加取决于烯烃的结构以及反应条件。

7.4 其他加成反应

7.4.1 其他卤素衍生物

并不令人意外，卤间化合物与卤素类似，也可以与烯烃发生加成反应，其相对活性顺序为

$$BrCl > Br_2 > ICl > IBr > I_2$$

加成反应由非对称分子中偶极正电性的一端(电负性较小的原子)启动，反应可能生成环状卤鎓离子。I—Cl 的加成具有良好的反式立体选择性，因为环碘鎓离子中间体很容易生成(比碳正离子相对稳定)。不对称的烯烃[如 2-甲基丙烯(32)]中，烷基取代基较多的碳上更易生成碳正离子(如 33 中取代基较多的碳与 Br^+ 的成键作用更弱)，更易被亲核试剂 Cl^- 进攻，因此加成反应的区位遵循马氏规则。

$$\underset{(32)}{Me_2C{=}CH_2} \xrightarrow{\overset{\delta+}{Br}-\overset{\delta-}{Cl}} \underset{(33)}{Me_2\overset{\delta++}{C}-\overset{\delta+}{C}H_2\ (\overset{\delta+}{Br}\ \text{bridged};\ {}^{\ominus}Cl)} \rightarrow \underset{(34)}{Me_2C(Cl)-CH_2Br}$$

次卤酸(如 HO—Br，溴水)也可发生类似的加成反应，但是一些证据表明实际的亲电试
187 剂是卤素分子(如 Br_2)，所以 Br^- 和 H_2O 对溴鎓离子中间体(36)会发生竞争进攻，从而分别生成 1,2-二溴化产物(35*a*)和 1,2-溴羟基化产物(35*b*)。

$$CH_2{=}CH_2 \xrightarrow{Br_2} \underset{(36)}{CH_2-CH_2\ (\overset{\oplus}{Br}\ \text{bridged};\ Nu:)} \begin{cases} \xrightarrow{Br^{\ominus}} \underset{(35a)}{CH_2Br-CH_2Br} \\ \xrightarrow{H_2O} \underset{(35b)}{CH_2OH-CH_2Br} \end{cases}$$

7.4.2 水合反应

酸催化的烯烃的水合反应是酸催化的醇脱水(通过 E1 的途径，参见 248 页)生成烯烃的逆反应：

$$MeCH{=}CH_2 \overset{H^{\oplus}}{\rightleftarrows} \underset{(37)}{Me\overset{\oplus}{C}H-CH_2-H} \overset{H_2O}{\rightleftarrows} Me\underset{\overset{\oplus}{O}H_2}{CH}-CH_2-H \overset{-H^{\oplus}}{\rightleftarrows} Me\underset{OH}{CH}-CH_2-H$$

直接或者通过 π 配合物生成碳正离子中间体(37)是该过程的决速步，加成的区位遵从马氏规则。有证据表明，该反应具有一些反式立体选择性，但是并不十分显著，且取决于烯烃的结构和反应条件。

反应通常选取具有较弱亲核性的负离子的酸(如稀的硫酸水溶液的负离子为 HSO_4^-)作为催化剂，以抑制酸的负离子与水发生竞争反应；在反应条件下即使生成 $ROSO_3H$，也会进一步水解为 ROH。碳正离子中间体可能会发生重排，其对未质子化的烯烃的亲电加成也是有可能发生的(见 **185 页**)。该反应被应用于非均相酸催化的烯烃(石油裂解得到)与水蒸气反应来大规模生产醇的过程。在酸催化下，ROH 也可与烯烃加成得到醚，RCO_2H 与烯烃加成得到酯。

通过烯烃与 B_2H_6 加成，然后使用碱性 H_2O_2 氧化对应的三烷基硼烷(38)(硼氢化-氧化过程)，则可以间接地得到反马氏水合的产物： **188**

$$\mathrm{MeCH{=}CH_2 \xrightarrow{B_2H_6} \underset{(38)}{(MeCH_2CH_2)_3B} \xrightarrow{H_2O_2} \underset{(39)}{MeCH_2CH_2OH} + B(OH)_3}$$

在反应会生成联硼烷(原位生成或者从 $NaBH_4$ 和 $Et_2O\text{-}BF_3$ 制备)，或者是单体 BH_3 和反应所使用的醚作用形成的配合物。BH_3 作为路易斯酸加成到取代较少的双键的碳原子上(马氏加成)，然后氢原子转移到相邻的带有正电荷的碳上，完成整个反应。

$$\mathrm{MeCH{=}CH_2 \xrightarrow{BH_3} \underset{(40)}{Me\overset{\oplus}{C}H{-}CH_2(H{-}\overset{\ominus}{B}H_2)} \longrightarrow MeCH(H){-}CH_2(BH_2)}$$

中间体(40)有一定的环状结构性质，因为在合适的情况下，我们发现 BH_3 的加成反应具有顺式立体选择性。首先生成的 RBH_2 会进一步与烯烃反应生成三烷基硼烷 R_3B(38)，H_2O_2 氧化会切断 C—B 键生成醇(39)，反应的净结果是顺式立体选择性地得到反马氏水合的产物，产率通常很高。

7.4.3 碳正离子

我们已经知道烯烃质子化会生成碳正离子，在没有较好的亲核试剂(例如水，见 **187 页**)存在下，这些碳正离子可以作为亲电试剂与未质子化的烯烃反应(见 **108 页**)，例如 2-甲基丙烯的反应：

$$\mathrm{\underset{(41)}{Me_2C{=}CH_2} \overset{H^\oplus}{\rightleftharpoons} \underset{(42)}{Me_3C^\oplus} + \underset{(41)}{CH_2{=}CMe_2} \rightarrow \underset{(43)}{Me_3C{-}CH_2{-}\overset{\oplus}{C}Me_2}}$$

$$\mathrm{(43) \xrightarrow{-H^\oplus} \underset{(44)}{Me_3C{-}CH{=}CMe_2}}$$

$$\mathrm{(43) \xrightarrow{CH_2=CMe_2\ (41)} \underset{(45)}{Me_3C{-}CH_2{-}CMe_2{-}CH_2{-}\overset{\oplus}{C}Me_2} \rightsquigarrow}$$

首先生成的碳正离子(42)可以与第二分子 2-甲基丙烯(41)加成得到新的(二聚体)正离子(43)，此时(43)可去质子生成 C_8 的烯烃(44)，也可以与第三分子烯烃加成得到(三聚体)正

189 离子(45)并继续发生类似的转化。值得指出的是，上述每种情况下质子化过程以及后续的加成过程都生成了最稳定的碳正离子。

2-甲基丙烯可以通过不断重复以上过程得到高分子产物(阳离子型聚合)，但是大部分简单烯烃都不会得到超过二聚体和三聚体的结构。主要的烯烃单体包括 2-甲基丙烯(“异丁橡胶”)和乙烯基酯 $ROCH=CH_2$(黏合剂)。阳离子型聚合通常使用路易斯酸催化剂引发，如三氟化硼，并加入质子源作为共催化剂，如痕量的水等等；聚合反应在低温下很容易发生，且反应速率通常很快。然而，更多烯烃的聚合会采用自由基诱导的方式进行(见 **320 页**)。

7.4.4 羟基化

很多试剂可以实现在烯烃的双键上加成两个羟基。例如，四氧化锇 OsO_4 与烯烃加成得到环状锇酸酯(46)，然后发生水解切断 Os—O 键得到 1，2-二醇(47)：

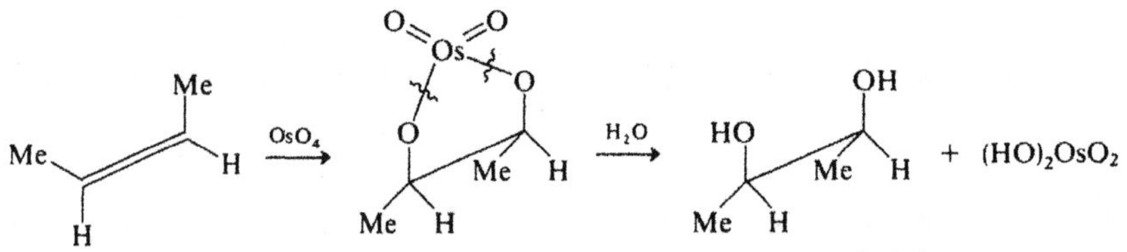

(48*a*) (46) (47) 内消旋

顺-2-丁烯(48*a*)反应得到内消旋的 1，2-二醇(47)，即总的羟基化反应具有顺式立体选择性，这与 Os—O 键的切断需要经过一个顺式的环状中间体(46)相一致。该反应作为一种制备方法的主要缺点在于，OsO_4 非常昂贵且具有很强的毒性。一种可能的解决方法是使用催化量的 OsO_4，并使用 H_2O_2 将 $(HO)_2OsO_2$ 重新氧化为 OsO_4。

碱性高锰酸盐 MnO_4^- 通常用于检测不饱和键，该试剂与烯烃也发生顺式立体选择性的加成，与前述反应类似，该反应也被认为是通过环状高锰酸酯中间体进行的。该中间体尚未实现分离，但是部分中间物种可通过光谱学方法检测到。当使用 $Mn^{18}O_4^-$ 时，得到的 1，2-二醇中的两个氧原子均是 ^{18}O 标记的。因此产物中的两个氧原子均来源于 MnO_4^- 而不是溶
190 剂 H_2O，且在该条件下 $Mn^{18}O_4^-$ 与溶剂不发生 ^{18}O 的交换，这说明该反应也经过一个与(46)结构类似的高锰酸酯的中间体。使用 MnO_4^- 氧化进行双羟基化的缺点是，产物 1，2-二醇(47)很容易发生进一步的氧化。

过氧酸 RCO—OOH 也可以氧化烯烃，如反-2-丁烯(48*b*)，在双键上加成一个氧原子得到环氧化合物(49)：

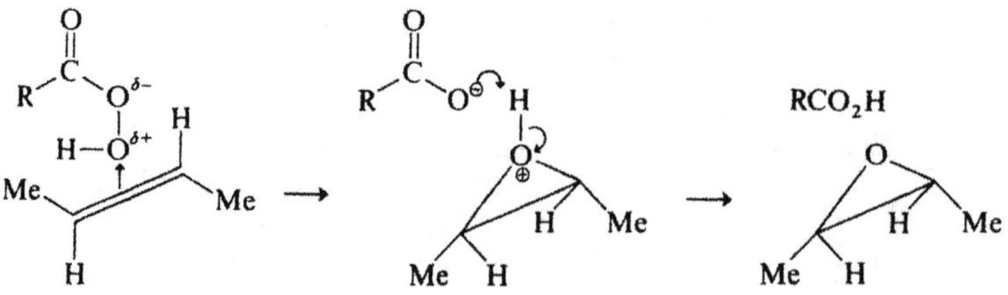

(48*b*) (49)

环氧化合物虽然没有电荷，但与环状溴鎓离子中间体具有相似之处，然而与环状溴鎓离子不同的是，环氧化合物是可以分离得到的稳定结构。环氧化合物的确可以在酸或碱的催化

下被亲核试剂(H_2O 或 HO^-)进攻得到 1,2-二醇。无论在何种条件下，亲核试剂总是从氧桥的反面进攻碳原子(49)，这样的进攻将会使被进攻的碳原子构型翻转(参见 **94 页**)：

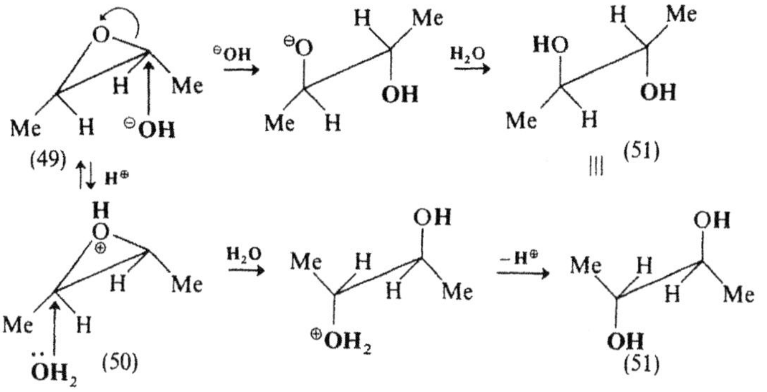

亲核进攻只发生在(49)和(50)中的两个可能的碳原子中的一个，虽然图中显示这两种情况进攻的是不同的碳原子。在以上每种情况下，对另一个碳原子的进攻会得到同样的产物，即内消旋的 1,2-二醇(51)。对比(51)和底物烯烃(48*b*)的构型，我们可以发现该反应总的结果是生成反式立体选择性的双羟基化产物。

因此，通过选择合适的试剂，可以实现顺式和反式立体选择性的烯烃的羟基化。

7.4.5　氢化

不饱和化合物的加氢反应是最常见也是最有应用价值的加成反应之一。正因如此，我们 191
在这里讨论该反应，虽然该反应是非极性过程，也不是在自由基条件下进行的。氢气的直接加成通常使用高度分散的金属，如 Ni、Pt、Pd、Ru、Rh 作为非均相催化剂。金属晶体表面的金属原子与体相中的金属原子的主要区别在于，金属表面的原子具有指向面外的“剩余结合能力”。烯烃(如乙烯)与氢气均可以在金属(如镍)催化剂下发生放热且可逆的反应。考虑到烷烃不会被吸附到金属催化剂上，烯烃与金属的作用很可能与其 π 电子有关。氢气分子没有 π 电子，其在金属表面的吸附对 σ 键有明显的削弱作用，但是并不足以使氢气发生单键的完全断裂而生成 H· 自由基。

金属原子在金属表面的实际分布对金属的某一晶面是否具有催化活性具有非常重要的意义，这和金属原子间的距离和烯烃以及氢气键长的近似程度有关。实际上，整个金属表面上仅有相对较小比例的部分是具有催化活性的部分，即所谓的“活性位点”。这些活性位点强烈吸附烯烃，然后迅速释放产物烷烃变成空位，进而可以重新吸附下一分子的烯烃。

如果我们认为烯烃分子在催化剂表面排列，并且活化的氢气从金属上接近烯烃，那么氢化过程应当具有顺式的立体选择性。这一规则大体上是正确的，并且在合成上具有重要的意义。

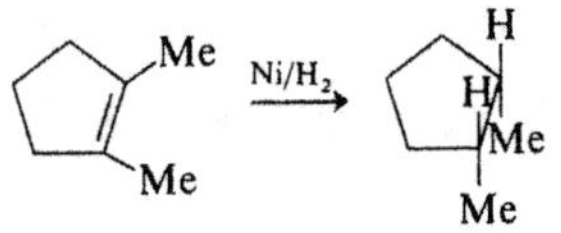

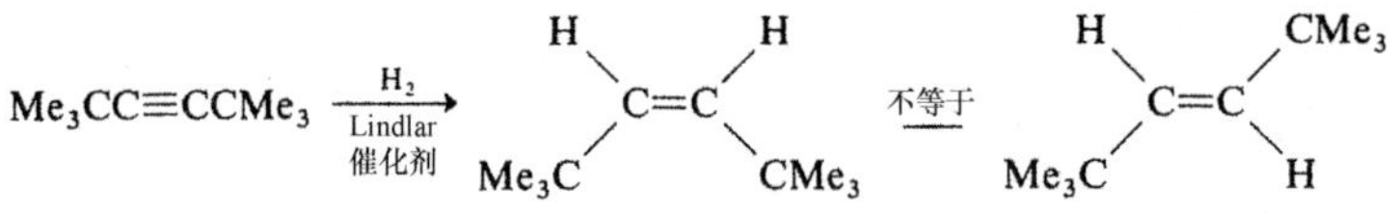

$$\text{Me}_3\text{CC}\equiv\text{CCMe}_3 \xrightarrow[\text{Lindlar 催化剂}]{H_2} \underset{(52)}{\text{(H)(Me}_3\text{C)C=C(H)(CMe}_3)} \text{ 不等于 } \underset{(53)}{\text{(H)(Me}_3\text{C)C=C(CMe}_3\text{)(H)}}$$

炔烃在林德拉(Lindlar)催化剂[负载在 $CaCO_3$ 上的 Pd，被 $Pd(OAc)_2$ 部分毒化]的催化下可以被选择性地还原成烯烃。该过程也具有顺式立体选择性，虽然生成了结构较为拥挤、热力学稳定性较低的烯烃，例如上图中，反应生成(52)而不是(53)。

192 加氢反应的顺式立体选择性通常会低于 100%，并且会受到反应条件的影响，在一些情况下会远低于 100%的顺式选择性。氢化反应的机理已经被详细研究过，例如使用 D_2 等，实际上这一过程非常复杂，比如发现 D_2 和烯烃之间会发生氢的交换。研究表明，两个氢原子对烯烃的加成不是同步的，因此不难理解为何反应的顺式立体选择性不是 100%。此外，发现顺式烯烃，如顺-2-丁烯的加氢反应通常比反式烯烃，如反-2-丁烯的加氢速度更快；无论对于顺式还是反式烯烃，当烯烃上取代基位阻增大时，加氢反应的速率将会降低。

近年来，一些可溶于反应体系的均相加氢催化剂得到了较大的发展，如 $RhCl(Ph_3P)_3$。这类催化体系中，氢原子通过金属氢化物中间体转移至烯烃上；这类催化剂催化的加氢反应也具有明显的顺式立体选择性。

7.4.6　臭氧化

臭氧对烯烃加成形成臭氧化物，随后后者分解得到羰基化合物，这一反应很早就是已知的：

$$R_2C{=}CR'_2 \xrightarrow{O_3} \left[\begin{matrix} R_2C{=}CR'_2 \\ + \\ O_3 \end{matrix}\right] \xrightarrow{H_2/Pt} R_2C{=}O + O{=}CR'_2 + H_2O$$

臭氧化物

但是关于臭氧化物的结构有一些争议。不难设想，臭氧的亲电端引发与烯烃的 1,3-偶极加成，在 −70 ℃下臭氧和烯烃(55)反应，可分离得到晶状的加合物(54)：

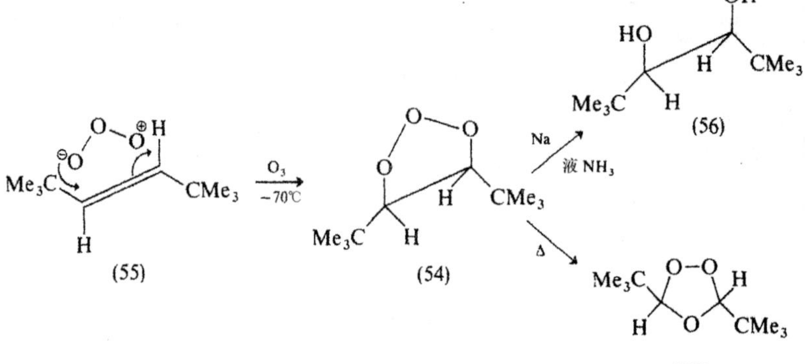

$$(55) \xrightarrow[-70℃]{O_3} (54) \xrightarrow[\text{液 }NH_3]{Na} (56);\quad (54) \xrightarrow{\Delta} (57)$$

该结构已经被核磁共振谱，以及使用钠和液氨还原成 1，2-二醇(56)所证明。由(54)直接催 193
化还原成羰基化合物的最终产物的过程是较难理解的，但是当温度升高时，的确可以观察到(54)转变成了(57)，后者确实可以被催化还原生成最终的产物。

(54*a*)指分子臭氧化合物，(57)是正常的臭氧化合物，前者到后者的转化被认为经历了如下路径：

$$\underset{(54a)}{R_2C(O{-}O{-}O)CR_2} \longrightarrow \underset{(58)}{R_2C{=}O} \quad \underset{(59)}{{}^{\ominus}O{-}O{-}\overset{\oplus}{C}R_2} \equiv \underset{(59)}{(58)\ R_2C{=}O \ \ \overset{\oplus}{C}R_2{-}O{-}O^{\ominus}} \longrightarrow \underset{(57a)}{R_2C(O)(O{-}O)CR_2}$$

推测(54*a*)产生的碎片是羰基化合物(58)和过氧两性离子(59)，后者可以与前者发生 1，3-偶极加成生成臭氧化物(57*a*)。两性离子(59)也可能发生如聚合等副反应，因此在臭氧化反应中也常观察到一些副产物。当在甲醇中进行臭氧化反应时，(59)会被溶剂捕捉形成相对稳定的 α-氢过氧基醚(60)：

$$\underset{(60)}{R_2C(OMe)(O{-}OH)}$$

此时，两性离子(59)便不再与酮(58)以通常方式反应生成臭氧化物，这样(58)和(60)均可能被分离和鉴定。在臭氧化过程中，采用合适的还原过程分解臭氧化物(57*a*)是非常重要的，否则会生成 H_2O_2(如用 H_2O 来分解臭氧化物)，将会进一步氧化对氧化剂敏感的羰基化合物，例如将醛氧化为羧酸。

以上过程基本描述了臭氧氧化过程的主要特点，但是对反应中观察到的立体化学需要进行更为详细的解释。虽然预计反式(或顺式)烯烃在臭氧化后会生成顺式和反式臭氧化物的混合物，但实际上反式烯烃(55)只生成了反式臭氧化物(57)。这个例子中，(54)分解生成醛和过氧两性离子的过程以及二者接下来的结合生成(57)都需要具有高度的立体选择性，而在我们所书写的反应路径中并没有显示出有这种对立体选择性的要求。

臭氧化反应曾被用于鉴定未知的不饱和化合物中双键的位置，主要是因为生成的羰基化 194
合物的结构比较容易鉴定。目前这一方法已被更方便、快捷的物理方法所取代，例如核磁共振波谱。由苯形成的三分子臭氧化合物会分解生成三分子乙二醛 OHC—CHO：这是说明苯分子的凯库勒结构式中可能含有 3 个“真正的”双键的唯一一个反应！炔烃也可以发生臭氧化反应，但是比烯烃慢得多。

在制备级的切断烯烃过程中，常使用如下所示的方法：

$$R_2C{=}CR'_2 \xrightarrow[OsO_4]{MnO_4^{\ominus}\ 或} R_2\overset{HO}{\overset{|}{C}}{-}\overset{OH}{\overset{|}{C}}R'_2 \xrightarrow{NaIO_4} R_2C{=}O + O{=}CR'_2$$

该反应可以一步完成，用于切断 1，2-二醇的高碘酸钠需要足够过量，使第一步中加入的仅仅是催化量的 MnO_4^- 或 OsO_4 再生，发生快速的双羟基化过程。

除了臭氧之外，其他的物种也可以与烯烃发生 1，3-偶极加成反应，并且通常会生成比臭氧化物(54)更稳定的产物，如叠氮化合物(61)与烯烃的 1，3-偶极加成可以生成二氢三唑(62)：

(61) → (62)

烯烃的 1，3-偶极加成将在后续章节中继续讨论(见 **351 页**)。

7.5　对共轭二烯烃的加成

共轭二烯烃，如丁二烯(63)，比类似结构的非共轭二烯烃更加稳定(参见 **11 页**)。这一性质在它们的氢化热数据中也有所体现(见 **16 页**)，尽管其延伸的 π 体系的离域能仅有 17 kJ
195 mol^{-1}(4 kcal mol^{-1})，然而，共轭二烯烃发生加成反应比非共轭的二烯烃更快。这是由于被亲电试剂(64)或自由基(65)进攻生成的中间体(更重要的是生成中间体前的过渡态)具有烯丙基结构(见 **105 页**和 **311 页**)，它通过离域产生的稳定化作用相比于起始的二烯要大。并且，这些结构也比简单烯烃的加成反应的中间体更加稳定。

$$BrCH_2-\dot{C}H-CH=CH_2 \leftrightarrow CH_2(Br)-CH=CH-\dot{C}H_2 \ (65) \xleftarrow[\text{自由基}]{Br_2} CH_2=CH-CH=CH_2 \ (63) \xrightarrow[\text{亲电的}]{Br_2} BrCH_2-\overset{\oplus}{C}H-CH=CH_2 \leftrightarrow CH_2(Br)-CH=CH-\overset{\oplus}{C}H_2 \ (64)$$

$$BrCH_2-\dot{C}H_2 \ (67) \xleftarrow[\text{自由基}]{Br_2} CH_2=CH_2 \xrightarrow[\text{亲电的}]{Br_2} CH_2-CH_2 \ (\text{环状 }Br^{\oplus}) \ (66)$$

7.5.1　亲电加成

亲电试剂的进攻总是发生在共轭体系端位的碳原子上，否则，将得不到可以通过离域作用稳定的碳正离子中间体(64)。也正是因为这种离域稳定作用，共轭二烯烃的亲电加成生成碳正离子中间体而不是生成环状鎓离子(参见 **66 页**)。然后反应中 Br^- 对 C_2 极性亲核进攻得到 1，2-加成产物(68)，或者对 C_4 进行亲核进攻得到 1，4-加成产物(69)，从而完成这个加成反应。

$$BrCH_2-CH(Br)-CH=CH_2 \ (68) \xleftarrow[\text{1,2-加成}]{(a)} BrCH_2-\overset{\delta+}{C}H\cdots CH\cdots\overset{\delta+}{C}H_2 \ (64) \xrightarrow[\text{1,4-加成}]{(b)} BrCH_2-CH=CH-CH_2Br \ (69)$$

这两种产物通常都会生成，但是其比例受反应条件的影响很大，例如温度。HCl 对丁二烯(63)的加成在－60 ℃下只得到 20%～25%的 1,4-加成产物(其余为 1,2-加成产物)，但是在较高的温度下可以得到 75%左右的 1,4-加成产物。通常认为，溴化反应在低温下反应是动力学控制的(参见 **42 页**)，由(64)生成 1,2-加成产物的速率比生成 1,4-加成产物的速率要快；当反应温度升高或延长反应时间时，反应会达到平衡或是热力学控制的，热力学稳定性 196
更高的 1,4-加成产物成为主要产物。在较高的温度下，纯的 1,2-和 1,4-加成产物在相同的反应条件下可以转变成平衡时比例相同的 1,2-和 1,4-加成产物的混合物，这一实验事实也佐证了前述解释。此外，提高溶剂的极性也有利于发生 1,4-加成。

溴对丁二烯的 1,4-加成过程也有可能是经历了不饱和的五元环状鎓离子(70)，然后被 Br^- 进攻发生开环得到顺-1,4-二溴-2-丁烯(71)：

$$\text{(70)}\; H_2C\text{—}CH{=}CH\text{—}CH_2\text{ (环, 经 }\overset{\oplus}{Br}\text{ 连接)} \xrightarrow{Br^{\ominus}} \text{(71)}\; BrCH_2\text{—}CH{=}CH\text{—}CH_2Br\ (\text{顺}) \qquad \text{(72)}\; BrCH_2\text{—}CH{=}CH\text{—}CH_2Br\ (\text{反})$$

(70)　　(71)　　(72)

事实上，该反应中只得到反-1,4-二溴化物(72)，因此(70)在反应中是不可能存在的，反应中实际的离子对中间体是(73)，其中含有离域的碳正离子。1,2-加成产物(68)和 1,4-加成生成(69)的相互转化也有可能经历了该中间体：

$$\underset{(68)}{CH_2Br\text{—}CHBr\text{—}CH{=}CH_2} \rightleftarrows \underset{(73)}{CH_2Br\text{—}\overset{\delta+}{CH}\text{⋯}CH\text{⋯}\overset{\delta+}{CH_2}\ \ Br^{\ominus}} \rightleftarrows \underset{(69)}{CH_2Br\text{—}CH{=}CH\text{—}CH_2Br}$$

使用非对称二烯(74*a* 和 74*b*)和非对称加成试剂时，就涉及加成区位的问题(参见 **184 页**)。一开始，亲电试剂的进攻仍然发生在共轭体系端位的碳原子上，生成具有离域化作用的烯丙基正离子中间体，此时亲电试剂更倾向于进攻可生成更稳定的碳正离子中间体的碳原子，如以下例子中，生成(75)优于(76)，(77)优于(78)：

$$\underset{(75)}{\left[\begin{array}{c} MeCH{=}CH\text{—}\overset{\oplus}{CH}\text{—}CH_2H \\ \updownarrow \\ Me\overset{\oplus}{CH}\text{—}CH{=}CH\text{—}CH_2H \end{array}\right]} \xleftarrow{H^{\oplus}} \underset{(74a)}{MeCH{=}CH\text{—}CH{=}CH_2} \overset{H^{\oplus}}{\not\rightarrow} \underset{(76)}{\left[\begin{array}{c} HMeCH\text{—}\overset{\oplus}{CH}\text{—}CH{=}CH_2 \\ \updownarrow \\ HMeCH\text{—}CH{=}CH\text{—}\overset{\oplus}{CH_2} \end{array}\right]}$$

197

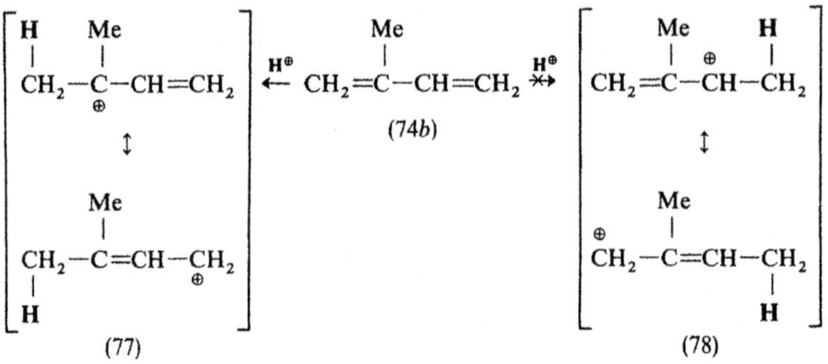

$$\left[\mathrm{CH_2(H)\text{—}\overset{\oplus}{C}(Me)\text{—}CH{=}CH_2} \leftrightarrow \mathrm{CH_2(H)\text{—}C(Me){=}CH\text{—}\overset{\oplus}{C}H_2}\right] \xleftarrow{H^{\oplus}} \underset{(74b)}{\mathrm{CH_2{=}C(Me)\text{—}CH{=}CH_2}} \overset{H^{\oplus}}{\nrightarrow} \left[\mathrm{CH_2{=}C(Me)\text{—}\overset{\oplus}{C}H\text{—}CH_2(H)} \leftrightarrow \mathrm{\overset{\oplus}{C}H_2\text{—}C(Me){=}CH\text{—}CH_2(H)}\right]$$

(77)　　　　(78)

此外，共轭二烯还可以发生氢化(1，2-和 1，4-加成)、环氧化(只发生 1，2-加成，但比对应的简单烯烃要慢)等加成反应，但是很少发生水合反应。

7.5.2　狄尔斯-阿尔德反应

狄尔斯-阿尔德(Diels-Alder)反应的一个经典例子是丁二烯(63)和顺丁烯二酸酐(79)之间的反应：

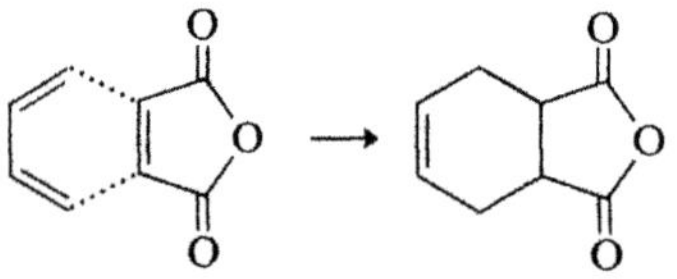

(63)　(79)

该反应形式上可认为是烯烃对共轭二烯烃的 1，4-加成。这类反应通常很容易发生且反应速率很快，底物范围广泛，并且在反应中生成多根碳碳键，因此在合成上具有广泛的应用。二烯烃必须通过 *s*-顺式构象(80)发生反应，而不能以 *s*-反式构象(81)反应：

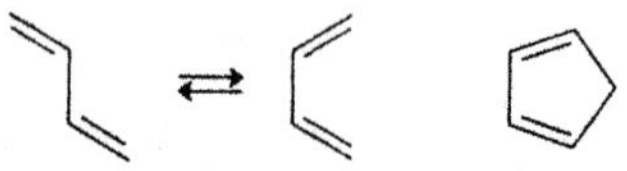

(81)　　(80)　　(82)

被环的刚性固定为 *s*-顺式构象的二烯烃，如(82)通常比开链的二烯烃反应要快，这是因为后者需要通过单键的旋转得到利于发生反应的构象(*s*-反式构象一般比 *s*-顺式构象更稳定)。因此，环戊二烯(82)很容易发生自身的加成生成三环的二聚体，与大部分狄尔斯-阿尔德反应一样，该自聚反应是可逆的。

198 二烯上的给电子取代基以及烯烃(亲双烯体)上的吸电子取代基可以对这类反应起到促进作用。对于简单的未取代的烯烃，反应通常较为困难，所以丁二烯(63)与乙烯只有在 200 ℃和较高的压力下才能反应，且只能得到 18%的产物；而丁二烯(63)与顺丁烯二酸酐(79)在苯中、15 ℃下反应，就能得到接近 100%的收率。其他常见的亲双烯体有，如环己二烯-1，4-二酮(对苯二醌，83)、丙烯醛(83)、四氰基乙烯(85)、苯炔(86，参见 **175 页**)，以及带有适当取代基的炔烃，如丁炔二酸二乙酯(87)：

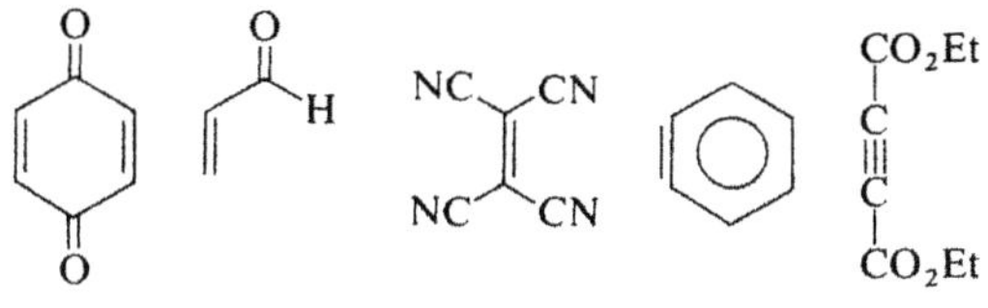

(83) (84) (85) (86) (87)

该反应对立体效应也很敏感，例如在下列 1，4-二苯基丁二烯（88*a*→88*c*）的 3 个异构体中，只有反式-反式构型的（88*a*）可以发生狄尔斯-阿尔德反应：

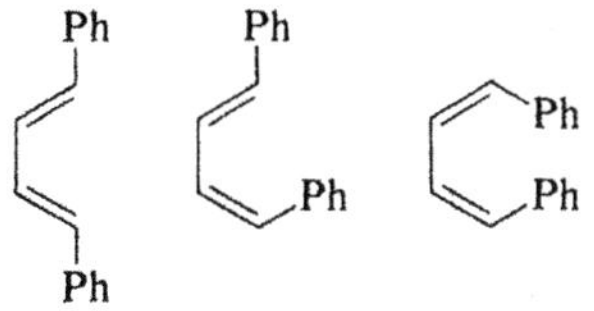

(88*a*) 反-反 (88*b*) 反-顺 (88*c*) 顺-顺

狄尔斯-阿尔德反应受自由基的引入（参见 **300 页**）以及溶剂极性的影响很小，所以该反应中应当不涉及自由基和离子对中间体。这类反应对于双烯体和亲双烯体都具有顺式的立体选择性，且被认为是通过一个协同的过程进行的，即在过渡态中，键的生成和断裂或多或少是同时发生的，虽然不必是完全同步的。该环状过渡态是一个平面的、具有芳香类型的结构，故该环状结构中双烯体和亲双烯体的 6 个 p 轨道可以发生重叠，所以具有稳定性。该周环反应将在后续章节中进一步讨论（见 **341 页**）。

7.6 亲核加成

如我们之前所讨论的，当在芳香体系中引入吸电子取代基时，亲电取代反应将会被抑制 199
（见 **151 页**），而使亲核取代反应的发生成为可能（见 **167 页**），对于烯烃的加成反应也存在完全相同的效应。我们已经知道，当引入吸电子取代基时会抑制由亲电试剂启动的加成反应（见 **183 页**），同样的吸电子取代基也可以促进由亲核试剂的进攻开始的加成反应。部分吸电子取代基的影响效果顺序如下：

$$CHO > COR > CO_2R > CN > NO_2$$

另外，SOR、SO_2R、F 等官能团也具有类似的效果。这些取代基可以降低烯烃碳原子上的 π 电子云密度，从而促进亲核试剂 Y^- 的接近，更重要的是，吸电子取代基还可以使亲核试剂进攻得到的碳负离子中间体[如（89）和（90）]上的负电荷离域，从而起到稳定中间体的作用。当同时存在共轭的离域效应时（89），整个的离域作用要比仅存在诱导吸电子效应时（90）更加有效。

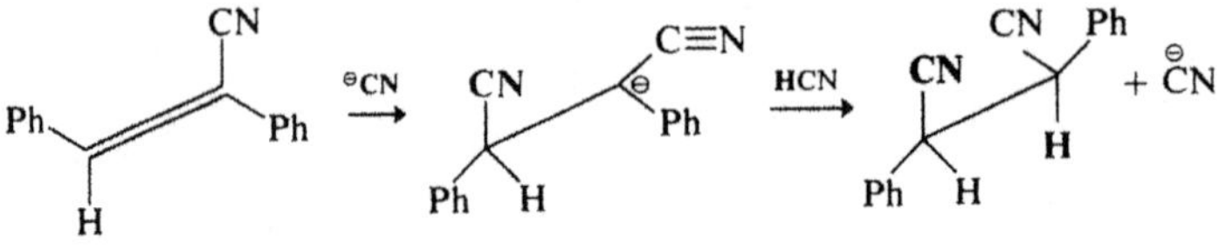

(89)

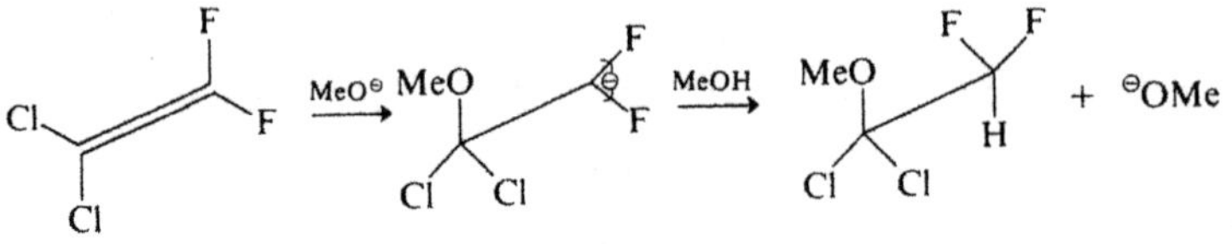

(90)

当使用非对称加成试剂 HY 或 XY 对非对称烯烃进行加成时，加成区位的选择倾向于生成更为稳定的碳负离子，正如以上涉及的亲电加成中优先生成更加稳定的碳正离子（见**184 页**）。对链状烯烃的亲核加成的立体选择性的证据很少。炔烃也可以发生亲核加成反应，且通常比对应的烯烃更加容易。

一些亲核加成反应具有重要的合成的意义。

7.6.1 氰乙基化反应

带有氰基取代的乙烯（丙烯腈，91）的亲核加成反应是最具有合成意义的亲核加成反应之
200 一。Y^- 或 Y：对未取代的碳原子发生进攻，然后从溶剂中得到一个质子，生成在亲核试剂上连有 2-氰乙基的产物：

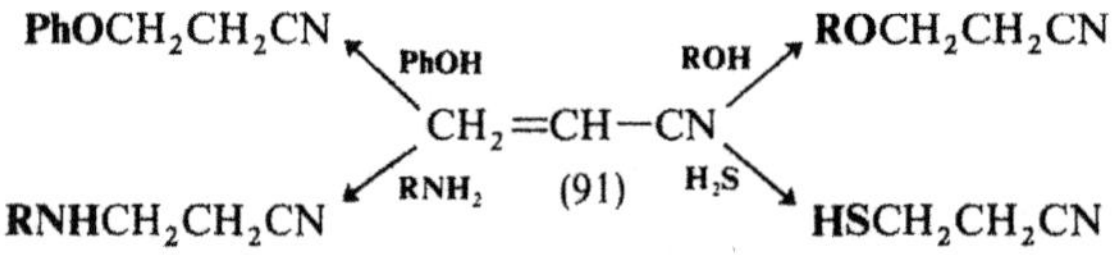

$$PhOCH_2CH_2CN \xleftarrow{PhOH} CH_2{=}CH{-}CN\ (91) \xrightarrow{ROH} ROCH_2CH_2CN$$

$$RNHCH_2CH_2CN \xleftarrow{RNH_2} CH_2{=}CH{-}CN\ (91) \xrightarrow{H_2S} HSCH_2CH_2CN$$

因此，这一过程也称为氰乙基化反应。该反应常加入碱以使 HY 转变成更强的亲核试剂 Y^-。氰乙基化反应在合成中用于引入一个三碳单元，其末端的氰基可以通过还原、水化等过程实现进一步合成上有用的转化。Y^-（例如 NH_2^-）对丙烯腈加成而形成的碳负离子 $YCH_2{-}CH^-CN$ 在没有质子源存在的条件下，可以进一步与另一分子的丙烯腈 $CH_2{=}CHCN$ 反应，并不断重复，这就是阴离子型聚合过程（参见 **226 页**）。

7.6.2 迈克尔反应

当进攻取代的烯烃的亲核试剂是碳负离子（参见 **284 页**）时，该过程称为迈克尔（Michael）反应。该过程在合成上的特殊意义在于，它是碳碳键形成的一个普适性的方法：

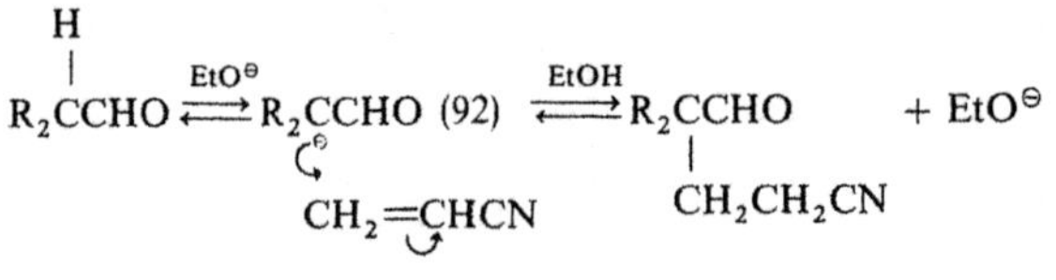

$$R_2C(H)CHO \underset{}{\overset{EtO^\ominus}{\rightleftharpoons}} R_2\overset{\ominus}{C}CHO\ (92) + CH_2{=}CHCN\ (91) \overset{EtOH}{\rightleftharpoons} R_2C(CH_2CH_2CN)CHO + EtO^\ominus$$

该反应可以被很多类型的碱促进，且通常只需要加入催化量的碱，来生成平衡浓度的碳负离

子(92)。该过程是可逆的，其决速步被认为是碳碳键的生成，即碳负离子(92)和取代的烯烃(91)的反应。由于各种碳负离子和取代的烯烃均可以应用到该反应中，所以该反应在合成中具有非常广泛的应用。最常用的碳负离子来源有 $CH_2(CO_2Et)_2$、$MeCOCH_2CO_2Et$、$NCCH_2CO_2Et$、RCH_2NO_2 等。很多迈克尔反应使用含有 C═C—C═O 结构的取代烯烃。

7.6.3 对 C═C—C═O 结构的加成

最常见的活化烯烃而使其易于被亲核试剂进攻的取代基是羰基，这些 α,β-不饱和羰基化合物包括 RCH═CHCHO、RCH═CHCOR′、$RCH{=}CHCO_2Et$ 等。由于在这些化合物 201
中羰基本身也可以被亲核试剂进攻(参见 **204 页**)，因此当这些化合物与亲核试剂反应时就涉及对 C═C、C═O 以及 C═C—C═O 的共轭(1,4-)加成的选择性问题。事实上，最后一种加成(93)得到的烯醇结构(95)通常会发生异构，从而得到与对 C═C 加成(94)相同的产物，例如格氏试剂 PhMgBr 对底物加成，然后酸化的过程：

$$R_2C{=}CH{-}\underset{\displaystyle R}{\underset{|}{C}}{=}O \xrightarrow{\overset{\delta-}{Ph}Mg\overset{\delta+}{Br}} \underset{(93)}{R_2\underset{\displaystyle Ph}{\underset{|}{C}}{-}CH{=}\underset{\displaystyle R}{\underset{|}{C}}{-}O^{\ominus}\overset{\oplus}{Mg}Br}$$

$$\downarrow H^{\oplus}/H_2O$$

$$\underset{(94)}{R_2\underset{\displaystyle Ph}{\underset{|}{C}}{-}\overset{\displaystyle H}{\overset{|}{C}H}{-}\underset{\displaystyle R}{\underset{|}{C}}{=}O} \rightleftarrows \underset{(95)}{R_2\underset{\displaystyle Ph}{\underset{|}{C}}{-}CH{=}\underset{\displaystyle R}{\underset{|}{C}}{-}OH}$$

偶尔，1,4-亲电加成也会通过烯醇异构生成与 C═C 的加成相同的产物。因此该过程形式上也可看作是酸催化的 Br^- 的亲核加成：

$$R_2C{=}CH{-}\underset{\displaystyle R}{\underset{|}{C}}{=}O \overset{H^{\oplus}}{\rightleftarrows} \underset{(97)}{R_2\overset{\oplus}{C}{-}CH{=}\underset{\displaystyle R}{\underset{|}{C}}{-}OH}$$

$$\downarrow Br^{\ominus}$$

$$\underset{(96)}{R_2\underset{\displaystyle Br}{\underset{|}{C}}{-}\overset{\displaystyle H}{\overset{|}{C}H}{-}\underset{\displaystyle R}{\underset{|}{C}}{=}O} \leftrightarrows R_2\underset{\displaystyle Br}{\underset{|}{C}}{-}CH{=}\underset{\displaystyle R}{\underset{|}{C}}{-}OH$$

较弱的亲核试剂如 ROH 也可以在酸的催化下发生 1,4-加成。

亲核加成经历 1,4-共轭加成还是对 C═O 的加成，取决于反应是否可逆。如果反应是可逆的，则反应是热力学控制的(平衡，参见 **43 页**)，更利于 1,4-加成。这是因为 C═C 加成(1,4-共轭加成)的产物(98)比 C═O 加成的产物(99)在热力学上更为稳定，前者中含有的 C═O π 键比后者中含有的 C═C π 键更强：

$$\underset{(98)}{R_2\underset{\displaystyle Y}{\underset{|}{C}}{-}\overset{\displaystyle H}{\overset{|}{C}H}{-}\underset{\displaystyle R}{\underset{|}{C}}{=}O} \qquad \underset{(99)}{R_2C{=}CH{-}\overset{\displaystyle Y}{\overset{|}{\underset{\displaystyle R}{\underset{|}{C}}}}{-}OH}$$

然而，当 C═C—C═O 结构的一端具有较大的位阻时，会极大地促进在另一端的加成。例

202 如 PhCH ═CHCHO 与 PhMgBr 反应时几乎 100%地发生 C ═O 的加成；而 PhCH ═CHCOCMe$_3$ 与 PhMgBr 反应时几乎 100%地发生 C ═C 的加成。这也反映了羰基的活性按照醛>酮>酯的顺序降低(参见 **205 页**)，相应地 C ═C 加成的活性成比例地增加。

胺、硫醇、氢氧根负离子(见 **226 页**)等同样可以加成到 α，β-不饱和羰基、酯化合物的 β-碳原子上，但 C ═C—C ═O 体系最重要的反应仍然是和碳负离子发生的迈克尔反应，因为该过程中形成了碳碳键。一个很好的例子是，从 2-甲基-2-戊烯-4-酮(101)和碳负离子 $^-CH(CO_2Et)_2$ 出发合成 1，1-二甲基-3，5-环己二酮(100)：

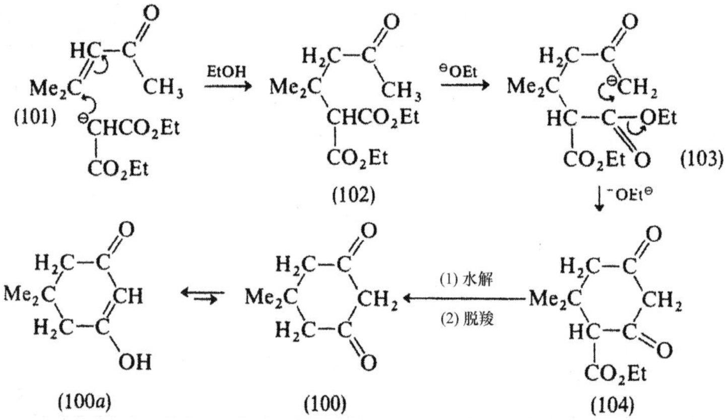

形成加合物(102)后迈克尔反应就完成了，但是在体系中加入碱($^-$OEt)会产生碳负离子(103)，它随后能进攻分子中其中一个 CO_2Et 基团上的羰基碳原子，而$^-$OEt 作为一个好的离去基团会离去并发生环化形成(104)——这让人想起狄克曼(Dieckmann)反应(见 **230 页**)。剩下的一个 CO_2Et 基团发生水解和脱羧，则会得到最终的二酮产物(100)，它几乎是 100%以烯醇式(100*a*)存在。

双甲酮是一类具有价值的物质，因为它能作为鉴别及分离醛和酮的试剂，因为在醛和酮的混合物中它能快速与醛反应形成衍生物(105)，但它和酮则不反应：

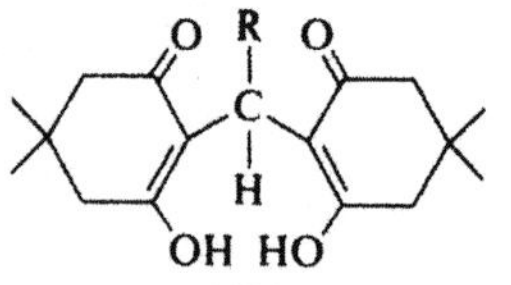

毫无疑问，选择性主要来源于两者空间位阻的差异。

第 8 章　羰基的亲核加成 203

羰基化合物具有偶极矩(μ)，因为羰基中氧原子的电负性比碳原子大：

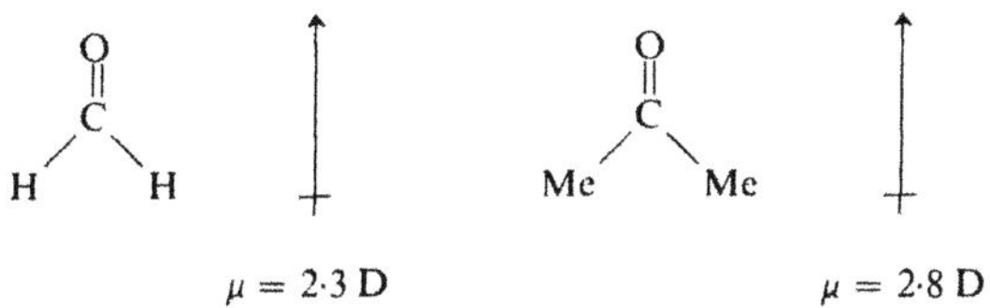

$\mu = 2{\cdot}3\,\mathrm{D}$　　　　$\mu = 2{\cdot}8\,\mathrm{D}$

与连接碳和氧原子的 σ 键的诱导效应(C→O)一样，更容易极化的 π 电子也同样受到影响(参见 22 页)，因此羰基最好用多种结构的杂化表示(1)： 204

$$R_2C{=}O \leftrightarrow R_2\overset{\oplus}{C}-\overset{\ominus}{O} \qquad \text{即}\ R_2\overset{\delta+}{C}\!\!\cdots\!\!\overset{\delta-}{O} \equiv R_2C\!\rightarrow\!O$$

(1*a*)　　(1*b*)　　(1*ab*)

我们可以预测，C═O 类似于 C═C(见 178 页)会发生加成反应。对于 C═C 的极性进攻通常只由亲电试剂引发；但与此不同的是，由于 C═O 的偶极性质，对于 C═O 的进攻既可以由亲电试剂 X^+ 或 X 对氧原子的亲电进攻引发，也可以由亲核试剂 Y^- 或 Y：对碳原子的亲核进攻引发(自由基引发的对羰基的加成反应是很罕见的)。实际上，对氧原子最初的亲电进攻是不太重要的，除非亲电试剂是酸(或者路易斯酸)，那么这时候快速可逆的质子化过程会成为后续的对碳原子进行亲核进攻的前奏，该亲核过程是缓慢的决速步，也就是说这是酸催化的加成反应。

质子化会明显地增加羰基碳原子的正电性(2)，

$$R_2C{=}O: \overset{H^{\oplus}}{\rightleftarrows} R_2C{=}\overset{\oplus}{O}H \leftrightarrow R_2\overset{\oplus}{C}-OH$$

(2)

因此，会促进对其亲核进攻的过程。类似的活化过程也可以由酸或者含羟基的溶剂与羰基氧原子形成的氢键引起，但其活化程度要稍弱一些：

$$R_2\overset{\delta+}{C}{=}O:\cdots H-A^{\delta-} \qquad R_2\overset{\delta+}{C}{=}O:\cdots H-\overset{\delta-}{O}-R'$$

(3)　　(4)

在没有这些活化的情况下，弱的亲核试剂，例如 H_2O 只会非常缓慢地发生反应；而强的亲核试剂，例如 ^-CN 不需要这些活化过程，即可发生快速的反应。碱也可以催化加成反应，碱的活化主要是通过将弱的亲核试剂 HY 转化为强的亲核试剂 Y^-，例如：HCN＋碱⟶^-CN。此外，虽然酸能活化羰基碳原子使其易于接受亲核进攻，但同时酸也会降低亲核试剂的有效浓度，例如：$^-CN + HA \longrightarrow HCN + A^-$，$RNH_2 + HA \longrightarrow RNH_3^+ + A^-$。因此很多羰基化合物的简单加成反应都存在一个最佳的 pH：这一点对于以制备为目的实验来说非常重要。

205

8.1 结构与反应性

在简单的亲核加成反应中决速步是 Y^- 的进攻，从起始原料(5)到过渡态(6)羰基碳原子的正电性会降低：

$$\underset{(5)}{R_2\overset{\delta+}{C}=\overset{\delta-}{O}} \overset{Y^\ominus}{\rightleftarrows} \underset{(6)}{\left[\begin{array}{c} R_2\overset{\delta-}{C}\cdots\overset{\delta-}{O} \\ \vdots \\ Y^{\delta-}\end{array}\right]^{\ddagger}} \rightleftarrows \begin{array}{c}R_2C-O^\ominus \\ | \\ Y\end{array} \overset{HY}{\rightleftarrows} \begin{array}{c}R_2C-OH \\ | \\ Y\end{array} + Y^\ominus$$

因此，我们可以预测给电子的 R 基团会降低加成速率，而吸电子基团则会提高加成速率。这被如下观察到的反应速率顺序所证明：

$$H_2C=O > RHC=O > R_2C=O$$

R 基团如果存在能与 C ═O 发生共轭作用的 C ═C(在这里 1,4-加成也会参与竞争，参见 200 页)或者苯环，其加成反应速率也会慢于饱和的类似底物。这是因为在最初的羰基化合物(7 和 8)中，由于离域导致的稳定化作用会在产物(9 和 10)以及得到产物的过渡态中失去。

$$\underset{(7)}{\left[R_2C=CH-\overset{R}{\overset{|}{C}}=O \leftrightarrow R_2\overset{\oplus}{C}-CH=\overset{R}{\overset{|}{C}}-O^\ominus\right]} \rightarrow \underset{(9)}{R_2C=CH-\overset{R}{\overset{|}{C}}(Y)-O^\ominus}$$

$$\underset{(8)}{\left[C_6H_5-\overset{R}{\overset{|}{C}}=O \leftrightarrow {}^{\oplus}C_6H_5=\overset{R}{\overset{|}{C}}-O^\ominus\right]} \rightarrow \underset{(10)}{C_6H_5-\overset{R}{\overset{|}{C}}(Y)-O^\ominus}$$

在上面的例子中，立体效应和电子效应会同时影响反应的相对速率，但电子效应本身的影响在系列化合物(11)中有如下顺序：

$$\underset{(11)}{X-C_6H_4-\overset{H}{\overset{|}{C}}=O} \qquad \text{相对速率}: X=NO_2 > H > OMe$$

206 就立体效应而言，亲核试剂靠近羰基碳原子能量需求最低的方向大体上是从平面的羰基化合物的上方或下方靠近。亲核试剂也有可能是从碳原子的略微背面靠近(参见 12 页)，因为这样可以避免靠近的亲核试剂与高电子云密度的羰基氧原子的库仑排斥作用：

(12)

增加 R 基团的位阻会降低反应速率，因为在最初的羰基化合物（R—C—R 键角 ≈ 120°）中 sp^2 杂化的碳原子在产物以及在产物之前的过渡态中会转化为 sp^3 杂化的碳原子（R—C—R 键角 ≈ 109°）。因此随着反应的进行，R 基团会互相靠近，也就是说反应的过渡态变得更加拥挤，随着 R 基团体积的增大过渡态的能量会升高，导致反应速率下降。实验观察到的反应速率降低的顺序为 $H_2C=O > RCH=O > R_2C=O$，这来自电子效应和立体效应的共同影响。基于同样的原因，对于给定的羰基化合物，增加亲核试剂的体积也会导致反应速率的降低。

除了一些最强的亲核试剂，例如 AlH_4^-（见 **214 页**）、$R^{\delta-}MgBr^{\delta+}$（见 **221 页**）的反应外，许多对 C=O 的加成反应是可逆的。一般而言，我们所看到的影响反应速率（k）的因素多数也会以同样的方式影响反应的平衡位置（K）。这是因为对于简单的加成反应而言，过渡态的结构更像产物而不是起始的羰基化合物。例如，氰醇的形成反应（参见 **212 页**）的平衡常数受立体效应和电子效应的共同影响：

	K
CH_3CHO	非常大
p-$NO_2C_6H_4CHO$	1420
C_6H_5CHO	210
p-$MeOC_6H_4CHO$	32
$CH_3COCH_2CH_3$	38
$C_6H_5COCH_3$	0.8
$C_6H_5COC_6H_5$	非常小

非常拥挤的酮，例如 $Me_3CCOCMe_3$，基本完全不反应，除非使用体积非常小并且非常活泼的亲核试剂。

对于给定的羰基化合物，K 会受到亲核试剂体积大小的影响。因此非常拥挤的硫代硫 207
酸负离子（$S_2O_3^{2-}$，见 **213 页**）对 $(MeCH_2)_2C=O$ 加成的 K 值只有 4×10^{-4}，而相比之下 HCN 对非常类似的酮 $MeCH_2COMe$ 加成的 $K=38$。K 值也会受到亲核试剂中进攻羰基碳原子的原子本身的性质以及形成的键的影响。各种亲核试剂与同样的羰基化合物反应具有如下顺序：

$$^-CN > RNH_2 > ROH$$

接下来将详细讨论一些典型的加成反应。分类如下：(i) 简单的加成反应，(ii) 加成-消除反应和(iii) 碳亲核试剂的加成反应。

8.2 简单的加成反应

8.2.1 水合作用

许多羰基化合物在水溶液中会发生可逆的水合作用。

$$R_2C{=}O + H_2O \rightleftarrows R_2C(OH)_2$$

在 20 ℃时，$H_2C{=}O$、$MeCH{=}O$ 和 $Me_2C{=}O$ 的 K 值分别为 2×10^3、1.4 和 2×10^{-3}，这一顺序反映了递增的给电子能力对 K 值渐进的影响。$H_2C{=}O$ 可以从其水溶液中蒸馏出来，这也反映了水合作用是快速、可逆的。虽然在室温下丙酮水合物的浓度很低(但是它的存在可以通过冷冻的 $Me_2C{=}O/H_2O$ 混合物得以证实)，但是其水合过程存在动态平衡，这可以在 $H_2{}^{18}O$ 中得以证实：

$$Me_2C{=}O + H_2{}^{18}O \rightleftarrows Me_2C(^{18}OH)(OH) \rightleftarrows Me_2C{=}^{18}O + H_2O$$

(13)

在 pH 为 7 的条件下，酮中几乎不发生^{18}O 的引入；但是在微量的酸或者碱存在的情况下，它可以非常迅速地发生[通过水合物(13)]。事实上羰基化合物的水合不会影响其不可逆的亲核加成反应，然而，它可能影响可逆的加成反应的平衡位置和反应速率，因为自由的羰基化合物($R_2C{=}O$)的有效浓度降低了。

208

水合作用容易受到一般的酸和碱催化(见 74 页)的影响，也就是说，反应的决速步要么是羰基化合物的质子化(一般的酸，14)，要么是将水转化成亲核性更强的 HO^-(一般的碱，15)的过程：

$$H_2O + R_2C{=}O + H{-}A \xrightleftharpoons{慢} \left[R_2C(\cdots O^{\delta+}H_2)(\cdots O\cdots H\cdots A^{\delta-}) \right]^{\ddagger} \rightleftarrows R_2C(\overset{\oplus}{O}H_2)(OH) \xrightleftharpoons{-H^{\oplus}} R_2C(OH)_2$$

(14) $T.S._{(G.A.)}$

$$B + H_2O + R_2C{=}O \xrightleftharpoons{慢} \left[\overset{\delta+}{B}\cdots H\cdots O(H)\cdots R_2C\cdots O^{\delta-} \right]^{\ddagger} \rightleftarrows R_2C(OH)(O^{\ominus}) \xrightleftharpoons{H_2O} R_2C(OH)_2$$

(15) $T.S._{(G.B.)}$

与 $Me_2C{=}O$ 相比，$H_2C{=}O$ 在 pH 为 7 的条件下非常迅速地发生水合作用，反映了其更具正电性的羰基碳原子可以被 H_2O 进攻，而不需要首先在其羰基氧原子上发生质子化。但是，它在 pH 为 4 或者 11 的时候水合过程会更快。

与给电子基团会抑制水合物的形成相对应，吸电子基团则会促进其形成。例如，Cl_3CCHO(16)的水合过程的 K 值为 2.7×10^4，它实际上确实可以形成可分离的结晶的水合物(17)。强吸电子的氯原子会使得原本的羰基化合物不稳定，但在水合物中则不存在这种不稳定作用，因此形成水合物的过程得以促进。

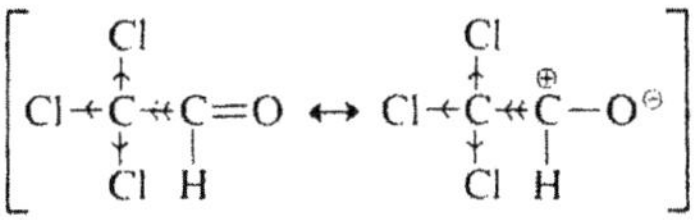

(16) 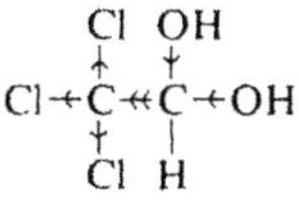 (17) 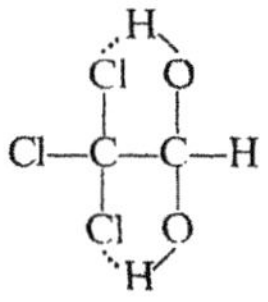 (17a)

对于水合物而言，要转化成原本的羰基化合物需要失去 HO^- 或者 H_2O，吸电子基团会使该过程变得更加困难。三氯乙醛中的 OH 基团(由红外光谱显示)与高电负性的氯原子可以形成氢键(17a)，从而稳定其水合物。羰基也可以有效稳定水合物，可能是通过氢键以及吸电 209
子效应，例如，二苯基丙三酮(18)可以在水中结晶得到水合物(19)：

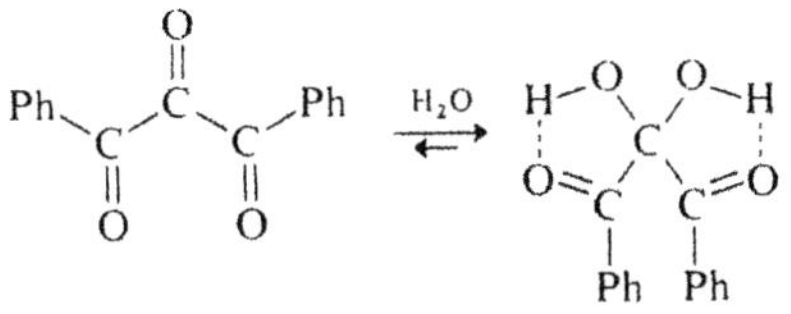

(18) (19)

另外一个容易分离的水合物的例子是环丙酮(21)的水合物(20)，

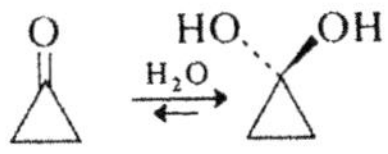

(21) (20)

其驱动力来源于从羰基化合物(C—C—C 键角为 60°，相比之下一般的 sp^2 杂化的值为 120°)到水合物(C—C—C 键角为 60°，相比之下一般的 sp^3 杂化的值为 109°)的键张力的释放。

8.2.2 醇

羰基化合物和醇反应得到半缩醛(22)，

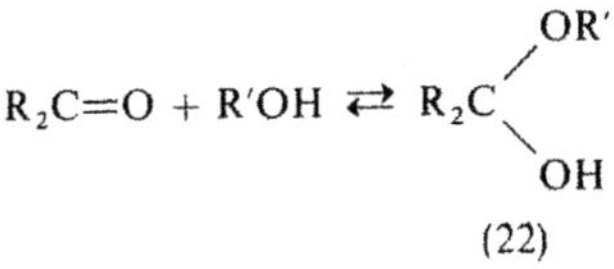

$$R_2C{=}O + R'OH \rightleftarrows R_2C(OR')(OH)$$

(22)

并不令人惊讶的是，它和水合物形成的反应遵循类似的模式。它也受一般酸催化的影响，但 MeCHO/EtOH 的 K 值只有 0.50，相比之下，$MeCHO/H_2O$ 的 K 值则为 1.4。稳定的半缩醛可能可以从带有吸电子基团的羰基化合物分离出来，例如 Br_3CHO 和 EtOH。但是，

将半缩醛转化为缩醛(23)需要特定的酸催化(参见 **74页**)，即从(24)上脱水(S_N1，参见
210 **79页**)是缓慢的决速步，随后伴随着 R′OH 的快速亲核进攻：

$$\underset{(22)}{\mathrm{RCH(OR')(\ddot{O}H)}} \underset{快}{\overset{H^{\oplus}}{\rightleftharpoons}} \underset{(24)}{\mathrm{RCH(OR')(\overset{\oplus}{O}H_2)}} \underset{慢}{\overset{-H_2O}{\rightleftharpoons}} \mathrm{R\overset{\oplus}{C}H{-}OR'}$$

$$\mathrm{R\overset{\oplus}{C}H{-}OR'} \underset{快}{\overset{R'OH}{\rightleftharpoons}} \mathrm{RCH(OR')(\overset{\oplus}{O}HR')} \underset{快}{\overset{-H^{\oplus}}{\rightleftharpoons}} \underset{(23)}{\mathrm{RCH(OR')(OR')}}$$

酮在这些条件下(即和简单的醇)一般不会发生反应，但它们可以和 1,2-二醇(例如 25)反应形成环状的缩醛(26)：

$$\mathrm{R_2C{=}O} + \underset{(25)}{\mathrm{HO{-}CH_2{-}CH_2{-}OH}} \overset{H^{\oplus}}{\rightleftharpoons} \underset{(26)}{\mathrm{R_2C\langle O{-}CH_2{-}CH_2{-}O\rangle}} + \mathrm{H_2O}$$

(25)能发生反应，而简单的醇 R′OH 不能发生反应，这主要是因为前者的 $\Delta S^{\neq}$(参见 **36页**)值比后者更为有利，从起始反应物到产物的过程中分子数目减少了。醛和酮难以转化为缩醛，但可以通过使用原酸酯实现该转化，例如使用 $HC(OEt)_3$(三乙氧基甲烷，一般称为原甲酸三乙酯)和催化剂 NH_4Cl。

缩醛的形成是可逆的(MeCHO/EtOH 的 K 值是 0.0125)，但是平衡的位置会受到体系中存在的 R′OH 和 H_2O 的相对比例的影响。因此，制备缩醛通常在过量的 R′OH 和无水的酸催化剂的条件下进行。通过共沸蒸馏除去生成的 H_2O 或者使用过量的酸催化剂(例如持续通入 HCl 气体)将 H_2O 转化成非亲核性的 H_3O^+，都可以使平衡向右移动。使用稀酸可以有效地将缩醛水解成原来的羰基化合物。然而，缩醛在碱性条件下不容易发生水解，因为在氧原子上没有质子可以离去(比较碱诱导的水合物的水解)。缩醛可以作为 C═O 官能团的非常有用的保护基团，因为羰基本身很容易受到碱的进攻(参见 **224页**)。这一保护策略可
211 以实现从缩醛(27)出发通过碱催化而消除 HBr 的过程，随后通过快速的水解不饱和缩醛(28)，最终得到不饱和的羰基化合物(29)。而这一反应是无法直接从溴代醛(30)的反应实现的，因为在碱存在下它会发生聚合：

$$\underset{(30)}{\mathrm{BrCH_2{-}CH_2CHO}} \xrightarrow[H^{\oplus}]{EtOH} \underset{(27)}{\mathrm{BrCH_2{-}CH_2CH(OEt)_2}}$$

$$\underset{(27)}{\mathrm{BrCH_2{-}CH_2CH(OEt)_2}} \xrightarrow{^{\ominus}OH} \underset{(28)}{\mathrm{CH_2{=}CHCH(OEt)_2}} \xrightarrow[H^{\oplus}]{H_2O} \underset{(29)}{\mathrm{CH_2{=}CHCHO}}$$

$$(30) \overset{\times}{\longrightarrow} (29)$$

缩醛满足作为一个有效的保护基团所需要具有的 3 个主要条件：(i)容易加上去；(ii)需要的时候能保持相当稳定；(iii)容易脱除。

8.2.3 硫醇

羰基化合物和硫醇 RSH 反应形成硫代半缩醛和硫缩醛，并且比 ROH 反应更为迅速，这反映出硫比处于类似位置的氧的亲核性更强。相比于缩醛，硫缩醛可以对 C ═O 提供不同的保护作用，并且它们对于稀酸是稳定的；但是，它们可以在 $H_2O/HgCl_2/CdCO_3$ 的条件下迅速分解。利用硫缩醛有可能可以实现醛中羰基碳原子的极性反转，因此可以将这个原本亲电的中心转化为亲核的碳负离子(31)：

$$\mathrm{RHC^{\delta+}{=}O^{\delta-}} \xrightarrow{\mathrm{HS(CH_2)_3SH}} \text{硫缩醛} \xrightarrow{\mathrm{BuLi}} \text{负离子 (31)} \xrightarrow{\mathrm{D_2O}} \text{硫缩醛 (RDC)} \xrightarrow[\mathrm{H_2O}]{\mathrm{HgCl_2/CdCO_3}} \mathrm{RDC{=}O}$$

这种对某一原子的极性的反转称为极性反转(ümpolung)，它不能直接通过 RCHO 本身来实现。将碳负离子(31)用 D_2O 处理，随后再水解，可以将原来的醛 RCHO 以高选择性和高收 212
率转化为氘代的醛 RCDO。此外，碳负离子(31)也可以实现烷基化(例如和 R′I 反应)，从而可以将原本的醛 RCHO 转化为酮 RR′CO。

硫缩醛和硫缩酮也可以利用拉尼镍催化剂实现脱硫过程，因此可以有效地实现从 C ═O 间接转化为 CH_2：

$$R_2C{=}O \xrightarrow{R'SH} R_2C(SR')_2 \xrightarrow{H_2/Ni} R_2CH_2$$

从制备的角度而言，该反应很难实现直接的转化。

8.2.4 氢氰酸

虽然 HCN 的加成反应可以被看成是一个碳负离子的反应，但它通常被认为是一个简单负离子参与的反应。它之所以能引起人们不同寻常的兴趣，是因为它几乎是第一个被确定反应机理的有机反应(Lapworth，1903)。HCN 本身并不是一个足够强对 C ═O 进攻的亲核试剂，该反应需要碱催化，来将 HCN 转化为更具亲核性的 ^-CN。反应遵循下列反应速率方程：

$$r = k[R_2C{=}O][^{\ominus}CN]$$

^-CN 的加成是可逆的，并且更倾向于以起始反应物的形式存在，除非有质子给体的存在，它会使得反应平衡向右移动，因为包含氰醇的平衡比包含中间体负离子(32)更为有利：

$$R_2C{=}O \underset{\text{慢}}{\overset{^{\ominus}CN}{\rightleftarrows}} R_2C(O^{\ominus})(CN) \underset{\text{快}}{\overset{HY}{\rightleftarrows}} R_2C(OH)(CN) + Y^{\ominus}$$

(32)

^-CN 的进攻是缓慢的(决速步)，但是从 HCN 或质子溶剂(例如 H_2O)中的质子迁移是迅速的。羰基化合物的结构对氰醇形成反应的平衡位置的影响可以参照前面的介绍(见 **206 页**)：对于醛和简单的脂肪族环状酮而言，该反应可以用于制备过程；对于 ArCOR 的反应效果较差；对于 ArCOAr 则完全不发生；对于 ArCHO，安息香反应(见 **231 页**)会与氰醇形成反应竞争；对于 C ═C—C ═O 而言，1，4-加成也会成为竞争反应(参见 **200 页**)。

213 一些羰基化合物与 HCN 反应的平衡不利于形成氰醇；当将这些羰基化合物与 Me_3SiCN 反应时，能够得到氰醇衍生物并获得令人满意的结果：

$$R_2C{=}O \xrightarrow{Me_3SiCN} R_2C(OSiMe_3)(CN) \xrightarrow{LiAlH_4} R_2C(OH)(CH_2NH_2)$$

这是由于形成非常强的 O—Si 键时产生了大量的能量。一开始形成氰醇的合成目的往往是将 CN 基团作进一步的转化(例如还原、水解等等)，利用 Me_3Si 衍生物仍然可以高收率实现。可是，后续进一步转化过程的条件必须避免逆向形成起始的羰基化合物。Me_3SiCN 相对于 HCN 的另外一个优点是，它和 C ═C—C ═O 反应是严格的 1，2-加成(参见 **200 页**)，而且和 ArCHO 不会发生安息香反应(见 **231 页**)。

8.2.5　亚硫酸盐和其他负离子

另外一个经典的反应是，羰基化合物和亚硫酸氢根形成可结晶的产物。在确定这些产物是磺酸盐(33)之前，它们的结构很长时间以来都存在争议，该负离子中硫相对于氧更具亲核性。该反应中有效的亲核试剂几乎可以确定是 SO_3^{2-}(34)而不是 HSO_3^-($HO^- + HSO_3^- \rightleftharpoons H_2O + SO_3^{2-}$)，虽然后者存在的相对浓度更高，但前者是更加有效的亲核试剂：

$$R_2C{=}O + {}^{\ominus}O{-}S({=}O){-}O^{\ominus} \rightleftarrows R_2C(O^{\ominus})(SO_3^{\ominus}) \overset{H_2O}{\rightleftarrows} R_2C(OH)(SO_3^{\ominus})$$

(34)　　(33)

进攻的负离子本身在溶液中就已经存在，因此并不需要碱的催化；且 SO_3^{2-} 本身是一个
214 足够强的亲核试剂，不需要对羰基进行活化(通过质子化)，所以该过程也不需要酸的催化。然而，这一亲核试剂的体积比较大，对于同样的羰基化合物其形成产物的 K 值通常明显小于氰醇形成的 K 值(参见 **206 页**)。出于制备目的的亚硫酸盐化合物的形成反应只限于醛、甲基酮和一些环状酮。这些羰基化合物形成的亚硫酸盐产物可以进行分离纯化，随后分解成羰基化合物，从而实现这些羰基化合物从混合物中分离的目的。

在酸催化下卤素负离子也可以作为亲核试剂对醛进攻，但其产物非常不稳定，例如 1，1-

羟基氯化合物(35)，反应平衡更有利于生成起始物。如果使用 HCl 的醇(ROH)溶液进行反应，平衡会变得更有利于产物的生成；假如在分离之前将反应混合物中和，可以制备得到1,1-烷氧基氯化合物，例如 1-氯-1-甲氧基甲烷(36)可以由 CH_2O 和 MeOH 反应得到(参见缩醛形成，**209 页**)：

$$H_2C{=}O \overset{H^{\oplus}}{\rightleftharpoons} H_2\overset{\oplus}{C}{-}OH \overset{Cl^{\ominus}}{\rightleftharpoons} H_2C(Cl)(\ddot{O}H) \quad (35)$$

$$(35) \overset{H^{\oplus}}{\rightleftharpoons} H_2C(Cl)(\overset{\oplus}{O}H_2) \overset{-H_2O}{\rightleftharpoons} H_2\overset{\oplus}{C}{-}Cl \underset{(2)\ -H^{\oplus}}{\overset{(1)\ MeOH}{\rightleftharpoons}} H_2C(Cl)(OMe) \quad (36)$$

8.2.6 氢负离子

和碳碳不饱和键一样(见 **191 页**)，羰基化合物也可以被催化氢化。但是，对 C═O 的催化还原通常比 C═C、C≡C、C═N、C≡N 的还原更加困难，因此在后者任意一种存在的情况下通常无法通过催化方法实现选择性还原前者。但是，这可以通过利用不同的并且往往较为复杂的金属氢化物来实现。

8.2.6.1 复杂的金属氢负离子

在这些金属氢负离子中最有效的是氢化铝锂 $Li^+AlH_4^-$，它可以将醛、酮、酸、酯和酰胺的 C═O 基团还原成 CH_2，同时不会影响底物中存在的 C═C 或者 C≡C(和 C═O 共轭的 C═C 有时会受到影响)。有效的还原剂是 AlH_4^-，它是一个强的氢负离子 H^- 给体。既 215
然如此，还原反应就不能在质子溶剂，例如 H_2O 和 ROH 中进行，因为这样会更加优先发生溶剂的质子攫取过程。因为 $Li^+AlH_4^-$ 可以显著溶于很多醚类化合物中，因此，醚通常作为这类反应的溶剂。

亲核性的 AlH_4^- 不可逆地提供 H^- 给羰基碳原子，而剩下的 AlH_3 则与氧原子结合形成(37)。

$$R_2C{=}O + H{-}\overset{\ominus}{Al}H_3 \xrightarrow{AlH_4^{\ominus}} R_2CH{-}O\overset{\ominus}{Al}H_3\ (37) \xrightarrow{R_2C{=}O} [R_2CH{-}O]_4Al^{\ominus}\ (38) \xrightarrow{R'OH} R_2CH{-}OH\ (39)$$

它接着转移 H^- 给另外 3 个 $R_2C{=}O$ 分子形成化合物(38)，最后用质子溶剂处理后得到产物醇。因此(39)中的两个 H 原子中的一个是由 AlH_4^- 提供的，而另一个是由 R′OH 提供的。

在酸的还原过程中，锂盐 $RCO_2^-Li^+$ 倾向于从醚类溶剂中析出来，使得还原反应停止。可以首先将酸转化为简单的酯(例如甲酯或者乙酯)来避免上述问题。在对于酯的还原中，AlH_4^- 的最初亲核进攻会导致加成-消除反应过程：在(40)中 OR′是一个好的离去基团，所以会得到羰基化合物(41)。随后是对羰基化合物(41)的通常的进攻，得到一级醇(42)：

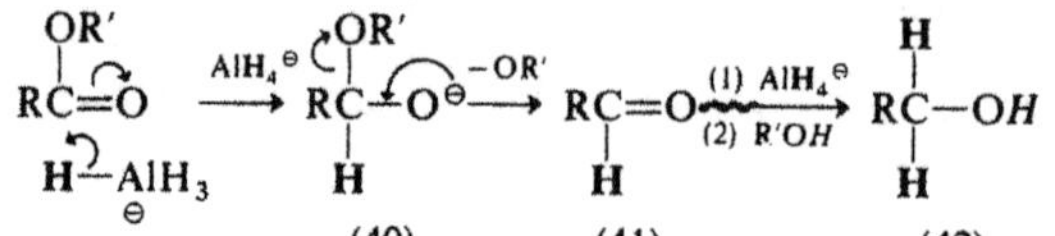

另一个稍弱的金属氢化物是 $Na^+BH_4^-$，它只能还原醛和酮，而不能还原羧酸衍生物，它也不能像 $Li^+AlH_4^-$ 那样进攻底物中存在的 NO_2 和 C ═ N。它的巨大优势在于，可以在羟基溶剂中使用。一系列其他类型的试剂，如 MH_4^-、MH_3OR^-、$MH_2(OR)_2^-$ 也已经被发展出来，它们的相对活性与 MH_4^- 的亲核性和体积大小等有关。

8.2.6.2 麦尔外因-彭道夫(**Meerwein-Ponndorf**)反应

氢转移从碳原子到羰基碳原子是可以可逆发生的，在这些反应中经典的例子是酮的还
216 原，例如(43)和 $Al(OCHMe_2)_3$(44)在异丙醇中反应，存在着下列平衡：

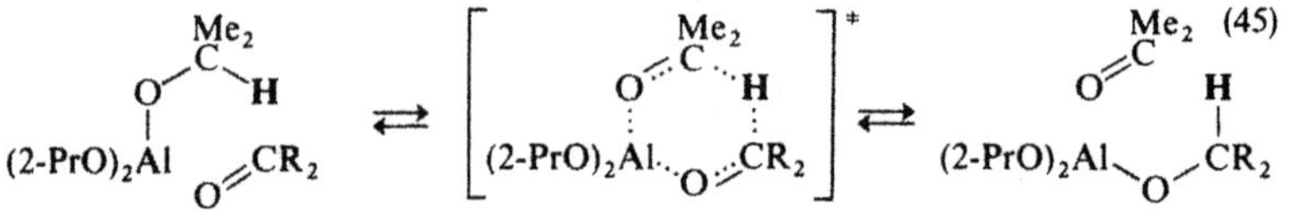

丙酮(45)是这一体系中沸点最低的组分，因此通过持续蒸馏将其从体系中除去，可以基本使反应平衡完全向右进行。加入的过量的异丙醇可以和混合铝烷氧化物(46)发生交换，释放目标还原产物 R_2CHOH，同样地，其中一个氢原子由氢转移试剂提供而另一个氢原子来源于羟基溶剂。由于平衡本身以及建立平衡方式的特殊性，在原本底物中存在的其他基团不会被还原。

从碳原子到碳原子的特殊的负氢转移确实可以发生，如下的实验可以证明这一点，即使用标记的 $(Me_2CDO)_3Al$ 会得到 R_2CDOH。反应很可能通过一个如(47)的环状过渡态进行，虽然在某些情况下观察到两倍量的烷氧化物参与了反应——其中一倍量转移氢负离子而另一倍量则与羰基氧原子结合。这一反应目前已经基本上被 MH_4^- 还原所取代，但有些时候它可以反方向操作(氧化过程)，即使用 $Al(OCMe_3)_3$ 作为催化剂，并且使用大大过量的丙酮使平衡向左移动。这一反向过程(氧化过程)通常被称为欧芬脑尔(Oppenauer)反应。

8.2.6.3 康尼查罗(**Cannizzaro**)反应

该反应涉及从一分子没有 α-氢原子的醛(例如 HCHO，R_3CCHO，ArCHO)到另一分子相同(歧化)或者有时候不同(交叉康尼查罗反应)的醛的负氢转移过程。该反应需要强碱的存在，例如对于 PhCHO，其速率方程为

$$r=k[\mathrm{PhCHO}]^2[\mathrm{HO}^-]$$

并且反应被认为按下列途径进行：

$$PhCH=O \xrightleftharpoons[快]{^{\ominus}OH} PhCH(OH)O^{\ominus}\ (48) + O=CHPh \xrightarrow[慢]{PhCHO} PhC(OH)=O + H-CH(O^{\ominus})Ph\ (49) \rightleftharpoons PhC(O^{\ominus})=O\ (50) + H-CH(OH)Ph\ (51)$$

HO^-迅速、可逆地加成到 PhCHO 上，得到潜在的负氢给体(48)，随后是缓慢的决定速率的负氢转移到第二分子 PhCHO 的羰基碳原子(49)上，最后通过迅速的质子交换得到一对更加稳定的产物(50)和(51)，从而完成反应。两分子醛的互相氧化还原过程使得其中一分子变为羧酸负离子(50)，而另一分子变为一级醇(51)。 217

当 PhCHO 在 D_2O 中反应时，(51)中的 CH_2 基团没有 D 原子的引入。这表明，H(D)原子一定是直接从一分子醛转移到另一分子醛上(就像上面机理提到的那样)，而不是通过溶剂参与的间接转移过程。在碱的浓度非常高的条件下，例如 HCHO(52)，其反应速率方程可以写成

$$r=k[HCHO]^2[HO^-]^2$$

这对应于去除物种(53)的第二个质子[类似于(48)]而得到双负离子(54)，很明显它相对于(53)或者(48)是更强的负氢给体：

$$HCH=O\ (52) \underset{}{\overset{^{\ominus}OH}{\rightleftarrows}} HC(OH)(O^{\ominus})-H\ (53) \overset{^{\ominus}OH}{\rightleftarrows} HC(O^{\ominus})(O^{\ominus})-H\ (54)$$

合适的二醛也可以发生分子内的负氢转移过程，例如 1,2-乙二醛(55)发生康尼查罗反应，得到羟基乙酸负离子(56)：

$$O=CH-CH=O\ (55) \xrightarrow{^{\ominus}OH} O=C(O^{\ominus})-CH_2-OH\ (56)$$

其反应速率方程与预期的一样：

$$r=k[OHCCHO][HO^-]$$

CHO 基团邻位(α-碳原子)存在氢原子的醛在碱性条件下不会发生康尼查罗反应，因为它们会发生更加快速的羟醛缩合反应(aldol 反应)(见 224 页)。

8.2.7 电子

许多强的正电性金属原子，例如 Na、K 等在合适的条件下可以在溶液中产生溶剂化的电子：

$$Na\cdot \underset{液NH_3}{\rightleftharpoons} Na^{\oplus} + e^{\ominus}(NH_3)_n$$

这些电子可以作为亲核试剂对 C═O 基团的羰基碳原子加成，形成自由基负离子(57)，通常和金属正离子 M^+ 结合成离子对： 218

$$R_2C{=}O + M^{\oplus} + e^{\ominus} \rightleftarrows R_2\dot{C}{-}O^{\ominus}M^{\oplus}$$

(57)

因此在没有空气存在的条件下，当 Na 溶解于芳香酮的醚类溶液中时可以观察到蓝色溶液。这是因为离域(在芳环及 C ═O 上离域)的物种羰基自由基钠盐(58)的存在：

$$Na^{\oplus}[Ar_2\dot{C}{-}O^{\ominus} \leftrightarrow Ar_2\overset{\ominus}{C}{-}O\cdot] \rightleftarrows \left[\begin{matrix}Ar_2C{-}O^{\ominus}\\ |\\ Ar_2C{-}O^{\ominus}\end{matrix}\right]2Na^{\oplus}$$

(58)　　(59)

它也和它的二聚体(59)1,2-二醇(频哪醇)的双负离子存在平衡。在合适的条件下，加入质子给体，例如 ROH 可以制备出频哪醇本身。这一过程对于芳香酮而言效果比脂肪酮要好，但丙酮(60)可以在镁的条件下迅速转化为 2,3-二甲基-2,3-丁二醇，也就是所谓的频哪醇：

$$\begin{matrix}Me_2C{=}O\\ \\ Me_2C{=}O\end{matrix}\ :Mg \overset{Mg}{\rightleftarrows} \begin{matrix}Me_2\dot{C}{-}O\\ \qquad\quad Mg\\ Me_2\dot{C}{-}O\end{matrix} \rightleftarrows \begin{matrix}Me_2C{-}O\\ |\qquad\quad Mg\\ Me_2C{-}O\end{matrix} \xrightarrow{H^{\oplus}/H_2O} \begin{matrix}Me_2C{-}OH\\ |\\ Me_2C{-}OH\end{matrix}$$

(60)　　(61)

实现从酮(尤其是芳香酮)到频哪醇的制备转化也可以通过光化学的过程实现，即在氢原子给体，例如 Me_2CHOH 存在下通过紫外光照射得以有效实现。

电子类似的亲核加成过程也可以在二酯例如(62)的羰基碳原子上发生，例如电子可以从钠在二甲苯的溶液中得到，但是与(59)不同的是，得到的双负离子(63)含有很好的离去基团(例如 ^{-}OEt)。因此总的反应结果是酮醇缩合(偶姻缩合)过程：

$$(62) \overset{Na\cdot}{\rightleftarrows} (63) \xrightarrow{-OEt^{\ominus}} (65) \overset{Na\cdot}{\rightleftarrows} \text{双自由基负离子} \rightleftarrows (66) \overset{R'OH}{\rightleftarrows} (67) \rightleftarrows (64)$$

(62)　(63)　(65)

(64)　(67)　(66)

219　　最终的产物是 2-羟基酮，或者叫酮醇(64)。反应很可能是经历了上面提到的 1,2-二酮(65)，它可以从钠再次接受电子。这一反应在二甲苯中的最终产物是(66)的钠盐，但随后加入的 R′OH 使其发生质子化，得到 1,2-二烯醇(67)，最终的酮醇(64)只是 1,2-二烯醇(67)的更加稳定的互变异构形式。这一反应在合成上具有重要的价值，因为它可以将长链的二酯 $EtO_2C(CH_2)_nCO_2Et$ 环化，合成得到大环的羟基酮。反应的产率非常好，在 $n=8\sim18$(也就是 10～20 元环)时，反应产率为 60%～95%。

8.3　加成-消除反应

有很多已知的对 C═O 的亲核加成反应中，加成的亲核试剂上仍然存在着酸性的质子(68)，随后就有可能消除 H_2O 得到(69)。净的结果是亲核试剂取代了氧原子：

$$R_2C{=}O \xrightleftharpoons{NuH_2} \underset{(68)}{R_2C(OH)(NuH)} \xrightleftharpoons{-H_2O} \underset{(69)}{R_2C{=}Nu}$$

目前而言这类反应最常见的例子是和 NH_3 的衍生物反应，尤其是那些例如 $HONH_2$、$NH_2CONHNH_2$、$PhNHNH_2$ 等化合物长期以来被用于将液态的羰基化合物转化为固态的衍生物，以实现其性质表征，2,4-二硝基苯肼在这方面尤其有用。

8.3.1　氨的衍生物

举例而言，如果丙酮酸负离子(70)和羟氨 NH_2OH 在 pH 为 7 的条件下反应，通过红外光谱来检测反应的混合物，可以看到反应物(70)中 C═O 的特征吸收峰(ν_{max} 1710 cm^{-1})在产物肟(71)中 C═N 的特征吸收峰(ν_{max} 1400 cm^{-1})出现之前就已完全消失。很明显其中形成了一个中间体，看起来可能是甲醇胺(72，这一物种实际上在 MeCHO 和 NH_2OH 的反应中已经被核磁检测到)。

$$\underset{\substack{(70)\\ \nu_{max}\ 1710\ cm^{-1}}}{Me(^{\ominus}O_2C)C{=}O} \xrightleftharpoons{NH_2OH} \underset{(72)}{Me(^{\ominus}O_2C)C(OH)(NHOH)} \xrightleftharpoons{-H_2O} \underset{\substack{(71)\\ \nu_{max}\ 1400\ cm^{-1}}}{Me(^{\ominus}O_2C)C{=}NOH}$$

增加反应混合物的酸性会降低 C═O 吸收峰消失的速率，因为 NH_2OH 渐渐转化为非亲核 220
性的 H^+NH_2OH，但是会显著增加 C═N 特征吸收峰出现的速率，即增加酸浓度会促进从(72)到(71)的脱水过程。这和这一反应的普遍反应途径是相符的：

$$R_2C{=}O + H_2\ddot{N}{-}Y \rightleftharpoons R_2C(O^{\ominus})(H_2\overset{\oplus}{N}Y) \rightleftharpoons R_2C(\ddot{O}H)(HNY) \xrightleftharpoons{H^{\oplus}} R_2C(\overset{\oplus}{O}H_2)(NHY) \xrightleftharpoons{H_2O} R_2C{=}NY$$

强的亲核试剂，例如 NH_2OH(Y 为 OH)对于 C═O 的最初加成过程不需要催化剂；但弱的亲核试剂，例如 $PhNHNH_2$(Y 为 PhNH)和 $NH_2CONHNH_2$(Y 为 $NHCONH_2$)通常需要酸催化剂来活化 C═O 基团(参见 **204 页**，事实上它是一般的酸催化)。通常最初的加成步骤或者脱水步骤都可能是决速步，这取决于溶液的 pH。在中性和碱性的 pH 条件下，通常脱水过程，也就是从(72)到(71)的步骤是缓慢的决速步(参见上述内容)；而在酸性更强的 pH 条件下，通常亲核试剂最初的加成过程，也就是从(70)到(72)是缓慢的决速步。在制备方面这明显具有非常重要的意义，因为从羰基化合物形成这些衍生物具有最佳的 pH，这取决于特定的羰基化合物以及所使用的氨衍生物。例如从丙酮出发合成肟的最佳 pH 大约是 4.5。

对于醛(以及不对称的酮 RCOR′)有可能形成顺式和反式两种异构体：

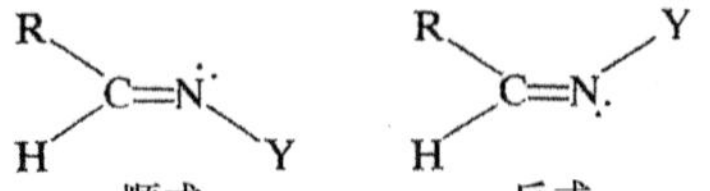

R(H)C=N̈—Y　　R(H)C=N̈—Y

顺式　　反式

实际上反式异构体通常占主导地位；对于 RCOR′而言，主要的异构体是 Y 接近于更小的基团 R 或者 R′。

氨本身可以和羰基化合物反应生成亚胺 $R_2C{=}NH$，但这些衍生物是不稳定的，它们会互相反应形成不同大小的聚合物。经典的醛氨是环状的水合三聚物，但从带有吸电子基团的
221 醛出发，有可能分离得到简单的氨化产物[(73)，参见(72)及其水合物，**208 页**，以及半缩醛，**209 页**]：

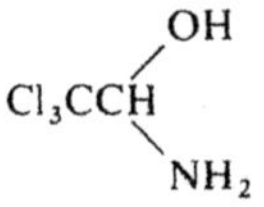

$Cl_3CCH(OH)NH_2$

(73)

和 RNH_2 反应的产物也是亚胺，这些产物通常也是不稳定的，除非羰基碳原子上的一个基团是芳环，例如 ArCH ═NR—这种稳定的产物被称为西佛(Schiff)碱。使用 R_2NH 时最初的产物(74)不能按照正常的途径失水；一些这类物种已经分离得到，但它们不是特别稳定。但是，如果产物具有 α-氢原子，则可以发生不同的脱水过程得到烯胺(75)：

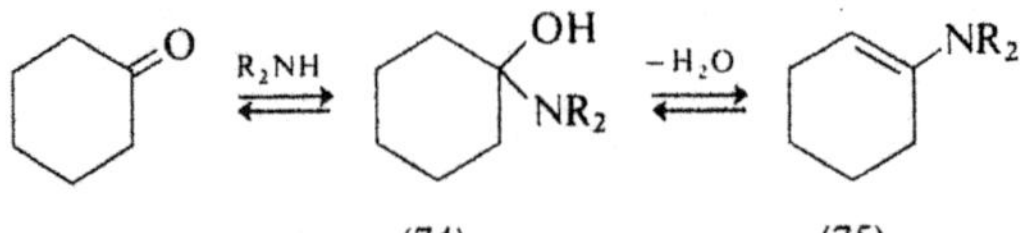

$$\text{环己酮} \underset{}{\overset{R_2NH}{\rightleftharpoons}} \underset{(74)}{\text{1-OH-1-}NR_2\text{-环己烷}} \overset{-H_2O}{\rightleftharpoons} \underset{(75)}{\text{1-}NR_2\text{-环己烯}}$$

烯胺作为合成中间体具有重要的意义。

8.4　碳亲核试剂加成

在讨论这组反应时，没有正式区分哪些是简单的加成反应，哪些是加成-消除反应。它们被当作一组反应，是因为它们都导致了碳碳键的形成，也就是说，它们中的许多在有机合成化学中具有广泛的应用和重要的意义。但是，在考虑一般的碳负离子的反应之前，先要提及两个特殊的亲核加成反应。

8.4.1　格氏试剂等

格氏试剂，通常写作 RMgX，但它的实际组成和结构仍然是一个具有争议的话题。似乎它取决于 R 的性质和溶解格氏试剂的溶剂。例如 MeMgBr 在 Et_2O 中的核磁谱图表明，它主要以 $MgMe_2 + MgBr_2$ 的形式存在；但是从 Et_2O 分离得到的 PhMgBr 的晶体经 X 射线

单晶衍射表明，它的组成为 $PhMgBr \cdot 2Et_2O$，4 个配体以四面体的形式排列在 Mg 原子周围。不管它的组成和结构上的具体细节如何，格氏试剂都可以被看作是带有负电荷的碳源，也就是 $^{\delta-}RMgX^{\delta+}$。

有证据表明，格氏试剂的镁原子与羰基氧原子(76)存在配位作用，并且在一些情况下， 222
至少有两分子格氏试剂参与到反应中，此时反应可能经历如下图所示的环状过渡态(77)：

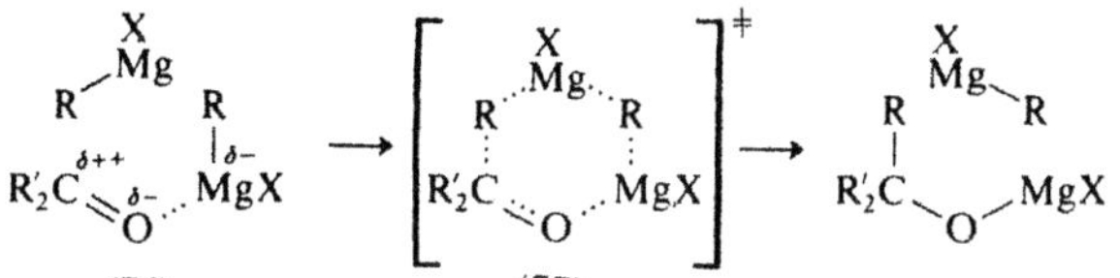

(76) (77)

第二分子的格氏试剂可以看作是路易斯酸催化剂，通过与羰基的配位作用来增加羰基的亲电性。实际上，加入适当的路易斯酸，如溴化镁（$MgBr_2$），确实能够增加格氏试剂对羰基的加成反应的速率。令人惊讶的是，作为一个广为人知的经典的有机反应，格氏试剂对羰基加成的可靠的详细反应机理仍然没有被研究清楚。不过，可以利用与上述提出的类似的反应路径来解释一些重要的现象：

(i) β 位有氢原子的格氏试剂（RCH_2CH_2MgX，78）倾向于将羰基还原成羟甲基(如 79)($C{=}O \rightarrow CHOH$)，同时在该过程中格氏试剂自身被转化为烯烃(80)，即整个过程是负氢的进攻而不是 RCH_2CH_2 的进攻。

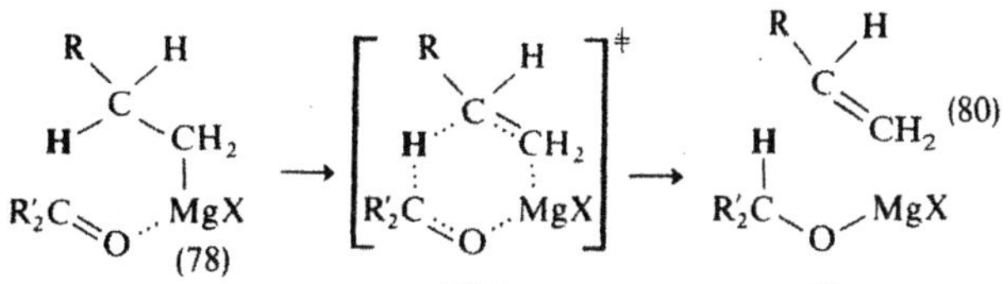

(78) (77a) (79) (80)

(ii) 位阻很大且具有 α-H 的酮(如 81)在格氏试剂的作用下倾向于生成其对应的烯醇盐(82)，而格氏试剂则被转变成 RH。

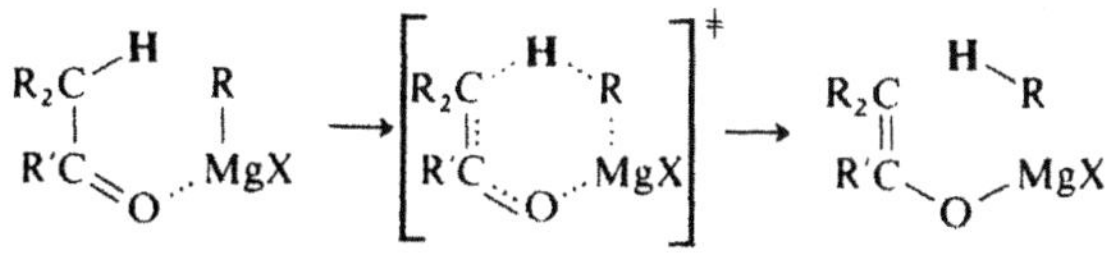

(81) (77b) (82)

格氏试剂是强亲核试剂，它与羰基的加成反应基本上是不可逆的，加成的产物(例如，$R_3C{-}OMgX$)在水解后会得到最终产物醇($R_3C{-}OH$)。然而需要强调的是，格氏试剂的反
应是连接不同的含碳基团的普适方法，例如对 $C{=}O$ 的加成反应。而所得到的醇能够通过 223
各种方法转化成各种类型的化合物。过去使用的有机锌试剂也有类似的作用，它们几乎已经被格氏试剂所取代；而现在格氏试剂又渐渐地被有机锂试剂所取代，例如烷基锂(RLi)和芳基锂(ArLi)。对于大位阻的酮，相比于格氏试剂，有机锂试剂的反应能够以更高的效率得到加成的产物，与 α,β-不饱和羰基化合物($C{=}C{-}C{=}O$)加成时也能够得到更高比例的 1，

2-加成产物和很少的 1，4-加成产物(参见 **201 页**)。

8.4.2　炔负离子

端炔(RC≡CH 和 HC≡CH)具有明显的酸性，能够与强碱(如液氨中的$^-NH_2$)反应形成炔负离子(参见 **273 页**)，它比^-CN 具有稍强的亲核性。相比于其他的碳负离子，由于炔负离子不需要吸电子基团来稳定，因而单独分类讨论。炔负离子与羰基化合物的加成反应具有重要的合成意义，因为一个有用的含碳基团加成到了羰基上，而该碳碳叁键可以通过多种方式被进一步转化，比如能够被林德拉(Lindlar)催化剂和氢气还原得到顺式的烯烃(参见 **191 页**)。

$$R_2C{=}O + {}^{\ominus}C{\equiv}CR' \rightleftharpoons R_2C(O^{\ominus})(C{\equiv}CR') \underset{}{\overset{\text{液 }NH_3}{\rightleftharpoons}} R_2C(OH)(C{\equiv}CR') \xrightarrow[\text{Lindlar 催化剂}]{H_2} R_2C(OH)(CH{=}CHR') \quad (83)$$

8.4.3　碳负离子(一般的)

通常这一类反应需要加入碱作为催化剂，如化合物 HCXYZ 在碱的作用下能够去除一个质子，得到有效的亲核试剂，碳负离子$^-$CXYZ。其中 X、Y 或者 Z 中的一个或者多个是吸电子基团，来稳定生成的碳负离子。最初的加合物(84)从溶剂(H_2O 或者 ROH)中得到一个质子形成加成产物(85)。当存在下列情况时产物可能进一步发生消除反应，脱去一分子水得到烯烃：如果羰基化合物存在 α-H 或者 X、Y、Z 中有一个是氢时；假如生成烯烃后能够与其他不饱和体系(C═C 或者 C═O)共轭。

$$R_2C{=}O + {}^{\ominus}CXYZ \rightleftharpoons \underset{(84)}{R_2C(O^{\ominus})(CXYZ)} \overset{R'OH}{\rightleftharpoons} \underset{(85)}{R_2C(OH)(CXYZ)} \rightleftharpoons \underset{(86)}{R_2C{=}CYZ} \quad (\text{例如}, X{=}H)$$

224　最初的碳碳键形成过程(→84)通常是可逆的，但是后续的转化如脱水可以移动反应的平衡。许多不同的反应(经常是人名反应)的本质区别仅仅在于特定的羰基化合物(醛、酮、酯，等等)的性质和所使用的碳负离子的类型。

8.4.4　羟醛缩合反应(aldol 反应)

该反应是，羰基化合物(88)在碱(通常是 HO^-)的作用下去除一个 α 位的质子形成碳负离子(87)，该碳负离子进一步与羰基化合物(88)加成，形成 β-羟基羰基化合物。例如以乙醛 CH_3CHO 为底物，产物是 3-羟基丁醛，也就是醇醛(aldol)本身。

$$(88)\quad \overset{\displaystyle H}{|}\!\!\;CH_2CHO$$

$$\Big\updownarrow {\scriptstyle (1)}\ {}^{\ominus}OH$$

$$\underset{(88)}{\underset{H}{\overset{O}{\overset{\|}{MeC}}}}\ \ {}^{\ominus}CH_2-\underset{H}{C}=O \overset{(2)}{\rightleftarrows} Me\overset{O^{\ominus}}{\overset{|}{C}}H-CH_2CHO \overset{H_2O}{\rightleftarrows} \underset{(89)}{MeCH(OH)CH_2CHO}$$

$$\updownarrow$$

$$\underset{(87)}{CH_2=\underset{H}{\underset{|}{C}}-O^{\ominus}}$$

当使用乙醛进行反应时，反应平衡偏向于形成产物醇醛。碳负离子中间体经历步骤(2)的加成过程和可逆的步骤(1)的过程是两个相互竞争的过程。当反应在重水中进行时，发现产物中 CH_3 上的氢并没有被氘取代，说明步骤(2)远快于步骤(1)的逆过程，从而使得步骤(1)事实上并不是可逆的过程。

对于丙酮(90)，反应的平衡偏向于原料，产物(91) 大约只有 2%，这说明碳负离子(92)对酮(90)的加成比碳负离子(87)对醛(88)的加成要慢。

$$(90)\quad \overset{\displaystyle H}{|}\!\!\;CH_2COMe$$

$$\Big\updownarrow {\scriptstyle (1)}\ {}^{\ominus}OH$$

$$\underset{(90)}{Me_2\overset{O}{\overset{\|}{C}}}\ \ \underset{(92)}{{}^{\ominus}CH_2COMe} \overset{(2)}{\rightleftarrows} Me_2\overset{{}^{\ominus}O}{\overset{|}{C}}-CH_2COMe \overset{H_2O}{\rightleftarrows} \underset{(91)}{Me_2C(OH)CH_2COMe}$$

当在重水中进行丙酮的羟醛缩合反应时，发现未反应的丙酮中的 CH_3 上的氢被氘取代了，即相对于可逆的步骤(1)，步骤(2)不再是一个快的过程。 225

将丙酮的羟醛缩合反应在索氏提取器(Soxhlet apparatus)中进行，它能够用于制备化合物(91)。该过程是一个不断蒸馏和虹吸的过程，在提取管中丙酮在 $Ba(OH)_2$ 的催化下形成产物达到平衡[约 2%的产物(91)]，当提取管中的液面达到一定高度时，含产物的混合液被虹吸到提取瓶中，由于产物沸点高(164 ℃)，而丙酮沸点低(56 ℃)，此时只有丙酮会被蒸馏到含 $Ba(OH)_2$ 的提取管中，产物就留在了提取瓶中。然后，第二次的虹吸又会产生 2%的(91)，最终全部将(90)转化为产物(91)。那些效率较低的羟醛缩合反应能够在酸催化下有效地进行，酸能够促进丙酮(90)异构化成烯醇(93)，然后进攻质子化的丙酮，即碳正离子(94)：

$$(90)\quad Me_2C=O$$

$$\Big\updownarrow H^{\oplus}$$

$$\underset{(94)}{Me_2\overset{\oplus}{\underset{OH}{\underset{|}{C}}}}\ \ \underset{(93)}{CH_2=\underset{OH}{\underset{|}{C}}Me} \rightleftarrows Me_2\underset{OH}{\underset{|}{C}}-CH_2-\overset{\oplus}{\underset{O-H}{\underset{|}{C}}}Me \overset{-H^{\oplus}}{\rightleftarrows} \underset{(91)}{Me_2C(OH)CH_2\underset{O}{\underset{\|}{C}}Me}$$

在酸性条件下，产物三级醇总是会进一步发生酸催化的脱水反应，得到 α,β-不饱和羰基化合物(95)。

$$\underset{(91)}{Me_2C(OH)-CH(H)COMe} \underset{}{\overset{(1)\ +H^{\oplus}\ (2)\ -H_2O}{\rightleftharpoons}} \underset{(95)}{Me_2C{=}CHCOMe}$$

这样一个脱水过程也能够在碱的作用下进行，如 3-羟基丁醛(89)脱水形成 2-丁烯醛(96)的过程：

$$\underset{(89)}{MeCH(OH)-CH(H)CHO} \overset{^{\ominus}OH}{\rightleftharpoons} \underset{(97)}{MeCH(OH)-\overset{\ominus}{C}HCHO} \overset{-OH^{\ominus}}{\rightleftharpoons} \underset{(96)}{MeCH{=}CHCHO}$$

与酸催化的脱水过程相比，碱催化的脱水过程并不常见。这里碱催化的脱水过程能够顺利发生是由于以下两点原因：(i)产物中羰基 α 位的质子具有酸性，能够与碱反应产生大量的碳
226 负离子(97)；(ii)该碳负离子的邻位碳(β 位)上具有一个离去基团 HO^-。对于一些平衡偏向于原料的简单的羟醛缩合反应，这样的消除反应能够将反应的平衡向右移动。需要记住的是，羟醛缩合加上脱水的总过程是可逆的，即(88)↔(96)，所以在适当的条件下，α，β-不饱和羰基化合物可以被碱切断。另外，产物(96)中仍然含有醛基，能够进一步发生碳负离子的加成和后续的脱水反应。这就是为什么将简单的脂肪醛在氢氧化钠水溶液中加热反应时会得到低相对分子质量的聚合物。想要控制反应停在第一步的羟醛缩合，最好的催化剂是碱性离子交换树脂。

两个都具有 α 氢的醛(或者其他合适的羰基化合物)，其交叉羟醛缩合反应通常不具备制备价值，因为反应得到的是 4 种不同产物的混合物。然而，当一个醛没有 α 氢时，其参与的羟醛缩合反应则具有合成意义，因为此时它只能作为碳负离子受体。例如克莱森-施密特缩合反应：在 10% KOH 的水溶液中，芳香醛(98)与简单的脂肪醛或者酮(通常是甲基酮)发生羟醛缩合反应，在该条件下通常都会发生进一步的脱水得到共轭的产物。

$$\underset{(98)}{ArCHO} \xrightarrow{^{\ominus}CH_2CHO,\ ^{\ominus}OH} ArCH{=}CHCHO$$

$$\underset{(98)}{ArCHO} \xrightarrow{^{\ominus}CH_2COMe,\ ^{\ominus}OH} ArCH{=}CHCOMe$$

正如所料，芳环上存在给电子基团，能够降低反应速率。例如，对甲氧基苯甲醛的反应速率大约只有苯甲醛的 1/7。在这些条件下，脂肪醛自身的缩合反应会是一个主要的竞争反应，但是芳基醛的康尼查罗反应(参见 **216 页**)则太慢，不会成为主要的竞争反应。该缩合反应也能够在酸催化下有效进行(参见 **225 页**)。

最后，对于合适的双羰基化合物，羟醛缩合反应可以是分子内的。如化合物(99)的成环反应：

$$\text{(99)} \rightleftharpoons^{\ominus OH} \text{Me(OH)C 环}-CHCOMe \rightleftharpoons^{\ominus OH} \text{Me-C}{=}CCOMe$$

8.4.5 硝基烷烃

另一个具有合成用途的、涉及碳负离子对醛和酮加成的反应是：硝基烷烃的碳负离子(100)对醛、酮的加成反应。该碳负离子能够方便地通过硝基烷烃，例如硝基甲烷(101)与碱反应得到。 227

$$\text{(101)}\ H-CH_2NO_2 \xrightleftharpoons{^{\ominus}OH} R_2C{=}O + {}^{\ominus}CH_2-\overset{\oplus}{N}(=O)O^{\ominus} \rightleftharpoons R_2C(O^{\ominus})-CH_2NO_2 \xrightleftharpoons{H_2O} R_2C(OH)CH_2NO_2\ \text{(102)}$$

$$\updownarrow \quad CH_2{=}\overset{\oplus}{N}(O^{\ominus})O^{\ominus}\ \text{(100)}$$

HO^- 或者 RO^- 都能够用作该反应的碱。产物 β-羟基硝基化合物(102)是否会发生后续的脱水反应得到 $R_2C{=}CHNO_2$，则取决于反应条件。当羰基化合物是醛时，醛自身会有发生羟醛缩合反应的风险，不过离域的硝基烷烃的碳负离子(100)通常比醛的烯醇负离子 RCH^-CHO 更容易形成，因而该风险相当小。产物中的硝基能够被还原成氨基或者进行其他的转化。

8.4.6 蒲尔金反应

在蒲尔金(Perkin)反应中，羧酸负离子作为碱，去除酸酐(104) α 位的质子得到碳负离子(103)，随后进攻羰基化合物，而接受该碳负离子进攻的羰基化合物则仅限于芳香醛，所得的产物为 α,β-不饱和羧酸。如苯甲醛和过量的 $(MeCO)_2O/MeCO_2^-$ 在 140 ℃下反应，能够得到 3-苯基丙烯酸(肉桂酸)(105)。

(104) $MeCO_2^{\ominus}$ H, CH_2 $\xrightarrow{-H^{\oplus}}$ (103) $\longrightarrow$ (106a) $\longrightarrow$ (107) $\longrightarrow$ (106b) $MeCO_2^{\ominus}$ H $\xrightarrow{-MeCO_2H}$ (105a) $\xrightarrow{H^{\oplus}/H_2O}$ (105)

228 碳负离子(103)以通常的方式进攻芳香醛的羰基碳原子，得到烷氧基负离子(106*a*)，然后通过一个环状中间体(107)发生分子内的酰基迁移反应，乙酰基从(106*a*)的羧基的氧上迁移到(106*b*)的醇负离子的氧上，得到一个更稳定的结构。然后被羧酸负离子攫取羧基 α 位的质子，导致 β 位的 $MeCO_2^-$ 离去，得到 α，β-不饱和羧酸的负离子(105*a*)，最后通过稀酸处理得到相应的 α，β-不饱和羧酸(105)。

当使用只有一个 α-H 的酸酐$(R_2CHCO)_2O$参与反应时，与(106*b*)对应的中间体上则没有 α 氢可以攫取，因此就能够分离得到与(106*b*)类似的最终产物。这一结果一定程度上支持了以上的机理。

8.4.7　脑文格和斯陶伯反应

在这一类反应中，加成的碳负离子通常来源于 CH_2XY 类型的化合物，其中 X 和 Y 是 CO_2R，例如 $CH_2(CO_2Et)_2$，催化剂通常是有机碱。大部分情况下，反应所得的醇都会发生脱水得到 α，β-不饱和化合物。当使用丁二酸酯 $(CH_2CO_2Et)_2$ 作为碳负离子来源时，能够在醇钠催化下与醛或者酮反应得到相应的 α，β-不饱和酯，这个反应被称为斯陶伯(Stobbe)缩合。该反应远快于一般的脑文格(Knoevenagel)反应，反应中一个酯基出乎意料地被水解成羧酸负离子，另外该反应总是得到 α，β-不饱和酯化合物(109)，不能够得到未消除的 β-羟基酯。以下反应路径可以解释上述事实，即反应关键的中间体是五元环中间体结构(110)：

$R_2C{=}O + {}^{\ominus}CH(CO_2Et)CH_2CO_2Et$ (108) ⇄ … ⇄ (110) ⇄ … ⇄ $R_2C{=}C(CO_2Et)CH_2CO_2^{\ominus}$ (109)

在少数情况下，环状中间体(110)能够被分离出来，这也进一步证明了以上的机理。

229 ### 8.4.8　克莱森酯缩合

克莱森(Claisen)酯缩合也是从酯出发得到碳负离子的反应，例如(111)，但是这里的碳负离子进攻的是另一个分子酯的酯羰基的碳原子。这个反应之所以放在这里讨论而不是作为羧酸衍生物讨论(见 **237 页**)，是因为在反应启动的步骤中，该反应和羟醛缩合反应(参见 **224 页**)是类似的。比如乙酸乙酯(112)的酯缩合反应如下：

$$\underset{(112)}{\overset{H}{|}CH_2CO_2Et} \underset{}{\overset{(1)\ ^{\ominus}OEt}{\rightleftharpoons}} \quad \underset{(112)}{MeC(=O)OEt}\ \ {}^{\ominus}CH_2-C(=O)OEt \overset{(2)}{\rightleftharpoons} \underset{(113)}{MeC(O^{\ominus})(OEt)-CH_2CO_2Et} \rightleftharpoons \underset{(114)}{MeC(=O)-CH(H)CO_2Et}$$

$$\updownarrow \qquad\qquad (3)\ \updownarrow\ {}^{\ominus}OEt$$

$$\underset{(111)}{CH_2=C(OEt)-O^{\ominus}} \qquad \underset{(115)}{\left[MeC(O^{\ominus})=CHCO_2Et \leftrightarrow MeC(=O)-\overset{\ominus}{C}HCO_2Et\right]}$$

它与羟醛缩合最大的不同在于，酯缩合反应中一开始形成的加合物(113)中具有一个好的离去基团(OEt)，所以不会像羟醛缩合反应那样得到一个质子，而是会发生 EtO^- 的离去，得到 β-羰基酯，3-丁酮酸乙酯(114)。该 β-羰基酯会进一步在碱 EtO^- 的作用下得到稳定的(离域的)碳负离子(115)。

经典的碱催化剂是 EtO^-，它可以通过向体系中加入超过一倍量的钠(钠丝或者其他分散状态较好的钠)以及少量的乙醇，即可生成少量起始浓度的 Na^+EtO^-。随后乙醇可以经过步骤(1)得到再生，从而和钠反应再生 Na^+EtO^-，所以 EtO^- 的浓度在反应过程中是保持不变的。这里需要一倍量的碱的原因是，产物 β-羰基酯(114)的亚甲基上的氢的酸性比乙醇的酸性强(参见 **272 页**)，因而产物会与乙醇钠反应得到碳负离子(115)[步骤(3)]，这也是反应平衡能够向右持续进行的本质原因。该过程是必要的，因为以上碳负离子形成的平衡[步骤(1)]会比乙醛的碳负离子形成的平衡更加偏向于左侧，这也说明了酯形成的碳负离子(111)被离域效应稳定的作用要比醛(116)的弱。

$$\underset{(111)}{{}^{\ominus}CH_2-C(=O)-\ddot{O}Et \leftrightarrow {}^{\ominus}CH_2-C(-O^{\ominus})={}^{\oplus}OEt} \qquad \underset{(116)}{{}^{\ominus}CH_2-C(=O)H \leftrightarrow CH_2=C(H)-O^{\ominus}}$$

必须使得反应步骤(1)的平衡向右拉动，这反映在以下的观察中：在 ^-OEt 存在下 R_2CHCO_2Et 不发生反应，尽管 β-羰基酯 $R_2CHCOCR_2CO_2Et$ 应该是可以生成的。重要的是 230
该 β-羰基酯没有 α-H 原子，所以不能被转化为与(115)对应的碳负离子，即步骤(3)不能发生！当用足够强的碱，例如三苯甲基钠时，发现此时能够顺利得到酯缩合的产物。其原因在于，三苯甲基钠碱性够强，能够使步骤(1)事实上不可逆。

$$R_2CHCO_2Et + Ph_3C^{\ominus} \rightleftharpoons R\overset{\ominus}{C}CO_2Et + Ph_3CH$$

虽然对于底物 R_2CHCO_2Et，其对应的步骤(3)仍然不可能发生，但是该过程也能引发正常的克莱森酯缩合反应。

需要强调的是，在适当的条件下，克莱森酯缩合反应是完全可逆的，例如所谓的 β-羰基酯的“酸式分解”[因为产物(117)和(118)都是酸的衍生物]。

$$\underset{(119)}{RC(=O)-CHR'CO_2Et} + {}^{\ominus}OEt \rightleftharpoons RC(O^{\ominus})(OEt)-CHR'CO_2Et \rightleftharpoons \underset{(117)}{RC(=O)OEt} + \underset{(118)}{R'\overset{\ominus}{C}HCO_2Et}$$

1，3-二酮(120)在这些条件下也能够发生断裂，得到一分子酸衍生物(121)和一分子酮(122)。

$$\underset{(120)}{RC(=O)-CH_2COR} + {}^{\ominus}OEt \rightleftharpoons RC(O^{\ominus})(OEt)-CH_2COR \rightleftharpoons \underset{(121)}{RC(=O)OEt} + \underset{(122)}{\overset{\ominus}{C}H_2COR}$$

对于两个都具有 α-H 的酯的交叉的克莱森酯缩合反应，会得到 4 种可能的产物，因此该反应在合成上很少有用。当其中一个酯[比如 HCO_2Et、$ArCO_2Et$、$(CO_2Et)_2$，等等]没有α-H 时，其对应的交叉的克莱森酯缩合反应经常是有用的，因为没有 α-H 的酯只作为碳负离子受体，并且它们是很好的碳负离子的受体，所以另一分子酯(RCH_2CO_2Et)的自身的缩合反应通常就不是问题了。分子内的克莱森反应，即所有的 CO_2Et 在同一个分子内的反应又称为狄克曼(Dieckmann)成环反应。这一类反应能够在温和条件下实现五元、六元和七元环 β-羰基酯的合成，例如从 $EtO_2C(CH_2)_nCO_2Et$($n=4\sim6$)合成(124)：

(x = 1~3)　(123)　　(124)

231 大环酮(参见偶姻缩合，**218 页**)化合物也能够通过狄克曼反应制备，即反应需要在高度稀释的条件下进行。这是因为形成的碳负离子有更大机会进攻同一分子内的另一端的酯羰基碳，而进攻另一个分子的酯羰基碳(分子间的反应)的机会更小。

8.4.9　安息香缩合

安息香(benzoin)缩合反应的第一步与康尼查罗反应相似，都是负离子亲核试剂对于芳基醛的羰基的加成[快速和可逆的步骤(1)]，不过在康尼查罗反应中，亲核试剂是 HO^-，而此时亲核试剂则是 ^-CN (125)。随后与康尼查罗反应中的 H^- 转移不同，安息香缩合反应中则是碳负离子(127)对另一分子醛(128)的进攻。与氰醇类化合物的形成(见 **212 页**)类似，安息香缩合反应的机理在 1903 年就已经被提出，是最早的几个建立详细机理的有机反应之一。其反应的速率方程通常为

$$r=k[ArCHO]^2[CN^-]$$

其详细的反应机理如下：

反应在甲醇中进行时，不论是形成碳负离子的过程[步骤(2)]，还是碳负离子对于(128)羰基碳的亲核加成[步骤(3)]，都不是反应的决速步。随后是快速的质子转移(129→130)，最后易离去基团$^{-}$CN 发生离去，即是最终产物(131)形成氰醇的逆过程(见 **212 页**)。当反应的原料是苯甲醛时，所得的产物称为安息香(苯偶姻)。该反应是一个完全可逆的反应。 232

在很长一段时间内，$^{-}$CN 是唯一已知的可以催化这个反应的催化剂。这是由于 CN^- 具有以下的能力：(i)作为亲核试剂进行亲核进攻；(ii)作为离去基团离去；尤其是(iii)作为吸电子基团的吸电子能力，它可以增加中间体(126)中 C—H 键的酸性并能有效稳定质子离去后所产生的碳负离子(127*a*↔127*b*)。最近发现叶立德(132)也是安息香缩合非常好的催化剂，它可以由 *N*-烷基噻唑的溶液在弱碱性条件下(pH=7)形成。

叶立德是相邻的碳原子上具有相反电荷的物种，它看上去和$^{-}$CN 差别很大，但是重要的是它也可以完成$^{-}$CN 起到的(i)、(ii)，尤其是(iii)的作用。

8.4.10 二苯乙醇酸重排

将安息香 PhCH(OH)COPh 氧化，能够得到二苯乙二酮 PhCOCOPh (133)。和一般的不能进行烯醇化的 1,2-二酮类似，二苯乙二酮能够在碱性条件下重排得到 α-羟基酸的负离子，二苯乙醇酸(benzilic acid)负离子(134)。这几乎是第一个被认识的分子重排反应，其速率方程为

$$r = k[\mathrm{PhCOCOPh}][\mathrm{HO^-}]$$

反应机理如下：

反应慢的决速步几乎可以确认是 HO^- 加合物(135)上的苯基的迁移。从本质上讲，这个反
233 应与乙二醛的分子内康尼查罗反应是相似的。在康尼查罗反应中是氢原子带着一对电子迁移到邻位的 C═O 上，也就是氢负离子的迁移；而在二苯乙醇酸重排中，是苯基带着一对电子迁移，也就是碳负离子的迁移。因此，该反应可以认为是分子内的碳负离子对羰基的加成反应。

苯甲酰基甲醛(PhCOCHO)，也能和 HO^- 反应得到 α-羟基苯乙酸负离子 $PhCH(OH)CO_2^-$。在这里，不论是苯基迁移或者氢迁移，都能够得到这个产物，通过应用 D 和 ^{14}C 的同位素标记的 PhCOCHO 进行实验，发现反应是通过氢迁移的过程进行的。到目前为止，并没有分子间酮的康尼查罗反应的例子，因为在该过程必须有一个 R 基团带着电子从一个分子转移到另一个分子中，即 $2R_2CO \rightsquigarrow RCO_2^- + R_3COH$。

8.4.11 魏悌息反应

这是一个非常有效的合成烯烃的方法。反应包含膦叶立德[例如(136)，也叫正膦]对醛或酮的羰基加成的过程，该叶立德是一个邻位含有杂原子的碳负离子。通常这一类结构通过如下方法得到：带有 α-H 的卤化物，如 RR′CHX(137)，和三烷基或者三芳基膦(138)(经常是 Ph_3P)反应得到膦盐(139)，然后再在强碱，如 PhLi 的作用下攫取一个质子，即得到了膦叶立德。

$$\underset{(138)}{Ph_3P} + \underset{(137)}{RR'CHX} \longrightarrow \underset{X^{\ominus}\ (139)}{Ph_3\overset{\oplus}{P}{-}CHRR'} \xrightarrow{PhLi} Ph_3\overset{\oplus}{P}{-}\overset{\ominus}{C}RR' \updownarrow \underset{(136)}{Ph_3P{=}CRR'}$$

魏悌息(Wittig)试剂(136)对羰基化合物(140)的加成认为通过如下机理进行：

$$(140)\ \underset{(136)}{\begin{matrix}R''_2C{=}O\\ RR'\overset{\ominus}{C}{-}\underset{\oplus}{P}Ph_3\end{matrix}} \overset{(1)}{\rightleftarrows} \begin{matrix}R''_2C{-}O^{\ominus}\\ |\\ RR'C{-}\underset{\oplus}{P}Ph_3\end{matrix} \overset{(2)}{\rightarrow} \underset{(141)}{\begin{matrix}R''_2C{-}O\\ |\quad\ |\\ RR'C{-}PPh_3\end{matrix}} \overset{(3)}{\rightarrow} \underset{(142)}{\begin{matrix}R''_2C\\ \|\\ RR'C\end{matrix}\quad \begin{matrix}O\\ \|\\ PPh_3\end{matrix}}$$

然而，不是所有的魏悌息反应都遵循同样的反应机理：步骤(1)有时是可逆的(平衡)，有时不可逆，反应的决速步也不一定相同。在某些情况下，在 −80 ℃的温度下能够检测到反应的四元环中间体，氧磷四环(141)，该中间体在温度升到 0 ℃时会分解得到产物和三苯氧膦。反应的驱动力是形成了键能很高的磷氧双键(535 kJ mol^{-1})。如果膦盐(139)中磷上
234 的 4 个基团不同，例如 $RR'R''P^+CH_2R$，也就是此时磷原子是手性中心，那么该手性在魏悌息反应后得到的 RR′R″P═O 中将得以保留。

由于制备膦叶立德时所用的卤化物可以是各种不同的烷基，并且对于各种不同的羰基化合物(140)都具有很好的效果，因而魏悌息反应是合成取代烯烃的非常实用的方法。分子中存在的 C═C 或者 C≡C，甚至是与羰基共轭，也不会对魏悌息反应有干扰。酯基虽然能够跟叶立德(136)反应，但是其反应速率远远小于羰基，因此也不会干扰反应。魏悌息反应的价值在于能够向难以引入双键的位置引入双键，比如环外双键(143)，

$$\text{环己酮} + Ph_3\overset{\oplus}{P}-\overset{\ominus}{C}H_2 \longrightarrow \text{亚甲基环己烷 (143)} + Ph_3P{=}O$$

或者是合成通过其他方法看上去几乎不能合成的化合物，例如β，γ-不饱和羧酸(144)，

$$R_2C{=}O + Ph_3\overset{\oplus}{P}-\overset{\ominus}{C}HCH_2CO_2^{\ominus} \longrightarrow \underset{(144)}{R_2C{=}CHCH_2CO_2^{\ominus}} + Ph_3P{=}O$$

在(144)的合成中，大多数的方法会得到双键异构化的热力学更加稳定的产物——共轭(α，β-不饱和)的酸。分子内的魏悌息反应也能够用于合成 5～16 元环烯烃。

8.5 羰基加成反应中的立体选择性

在烯烃的加成反应中，存在顺式加成或者反式加成的问题。比如烯烃(145)与 HY 的加成，顺式加成和反式加成将得到两个不同的产物(146)和(147)。而在 HY 对羰基的加成中，也可以经过顺式或者反式的方式进行加成，但明显没有什么意义，因为 C—O 键可以自由旋转，所以得到的两个产物是一样的，比如(149)和(150)。

(145) —HY，顺→ (146)；—HY，反→ (147)　　(148) —HY，顺→ (149) ≡ (150)（HY，反）

HY 对羰基的加成在产物(151)中引入了一个手性中心，但是在亲核试剂对羰基化合物(148) 235
的加成反应中，由于从羰基平面的面上(*a*)或者面下(*b*)进攻的概率相等，因而反应最终将得到外消旋体(151*ab*)。

(148) —(*a*)→ —HY→ (151*a*) + $Y^{\ominus}$；—(*b*)→ —HY→ (151*b*) + $Y^{\ominus}$　(±)

当羰基上的两个基团 R 或者 R′是手性的，尤其是羰基所连的碳原子(α-C)是一个手性中心时，此时羰基化合物(148)的两个面不再等价，亲核试剂从面上或者面下进攻的概率将不再相同。当反应可逆时，在得到的两种产物的混合物中将主要是热力学稳定的产物(热力学

或者平衡控制的，参见 **43 页**)。当反应基本不可逆时，比如 RMgX、$LiAlH_4$ 等对羰基的加成反应，将得到反应速率更快的反应的产物(动力学控制)。通过克莱姆规则(Cram's rule)将能够预测格氏试剂或者锂对羰基的加成反应的主要产物。这经常可以通过克莱姆规则来进行预测，其内容如下：在羰基的加成反应中，羰基的氧与羰基 α 碳原子上最大的基团处于反式构象(152)。亲核性好的亲核试剂(如 RMgX)将从羰基位阻最小的一边进攻，即(a)所示的过程。通过纽曼投影式可以很好地看出来：

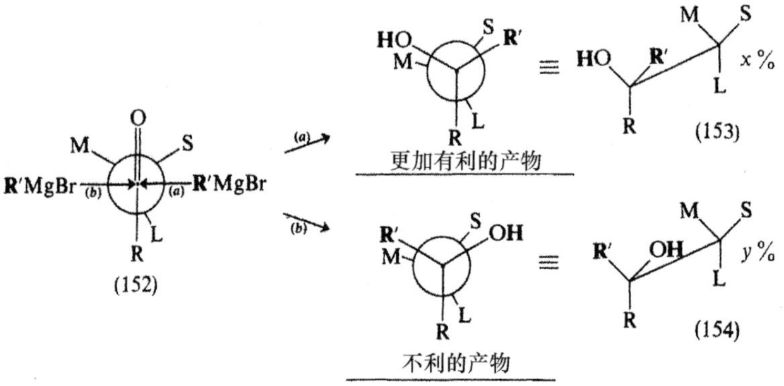

(152)

更加有利的产物 (153) x%

不利的产物 (154) y%

236 也就是说，优势的反应是经过不拥挤的过渡态(能量较低)进行的。两种产物的比例x/y将随着以下因素的增加而增大：(i) S 和 M 的位阻差别越大，比例越大；(ii) 亲核试剂 R′MgX 的位阻越大，比例越大。实际中发现，甲基格氏试剂 MeMgI 对 2-甲基苯乙醛 $C_6H_5(Me)CHCHO$ (152)的加成反应，此时 L 为苯基，M 为甲基，S 为氢，发现产物比例 $x/y=2:1$；当使用位阻更大的乙基格氏试剂 EtMgI 反应时，发现 $x/y=2.5:1$；当使用位阻更大的苯基格氏试剂 C_6H_5MgBr 反应时，发现 $x/y>4:1$。

克莱姆规则被广泛应用于格氏试剂对羰基的加成反应中，以及一些氢化物对羰基的加成反应。大部分情况下，克莱姆规则都能够准确预测主要产物，但是仍然有一些例外。这个结果并不奇怪，克莱姆规则在预测产物结构时只取决于底物在形成产物过程中的位阻作用，而实际上，如底物之间的以及其与亲核试剂之间的氢键、格氏试剂 RMgX 和羰基的氧原子之间的作用、分子的偶极-偶极相互作用等都可能会起到一定的作用。例如 α-氯代的醛或者酮在反应时会采取如(155)那样的构象，其中 Cl 和羰基的氧原子处于反式，这是因为它们之间的静电排斥作用而不是因为位阻的作用。

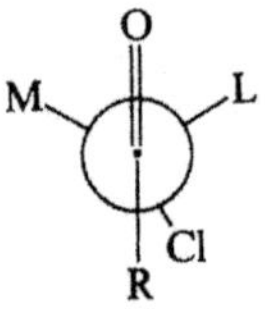

(155)

在决定优势的反应过渡态时，后面提到的几种作用的任何一种都有可能比纯粹的位阻效应更重要。

8.6 羧酸衍生物的加成-消除反应

这一类反应可以用如下形式表示：

$$\underset{(156)}{R-\overset{\overset{O}{\|}}{C}-X} \overset{Y^{\ominus}}{\rightleftarrows} \underset{(157)}{R-\overset{\overset{\ominus O}{|}}{\underset{\underset{Y}{|}}{C}}-X} \overset{-X^{\ominus}}{\rightleftarrows} R-\overset{\overset{O}{\|}}{\underset{\underset{Y}{|}}{C}} + X^{\ominus}$$

该反应首先进行一步加成，形成一个所谓的“四面体中间体”(157)，然后再发生消除，整体上实现了一个形式上的取代反应。羧酸衍生物的反应与醛、酮的反应的最大的不同是，羧酸 **237**
衍生物中有一个与酯羰基碳相连的好的离去基团 X(以 X^- 形式离去)，而简单的羰基化合物(醛、酮等)中潜在的离去基团(R^- 或者 H^-)的离去能力很差。对于特定的亲核试剂 Y^-，不同的羧酸衍生物(156，X 不同)的相对反应活性取决于：(i) X 基团对于羰基的相对给电子效应或者吸电子效应；(ii) X 基团的相对离去能力。对于不同的亲核试剂 Y^-，不同的羧酸衍生物的相对活性顺序并不完全一样，但是一般遵循如下的顺序：

$$R\overset{\overset{O}{\|}}{C}-Cl > R\overset{\overset{O}{\|}}{C}-OCOR > R\overset{\overset{O}{\|}}{C}-OR' > R\overset{\overset{O}{\|}}{C}-NH_2 > R\overset{\overset{O}{\|}}{C}-NR'_2$$

例如酰氯或者酸酐能够与醇或者胺反应，可以分别得到酯或者酰胺，酯可以与胺(包括 NH_3)反应得到酰胺。这些反应的逆反应虽然不是不可能，但是通常非常困难。羧酸衍生物的反应活性同样也受 R 基团的电子效应和位阻效应的影响。一个稍微不太常见的离去基团是在卤仿(158)反应中的 $^-CX_3$(参见 **297 页**)，例如 $^-CI_3$。

$$R-\overset{\overset{O}{\|}}{C}-CX_3 \overset{^{\ominus}OH}{\rightleftarrows} R-\overset{\overset{\ominus O}{|}}{\underset{\underset{OH}{|}}{C}}-CX_3 \rightarrow R-\overset{\overset{O}{\|}}{\underset{\underset{OH}{|}}{C}} + {}^{\ominus}CX_3 \rightleftarrows \underset{(158)}{R-\overset{\overset{O}{\|}}{\underset{\underset{O^{\ominus}}{|}}{C}} + HCX_3}$$

这一类反应的速率方程为

$$r=k[\mathrm{RCOX}][\mathrm{Y}^-]$$

此时会怀疑反应是不是直接通过羰基碳原子上的直接的一步(参见 S_N2)取代反应进行的。一般是不可能分离得到四面体中间体(157)的，但是当 R 是强吸电子原子或者基团(参见 Cl_3CCHO，**208 页**)时，是有可能获得四面体中间体(159)形成的证据的。例如，^-OEt(在二丁醚中)对 CF_3CO_2Et(160)进行加成而形成的(159)：

$$\underset{(160)}{CF_3-\overset{\overset{O}{\|}}{C}-OEt} \overset{^{\ominus}OEt}{\rightleftarrows} \underset{(159)}{CF_3-\overset{\overset{\ominus O}{|}}{\underset{\underset{OEt}{|}}{C}}-OEt}$$

这一加成产物能够进行分离(几乎是 100％的产率)和表征，亲核性较差的 H_2O 或者 ROH 则

238 不能对(160)进行加成。从羧酸衍生物(156)到四面体中间体(157)的过程中，羰基碳原子的杂化状态由 sp^2 变成了 sp^3，并且反应决速步的过渡态类似于(157)，因此可以预测该反应对于位阻比较敏感，事实也确实如此(见下文)。

我们已经讨论过碳负离子对酯基加成的反应(克莱森酯缩合反应，见 **229 页**)和 $LiAlH_4$ 对酯基进行还原的反应(见 **214 页**)。以下将会讨论一些其他的对酯进行亲核进攻的反应。

8.6.1 格氏试剂等

格氏试剂对酯(161)的进攻遵循以上提到的一般过程，所以加成/消除($^-OR'$ 作为离去基团)的初始产物是酮(162)。

R—C(=O)—OR' (161) + R″—MgX $\xrightarrow{R''MgX}$ R—C($O^\ominus$)(R″)—OR' $\xrightarrow{-OR'^\ominus}$ R—C(=O)—R″ (162) $\xrightarrow{R''MgX}$ R—C($O^\ominus$ $\overset{\oplus}{Mg}X$)(R″)—R″ (163)

然而，酮(162)比原先的酯(161)更容易接受亲核试剂的进攻，这是因为酯中的烷氧基的给电子共轭效应：

R—C(=$O^{\delta--}$)—R″ ($C^{\delta++}$) (162)　　R—C(=$O^{\delta-}$)—OR' ($C^{\delta+}$) (161)

所以(162)一旦形成，就会和没有反应的酯(161)竞争，更容易与格氏试剂 R″MgX 反应，实际的最终产物是一个三级醇(163)，其中两个烷基来自格氏试剂。意料之中，使用酰氯与格氏试剂反应时也得到三级醇，但当把格氏试剂换成二烷基镉 CdR''_2 时，反应能够停在酮这一步。当在较高温度下使用锂试剂 LiR″代替格氏试剂与酯反应时，反应也能够停在酮这一步。

8.6.2 一些其他亲核试剂

酯的水解反应已经被详细研究过，比如酯(164)在 HO^- 的水溶液中的水解。动力学实验证实这是一个二级反应，^{18}O 的同位素标记实验表明该反应经由了一个酰基氧原子断裂的
239 过程(参见 **47 页**)，即 ^{18}O 仅在 EtOH 中发现。这支持了上述提到的四面体中间体(165)的过程：

R—C(=O)—^{18}OEt (164) $\underset{}{\overset{^\ominus OH}{\rightleftharpoons}}$ R—C($O^\ominus$)(OH)—^{18}OEt (165) $\xrightarrow{-OEt^\ominus}$ R—C(=O)—OH (166) + $^{18}OEt^\ominus$ $\longrightarrow$ R—C(=O)—$O^\ominus$ (167) + $H^{18}OEt$

决速步是 HO^- 在原来的酯(164)上的进攻。这由碱催化的 $MeCO_2Et$ 水解的活化常数所证实：$\Delta H^{\neq}=112\ kJ\ mol^{-1}$，$\Delta S^{\neq}=-109\ J\ K^{-1}mol^{-1}$。$\Delta S^{\neq}$ 相对大的负值表明，在整个反应的决速步[形成(165)]中两个物种($MeCO_2Et + HO^-$)结合(结合的过程)形成过渡态时的平移熵(参见 **35 页**)降低。整个反应是不可逆的，因为 EtO^- 将会从(166)移走一个质子而不是进攻羰基碳原子，而羧酸负离子将不易接受 EtOH 或 EtO^- 的亲核进攻。该机理通常被称为

$B_{AC}2$(碱催化的酰基氧原子的断裂，双分子的)。当亲核进攻的是 RO^-，而不是 HO^-时，会发生转酯化(酯交换)反应，并且得到的是(164)和(168)两种酯的平衡混合物，平衡的位置取决于 EtO^- 与 RO^- 的相对浓度和亲核能力：

$$\underset{(164)}{R-\overset{O}{\overset{\|}{C}}-OEt} \;\overset{^{\ominus}OR}{\rightleftharpoons}\; R-\overset{^{\ominus}O}{\overset{|}{\underset{OR}{\underset{|}{C}}}}-OEt \;\overset{-OEt^{\ominus}}{\rightleftharpoons}\; \underset{(168)}{R-\overset{O}{\overset{\|}{\underset{OR}{\underset{|}{C}}}}} + OEt^{\ominus}$$

HO^-对酰胺 $RCONH_2$ 的进攻过程与上述酯被进攻的过程类似，但是这里离去基团是 H_2N^-，而不是 EtO^-。H_2N^- 从羧酸(166)上移走一个质子，得到更稳定的羧酸负离子(167)和 NH_3，NH_3 在热碱溶液中离去，会使反应向右移动。胺 RNH_2 对酯(如 164)进攻得到酰胺(169)的过程与上述例子非常相似(研究表明，RHN^-、RNH_2 的共轭碱没有参与到对酯的亲核进攻中)：

$$\underset{(164)}{R-\overset{O}{\overset{\|}{C}}-OEt} \;\overset{R'NH_2}{\rightleftharpoons}\; R-\overset{^{\ominus}O}{\overset{|}{\underset{H_2\overset{\oplus}{N}R'}{\underset{|}{C}}}}-OEt \;\overset{R'NH_2}{\rightleftharpoons}\; \underset{(170)}{R-\overset{^{\ominus}O}{\overset{|}{\underset{HNR'}{\underset{|}{C}}}}-OEt} \;\xrightarrow[\text{慢}]{BH}\; \underset{(169)}{R-\overset{O}{\overset{\|}{\underset{HNR'}{\underset{|}{C}}}}} + HOEt + B^{\ominus}$$

慢的决速步看上去是(170)上离去基团的离去，通常这需要质子给体 BH，如 H_2O 的辅助。 240

酰氯 RCOCl 可以被相对较弱的亲核试剂进攻，如 H_2O、ROH。这里的问题是，对于离去性比较好的离去基团 Cl^-，酰氯的反应是经历了一步的“S_N2 类型”(参见 **78 页**)的过程(该过程包含 Y^- 的进攻和 Cl^- 的离去同时发生的过渡态)，还是经历了“S_N1 类型”(参见 **79 页**)的过程(该过程中决速步是 $RCOCl \longrightarrow RCO^+Cl^-$，随后是 Y^-对酰基正离子 RCO^+ 的快速进攻)？事实上，酰氯的大多数反应均可能经由一个相似的“四面体中间体”的途径，虽然可能会有一些例外。

酸酐$(RCO)_2O$ 通常可以与弱的亲核试剂反应，虽然比酰氯的反应速率慢；其经历的反应过程既不是“S_N1 类型”，也不是“S_N2 类型”。对一个亲核试剂，酸酐的反应性处于酰氯和酯的中间，反映了离去基团的离去能力顺序如下：

$$Cl^- > RCO_2^- > RO^-$$

8.6.3 酸催化的反应

对于一般类型的亲核试剂 Y^-，很难对 RCO_2H 的羰基碳原子发生有效的进攻，因为它们通常会移走羧酸的一个质子，而生成的 RCO_2^- 不易接受亲核进攻。YH 类型的弱的亲核试剂，如 ROH，不会产生这种问题，但是它们与反应性低的 RCO_2H 的羰基碳原子反应很慢。然而，羰基的活性可以通过质子化提高，如酸催化的酯化反应[(171) →(172)]：

$$\underset{(171)}{R-\overset{O}{\overset{\|}{C}}-OH} \underset{}{\overset{H^{\oplus}}{\rightleftharpoons}} \underset{(173)}{R-\overset{HO}{\overset{|}{C^{\oplus}}}-OH} \underset{\text{慢}}{\overset{EtOH}{\rightleftharpoons}} \underset{(175)}{R-\overset{HO}{\overset{|}{\underset{\underset{\oplus}{HOEt}}{C}}}-OH}$$

$$\underset{(172)}{R-\overset{O}{\overset{\|}{\underset{OEt}{C}}}} \overset{-H^{\oplus}}{\rightleftharpoons} \underset{(174)}{R-\overset{HO^{\oplus}}{\overset{\|}{\underset{OEt}{C}}}} \overset{-H_2O}{\rightleftharpoons} \underset{(176)}{R-\overset{HO}{\overset{|}{\underset{OEt}{C}}}-\overset{\oplus}{O}H_2}$$

241 NMR 实验证实，不论是正向的羧酸(173)的酯化反应还是逆向的酯(174)的水解反应，质子化都优先发生在羰基氧上。酸催化剂同时也具有促进离去基团离去的作用。比如，酯化反应中从(176)中离去 H_2O 或者水解反应中从(175)中离去 EtOH 都比从(165)上离去 EtO^- 要容易。决速步中四面体中间体的形成[(174)→(176)，水解反应]被反应的活化参数（$\Delta H^{\neq}=75\ \text{kJ mol}^{-1}$，$\Delta S^{\neq}=-105\ \text{J mol}^{-1}\ \text{K}^{-1}$，参见 **239 页**）所证实，这些活化参数是从酸催化的乙酸乙酯的水解反应中得到的。可以通过添加过量的醇(对于水解反应是添加过量的水)来使反应的平衡向期望的方向移动。这个机理通常被称为 $A_{AC}2$(酸催化的酰氧键断裂过程，双分子的)。酸催化下醇 R′OH 和酯 RCO_2R''的反应称为酯交换反应，反应的平衡位置取决于两个醇(R′OH 和 R″OH)的相对比例。酸催化下酸酐或者酰胺的水解机理与酯的水解机理几乎一样。

对于一个酯 RCO_2R'，当烷氧基上的烷基 R′能够形成稳定的碳正离子时，比如(178)→(177)，酸催化的水解反应将经历一个烷氧键断裂的过程，这一结果被^{18}O 的同位素标记实验所证实。

$$\underset{(178)}{R\overset{O}{\overset{\|}{C}}-{}^{18}OCMe_3} \overset{H^{\oplus}}{\rightleftharpoons} R\overset{HO}{\overset{|}{\underset{\oplus}{C}}}-{}^{18}O-CMe_3 \overset{\text{慢}}{\rightleftharpoons} \underset{(177)}{R\overset{HO}{\overset{|}{C}}={}^{18}O + {}^{\oplus}CMe_3}$$

$$\underset{(180)}{R\overset{HO}{\overset{|}{C}}={}^{18}O + HO-CMe_3} \overset{-H^{\oplus}}{\leftrightarrows} \underset{(179)}{R\overset{HO}{\overset{|}{C}}={}^{18}O + H_2\overset{\oplus}{O}-CMe_3} \quad (H_2O)$$

酸催化的乙酸叔丁酯 $MeCO_2CMe_3$ 的水解反应的活化参数为：$\Delta H^{\neq}=112\ \text{kJ mol}^{-1}$，$\Delta S^{\neq}=55\ \text{J mol}^{-1}\ \text{K}^{-1}$。此时活化熵 $\Delta S^{\neq}$的值是大于零的(表明决速步中形成过渡态时平移熵增加了)，说明这一步是一个解离的过程，即如上图中所示的质子化的乙酸叔丁酯分解为一分子乙酸和一分子叔丁基正离子(177)的过程。这一机理被称为 $A_{AL}1$(酸催化的烷基-氧键断裂过程，单分子的)，Ph_2CH 类型的烷基酯也发生同样的过程。当使用醇(R′OH)和乙酸叔丁酯(178)进行酯交换反应时，产物并不是期望的酯 RCO_2R'，而是酸 RCO_2H 和醚 $R'OCMe_3$。该醚是通过醇对叔丁基碳正离子(177)的进攻所得，参见水将(177)转化为(179)的过程。

当烷酰基中的烷基(RCO_2R'中的 R)位阻足够大，比如是一个三级烷基(R_3C，181)时，
242 通过四面体中间体进行的双分子水解反应也是难以进行的(因为过渡态非常拥挤)。这时反应

将按另一个更少见的酸催化的酯水解机理进行——$A_{AC}1$(酸催化的酰氧键断裂，单分子的)。它只可以在离子化能力非常强的溶剂中进行：

$$R_3C\overset{O}{\overset{\|}{C}}-\ddot{O}R' \underset{}{\overset{H^{\oplus}}{\rightleftharpoons}} R_3C\overset{O}{\overset{\|}{C}}-\underset{\oplus H}{O}R' \underset{慢}{\overset{-R'OH}{\rightleftharpoons}} R_3C\overset{O}{\overset{\|}{C}}{}^{\oplus} + HOR'$$

(181) (183) (184)

$\updownarrow H_2O$

$$R_3C\overset{O}{\overset{\|}{C}}-OH + R'OH \overset{-H^{\oplus}}{\rightleftharpoons} R_3C\overset{O}{\overset{\|}{C}}-\overset{\oplus}{O}H_2 + HOR'$$

(182) (185)

完全相同的考虑也适用于逆反应过程，即酸催化的具有位阻的酸(182)的酯化反应。需要注意的是，这种机理需要在(185)的不利于质子化的羟基氧原子(参见 **240 页**)上进行质子化，从而产生酰基碳正离子中间体(184)。除上述一系列的 R_3C 类型外，一个众所周知的例子就是 2,4,6-三甲基苯甲酸(186)，它在通常条件下不能发生酯化，并且它形成的酯(187)也不会水解。将酸或酯溶解在浓硫酸中，然后将溶液倒入冷的醇或水中，可以分别观察到基本定量的酯化或水解产物。这些反应都经历了酰基正离子(188)的过程：

(186) $\underset{H_2O}{\rightleftharpoons}$ (188) $\overset{MeOH}{\rightleftharpoons}$ (187)

将小位阻的苯甲酸(189)溶解在浓硫酸中，会导致凝固点降低 2 倍，这个现象为中间体(188)的形成提供了证据：

$$Ph\overset{O}{\overset{\|}{C}}-OH + H_2SO_4 \rightleftharpoons Ph\underset{\oplus}{\overset{OH}{\overset{|}{C}}}-OH + HSO_4^{\ominus}$$

(189) (190)

将具有位阻的酸(186)溶解在浓硫酸中，会导致凝固点降低 4 倍： 243

$$ArCO_2H + 2H_2SO_4 \rightleftharpoons Ar\overset{\oplus}{C}=O + H_3O^{\oplus} + 2HSO_4^{\ominus}$$

(186) (188)

此外，如果将 2,4,6-三苯基酯(187*a*)溶解在浓硫酸中，可以马上观察到 1,3-二苯基芴酮的明亮颜色。这是通过酰基正离子(188*a*)的关环反应(分子内的傅-克反应)实现的：

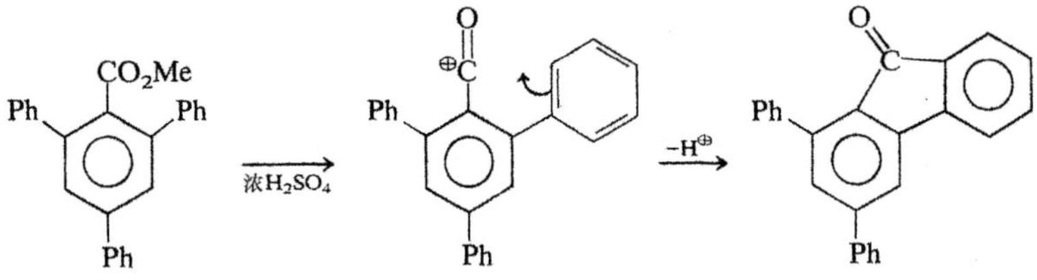

Ph, Ph, Ph, CO_2Me —浓 H_2SO_4→ Ph, Ph, $\oplus$C=O —$-H^{\oplus}$→ Ph, Ph

(187*a*)　　(188*a*)　　1,3-二苯基芴酮

如果三取代的酸(186)在正常的位置发生质子化(在羰基氧原子上，参见 **190 页**)，芳环上邻位的两个大体积的 Me 基团会迫使两个相邻的羟基处于与芳环平面基本垂直的平面上，例如(190*a*)：

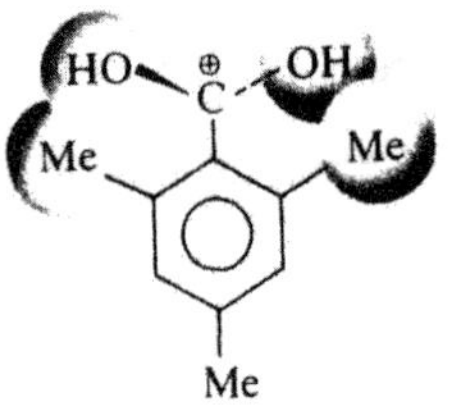

HO, $\oplus$C, OH, Me, Me, Me

(190*a*)

因此，利用亲核试剂，如甲醇对上述的碳正离子(190*a*)的亲核进攻从所有方向都被阻止了。与此相比，(186)的羟基氧原子会发生非正常的质子化(参见 **185 页**)，可以通过失去水而形成平面的酰基正离子(188)。MeOH 将会对从与环平面垂直的任意一边实现对碳正离子的容
244 易的、不受阻的进攻。$A_{AC}2$ 和 $A_{AC}1$ 这两种不同的路径分别是(i)苯甲酸和(ii)2,4,6-三甲基苯甲酸的简单酯在酸催化下的水解过程，这也分别被相关的活化参数所证实：

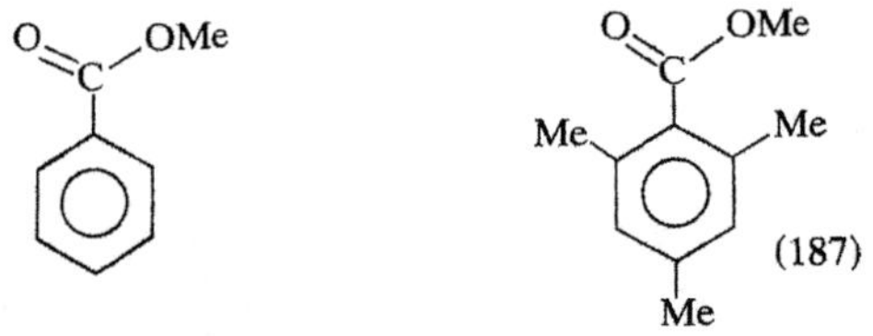

	O=C(OMe)–Ph	O=C(OMe)–2,4,6-Me₃C₆H₂ (187)
$\Delta H^{\neq}/(\text{kJ mol}^{-1})$:	79	115
$\Delta S^{\neq}/(\text{J K}^{-1}\text{ mol}^{-1})$:	−110($A_{AC}2$)	+57($A_{AC}1$)

这种反应途径变化的主要因素是立体效应，如下两个底物的反应机理也能说明，即酸(191)和(192)，以及它们的简单酯会通过正常的 $A_{AC}2$ 机理分别发生酯化/水解反应：

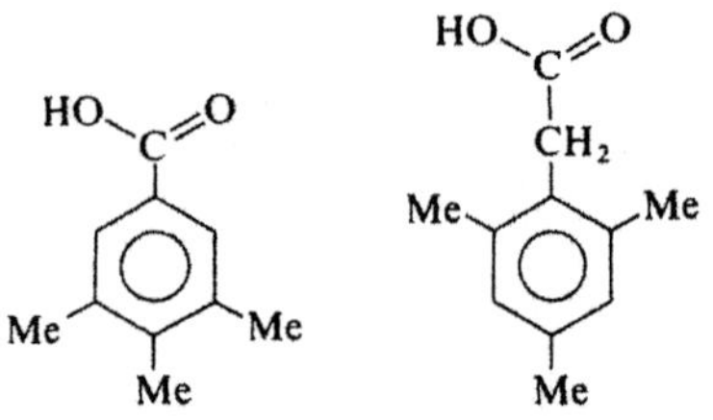

HO–C=O, Me, Me, Me　　HO–C=O, CH_2, Me, Me, Me

(191)　　(192)

8.7 碳氮叁键的加成

C≡N 的连接方式与 C=O 的连接方式有着明显的相似之处，

$$\underset{(193a)}{RC\equiv N} \leftrightarrow \underset{(193b)}{R\overset{\oplus}{C}=\overset{\ominus}{N}} \quad \text{如} \quad \underset{(193ab)}{R\overset{\delta+}{C}\overset{\delta-}{\equiv N}} \equiv RC\equiv N$$

并且可能发生一系列类似的亲核加成反应。例如，当格氏试剂对其加成，会得到酮亚胺的盐(194)，随后可以被水解得到酮(195)：

$$\underset{(193)}{RC\equiv N \atop R'\text{—}MgX} \longrightarrow \underset{(194)}{R\underset{R'}{C}=N^{\ominus}\overset{\oplus}{Mg}X} \xrightarrow{H^{\oplus}/H_2O} \underset{(195)}{R\underset{R'}{C}=O}$$

然而，当底物是 RCH_2CN 时，格氏试剂趋向于从 CH_2 基团上去除一个质子，从而发生更加复杂的反应。用 $LiAlH_4$(参见 **214 页**)可以将其还原成 RCH_2NH_2，在 NH_4Cl 存在下，NH_3 可以对(193)加成得到脒的盐 $RC(NH_2)=NH_2^+Cl^-$。酸催化的醇的加成，例如乙醇，产生 245
亚胺醚的盐(196，参见半缩醛，**209 页**)：

$$\underset{(193)}{RC\equiv N} \overset{H^{\oplus}}{\rightleftharpoons} R\overset{\oplus}{C}=NH \underset{H\ddot{O}Et}{} \overset{EtOH}{\rightleftharpoons} R\underset{H\overset{\oplus}{O}Et}{C}=NH \rightleftharpoons \underset{(196)}{R\underset{OEt}{C}=\overset{\oplus}{N}H_2}$$

水的加成(水解)可以在酸催化或碱催化条件下进行：

$$\underset{(193)}{RC\equiv N} \overset{H^{\oplus}}{\rightleftharpoons} R\overset{\oplus}{C}=NH \overset{H_2O}{\rightleftharpoons} R\underset{OH}{C}=NH \rightleftharpoons \underset{(197)}{R\underset{O}{\overset{\|}{C}}-NH_2}$$

$$RC\equiv N \overset{^{\ominus}OH}{\rightleftharpoons} R\underset{OH}{C}=N^{\ominus} \overset{H_2O}{\rightleftharpoons} R\underset{OH}{C}=NH$$

最初的产物是酰胺化合物(197)，它随后也会经历酸或碱催化的水解过程(见上)，实际的产物经常是羧酸 RCO_2H，或是它的负离子。

246 # 第9章 消除反应

消除反应是指，从一个分子移除两个原子或者基团，且没有被其他原子或者基团取代的过程。对于大部分消除反应，失去的原子或者基团往往来自两个相邻的碳原子，其中一个常常是质子，另外一个是亲核基团 Y：或者 Y^-，最后的结果是形成一个多重键，即发生 1，2-(或者 α，β-)消除：

$$H-\overset{|}{\underset{|}{C}}{}^{\beta}-\overset{|}{\underset{|}{C}}{}^{\alpha}-Y \xrightarrow{-HY} \rangle C=C\langle \qquad \overset{H}{\rangle} C=C \underset{Y}{\langle} \xrightarrow{-HY} -C\equiv C-$$

发生在碳之外的原子上的消除也是已知的：

$$\underset{H}{\overset{Ar}{\rangle}}C=\ddot{N}-OCOMe \xrightarrow{-MeCO_2H} ArC\equiv N \qquad R-\underset{CN}{\overset{H}{C}}-\overset{H}{O} \xrightarrow{-HCN} R-\overset{H}{C}=O$$

同样已知的还有，消除发生在同一个原子上的反应，即 1，1-(α-)消除(参见 **266 页**)；当发生消除的两个原子距离比 1，2 位更远时，发生比如 1，4-加成(参见 **195 页**)的逆过程；以及可以导致环化的 1，5-和 1，6-消除。然而，1，2-消除是存在最普遍，也是最重要的消除反应，因此下面大部分的讨论将围绕它而展开。

247 ## 9.1 1，2-(β-)消除反应

在涉及碳原子(大部分情况)的 1，2-消除的反应中，消除基团 Y 连接的碳原子通常被指定为 1-(α-)碳原子，消除基团 H 原子连接的碳原子通常被指定为 2-(β-)碳原子；在较老的 αβ-术语中，α-通常被省略，所以这类反应一般被定义为 β-消除。在最熟悉的例子中，碱诱导的烷基卤化物消除卤化氢的反应几乎是最常见的消除反应，尤其是溴化物(1)的消除反应：

$$\underset{(1)}{RCH_2CH_2Br} \xrightarrow{^{\ominus}OH} RCH=CH_2 + H_2O + Br^{\ominus}$$

以及酸催化的醇(2)的脱水反应：

$$\underset{(2)}{RCH_2CR_2OH} \xrightarrow{H^{\oplus}} RCH=CR_2 + H_3O^{\oplus}$$

和四级季铵盐氢氧化物(3)的霍夫曼消除反应：

$$\underset{(3)}{RCH_2CH_2\overset{\oplus}{N}Me_3\,^{\ominus}OH} \rightarrow RCH=CH_2 + H_2O + NMe_3$$

已知的很多其他的离去基团有 SR_2、SO_2R、OSO_2Ar 等。当然，1,2-消除反应也是制备烯烃的主要途径。

1,2-消除反应被设想有 3 种不同的简单机理，它们的不同点在于 H—C 键和 C—Y 键断裂的时间。第一种是：(i)协同的机理，

$$B\colon + R_2CH\text{—}CH_2Y \rightarrow \left[\overset{\delta+}{B}\cdots H\cdots R_2C\cdots CH_2\cdots Y^{\delta-}\right]^{\ddagger} \rightarrow BH^{\oplus} + R_2C{=}CH_2 + Y^{\ominus}$$

(4)

即是经过单一过渡态(4)的一步过程。这种情况被定义为 E2 消除机理(双分子消除)，它一定程度上使人想起 S_N2 反应(参见 **78 页**)。还有可能的情况是 H—C 键和 C—Y 键的断裂是分步进行的两步过程。这时又会有两种情况，分别是：(ii)如果 C—Y 键先断裂，则会产生含有碳正离子的中间体(5)，

$$H_2CH\text{—}CR_2Y \underset{k_{-1}}{\overset{k_1}{\rightleftarrows}} H_2CH\text{—}\overset{\oplus}{C}R_2 + Y^{\ominus} \xrightarrow[B\colon]{k_2} BH^{\oplus} + H_2C{=}CR_2 + Y^{\ominus}$$

(5)

这种情况被定义为 E1 消除机理(单分子消除)，这让人想起了 S_N1 反应(参见 **79 页**)，当然，S_N1 和 E1 反应的碳正离子中间体是相同的。最后是：(iii)如果 H—C 键最先被断裂，则会产生含有碳负离子的中间体(6)， 248

$$B\colon + X_2CH\text{—}CH_2Y \underset{k_{-1}}{\overset{k_1}{\rightleftarrows}} BH^{\oplus} + X_2\overset{\ominus}{C}\text{—}CH_2Y \xrightarrow{k_2} BH^{\oplus} + X_2C{=}CH_2 + Y^{\ominus}$$

(6)

这种情况被定义为 E1cB 机理[从共轭碱上的消除，即(6)]。按照这 3 种机理进行消除反应的例子都有报道，其中经历 E1cB 的反应最少，经历 E2 的反应可能最常见。现在这 3 种机理会被轮流讨论，但是需要意识到的是它们仅代表有限的情况(参比 S_N1 和 S_N2)。事实上，人们实际观察到的是在键断裂的相关时间内反应机理的连续变化。

9.2 E1 机 理

在这种普遍的情况中，碳正离子，例如(5)的形成是缓慢的，并且是决速步(即 $k_2 > k_{-1}$)。以溴化物 $MeCH_2CMe_2Br$ 为例，其速率方程为

$$r = k[MeCH_2CMe_2Br]$$

形成碳正离子后，从(8)上发生快速的、非决速步的质子消除过程(通常与溶剂分子作用，此例中是 EtOH)，从而得到产物(7)，完成整个反应：

$$\underset{(9)}{MeCH_2C(Me)_2{-}OEt} \xleftarrow[S_N1]{EtOH} \underset{(8)}{MeCH_2\overset{\oplus}{C}Me_2} \xrightarrow[E1]{EtOH} \underset{(7)}{MeCH{=}CMe_2}$$

这种 E1 溶剂离解的消除反应从动力学上是无法与双分子消除(E2)反应区分开的。因为在 E2 反应中，EtOH 扮演着碱的角色，[EtOH]在 E2 的速率方程中是保持不变的，

$$r=k[MeCH_2CMe_2Br][EtOH]$$

向体系中加入少量的溶剂的共轭碱，经常可以将两者区分开，例如，在该例中可以加入 EtO^-。如果没有观察到明显的速率变化，反应就不可能是按照 E2 机理进行的。因为如果 EtO^- 作为碱没有参与到反应中，那么碱性更弱的 EtOH 就更不可能参与到反应中了。

249 碳正离子(8)与发生 S_N1 溶剂解的中间体相同(见 **79 页**)，并且经历 S_N1 过程生成取代产物(9)的反应常会与 E1 消除反应形成竞争。无论何种离去基团 Y^-，对于一个给定的烷基基团，$E1/S_N1$ 的速率比是一个常数，这个事实为两个过程有着一个共同的中间体提供了一定的证据。然而，从(8)得到产物(7)或者(9)的两个过程经历了不同的过渡态，影响消除与取代的因素后续会进行讨论(见 **260 页**)。

与促进双分子消除反应(E2)的因素相反，促进单分子消除的因素与促进 S_N1 反应的因素相同：(i) 底物中能够增加碳正离子稳定性的烷基；(ii) 一个使离子溶剂化的离子化溶剂。其中(i) 可以通过以下事实反映出来，对于卤化物，E1 消除反应按如下规律增加：

一级＜二级＜三级

以上反映了生成的碳正离子的相对稳定性，一级卤化物几乎不会经历 E1 消除过程。在 β-碳原子上存在支链时也会有利于 E1 消除反应。例如，$MeCH_2CMe_2Cl$ 的消除只能产生 34％的烯烃，然而 Me_2CHCMe_2Cl 的消除可以得到 62％的烯烃。这可能是因为相比于前者，Me_2CHCMe_2Cl 能够生成取代基更多、热力学更加稳定(参见 **26 页**)的烯烃。在 E1 消除反应中，当碳正离子(8)可以通过消除不同的 β-质子而得到不止一种烯烃产物时，此时控制消除区位的主要因素[札依采夫(Saytzev)消除，**256 页**]就是上述所讲的生成取代更多和热力学更稳定的产物：

$$\underset{(10)}{MeCH_2{-}C(=CH_2)Me} \xleftarrow[-H^{\oplus}]{②} \underset{(8)}{Me\underset{①H}{C}H{-}\overset{\oplus}{C}(CH_2H②)Me} \xrightarrow[-H^{\oplus}]{①} \underset{(7)}{MeCH{=}CMe_2}$$

因此，在上述消除产物中含有 82％的(7)。然而，最初碳正离子中间体在失去质子之前可能会发生重排反应，从而产生一些意料之外的烯烃。前面说明 E1 消除反应涉及的是解离的碳正离子，实际中经常是含碳正离子的离子对，其结合紧密程度取决于溶剂的性质(参见 S_N1，**90 页**)。

9.3 E1cB机理

如预期的那样，如果按照这种途径，碳负离子中间体(6)的形成是快速且可逆的，而随后失去离去基团 Y^- 是慢的决速步，即 $k_{-1}>k_2$，此时反应遵守如下速率方程： 250

$$r=k[RY][B]$$

其在动力学上与协同的 E2 消除途径是无法区分的。然而，通过观察未反应的底物和溶剂之间的同位素交换[产生于快速的、可逆的碳负离子(6)的形成中]情况，可以与 E2 途径进行区分，因为在协同的一步的 E2 过程中是不会发生上述的同位素交换现象的。一个很好的用来检测上述结论的例子是 $PhCH_2CH_2Br$(11)，其中苯基在β-碳原子上时，能够提高β-H 原子的酸性，同时由于离域作用能够稳定产生的碳负离子(12)：

EtO⊖ H–PhCH—CH2Br (11) ⇌(⊖OEt / EtOH) PhCH⊖—CH2Br (12) →(慢) PhCH=CH2 (13)

(12) ⇌(EtOD / ⊖OEt) PhCD—CH2Br (14)

反应是在含有 EtO^- 的 EtOD 溶液中进行的，并且当(11)大约有一半转化成(13)后再重新分离出来，发现并没有氘被引入到(11)中，即没有(14)生成。同时也发现烯烃(13)中也不含有任何的氘[可能是由(14)消除得到的]。虽然我们还没有排除 $k_2 \gg k_{-1}$ 的情况，即本质上不可逆地形成碳负离子，但以上描述的这种情况是不会在 E1cB 的途径中发生的。

实际上经历这种碳负离子途径的反应过程是非常少见的，但这不足为怪，因为计算显示对于 E2 途径的活化能比 E1cB 途径更加有利，大多数情况下将近有利 30～60 kJ mol^{-1}(7～14 kcal mol^{-1})[步骤 2 的逆过程需要 Y^- 对于 C═C 的加成，当然这不容易发生]。然而，一个涉及后者这种途径的例子就是 X_2CHCF_3(15，X ＝卤原子)：

B:↷H–X_2C^{β}—$C^{\alpha}F_2$F (15) ⇌(快) $X_2\overset{\ominus}{C}$—CF_2F (16) →(慢) X_2C=CF_2 (17)

这要归因于底物具有以下的有利因素：(i)β-碳原子上的电负性的卤原子使得β-H 的酸性更强；(ii)碳负离子(16)上的卤原子可以通过吸电子效应稳定该碳负离子；(iii)F 是一个弱的离去基团。在 E1cB 反应中不同的 Y 基团的相对离去能力排列如下： 251

$$\mathrm{PhSO_2CH(H{\cdot}\cdot B)\text{—}CH_2Y \rightleftarrows PhSO_2\overset{\ominus}{C}H\text{—}CH_2Y \rightarrow PhSO_2CH{=}CH_2}$$

(18) (19)

Y: PhSe > PhO > PhS ≈ $PhSO_2$ > PhSO > MeO ≫ CN

然而，这种观测到的离去能力顺序与 YH 的 pK_a 值不相关，也不与 C—Y 键的强度以及 Y 的极化能力相关！很明显，基团的离去能力即使在这种简单反应中也是由各种非常复杂的因素导致的。

E1cB 途径的其他例子是：由 C_6H_5F 形成苯炔(参见 **174 页**)的过程；对 C ═O 简单亲核加成反应的逆过程，例如，碱诱导从氰醇上消除一分子的 HCN(20，参见 **212 页**)；

$$\mathrm{B{:}\ H\text{—}O\text{—}CR_2(CN) \rightleftarrows {}^{\ominus}O\text{—}CR_2(CN) \rightarrow O{=}CR_2 + {}^{\ominus}CN}$$

(20)

以及碱诱导的羟醛失水反应来合成 α，β-不饱和羰基化合物(参见 **225 页**)。

9.4 E2 机理

迄今为止，最常见的消除机理就是一步协同的 E2 反应机理，例如，碱诱导的从卤化物 RCH_2CH_2Br(21)上消除一分子 HBr，其反应速率：

$$r=k[RCH_2CH_2Br][B]$$

B 通常是亲核试剂，也是碱，消除反应通常伴随着一步的协同的 S_N2 亲核取代反应(参见
252 **78 页**)：

E2:

$$\mathrm{B{:}\ H\text{—}RCH\text{—}CH_2Br \rightarrow \left[\overset{\delta+}{B}\cdots H\cdots RCH{\cdots}CH_2\cdots Br^{\delta-}\right]^{\ddagger} \rightarrow BH^{\oplus} + RCH{=}CH_2 + Br^{\ominus}}$$

(21) (22)

S_N2:

$$\mathrm{B{:} + RCH_2CH_2Br \rightarrow \left[RCH_2CH_2(\cdots B^{\delta+})(\cdots Br^{\delta-})\right]^{\ddagger} \rightarrow RCH_2CH_2B^{\oplus} + Br^{\ominus}}$$

(21) (23)

随后会讨论影响消除反应与取代反应的因素(见 **260 页**)。当将 β-碳上的 H 用 D 取代时，能够观察到一级动力学同位素效应(参见 **46 页**)，这说明 C—H 键的断裂包含在决速步骤中，这也是协同机理的要求。

并不奇怪，所使用的碱的强弱是影响 E2 反应速率的因素之一，因此我们发现

$$^{-}NH_2 > ^{-}OR > HO^{-}$$

利用 ArO^- 型碱可以进行一些相关的研究，即可以研究碱性变化时对反应的影响，而同时随着碱强度变化（通过在 $C_6H_5O^-$ 上引入对位取代基）又不会引起碱的立体位阻的变化。对于给定的一个碱，当把反应从含羟基的溶剂，例如水或乙醇转移到一种极性非质子性溶剂，例如 $HCONMe_2$（DMF）或者 $Me_2S^+—O^-$（DMSO）中进行反应时，反应速率会明显提高，因为碱的强度，例如 HO^-、RO^-，被大大地增强了。碱性增强是因为在后一种溶剂中，碱不会被氢键型的溶剂分子所包围，而这种氢键型溶剂分子在碱发挥作用前需要先被剥离（参见在 S_N2 反应中对亲核性的影响，**81 页**）。这种溶剂的变化，可能会引起一些底物/碱组合的反应机理由 E1 变化到 E2。

为了解释 R—Y 中 Y 的变化（R 保持不变）对反应速率的影响，我们需要考虑：(i)任意 Y 对 C—H 键断裂的影响（E2 是协同的反应）；(ii)C—Y 键的强度；(iii)Y^- 的稳定性，反映在 H—Y 的 pK_a 值中。因此，预测 Y 作为离去基团的相对能力不是很容易！如果与 R—Y 的碳原子直接相连的 Y（在 Y—H 中是和 H 相连）中的原子在反应中没有变化，例如氧原子，那么 R—Y 的反应速率与 H—Y 的 pK_a 的负值之间的相关性并不很差。含氧酸的酸性越强，那么氧负离子作为离去基团的离去能力就越好。因此，p-$MeC_6H_4SO_3^-$ 是一个比 HO^- 更好 253
的离去基团，这反映了 p-$MeC_6H_4SO_3H$ 比 H_2O 的酸性强。如果与 R—Y 的碳原子直接相连的 Y（在 Y—H 中是和 H 相连）中的原子不是一样的话，这种与 pK_a 值的负相关就不存在了。C—Y 键强度的重要性（而不是 H—Y 的 pK_a 值）可以通过 $PhCH_2CH_2Hal$ 与 ^-OEt/EtOH 的相对速率序列进行证实：

	$PhCH_2CH_2F$	$PhCH_2CH_2Cl$	$PhCH_2CH_2Br$	$PhCH_2CH_2I$
相对速率:	1	70	$4{\cdot}2 \times 10^3$	$2{\cdot}7 \times 10^4$

在过渡态（例如 22）中，形成的 Y^- 通过氢键或者其他方式产生初始的溶剂化作用，该溶剂化作用在决定离去基团的离去能力时起到一定的作用，并且该作用的大小顺序与 HY 的酸性强度以及 C—Y 键的键强可能相关，也可能不相关。对于一系列不同的 Y^-，溶剂的改变能够改变离去基团的相对离去能力。

最后，能够促进 E2 消除反应的底物的结构特征是能够稳定形成的烯烃，或者尤其是稳定形成烯烃之前的过渡态。这些特征包括在 α-和 β-碳原子上增加烷基取代（能够增强烯烃的热力学稳定性），或者是引入苯基，从而能与形成的双键共轭。

9.4.1 E2 反应中的立体选择性

非环状分子消除可以设想通过两个极限构象中的一个或者另一个发生，这两个极限构象是反式共平面构象（24a）或者顺式共平面构象（24b）：

(24a) —HY→ (25)　　(24b) —HY→ (26)

当消除反应中的 H、C^β、C^α 和 Y 在同一个平面内时，有一个明显的优势，即 C^β 和 C^α 上将

要形成的 p 轨道以及将要离去的 H^+ 和 Y^- 是分别平行的，因此形成的 π 键能够达到最大限
254 度的重叠。碱 B 从这个共同的平面上进攻，在能量上也是有利的。我们已经知道采取平面的构象发生消除反应是有利的，那么剩下的问题就是构象(24*a*)和(24*b*)哪一个更加有利。

以下三方面可以支持反应是由反式共平面的构象发生的：(i)消除从低能量的"交叉式"构象(24*a*)发生，而不是高能量的"重叠式"构象(24*b*，参见 **7 页**)，并且这种能量的差异可以反映到过渡态中；(ii)在过渡态中进攻的碱 B，和将要离去的离去基团 Y^- 离得越远越好；(iii)由 C—H 键断裂而形成的电子对将会从即将断裂的 C—Y 键的电子对相反方向进攻 α-碳原子(参见在 S_N2 反应中更有利的背面进攻)。然而，(i)似乎是这些特征中最重要的。因此我们更倾向于 H 和 Y 的反式(*anti*)消除(来自于 24*a*)，而不是顺式(*syn*)消除(来自于 24*b*)。

对于以上所提及的(24)中，C^α 和 C^β 都是手性碳，那么从两种不同的构象消除会生成不同的产物：经(24*a*)消除会生成反式烯烃(25)，经(24*b*)消除会生成顺式烯烃(26)。因此，知道了最初非对映异构体的构象(例如 24)，并且确立已经形成的产物几何异构体的构象，我们就能确定消除反应的立体选择性。在大多数简单的非环状例子中，发现反式消除非常有利，例如，在最简单的体系中，可以立体化学区分的(26)和(27)：

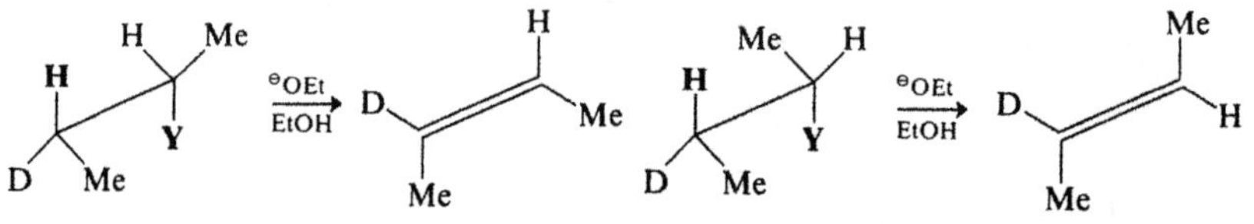

(26) (28) (27) (29)

对于 Y＝Br、Ts 或者 NMe_3^+，消除反应是 100％的反式立体选择性，即由(26)只能得到(28)，以及由(27)只能得到(29)。然而，也存在很多例外，如长链 $^+NR_3$ 型化合物，可能会通过四级氢氧化铵离子对(30)和 β-H 处于顺式的环状过渡态发生消除反应：

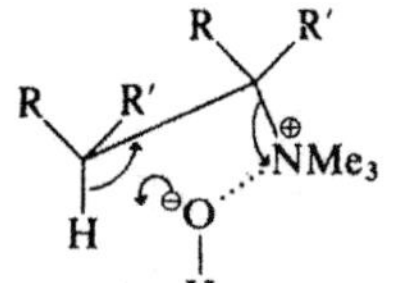

(30)

255 在一定程度上，立体选择性会受到溶剂的极性以及对离子的溶剂化能力的影响。

在环状化合物中，消除反应的发生在很大程度上受到环的相对刚性的影响。对于一系列大小不同的环的消除反应，从环状化合物$(CH_2)_n$CHY 中消去一分子 HY，观察到的立体选择性如下：

环大小	顺式消除占比/(%)
环丁基	90
环戊基	46
环己基	4
环庚基	37

对于环戊基化合物，相对较差的立体选择性反映在顺式异构体(31)和反式异构体(32)的消除反应中。对于(31)和(32)中的任何一个，如果是 E2 消除，那么就会产生相同的烯烃(33)。(31)经历了顺式消除，(32)经历了反式消除：

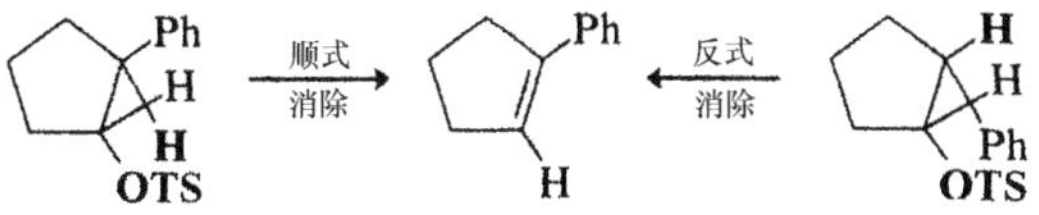

(31) —顺式消除→ (33) ←反式消除— (32)

其中反式消除[(32)→(33)]比顺式消除[(31)→(33)]反应仅仅快了 14 倍，这反映了扭曲环[使得(32)的消除基团处于反式共平面]所需要的能量几乎超过了通常的一般交叉构象与重叠构象[即(31)]的能量差。

环己基体系中观察到的明显的反式立体选择性，表明从反式双直立键构象(34)消除具有明显的优势：

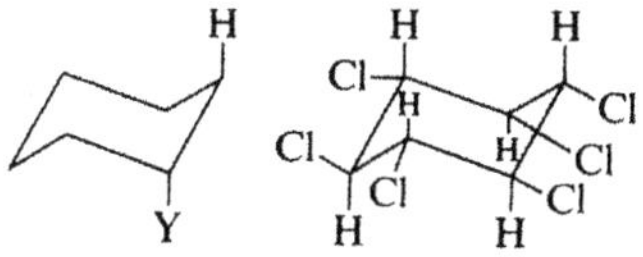

(34) (35)

六氯环己烷 $C_6H_6Cl_6$ 的几何异构体中，发现其中一个消除 HCl 反应的速率比其他的低(7～24)$\times 10^3$ 倍，发现这个异构体是(35)，它不能采取上述提到的反式双直立键构象。

9.4.2 E2 反应的区位：札依采夫与霍夫曼消除 256

在含有多个 β-H 原子的底物中，消除反应可能给出不止一种烯烃，例如，对于(36)存在两种可能：

	Y = Br	$\overset{\oplus}{S}Me_2$	$\overset{\oplus}{N}Me_3$
① $MeCH_2CH{=}CH_2$ (37)	19%	74%	95%
② $MeCH{=}CHCH_3$ (38)	81%	26%	5%

(36) $MeCH(H^{②})-CH(Y)-CH_2(H^{①})$，$^{\ominus}OEt$

为帮助预测哪种烯烃更容易生成，长期以来总结出以下两条经验规则：(i)霍夫曼(1851；研究 RN^+Me_3 类型化合物，例如，$Y={}^+NMe_3$)认为，在双键碳原子上，含有最少烷基取代基的烯烃是主要的，例如上述的(37)；(ii)札依采夫(1875；研究 RBr 型化合物，例如，Y=Br)认为，在双键碳原子上，含有最多烷基取代基的烯烃是主要的，例如上述的(38)。上面引用的数据表明，以上两种归纳都是有效的。显然，通过消除得到的烯烃混合物的组成受离去基团 Y 本身的性质影响，因此需要解释这种影响是如何产生的。

当 Y 是中性(例如，Y=OTs 等等，Br 也一样)时倾向于发生札依采夫消除，从而生成更加稳定(即取代基更多，参见 **26 页**)的烯烃。可以合理地推测，在一步的 E2 反应中，反应经历的过渡态中已经有了相当大的“烯烃的性质”，因此烷基取代基能够表现出很好的稳定(降低能量)过渡态的作用，例如(38*a*)：

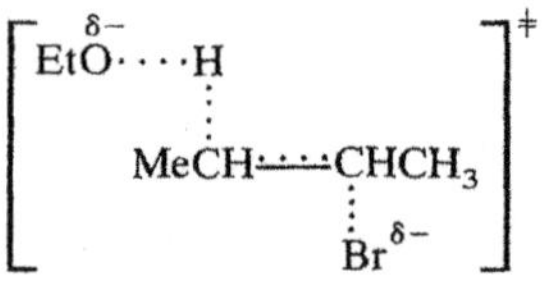

$$\left[\begin{array}{l} Et\overset{\delta-}{O}\cdots H \\ \quad\quad\vdots \\ \quad\quad MeCH\text{=}\cdots CHCH_3 \\ \quad\quad\quad\quad\quad\quad\quad\vdots \\ \quad\quad\quad\quad\quad\quad\quad Br^{\delta-} \end{array}\right]^{\ddagger}$$

(38*a*)

在E1途径中优先发生札依采夫消除的情况前面已经提及过(见 **249 页**)。

257 以上看起来完全符合逻辑，正如我们从E2反应中刚看到的那样，所以真正的问题是，为什么带正电荷的Y会导致与这里明显正确的结论的分歧呢？像$^+NMe_3$这样的Y基团会在两个β-碳原子上产生强烈的吸电子诱导效应/场效应，进而影响和它们相连的氢，使它们具有明显的酸性。

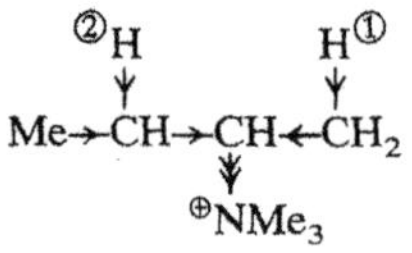

$$\begin{array}{c} ②H \quad\quad\quad H① \\ \downarrow \quad\quad\quad\quad \downarrow \\ Me\rightarrow CH\rightarrow CH\leftarrow CH_2 \\ \Downarrow \\ {}^{\oplus}NMe_3 \end{array}$$

(36*a*)

相较于Y是Br来讲，这些氢原子更容易被碱去除，并且具有强吸电子效应的$^+NMe_3$能够稳定在任何一个氢被移除时所形成的碳负离子。对于质子②而言，由于在β-碳原子上连接的是具有给电子效应的Me，所以提高酸性的作用在一定程度上被减弱了；而对于质子①，这种减弱的情况则不会发生，因此质子①更容易被碱去除。这里$^+NMe_3$的作用是明显提高质子的酸性，而不是潜在的烯烃稳定作用。现在该反应经历(37*a*)这样的过渡态，

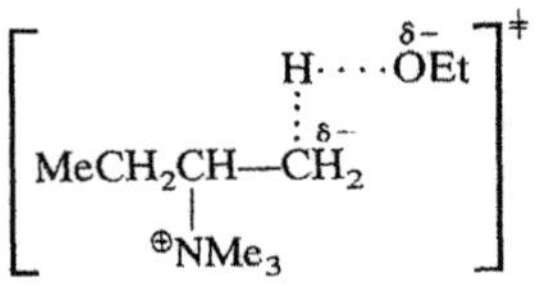

$$\left[\begin{array}{l} \quad\quad\quad\quad\quad H\cdots\overset{\delta-}{O}Et \\ \quad\quad\quad\quad\quad\vdots \\ MeCH_2CH\text{—}\overset{\delta-}{C}H_2 \\ \quad\quad\quad | \\ \quad\quad {}^{\oplus}NMe_3 \end{array}\right]^{\ddagger}$$

(37*a*)

它具有一定“碳负离子性质”，而很少或者没有“烯烃的性质”。因此，E2消除包含一系列具有特征的过渡态，其性质在很大程度上是由Y决定的。

有趣的是，当Y是F时，尽管它不是带正电荷的，但是会明显趋向于形成霍夫曼消除产物，即$EtCH_2CH(F)CH_3$会生成不到85%的$EtCH_2CH{=}CH_2$。这种没有预料到的结果，是由于F极强的吸电子效应导致的(参见$^+NMe_3$)，同时F^-是一个很差的离去基团，因此在过渡态中C—F键的断裂被延缓。当增加进攻RY(不论Y是否带正电荷)的碱的强度时也会导致霍夫曼消除产物的增加，这一现象支持了霍夫曼消除中质子酸性的重要性，以及具有
258 “碳负离子性质”的过渡态。β-取代基能够有助于稳定负电荷促进霍夫曼消除产物的生成，例如Ph、C═C等这样的取代基，则能够促进形成的双键与它们共轭的烯烃的生成。另一种霍夫曼消除的表现形式是，在(39)中，其具有两种可能的$RNMe_2$离去基团，总是更优先形

成取代最少的烯烃，例如形成(40)而不是(41)：

$$\text{Me}-\overset{\overset{②}{\text{H}}}{\text{CH}}-\text{CH}_2-\overset{\oplus}{\text{N}}\text{Me}_2-\text{CH}_2-\text{CH}_2-\overset{①}{\text{H}} \quad (39) \xrightarrow{{}^{\ominus}\text{OEt}} \begin{cases} ①\ \text{CH}_2{=}\text{CH}_2 + \text{MeCH}_2\text{CH}_2\text{NMe}_2 \ (40) & \text{霍夫曼消除} \\ ②\ \text{MeCH}{=}\text{CH}_2 + \text{CH}_3\text{CH}_2\text{NMe}_2 \ (41) & \text{札依采夫消除} \end{cases}$$

Y 对消除模式的影响也会涉及立体因素。例如对于同样的烷基(42)，当增加 Y 的体积，特别是让 Y 更加支化时，会导致霍夫曼消除比例的增加：

$$\overset{①}{\text{H}}-\text{CH}_2-\text{CH(Y)}-\underset{\underset{②}{\text{H}}}{\text{CH}}\text{CH}_2\text{Me} \quad (42)$$

Y =	Br	$\overset{\oplus}{\text{S}}\text{Me}_2$	$\overset{\oplus}{\text{N}}\text{Me}_3$	
	31	87	98	霍夫曼消除占比/(%)(例①)

同时也发现，当底物中烷基更加支化时(不变的 Y 和碱)，霍夫曼消除的比例也会增加；当碱更加支化时，霍夫曼消除的比例也会增加，例如(43)，该溴化物通常会发生预期的札依采夫消除：

$$\overset{①}{\text{H}}-\text{CH}_2-\text{C(Me)(Br)}-\underset{\underset{②}{\text{H}}}{\text{CH}}\text{Me} \quad (43)$$

碱 =	$\text{EtO}^{\ominus}$	$\text{Me}_3\text{CO}^{\ominus}$	$\text{Me}_2\text{EtCO}^{\ominus}$	$\text{Et}_3\text{CO}^{\ominus}$	
	30	72	77	78	霍夫曼消除占比/(%)(例 ①)

可以顺便提一下，在该领域中由于使用了气相/液相色谱来快速、准确、定量地分析烯烃混合物，所以获得的数据是精确的。

这些立体效应可以进行如下解释，札依采夫消除的过渡态涉及从(46*a*)上去除质子②，259
霍夫曼消除的过渡态涉及从(46*b*)上去除质子①，不管原先的位阻如何，任何位阻将会导致札依采夫消除的过渡态比霍夫曼消除的过渡态更加拥挤。这种区别将随着 R、Y 或 B 中的拥挤程度的增加而增加，因此霍夫曼消除也渐渐地比札依采夫消除更易发生：

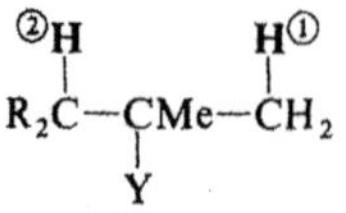

(46)

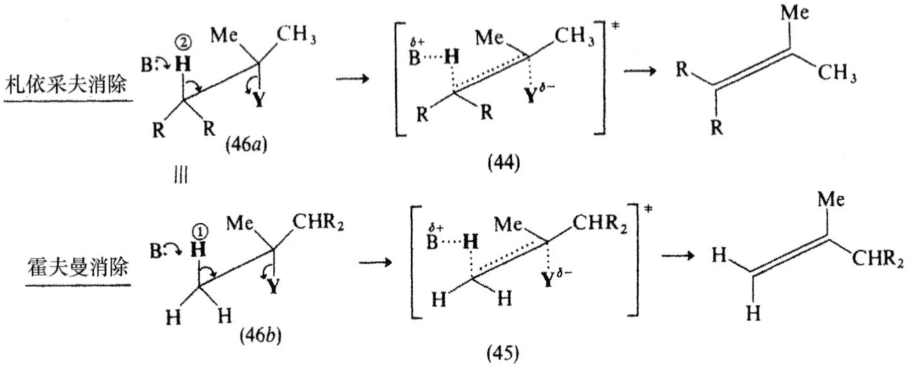

札依采夫消除 (46a) (44)

霍夫曼消除 (46b) (45)

在很多情况中是不可能分别区分电子效应和空间效应的，因为它们经常都导致相同的最终结果。除非位阻效应变得极其明显，反应通常是电子效应控制。

在环状体系中，霍夫曼消除和札依采夫消除中通常简单的要求可能会被一些其他的特殊要求代替。例如，在环己烷衍生物(参见 **255 页**)中，倾向于反式双直立键构象消除。另外一个限制是，在正常情况下，在桥环化合物中通过消除反应在桥头碳原子上引入双键通常是不可能的(布雷特规则，Bredt's rule)，例如(47)不能消除得到(48)：

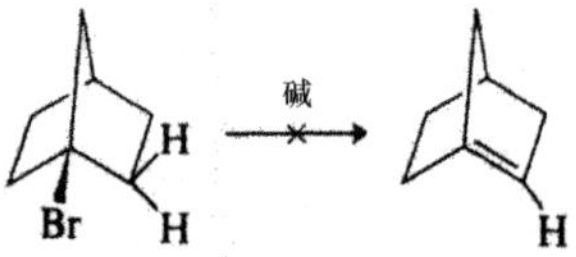

(47) (48) (49)

260 这大概是因为在 E2 反应中，(49)中正在形成的 p 轨道远不能共平面(参见 **253 页**)，事实上它们彼此之间是相互垂直的，所以不能够产生足够的重叠而形成双键。相对较小的环系由于更加刚性，所以通过环扭曲而让 p 轨道达到有效的重叠在能量上是很难达到的。看上去似乎 E1 或者 E1cB 途径也不可能成功：双环庚烯(48)确实未被合成出来。对于大一些的环，例如，双环壬烯(50)或者一个更加柔韧的体系(51)，是可能进行充分的扭曲来通过消除反应引入双键的：

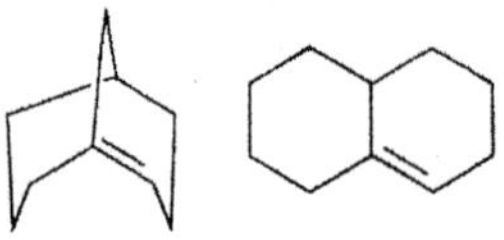

(50) (51)

9.5 消除反应与取代反应的比较

虽然 E1 消除反应和 S_N1 取代反应在快的非决速步中经历了不同的过渡态来得到消除和取代产物，但是 E1 消除反应通常伴随着 S_N1 取代反应，因为两者含有共同的碳正离子中间体。类似的，虽然 E2 消除反应和 S_N2 取代反应经历了路径完全不同的平行的协同过程，但是 E2 消除反应通常也伴随着 S_N2 取代反应。因此，当提到消除和取代反应竞争时，有 3 个主要的问题：(i) 影响 E1/S_N1 产物比的因素；(ii) 影响 E2/S_N2 产物比的因素；(iii) 影响反应途径变化的因素，即 E1/S_N1→E2/S_N2(反之亦然)，因为这种变化可以改变消除与取代的比例。

其中最后一个因素(iii)，可能是最重要的。例如 Me_3CBr 和 $EtMe_2CBr$ 在乙醇中 (25 ℃) 的 E1/S_N1 溶剂解反应分别产生了 19%和 36%的烯烃。然而加入 2 mol L^{-1} EtO^-(这至少使机理部分向 E2/S_N2 移动)导致烯烃的产率分别提高到 93%和 99%。大体上，对于一个给定的底物，E2/S_N2 的比例大部分要比 E1/S_N1 的比例高。需要记住的一点是，在制备合成中使用极性更小的溶剂(E1/S_N1 在极性、对离子溶剂化能力强的介质中有利)，如经典的碳酸 261
钾的醇溶液而不是水溶液，可以从烷基溴化物上消除 HBr。通过增加使用碱的浓度可以改变反应机理，例如 HO^-，通常在消除反应中使用高浓度而不是低浓度的碳酸钾。

在任意(i)或(ii)中，底物的结构有着很大的重要性，消除反应的比例按照如下顺序依次递增：一级＜二级＜三级。在电子效应方面，这是因为消除反应过渡态的相对稳定性随着将要形成的双键碳原子上的烷基数量的增加而增加(参见 **256 页**)。例如，EtO^- 的 EtOH 溶液对烷基溴化物的反应，我们发现：一级烷基溴化物产生大约 10%的烯烃，二级烷基溴化物产生大约 60%的烯烃，三级烷基溴化物产生大约 90%的烯烃。这不仅仅是由于消除速率的增加，还因为取代速率的降低。类似的，取代基如 C＝C、Ar 等可以通过共轭作用(参见 **253 页**)稳定形成的双键，同样有利于消除反应的发生。例如在类似的条件下，CH_3CH_2Br 可以得到大约 1%的烯烃，然而 $PhCH_2CH_2Br$ 可以得到大约 99%的烯烃。

在 E1/S_N1 中，增加 R—Y 上的支化程度可以提高消除反应的比例。这是因为取代基逐渐增多的烯烃的稳定性是增加的，更重要的是，经由碳正离子形成产物的过渡态的稳定性也是增加的。另外，立体因素也可以促进消除反应，这是由于碳正离子(52)上的碳是 sp^2 杂化的，其在消除反应后(53)保持了 sp^2 杂化(≈120° 的键角)，但在取代反应后(54)就变成了 sp^3 杂化(≈ 109°的键角)：

(53) ←[$B^\ominus$, E1]— (52) —[$B^\ominus$, S_N1]→ (54)

所以，拥挤的张力就再次被引入到取代反应的过渡态中，但是在消除反应的过渡态中则拥挤的张力增加得非常少。并且随着 R 基团的体积及其支化程度的增加，过渡态中的位阻区别将会变得更大，从而更加有利于消除反应，但是只有比 Me_3C—Y 更大、更加支化时才会有意义。一个相关的但略有不同的特点是，相比相对受阻的碳正离子，外围的氢原子会变得更加容易被进攻。于是，我们预期随着进攻的碱或亲核试剂体积的增加，消除反应的比例也会增加。在实验中确实如此，例如，在消除反应中 Me_3CO^- 比 EtO^- 的效果更好。这种讨论基于 $E1/S_N1$ 的情况，但是对 E2 和 S_N2 的过渡态的稳定作用的差异，也涉及基本类似的空间效应。

当然，$E1/S_N1$ 的比例基本上和离去基团 Y 无关，但在 $E2/S_N2$ 中并不是这样，这里
262 C—Y 键的断裂两个过渡态中都涉及了。下面是消除反应增加的一个大致排序：

对甲苯磺酸酯 $< Br < {}^+SMe_2 < {}^+NMe_3$

进攻的碱/亲核试剂的作用明显也很重要，理想的是，我们需要的是一种碱性很强但是亲核性能很弱的物种。在制备和合成反应中，三级胺(比如三乙胺、吡啶)经常用来促进消除反应。虽然这些物种不是很强的碱，但是由于空间位阻作用，它们是弱的亲核试剂。比如三乙胺上的支链将妨碍对碳原子的亲核进攻，但并不妨碍对外围氢原子的碱性进攻。使用沸点相当高的碱也是很有利的(见下文)。

最后，升高温度对消除反应，无论是 E1 还是 E2 消除反应，都比取代反应有利。这也许是因为消除反应会导致体系的分子数增加，而取代反应并没有。因此，消除反应的熵变项(参见 **241 页**)是一个正值，而在活化自由能 $\Delta G^{\neq}$($\Delta G^{\neq}=\Delta H^{\neq}-T\Delta S^{\neq}$)的公式中它($\Delta S^{\neq}$)是和温度相乘的，所以当温度升高时，活化自由能能够逐渐克服稍微不利的 $\Delta H^{\neq}$ 项。

9.6 活化官能团的影响

我们已经考虑过底物中的烷基取代基对促进消除反应的影响效应，顺便也考虑了芳环和 C═C 双键取代基的影响。一般而言，吸电子取代基会促进消除反应的进行，这些取代基可以是 CF_3、NO_2、$ArSO_2$、CN、C═O、CO_2Et 等。它们的促进效应体现在如下几点：(i)使得(55)中的 β-H 更加显酸性，因此其更容易被碱去除；(ii)通过其吸电子效应来稳定形成的碳负离子(56)；(iii)有时还可以与正在形成的双键共轭来起到稳定产物(57)的作用。

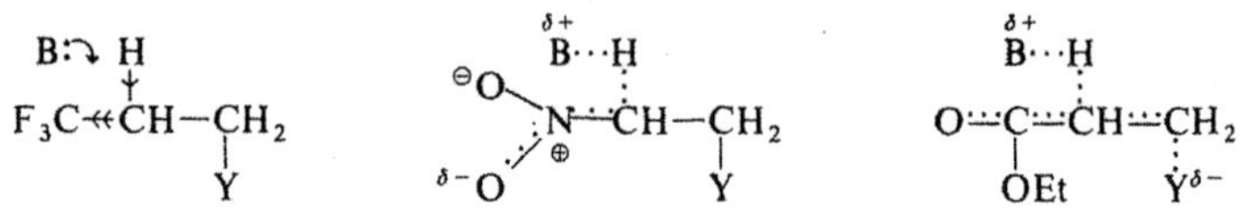

(55) (56) (57)

底物取代基的吸电子效应越强，就越有可能使得 E2 消除反应中的过渡态是一个“碳负离子”(参见 **257 页**)，甚至使得反应途径转向 E1cB 模式(参见 **249 页**)，比如 NO_2 和 $ArSO_2$ 等取代基，尤其当离去基团是一个弱离去基团的时候。

一个很好的例子是，羟基醛化合物中的 CHO 促进的消除反应。它可以被碱催化发生脱
263 水过程，形成 α,β-不饱和醛类化合物(59，见 **225 页**)：

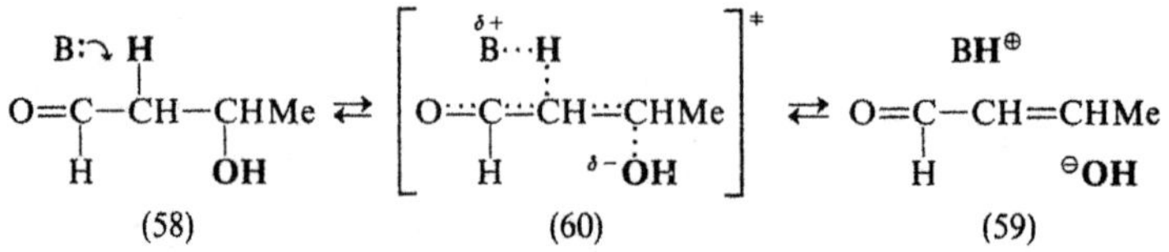

(58) (60) (59)

脱水过程一般是酸催化的（HO^- 被质子化后形成 H_2O，H_2O 比起 HO^- 来说，是一个更好的离去基团）。上文中的碱催化的脱水消除反应是因为醛基使得 β-H 更加显酸性，并且醛基可以稳定反应中产生的碳负离子，即 **262 页**上的（i）/（ii）。通过共轭效应来稳定产生的双键［**262 页**中的（iii）］在过渡态（60）中已经包含了，但是该效应起到多大的作用不是完全清楚。然而很明显的是，吸电子取代基在 β 位的碳原子上比起在 α 位上更能促进消除反应的进行。吸电子取代基不管在 α 位还是在 β 位，都能与形成的双键起到很好的共轭效应，但是只有在 β 位取代，才能增加 β-H 的酸性，并且稳定形成的碳负离子。这在碱促进的 3-溴-2-丁酮和 4-溴-2-丁酮消除 HBr 的反应中能够明显看出来：

$$\underset{(61)}{\mathrm{O{=}C(Me){-}CH(Br){-}CH_2{-}H\ \ B}} \xrightarrow{\text{慢}} \left[\mathrm{O{=}C(Me){-}CH(Br^{\delta-}){\cdots}CH_2{\cdots}H{\cdots}B^{\delta+}}\right]^{\ddagger} \longrightarrow \underset{(63)}{\mathrm{O{=}C(Me){-}CH{=}CH_2}}$$

$$\underset{(62)}{\mathrm{B\ \ H{-}CH(C(Me){=}O){-}CH_2Br}} \xrightarrow{\text{快}} \left[\mathrm{B^{\delta+}{\cdots}H{\cdots}O{\cdots}C(Me){\cdots}CH{\cdots}CH_2{\cdots}Br^{\delta-}}\right]^{\ddagger} \longrightarrow (63)$$

尽管二者都能通过消除反应得到 α，β-不饱和酮（63），但是在类似条件下，4-溴-2-丁酮（62）的消除反应速率要比 3-溴-2-丁酮（61）的快很多。这样的 β-取代基对于促进弱离去基团（比如 OR、NH_2 等基团）的消除经常是很有效的。

9.7 其他 1，2-消除反应

前面介绍的许多消除反应都是包含了 β-C 上质子的消除。这些反应当然是非常重要的消除反应，但是也有许多 β-C 上除氢之外的其他原子或者基团的消除反应，最常见的这类反应是 1，2-脱卤的消除反应，尤其是 1，2-脱溴反应。这类反应可被许多不同的物种来引发，比 264
如 I^- 离子、锌等金属和 Fe^{2+} 等金属离子。在丙酮中，I^- 离子促进的这类消除反应的速率方程（在反应中由于生成 I_2 而被消耗的 I^- 得到补充后）如下：

$$r=k[1,2\text{-二溴化合物}][I^-]$$

该速率方程应该和简单的 E2 过程相匹配。

这已经被非环状化合物反应很高的反式立体选择性（参见 **254 页**）所证实。当两个溴原子有一个或者两个连接在二级或者三级碳原子上时，例如（64）：

$$\underset{(64)}{\mathrm{I^{\ominus}\ \ Br{-}C(D)(Me){-}C(Me)(D){-}Br}} \xrightarrow{E2} \underset{(65)}{\mathrm{D(Me)C{=}C(Me)D}} + \mathrm{IBr} + \mathrm{Br^{\ominus}} \qquad \mathrm{IBr} + \mathrm{I^{\ominus}} \longrightarrow \mathrm{I_2} + \mathrm{Br^{\ominus}}$$

我们只能得到反式的烯烃（65）。而当这两个溴原子有一个或者两个连接在一级碳原子上时，例如（66），整体的反应朝着顺式的立体选择性进行，即顺式烯烃（67）是唯一的产物。这个令人意外的结果并不是消除过程中立体化学因素的变化造成的，而是反应经过了 $S_N2/E2$ 机理的组合过程，即反应先经过溴原子被碘取代的 S_N2 反应生成构型翻转的中间体(68)，(68)再通过反式消除来产生顺式的烯烃(67)，使得总反应形式上具有顺式消除的特征[(66)→(67)]：

$$(66)\xrightarrow[\text{慢}]{S_N2}(68)\equiv(68)\xrightarrow[\text{快}]{E2}(67)$$

上述的消除经历的是 E2 消除反应，这可以通过如下事实说明：改变 C^α 和 C^β 碳原子上的烷基取代基，通常会导致反应速率随着相应产物的热力学稳定性的增加而增加。

在 1,2-二卤素消除反应中，溴离子和氯离子相比于碘离子效果要差很多，但是金属，尤其是锌已经被应用很久了。反应属于异相反应，发生在金属的表面，反应溶剂可以通过不
265 断移除生成的金属离子盐来不断更新金属的表面。举一个简单的与上面类似的例子(69)，该反应在锌的作用下，具有很高的反式立体选择性，反应可能经过简单的 E2 消除机理，尽管金属表面肯定参与了反应。

$$(69)\xrightarrow{E2}\text{MeCH=CHMe}+ZnBr^{\oplus}+Br^{\ominus}\qquad ZnBr^{\oplus}+Br^{\ominus}\longrightarrow ZnBr_2$$

然而，对于长链的 1,2-二溴化合物，它并没有如以上的 C_4 二溴化合物那样很好的反式消除的选择性。反应也可以被镁来诱导，因此从简单的 1,2-二溴化合物是不能制备格氏试剂的。金属阳离子也可以用来诱导 1,2-脱卤消除反应，相比于金属诱导的反应，此反应的优势是它是一个均相反应。这种消除反应在合成中很少有用，因为 1,2-二溴化合物就是通过溴单质对产物烯烃的加成来得到的！然而，溴化/脱溴反应有时可以用来“保护”双键，比如，在从(70)到(71)的氧化过程中是不能直接进行氧化反应的，因为在该条件下双键也会同时被氧化。

$$\underset{(70)}{\text{RCH=CHCH}_2\text{OH}}\xrightarrow{Br_2}\text{RCH(Br)—CH(Br)CH}_2\text{OH}\xrightarrow{HNO_3}\text{RCH(Br)—CH(Br)CO}_2\text{H}\xrightarrow{Zn}\underset{(71)}{\text{RCH=CHCO}_2\text{H}}$$

许多具有“卤素—CH_2CH_2—Y 基团”形式的化合物也会发生消除反应，这里 Y 基团可以是 OH、OR、OCOR、NH_2 等基团。这些消除反应比起二卤化合物的消除反应往往需要更加剧烈的反应条件，并且金属和金属离子的反应效果比碘离子更为有效。这类消除反应在立体选择性上一般较差，但是 2,3-二溴-3-苯基丙酸负离子的非对映异构体(72)在丙酮里以及极其温和的条件下消除 CO_2/Br^- 的反应具有 100%的反式立体选择性。

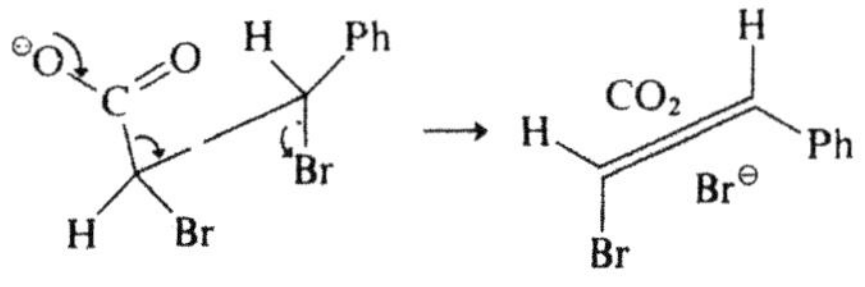

(72)

9.8 1,1-(α-)消除反应 266

一种相对较少的消除反应是1,1-消除反应，在这类反应中，移除的H原子和离去基团Y都来自同一个碳原子(α-C)，比如下面这一个从(73)到(74)的消除反应。这类反应在下列情况下会更有利：(i)Y基团是一个强的吸电子取代基，可以增加α-H的酸性，并且稳定α碳上形成的负电荷；(ii)当使用强碱的时候；(iii)β位上没有H原子，但这并不是必需的(参见**73页**)。

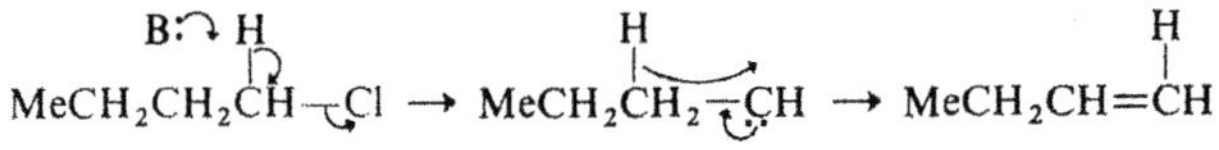

$$\mathrm{MeCH_2CH_2CH(H)-Cl \xrightarrow{B:} MeCH_2CH_2-\ddot{C}H \rightarrow MeCH_2CH{=}CH}$$

(73) (75) (74)

有些情况下(尽管并不是所有的情况)，底物失去质子和氯负离子是协同发生的，从而直接生成卡宾中间体(75，参见**50页**)，从卡宾中间体(75)到烯烃产物需要β碳上的氢原子带着电子发生迁移。1,1-消除反应(Eα)在动力学上和1,2-消除反应(E2)是不能区别的，同位素标记实验和卡宾(75)形成的推论可以证明1,1-消除反应的发生。

因此，在(73)的α碳上引入两个氘原子，在生成(74)时其中一个氘原子会消失；而在E2过程中，两个都是被保留的。若在(73)的β碳上引入两个氘原子，在生成(74)时两个氘原子都会得到保留，但其中一个可能会迁移到(73)原来的α位；而在E2过程中，其中一个氘原子会被消除。从这个同位素标记的数据，就有可能判断这类消除反应有多少会按照1,1-消除的途径，有多少会按照1,2-消除的途径进行。如果使用苯基钠(一种很强的碱)和(73)在十二烷中进行反应，会有94%的1,1-消除反应；而使用氨基钠会使1,1-消除反应的比率大幅降低；而在甲醇钠中则基本上不发生1,1-消除反应，即以上提及的因素(ii)的影响。不仅如此，对于一种给定的碱，烷基溴化物和烷基碘化物比起相应的氯化物更难发生1,1-消除反应，即以上提及的因素(i)的影响。分离得到的环丙烷产物(76)，为推断卡宾中间体(75)的生成提供了相应的证据：

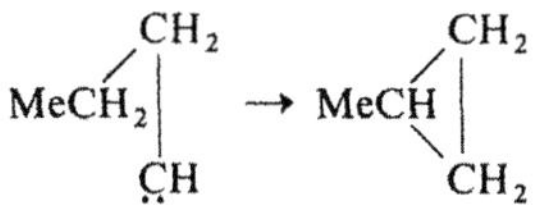

(75) (76)

这种分子内生成环丙烷的插入反应是卡宾的一种常见反应，上例反应只是“分子内捕获”(参见**50页**)的一个例子。从(73)出发，只有4%的环丙烷(76)可以被分离到，但是通过(73)的 267

同分异构体2-氯丁烷的1,1-消除反应可以得到不少于32%的环丙烷产物(76)。

对于没有β-H原子可以消除的1,1-消除反应，即以上提及的因素(iii)的影响，其中最常见和研究最多的例子是卤仿(例如氯仿，77)在强碱条件下的水解反应。该反应初始的1,1-消除反应可能经历了两步，即1,1-E1cB消除途径，随后得到二氯卡宾中间体(78)：

$$HO^{\ominus} + H\text{-}CCl_3\ (77) \underset{\text{快}}{\rightleftharpoons} H_2O + {}^{\ominus}CCl_2\text{-}Cl \xrightarrow{\text{慢}} \ddot{C}Cl_2\ (78) \xrightarrow[\text{快}]{^{\ominus}OH/H_2O} CO + HCO_2^{\ominus}$$

水解反应则遵循下面的速率方程：

$$r = k[CHCl_3][HO^-]$$

碱催化的氘代氯仿($CDCl_3$)与水的氢氘交换反应(失去D)比其水解反应要快得多，这说明反应的第一步是快速并且可逆的。下面的反应可以对这个反应机理作进一步的支持，即氯仿和苯硫酚负离子是相对很难发生反应的，但是如果向反应中加入HO^-离子，它们二者可以快速地发生反应，生成$HC(SPh)_3$。也就是说，苯硫酚负离子(PhS^-)的亲核能力是较弱的，不足以进攻氯仿($HCCl_3$)，但是可以进攻高度活泼的二氯卡宾(∶CCl_2)。二氯卡宾是一种高度缺电子的物种，假如它在非质子溶剂中产生，会加成在烯烃(富电子)的双键上产生环丙烷类化合物，例如*cis*-2-丁烯反应生成环丙烷(80)，这也是一个卡宾的“捕获”反应(参见**50页**)。

$$CHCl_3 \xrightarrow[\text{在苯中}]{Me_3CO^{\ominus}} CCl_2\ (78) + \text{Me-CH=CH-Me}\ (79) \longrightarrow (80)$$

在合适的条件下，这是一个很有用的制备环丙烷类化合物的方法。另一个具有合成意义的捕获“二氯卡宾”的反应是其对苯酚的亲电进攻，发生瑞穆尔-悌曼(Reimer-Tiemann)反应(见**290页**)。

需要强调的是，在质子性溶剂和常见的碱作用下，含有β-H原子的底物只能很少程度地发生1,1-消除反应。

9.9　顺式热解消除反应

许多有机化合物，包括酯类化合物，尤其是醋酸酯、黄原酸酯类化合物，以及胺氧化物和卤化物，会在没有外加试剂的情况下发生热解消除HY的反应。这种反应可以在惰性溶
268 剂或者没有溶剂中进行，有时可以在气相中发生。一般而言，这些消除反应遵循下面的速率方程：

$$r = k[\text{底物}]$$

这些反应依据其顺式立体选择性的程度，是可以与E1反应(具有相同的速率方程)相区别的。它们有时候也被称为E*i*消除反应(分子内的消除反应)。顺式消除的立体选择性程度反映了所经历环状过渡态的程度，例如以下的(81)，将会采取顺式消除的途径。

这些反应中可能最具有合成价值的是下面这个三级胺氮氧化合物(82)的柯普(Cope)反应，因为它们可以在相对较低的反应温度下进行。

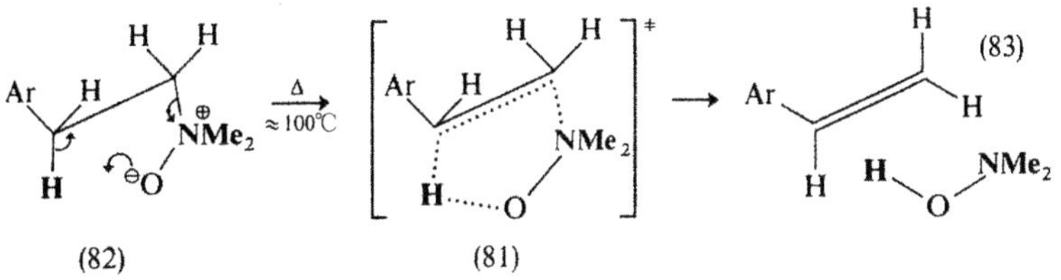

离去基团 H 和 NMe_2O 必须处于顺式共平面的构型，并且要距离足够近，来允许过渡态(81)中 O…H 氢键的形成。反应的产物是烯烃(83)和 *N*，*N*-二甲基羟胺。这种经过紧密的平面五元环过渡态的柯普反应，展示了最大限度的顺式消除立体选择性。

黄原酸酯类化合物(84)的热解消除反应，即秋加耶夫(Chugaev)反应，以及羧酸酯类化合物(85)的相关反应，与上面的柯普反应不同，它们经过了六元环状的过渡态，如下图中的(86)和(87)：

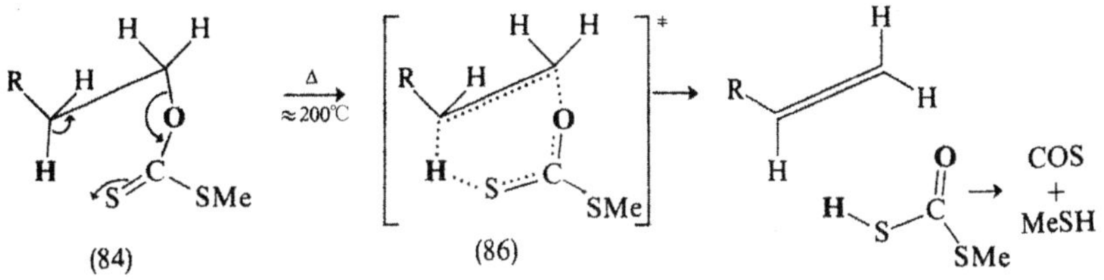

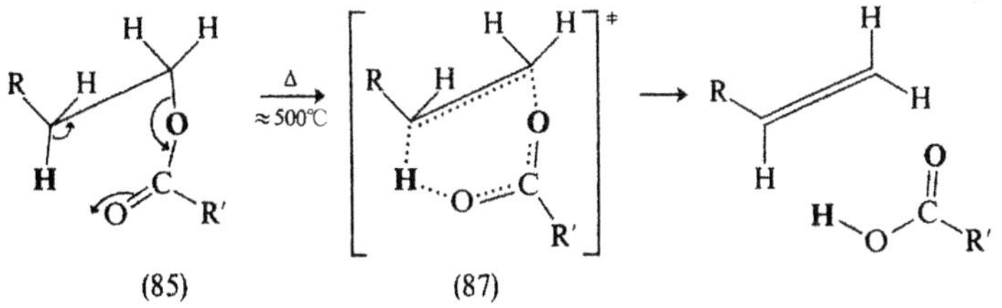

六元环状的过渡态比五元环过渡态更加灵活，并且不需要平面结构(参见环己烷和环戊烷)。 **269**
这些消除反应经历的构象至少不全是顺式共平面，因此与柯普反应相比，其顺式立体选择性会低一点。这两种反应都需要比柯普反应更高的温度，尤其是羧酸酯的热解消除反应。

作为烯烃的制备方法，热解消除反应的主要优点是条件相对温和，反应所需要的酸性或碱性要求也较低。这就意味着它们可以用来合成一些不稳定的烯烃，即这些烯烃用其他方法合成时会通过键的迁移(和其他基团共轭)或者分子的重排使双键异构化。例如，醇类化合物(89)的黄原酸类化合物(88)的热解消除反应可以生成末端烯烃(90)，而常见的酸催化的醇类化合物(89)的脱水反应会造成碳正离子中间体(91，参见 **111 页**)的重排，因此更容易生成热力学上更稳定的、重排的烯烃(92)。

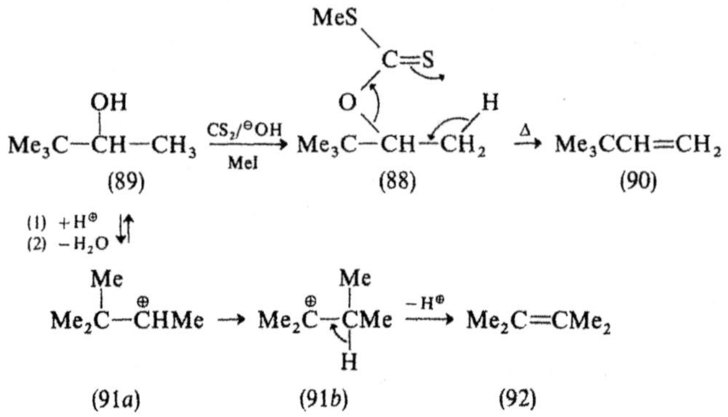

$$Me_3C-CH(OH)-CH_3 \xrightarrow[MeI]{CS_2/^{\ominus}OH} Me_3C-CH(OC(=S)SMe)-CH_2-H \xrightarrow{\Delta} Me_3CCH{=}CH_2$$

(89)　　(88)　　(90)

(1) $+H^{\oplus}$ (2) $-H_2O$

$$Me_2C(Me)-\overset{\oplus}{C}HMe \longrightarrow Me_2\overset{\oplus}{C}-C(Me)(H)Me \xrightarrow{-H^{\oplus}} Me_2C{=}CMe_2$$

(91*a*)　　(91*b*)　　(92)

烷基氯化物和溴化物的热解消除反应也会产生烯烃(烷基氟化物太稳定；烷基碘化物会被消除产生的碘化氢还原得到烷烃，所以也会产生烯烃)，但是所需温度要达到600 ℃，因此在合成方面的应用很少。有意思的是，卤化物的热解消除反应却受到了人们最为详尽的研究。完全的卤化氢HX的1,2-消除反应要经过一个高度环张力的四元环过渡态。在C—H键断裂的时候，很有可能发生了很大程度的碳卤键断裂，因此在碳卤键的碳原子中心具有较大程度的“碳正离子性质”。因此不奇怪的是，消除卤化氢的反应呈现出的顺式消除立体选择性较差。涉及环状过渡态的E*i*协同消除反应和其他的反应将会在后面进一步阐述(见**340页**)。

第 10 章　碳负离子及其反应 270

理论上，几乎任何含有 C—H 键的有机物(1)，都可以作为酸向合适的碱提供质子，得到共轭碱(2)，即一个碳负离子。

$$\underset{(1)}{R_3C{-}H} + B: \rightleftarrows \underset{(2)}{R_3C^{\ominus}} + BH^{\oplus}$$

考虑到相应的酸度，一般来说只有热力学的状态下，酸的 pK_a 才能从上述的平衡中推导出来。这从动力学的角度来说意义就很小，因为在溶液中质子从 O、N 等原子上转移出去是极其快速的。对于碳氢酸(1)，其中的质子向碱转移的速率可能非常慢，从而成为其酸性的限制因素，(1)的酸度就会是动力学控制的而不是热力学控制的(参见 **280 页**)。

除了通过移除质子得到碳负离子外，还有一些其他的方法，下面将会遇到。碳负离子的 271
形成是很重要的，不仅是因为这类物种自身的特点，也是因为碳负离子可以参与合成上许多很有用的反应，尤其是可以用来形成碳碳键(参见 **221 页**)。

10.1　碳负离子的形成

最常见的形成碳负离子的方法，是从碳原子上移除一个原子或者基团 X，并且留下其成键的电子对。

$$R_3C{-}X + Y \rightleftarrows R_3C^{\ominus} + XY^{\oplus}$$

目前为止，最常见的离去基团是 X=H，如上所述的(1)→(2)，也就是说是质子被移除了。除此之外，其他的离去基团也是已知的，比如 RCO_2^-(3)脱去 CO_2，或者从 $Ph_3C{-}Cl$ 中移除 Cl^+ 来得到血红色的、易溶解于醚类化合物的盐(4)。

$$\underset{(3)}{R{-}C(=O){-}O^{\ominus}} \xrightarrow{\Delta} R^{\ominus} + CO_2$$

$$Ph_3C{-}Cl \xrightarrow{Na/Hg} \underset{(4)}{Ph_3C^{\ominus}Na^{\oplus}}$$

毫不意外的是，烷烃类化合物通过失去质子来形成碳负离子的趋势并不显著，因为它们并不具有可以提高氢原子酸性的结构，或者相对于原先的烷烃并不能稳定生成的碳负离子(参见羧酸的酸性，**55 页**)。因此，甲烷分子(CH_4)的 pK_a 大约是 43，与之相比醋酸的 pK_a 为 4.76。常用的测定 pK_a 的方法并不能用来测量烷烃的酸性，这些估计值是通过测量碘化物/有机金属化合物的平衡来得到的。

$$RM + R'I \rightleftarrows RI + R'M$$

这种方法的假设是，一种酸 RH 的酸性越强，越容易以 RM(例如 M=Li)的形式存在(即 RM 占的比例更高)，而不是以碘化物 RI 存在。平衡常数 K 的测定可以确定 RH 和 R′H 的相对酸性，通过选用一对合适的 RM 和 R′I，就有可能推断出 pK_a 的大小，直到可以直接和用其他方法测得酸性的 RH 进行比较。

272 三苯基甲烷 $Ph_3C—H$(5)的 pK_a 经测定为 33，因此是一个酸性远大于甲烷的酸，碳负离子(4)可以通过使用液氨中的氨基钠做碱(即$^-NH_2$)对三苯基甲烷去质子来得到：

$$\underset{(5)}{Ph_3C—H} + Na^{\oplus}NH_2^{\ominus} \underset{液NH_3}{\rightleftarrows} \underset{(4)}{Ph_3C^{\ominus}Na^{\oplus}} + NH_3$$

正如前面介绍的，Ph_3C^- 也可以利用三苯基氯甲烷和金属钠在惰性溶剂中来得到，产生的三苯基甲基钠物种是一种很强的有机碱(见 **230 页**)，这是由于三苯基甲基碳负离子(4)具有很好的接纳质子的能力。比起烷烃，烯烃的酸性稍强一些，其 pK_a 大约为 37，但是端炔的酸性要强得多，乙炔的 pK_a 为 25。炔基碳负离子 $HC≡C^-$(或者 $RC≡C^-$)可以由炔烃和液氨中的$^-NH_2$ 负离子反应来得到，它们在合成上有一定的应用(见 **223 页**)。

毫无疑问，引入吸电子取代基可以增加碳原子上 H 的酸性。我们已经知道了一种稍微不稳定的碳负离子，三氯甲基负离子$^-CCl_3$，它可以通过强碱和氯仿的反应来形成(参见 **267 页**)。HCF_3 和 $HC(CF_3)_3$ 的 pK_a 约为 28 和 11。吸电子取代基可以离域负电荷，并且有更显著的吸电子诱导效应。CH_3CN、CH_3COCH_3 和 CH_3NO_2 的 pK_a 分别是 25，20 和 10.2。对于硝基甲烷 CH_3NO_2，其对应的碳负离子$^-CH_2NO_2$ 可以用它和乙醇负离子在乙醇中反应得到，或者和氢氧根负离子在水中反应得到(见 **227 页**)。为了使得羟醛缩合反应发生，甚至是酸性较小的羰基化合物也需要在水溶液中形成低浓度的碳负离子(见 **224 页**)。

在进一步介绍影响碳负离子稳定性的因素之前，为了方便起见，下面附上了一张碳氢酸 pK_a 的表格。

	pK_a		pK_a
CH_4	43	$CH_2(CO_2Et)_2$	13·3
$CH_2=CH_2$	37	$CH_2(CN)_2$	12
C_6H_6	37	$HC(CF_3)_3$	11
$PhCH_3$	37	$MeCOCH_2CO_2Et$	10·7
Ph_3CH	33	CH_3NO_2	10·2
CF_3H	28	$(MeCO)_2CH_2$	8·8
$HC≡CH$	25	$(MeCO)_3CH$	6
CH_3CN	25	$CH_2(NO_2)_2$	4
CH_3COCH_3	20	$CH(NO_2)_3$	0
$C_6H_5COCH_3$	19	$CH(CN)_3$	0

273

10.2 碳负离子的稳定性

对于化合物 R—H，有许多特征结构可以促进 H 被碱移除：使 R—H 更加显酸性，以及稳定产生的碳负离子 R^- 的结构特征。在一些情况下，同样的特征结构可以促进上面的两个效应。稳定形成碳负离子的主要结构特点为(参见稳定碳负离子的因素，**104 页**)：(i)增加碳负离子的碳原子 s 轨道的性质，(ii)吸电子诱导效应，(iii)通过极性的多重键来与碳负离子的孤对电子进行共轭，(iv)芳香化作用。

因素(i)的作用可以从下列几个分子的酸性增加的趋势中看出来：乙烷＜乙烯＜乙炔，从乙烯到乙炔的酸性增加尤为明显。这反映了和氢相连的 σ 键的杂化轨道中 s 轨道性质的增加：$sp^3 < sp^2 < sp^1$。s 轨道比起 p 轨道更加靠近原子核，并处于较低的能级，这种差别会带入到由这些轨道所组成的杂化轨道。因此，相对于 sp^3 及 sp^2 杂化轨道上的电子，sp^1 轨道上的电子距离碳原子核更近，被束缚得更紧密，故采取 sp^1 杂化方式的碳原子的电负性更大。这一点不仅可以使 H 更容易离去，而不离去电子对，也能稳定形成的碳负离子。

因素(ii)的作用可以从 HCF_3(pK_a=28)和 $HC(CF_3)_3$(pK_a=11)中看到，与之相比甲烷的 pK_a 约为 43，这是由于氟原子很强的吸电子诱导效应造成的，从而增加 H 的酸性，也能稳定形成的碳负离子，$^-CF_3$ 和 $^-C(CF_3)_3$。虽然 $HC(CF_3)_3$ 中的 9 个氟原子没有直接连在碳负离子上，但是其吸电子诱导效应要比 HCF_3 中的 3 个氟原子的更加显著。我们已经介绍过从 $HCCl_3$ 形成三氯甲基负离子 $^-CCl_3$(参见 **267 页**)，其中也存在相似的吸电子诱导效应。虽然看上去氯原子没有电负性更强的氟原子的吸电子效应明显，但是这种不足一定程度上可以被氯元素的空 d 轨道来弥补，即碳负离子的孤对电子可以被离域到第三周期的氯元素的空 d 轨道中，而第二周期的氟原子并没有这种效应。

不同烷基的给电子诱导效应对碳负离子的不稳定作用体现在如下碳负离子的稳定性顺序中：

$$CH_3^- > RCH_2^- > R_2CH^- > R_3C^-$$

不难想象，这与碳正离子的稳定性顺序正好相反(见 **83 页**)。

因素(iii)的作用是目前为止最常见的稳定因素，比如 CN(6)、羰基 C=O(7)、NO_2(8)及 CO_2Et(9)等等： 274

$$\underset{(6)}{\overset{\text{B:}\curvearrowright \text{H}}{CH_2 \twoheadrightarrow \overset{\delta+}{C}\equiv\overset{\delta-}{N}}} \rightleftarrows [\underset{(10a)}{^{\ominus}CH_2-C\equiv N} \leftrightarrow \underset{(10b)}{CH_2=C=N^{\ominus}}] + BH^{\oplus} \quad pK_a = 25$$

$$\underset{(7)}{\text{B:}\curvearrowright H-CH_2 \twoheadrightarrow C(Me)=O} \rightleftarrows \left[\underset{(11a)}{^{\ominus}CH_2-C(Me)=O} \leftrightarrow \underset{(11b)}{CH_2=C(Me)-O^{\ominus}}\right] + BH^{\oplus} \quad pK_a = 20$$

$$\underset{(8)}{\text{B:}\curvearrowright H-CH_2 \twoheadrightarrow \overset{\oplus}{N}(O^{\ominus})=O} \rightleftarrows \left[\underset{(12a)}{^{\ominus}CH_2-\overset{\oplus}{N}(O^{\ominus})=O} \leftrightarrow \underset{(12b)}{CH_2=\overset{\oplus}{N}(O^{\ominus})-O^{\ominus}}\right] + BH^{\oplus} \quad pK_a = 10{\cdot}2$$

上面每一个例子中，吸电子诱导效应都增加了碳原子上氢的酸性，但是通过离域来稳定形成的碳负离子是更加重要的因素。总的来说，如预期的那样，硝基 NO_2 是其中吸电子能力最强的基团。在一个碳原子上增加不止一个吸电子基团所带来的显著效应也可以从上表(见 **272 页**)中看出来，例如 $HC(CN)_3$ 和 $HC(NO_2)_3$ 在水中是很强的酸，与盐酸、硝酸一样。那么问题就来了，是否(10*ab*)、(11*ab*)和(12*ab*)应该被描述成碳负离子：氧和氮原子比碳原子的电负性更强，所以(10*b*)、(11*b*)和(12*b*)在上面几个负离子共振式中所占的比例应该更大一些。

酯基，例如乙酯基(9)，对于碳负离子的稳定作用要弱于简单醛、酮类化合物中的羰基，这可以从下面几个化合物的 pK_a 的顺序看出来：$CH_2(CO_2Et)_2$，13.3；$MeCOCH_2CO_2Et$，10.7；$CH_2(COMe)_2$，8.8。这是由乙氧基 OEt 的氧原子上的孤对电子的给电子共轭效应导致的。

$$\text{B:}\curvearrowright\text{H}-\text{CH}-\overset{\delta+}{\text{C}}(\text{OEt})=\overset{\delta-}{\text{O}} \rightleftarrows \left[{}^{\ominus}\text{CH}_2-\text{C}(\text{OEt})=\text{O} \leftrightarrow \text{CH}_2=\text{C}(\text{OEt})-\text{O}^{\ominus}\right] + \text{BH}^{\oplus} \qquad \text{p}K_a = 24$$

(9) (13*a*) (13*b*)

对于第三周期的元素，它们的诱导能力还可以被它们的空的 d 轨道来补充，即空的 d 轨道可以容纳碳负离子的碳原子上的孤对电子。这也会在 $ArSO_2$ 取代基的 S 原子以及 R_3P^+ 的 P 原子上发生。

275 因素(iv)的作用可以从环戊二烯(14)看到，它的 pK_a 等于 16，与之相比，普通烯烃的 pK_a 约为 37。因为产生的环戊二烯负离子(15)是一个 6π 电子离域体系，这是一个 $4n+2$ 的休克尔体系，其中 n 等于 1(参见 **18 页**)。这 6 个电子可以被填充在 3 个稳定的 π 分子轨道上，就像苯环的 6π 电子一样，因此这个负离子显示了准芳香的稳定作用或者是它被芳香化作用所稳定。

B:↷H H ⇄ $BH^{\oplus}$ + ⊖ ≡ ⊖

(14) (15)

它的芳香性当然不能通过亲电取代反应来测试，因为 X^+ 的进攻只是与该负离子直接结合起来。真正的芳香特性(即傅-克反应)在通过(15)所得到的一系列非常稳定、中性的化合物中得到展示，这些化合物称为金属茂配合物。例如(16)，其中金属中心被两个环戊二烯基之间的 π 键所夹持，就像一个分子“三明治”。

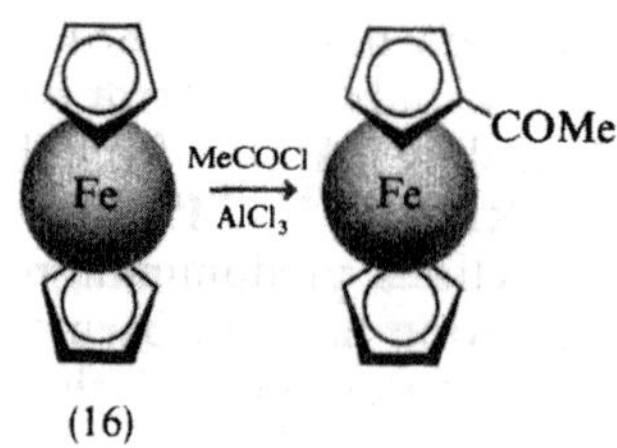

(16)

我们也可以使非平面的、非芳香性(参见 **17 页**)的环辛四烯(17)和金属钾反应，使其获得两个电子，把它变成可以分离的晶体盐类化合物——环辛四烯负离子的离子盐类化合物(18)：

$\xrightarrow{2\text{K}\cdot}$ 2⊖

(17) (18)

这也是一个 $4n+2$ 的休克尔体系（$n=2$），并且展示了准芳香稳定性，芳香化作用因此稳定了这个负离子，尤其这个例子是一个带有两个负电荷的碳负离子(18)。

10.3　碳负离子的构型 276

理论上，典型的碳负离子 R_3C^- 可能是角锥形（sp^3）或者平面（sp^2）的构型，或者在二者之间（取决于 R 的性质）。在能量层面上，更倾向于采取角锥形的构型，因为此时未共享的孤对电子在一个 sp^3 杂化轨道(19)上，而不是在高能量的未杂化的平面构型中的 p 轨道上。当然，这种锥形的构型也是三级胺 R_3N：所采取的，其与简单的碳负离子 R_3C^- 是等电子体，并且毫无疑问，与三级胺 R_3N：一样，碳负离子的构型也很容易发生翻转（19*a*⇆19*b*）。

(19*a*)　(19*b*)

以下事实支持碳负离子倾向于采取 sp^3 构型：对于涉及在桥头碳上生成碳负离子（sp^3）的反应，其反应经常较快；而对于涉及生成对应的碳负离子（sp^2）中间体的反应，则不易发生（参见 **86 页**）。

在 RR′R″C—M 型的有机金属化合物中其成键涵盖整个系列：从基本上共价，经过极性共价 $RR'R''C^{\delta-}—M^{\delta+}$，到基本的离子型 $RR'R''C^-\ M^+$。在它们的反应中，构型的保持、消旋以及构型翻转的情况都可以被观察到。对于一个特定的例子，其结果不仅与烷基部分有关，还与金属以及溶剂都有很大的关系。即便是对于一个最离子性的例子，也不可能像一个简单的碳负离子来处理，例如碘乙烷和 $[PhCOCHMe]^-\ M^+$ 的反应，在类似的条件下，对于金属分别为 Li、Na、K 的情况，反应的速率可以相差 10^4 左右。

当碳负离子上有可以将孤对电子共轭离域的取代基时，其构型会变成平面结构（sp^2），这是因为要保证该 p 轨道和取代基的 p 轨道有最大限度的重叠，比如(4)和(10)：

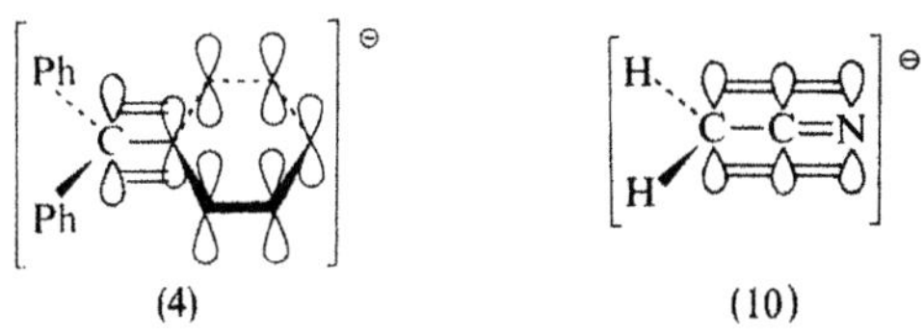

(4)　(10)

当这种线形形式被结构或者空间位阻因素阻碍时，这种预期的稳定就可能不存在了。例如，2,4-戊二酮(20)的 pK_a 为 8.8，它与 1,3-环己二酮(21)在氢氧化钠水溶液中（但在水中是不 277
溶的）都是可溶的，并且在三氯化铁溶液中能够显现出红色（参见苯酚），而 1,3-二酮(22)则不会发生上述情况：

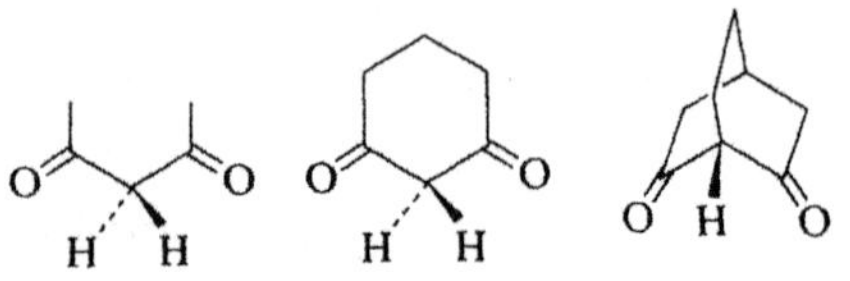

(20)　　(21)　　(22)

(22)中，两个羰基之间的氢原子并没有比普通的烃类化合物的氢酸性强多少。(22)的不同之处在于，当质子被去除之后，碳负离子的孤对电子会填充在 sp^3 轨道上，或多或少会与邻位的两个羰基(参见 **259 页**)的 p 轨道垂直，即 sp^3 轨道和 p 轨道不会发生重叠，因此负电荷不能通过离域作用而稳定，所以(不稳定的)碳负离子也就不能形成了。

10.4　碳负离子及其互变异构

互变异构，严格的定义是在任何条件和情况下异构体间可逆地相互转化。实际上，互变异构已经更多地被限定为相当容易相互转化的异构体，并且异构体仅在以下几个方面不同：(i)电子分布不同；(ii)相对移动的原子和基团的位置不同。在大多数例子中，可以移动的原子一般是氢原子，这种现象被称为质子转移。我们熟悉的例子是 β-酮酯[比如乙酰乙酸乙酯(23)]和硝基取代的烷烃[比如硝基甲烷(24)]。

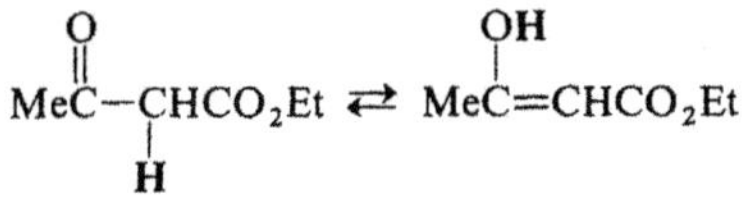

$$\mathrm{MeC(=O)\!-\!CH(H)CO_2Et} \rightleftarrows \mathrm{MeC(OH)\!=\!CHCO_2Et}$$

(23*a*) 酮式　　(23*b*) 烯醇式

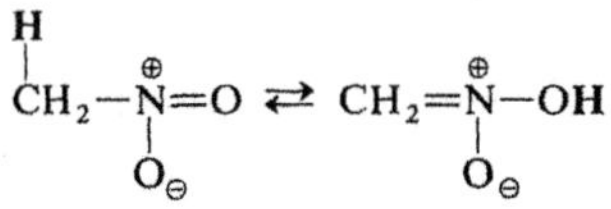

$$\mathrm{H\!-\!CH_2\!-\!\overset{\oplus}{N}(O^{\ominus})\!=\!O} \rightleftarrows \mathrm{CH_2\!=\!\overset{\oplus}{N}(O^{\ominus})\!-\!OH}$$

(24*a*)　假酸　　(24*b*)　酸式

这种相互转化可以被酸或者碱催化。

278 ### 10.4.1　互变异构机理

质子转移的相互转变是许多研究领域的主题，因为这些反应可以被溶剂或者底物的氘代实验来测定，并且可以通过记录光学活性底物中质子转移的位置上手性中心的立体化学变化来研究。可能的机理(参见 S_N1/S_N2)有以下两种情况：(i)质子的移除和接受(从溶剂中接受)是分开进行的，所以涉及碳负离子中间体，即是分子间的过程；(ii)分子内的同一个质子发生转移。

$$\text{(i)}\quad R_2\overset{H}{C}-CH{=}Y \underset{R'OH}{\overset{B:}{\rightleftarrows}} \left[\begin{array}{c} R_2\overset{\ominus}{C}-CH{=}Y \\ \updownarrow \\ R_2C{=}CH-Y^{\ominus} \end{array}\right] \underset{B:}{\overset{R'OH}{\rightleftarrows}} R_2C{=}CH-\overset{H}{Y}$$

分子间

(25)
碳负离子
中间体

$$\text{(ii)}\quad R_2\overset{H}{C}-CH{=}Y \overset{B:}{\rightleftarrows} [\,(26)\,]^{\neq} \overset{-B:}{\rightleftarrows} R_2C{=}CH-\overset{H}{Y}$$

分子内

(26)
T.S.

许多化合物会发生碱催化的酮与烯醇间的质子迁移，比如β-酮酯类化合物、1,3-二酮类化合物、硝基烷烃类化合物等，都会形成相对稳定的碳负离子，比如(25)，并且可以被分离出来。因此在合适条件下，从β-酮酯(23*a*)的酮式结构和硝基烷烃(24*a*)出发可以得到碳负离子，再将它们进行质子化，就可以得到纯的烯醇形式的产物(23*b*)和(24*b*)。因此，它们之间的转换很有可能遵循分子间的途径(i)。酸性越强的底物，其产生的碳负离子越稳定，则质子的转移越有可能涉及碳负离子中间体。

机理(i)很好地诠释了互变异构和共振异构之间的不同，因为这两个名词经常会引起混淆。以乙酰乙酸乙酯(23)为例，

$$\underset{\text{(23a) 酮式}}{Me\overset{O}{\overset{\|}{C}}-\underset{H}{CH}CO_2Et} \underset{R'OH}{\overset{B:}{\rightleftarrows}} \left[\begin{array}{c} Me\overset{O}{\overset{\|}{C}}-\overset{\ominus}{C}HCO_2Et \\ \updownarrow \\ Me\overset{O^{\ominus}}{C}{=}CHCO_2Et \end{array}\right] \underset{B:}{\overset{R'OH}{\rightleftarrows}} \underset{\text{(23b) 烯醇}}{Me\overset{OH}{C}{=}CHCO_2Et}$$

(27)
碳负离子
中间体

(23*a*)和(23*b*)是互变异构体，是可以相互转化的化学性质有区别的两个完全不同的化合物， 279
并且可以非常纯地分别分离得到这两个物种。碳负离子(27)可以被写成的两个结构为共振式，它们并不是真实存在的形式，只是用来展示碳负离子上负电荷分布的不准确的书写形式，实际上碳负离子只以一种形式存在。也许用一个单一的结构形式来描述(27)会更好，

$$Me\overset{O^{\delta-}}{\overset{\vdots}{C}}\text{---}\overset{\delta-}{C}HCO_2Et$$

(27)

但是这种形式也不是完全令人满意的，因为它不能传递一个重要的事实，即负离子上的负电荷更多地分布在电负性更强的氧原子上，而非在碳原子上。确实如此，虽然我们将(27)称作(为了方便，将继续称作)碳负离子，实际上它们被称作烯醇负离子更加准确。以一个稳定碳负离子/烯醇负离子，比如(27)为基础的一对互变异构体是非常常见的。

另一个极端的例子是，完全的分子内的质子转移，即途径(ii)，比如三乙胺催化的光学活性的底物(28)向(29)的转变。

(28) (30) (29)

我们会发现，(28)失去光学活性的速率和异构化的速率是一样的，并且如果反应在 D_2O(是底物的五倍摩尔量)的存在下进行，产物中并不会发生氘交换现象。因此在该条件下，反应是完全的分子内的过程，没有碳负离子的参与，并且反应被认为经历了桥型的过渡态(30)。还有许多底物同时具有分子间和分子内的质子转移途径，这两种途径的相对比例不仅取决于相应的底物，而且很大程度上取决于采用的碱和溶剂。

10.4.2 速率和结构

到目前为止，几乎在我们讨论的所有案例中，反应的决速步骤都是 C—H 键的断裂或者
280 形成，这是碳氢酸和其他 O、N 原子上的质子酸的主要不同之处。选用合适的质子(氘)给体，如 D_2O、EtOD 等等，通过确定其与底物进行同位素交换的速率，即可测量这类 C—H 键断裂的速率。虽然并不令人吃惊，但是有意思的是，动力学酸性(由 k_1 定义)和热力学酸性(由 K 定义)——我们提到的 pK_a，并不是直接相关的：

$$R_3C—H + B: \underset{k_{-1}}{\overset{k_1}{\rightleftarrows}} R_3C^{\ominus} + BH^{\oplus} \qquad (K = k_1/k_{-1})$$

前者与 $\Delta G^{\neq}$有关，后者则和 $\Delta G^{\ominus}$有关，二者并没有必要的联系。通常，导致热力学酸性更大的底物结构上的变化也会倾向于使得它更快地转变为碳负离子，但是也有许多例外的情况，比如下表：

	pK_a	k_1/s^{-1}
$CH_2(NO_2)_2$	4	$8{\cdot}3 \times 10^{-1}$
$CH_2(COMe)_2$	8·8	$1{\cdot}7 \times 10^{-2}$
CH_3NO_2	10·2	$4{\cdot}3 \times 10^{-8}$
$MeCOCH_2CO_2Et$	10·7	$1{\cdot}2 \times 10^{-3}$
$CH_2(CN)_2$	12	$1{\cdot}5 \times 10^{-2}$
$CH_2(CO_2Et)_2$	13·3	$2{\cdot}5 \times 10^{-5}$
CH_3COCH_3	20	$4{\cdot}7 \times 10^{-10}$

简单的硝基化合物，虽然它们的酸性很强，但是其离子化的速率很慢。因此，硝基甲烷和乙酰乙酸乙酯有差不多相同的 pK_a，但是前者离子化的速率要慢于后者将近 10^5 倍。这反映了与乙酰乙酸乙酯产生的负离子相比，由硝基甲烷产生的负离子被更大程度地离域化了。比起那些碳负离子的负电荷更加集中在碳原子上的碳氢酸，这种情况下的质子攫取和移除速率都是很慢的。这也被碳负离子上的氰基的取代基效应所证实，即氰基比羰基造成的负电荷的离域程度要小，因此 $CH_2(CN)_2$ 和 $CH_2(COMe)_2$ 的 k_1 基本上是相同的，尽管前者的 pK_a 要比后者大 3.2 个单位。然而，pK_a 和 k_1 的关系也会受到溶剂的影响。

10.4.3　平衡位置和结构

酮/烯醇体系目前被研究得非常透彻，因此许多的讨论也集中在这两者之上。两者的比
例可以通过化学方法来确定，例如用溴滴定烯醇式来测定，但是滴定时二者之间的相互变化 281
速率必须非常低。而更加精确和方便的测定方法是利用光谱法来测定，比如乙酰乙酸乙酯的
红外光谱：

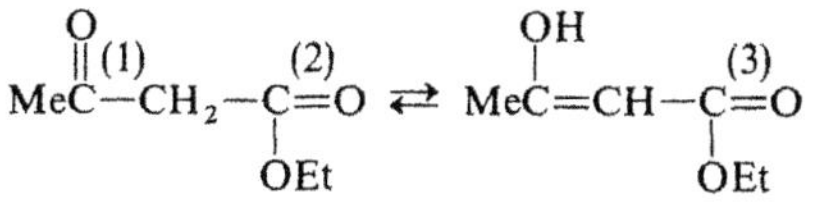

$$\mathrm{MeC(=O)^{(1)}{-}CH_2{-}C^{(2)}(OEt){=}O \rightleftarrows MeC(OH){=}CH{-}C^{(3)}(OEt){=}O}$$

(23*a*) 酮式　　(23*b*) 烯醇

(1) ν_{max} 1718 cm^{-1}　　(3) ν_{max} 1650 cm^{-1}
(2) ν_{max} 1742 cm^{-1}

在简单的羰基化合物，比如丙酮中，烯醇式的比例是很低的，导致烯醇形式增加的主要结构因素可以由下表看出：

	液体中烯醇占比/(%)
$MeCOCH_3$	$1{\cdot}5 \times 10^{-4}$
$CH_2(CO_2Et)_2$	$7{\cdot}7 \times 10^{-3}$
$NCCH_2CO_2Et$	$2{\cdot}5 \times 10^{-1}$
环己酮	1·2
$MeCOCH_2CO_2Et$	8·0
$MeCOCHPhCO_2Et$	30·0
$MeCOCH_2COMe$	76·4
$PhCOCH_2COMe$	89·2

主要的结构因素是，当多重键或者 π 轨道体系(如苯环等)可以与烯醇形式的碳碳双键共轭时，会明显有利于烯醇形式的生成。普通的羰基显然比酯羰基更有效，比如乙酰乙酸乙酯的烯醇式比例是 8%，而丙二酸二乙酯的烯醇式比例为 7.7×10^{-3} %。苯环 Ph 的影响也可以在如下的比较中看出：$MeCOCH_2COEt_2$ 的烯醇式的比例是 8%，而 $MeCOCHPhCO_2Et$ 的烯醇式的比例是 30%；$MeCOCH_2COMe$ 的烯醇式的比例是 76.4%，而 $PhCOCH_2COMe$ 的烯醇式的比例是 89.2%。

另一个稳定酮的烯醇式的因素是存在强的、分子内的氢键，比如 $MeCOCH_2COMe$(31) 和 $MeCOCH_2CO_2Et$(23)中的氢键：

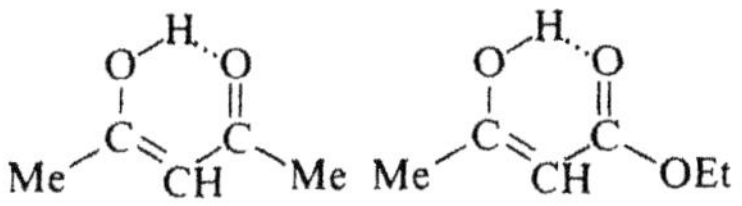

$$\mathrm{Me{-}C(O{-}H\cdots O){=}CH{-}C(=O){-}Me}\qquad \mathrm{Me{-}C(O{-}H\cdots O){=}CH{-}C(=O){-}OEt}$$

(31)　　(23)

除了对酮式的稳定效应外，分子内的氢键也会导致烯醇式极性的降低，它将会成为一个更加
紧凑、折叠的构象，而酮的构象则更加伸展。这会导致一个令人惊讶的结果，即酮式和烯醇 282
式可以分离，虽然烯醇式的结构中存在羟基，但通常其沸点更低。相比于酮式，分子内氢键稳定烯醇式的有效性会受到溶剂变化的影响，特别是将溶剂换成含有羟基的溶剂时，例如，对于化合物 $MeCOCH_2COMe$(31)：

溶液	溶剂中烯醇占比/(%)
气相	92
环己烷	92
液体	76
MeCN	58
H_2O	15

通过上表可以看出，烯醇式结构在非极性溶剂正己烷中的比例与其在气相中的比例相同，并且高于其液态形式时的比例，该情况下其自身就是一种极性溶剂。在极性更大的溶剂如乙腈中，烯醇式比例会下降，水为溶剂时烯醇式比例下降得更明显。这是因为在极性溶剂中溶剂化效应对酮式结构的稳定作用会增加，特别是水作为溶剂的时候，它可以通过与酮羰基形成分子间氢键来很好地稳定酮式结构，当然水也会与烯醇式形成氢键。化合物 $MeCOCH_2CO_2Et$(23)的性质也是类似的：在液态下烯醇式的比例为 8%，在正己烷为溶剂时烯醇式的比例会上升到 46%，在气态下烯醇式的比例为 50%，但在稀释的水溶液中烯醇式比例会下降到 0.4%。此外，烯醇式的比例也跟温度有关系。

一个有趣的极端例子是化合物 MeCOCOMe(32)和化合物 1，2-环戊二酮(33)的对比：

(32*a*)　⇌　(32*b*) $5.6\times10^{-3}\%$　　(33*a*)　⇌　(33*b*) ≈100%

对于化合物(32)，尽管烯醇式结构(32*b*)中存在分子内氢键，但平衡更加倾向于酮式结构(32*a*)。这是因为在(32*a*)中，两个羰基可以形成反式构象，两个电负性的氧原子可以尽可能远离，并且两个羰基的偶极式相反，这样就避免了静电排斥。而对于化合物(33)，由于环状结构确定了无论是酮式结构还是烯醇式结构两个羰基的构象都是顺式的，因此只有(33*b*)中才有分子内的氢键，从而决定了二者的比例。

以上例子中的平衡混合物的组成是由在研究的特定条件下，两种结构形式的热力学稳定
283 性决定的。然而有趣的是，对于脂肪族硝基化合物，例如苯基硝基甲烷(34)，它主要有两种存在形式(34*a*)和(34*b*)，其中(34*a*)是一种黄色油状液体，且更加稳定，平衡几乎是完全偏向于硝基形式(34*a*)。

$PhCH_2-\overset{\oplus}{N}(=O)-O^{\ominus}$ $\underset{H^{\oplus}}{\overset{^{\ominus}OH}{\rightleftharpoons}}$ $Ph\overset{\delta-}{C}H\cdots\overset{\oplus}{N}(O^{\ominus})\cdots\overset{\delta-}{O}$ $\underset{^{\ominus}OH}{\overset{H^{\oplus}}{\rightleftharpoons}}$ $PhCH=\overset{\oplus}{N}(O^{\ominus})-OH$

(34*a*) 硝基形式　　(35)　　(34*b*) 酸式

尽管如此，对分离的碳负离子中间体的钠盐(35)进行酸化时，会全部生成更加不稳定的酸式结构(34*b*)(一种无色固体)。这是因为电子云密度更高的位点会更快地发生质子化，即在该过程中产物的生成是动力学控制的。该反应过程的势能图如图 10.1 所示。

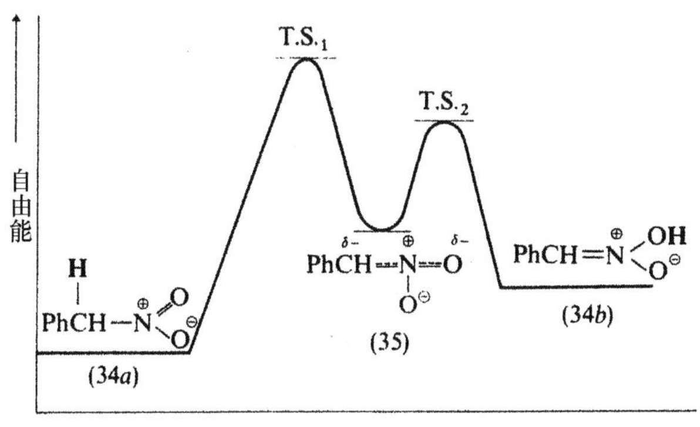

图　10.1

可见，(35)和(34*b*)之间的过渡态 T. S.$_2$ 比(35)和(34*a*)之间的过渡态 T. S.$_1$ 的能级更低，反映出 O—H 键比 C—H 键更容易断裂。尽管化合物(35)酸化会立即生成(34*b*)，但是该化合物会自发地发生异构过程，即酸式(氧氢酸)比硝基式(碳氢酸)会更快地失去质子。平衡会慢慢地向更加稳定的化合物(34*a*)移动，虽然该过程较慢，但却是不可阻挡的。因此产物的最终组成是热力学控制的。

10.5　碳负离子的反应 284

碳负离子可以参与多种有机化学反应，例如加成反应、消除反应、取代反应和重排反应等等。它们也包含在一些其他的反应中，例如氧化反应，尽管不是很符合这里的分类。现在我们选择一些碳负离子参加的反应进行讨论，它们在有机合成中具有重要意义，可以导致碳碳键的形成。

10.5.1　加成反应

我们之前已经讨论过很多碳负离子对羰基的加成反应(参见 **221～234 页**)，包括分子内的加成反应，例如 aldol 反应(**226 页**)、狄克曼反应(**230 页**)、二苯乙醇酸重排反应(**232 页**)以及迈克尔加成反应(**200 页**)。

羧基化反应

碳负离子和有机金属化合物的碳负离子的另一个有趣而重要的应用，是可以与非常弱的亲电试剂二氧化碳发生反应，生成羧酸盐(36)，该过程称为羧基化反应：

$$R^{\ominus}M^{\oplus} + O{=}C{=}O \longrightarrow R{-}C(=O)O^{\ominus}M^{\oplus}$$

(36)

烷基、芳基或者炔基金属试剂均可以发生这个过程，不过要求金属的正电性大于等于金属镁，但是包括格氏试剂。这一类反应经常是将金属试剂的惰性溶剂的溶液加入到大大过量的固体干冰中进行反应。这个反应可以高效制备炔基酸类化合物。科尔伯-施密特(Kolbe-Schmidt)反应(参见 **291 页**)也是一种羧基化反应。

该反应被大量地用在碳负离子的研究中，即通过该反应将碳负离子转化为稳定的可分离的羧酸类化合物，进而进行分析。例如烯基卤化物(38)与锂的反应中，可以将生成的碳负离子转换为(39)，从而证明该反应中碳负离子(37)的构型实质上是保持的：

285

$$\underset{(38)}{\text{Me(H)C=C(Br)Me}} \xrightarrow{Li} \underset{(37)}{\text{Me(H)C=}\ddot{C}^{\ominus}\text{Li}^{\oplus}\text{(Me)}} \xrightarrow{CO_2} \underset{(39)}{\text{Me(H)C=C(CO}_2^{\ominus}\text{Li}^{\oplus}\text{)Me}}$$

对于化合物(38)，其发生锂卤交换后再与二氧化碳反应，以约 75%的产率生成化合物(39)，而其几何异构体的产率则少于 5%。

10.5.2　消除反应

我们已经见过在消除反应中包含碳负离子(40)作为反应中间体的例子，这些消除反应经历的是 E1cB 的反应途径(见 **251 页**)，例如：

$$\text{B:}\curvearrowright\text{H}-\text{PhSO}_2\text{CH}-\text{CH}_2(\text{Y}) \rightleftharpoons \underset{(40)}{\text{PhSO}_2\overset{\ominus}{\text{C}}\text{H}-\text{CH}_2(\text{Y})} \longrightarrow \text{PhSO}_2\text{CH=CH}_2$$

另一个例子是脱羧反应。

脱羧反应

羧酸负离子(41)失去 CO_2 生成碳负离子的过程涉及碳负离子(42)，然后该碳负离子(42)从溶剂或者其他质子源中得到质子：

$$\underset{(41)}{{}^{\ominus}\text{O}-\underset{\underset{\text{O}}{\|}}{\text{C}}-\text{R}} \xrightarrow[\text{慢}]{} CO_2 + \underset{(42)}{R^{\ominus}} \xrightarrow[\text{快}]{H^{\oplus}} \text{R—H}$$

在这个过程中，通常 CO_2 的失去是决速步骤。该反应的速率方程如下所示：

$$r = k[\text{RCO}_2^-]$$

质子化过程是非常迅速的。当 R 基团是吸电子基团时，脱羧过程可以得到促进，因为吸电子基团可以稳定碳负离子中间体(42)。这可以通过如下实验事实得到证明，即硝基取代的羧基负离子(43)比羧基负离子 Me_2CHCOO^- 更容易发生脱羧：

286

$$\underset{(43)}{{}^{\ominus}\text{O}-\underset{\underset{\text{O}}{\|}}{\text{C}}-\text{CMe}_2\text{NO}_2} \longrightarrow CO_2 + \underset{(44)}{\left[\text{Me}_2\overset{\ominus}{\text{C}}-\overset{\oplus}{\text{N}}(=\text{O})\text{O}^{\ominus} \longleftrightarrow \text{Me}_2\text{C}=\overset{\oplus}{\text{N}}(\text{O}^{\ominus})-\text{O}^{\ominus}\right]} \xrightarrow{H^{\oplus}} \text{Me}_2\text{CHNO}_2$$

类似地，化合物 $X_3CCH_2COO^-$ 和 2，4，6-$(NO_2)_3C_6H_2CO_2^-$ 等也容易发生脱羧反应。但是除了乙酸负离子外，其他的简单脂肪族羧酸负离子的脱羧反应通常没有合成意义。

可以通过在脱羧反应体系中加入溴单质来证明碳负离子中间体的存在。溴单质的加入不会改变反应速率，但是反应的产物由原来的 Me_2CHNO_2 变为 Me_2CBrNO_2，而在溴的存在下 $Me_2C(NO_2)CO_2^-$ 和 Me_2CHNO_2 都不会发生溴化反应。溴化产物(45)是溴单质对碳负离子(44)的快速进攻生成的，即对碳负离子中间体的“捕获”(类似的过程参见 **295 页**，碱催化的酮的溴化反应)：

$$Br{-}Br + Me_2\overset{\ominus}{C}NO_2 \ (44) \rightarrow Me_2C(Br)NO_2 \ (45) + Br^{\ominus}$$

羰基也可以起到硝基类似的作用，例如化合物(46)很容易发生脱羧过程：

$$^{\ominus}O{-}C({=}O){-}CH_2COMe \ (46) \rightarrow CO_2 + \left[{}^{\ominus}CH_2{-}C(O)Me \leftrightarrow CH_2{=}C(O^{\ominus})Me\right] \xrightarrow{H^{\oplus}} CH_3COMe$$

速率方程中除了涉及β-羰基羧酸根负离子之外，也涉及β-羰基羧酸(47)。β-羰基羧酸容易发生脱羧反应，可能是由于(47)中的质子可以与羰基形成氢键，从而发生质子的转移：

$$HO{-}C({=}O){-}CH_2{-}C(O)Me \ (47) \rightarrow [\ ]^{\ddagger} \rightarrow O{=}C{=}O \ + \ CH_2{=}C(OH)Me \ (48) \rightleftharpoons CO_2 + CH_3C(O)Me$$

这种羧酸分子自身发生脱羧的证据之一是在有些条件下可以捕捉到烯醇中间体(48)。β，γ-不饱和羧酸也可以经由类似的过程发生脱羧反应： 287

$$HO{-}C({=}O){-}CH_2{-}C(R){=}CR_2 \ (49) \rightarrow [\ ]^{\ddagger} \rightarrow O{=}C{=}O \ + \ CH_2{=}C(R){-}CHR_2$$

α，β-不饱和羧酸 $R_2CHCR{=}CHCO_2H$ 也可能经由类似的过程发生脱羧反应，研究表明，α，β-不饱和羧酸在脱羧之前会发生异构化，先生成β，γ-不饱和羧酸。

另外一个自由羧酸自身发生脱羧过程的例子是吡啶-2-甲酸(51)，其脱羧经历的是碳负离子中间体(50，实际上是叶立德)。吡啶-2-甲酸与吡啶-3-甲酸、吡啶-4-甲酸相比更加容易发生脱羧过程。

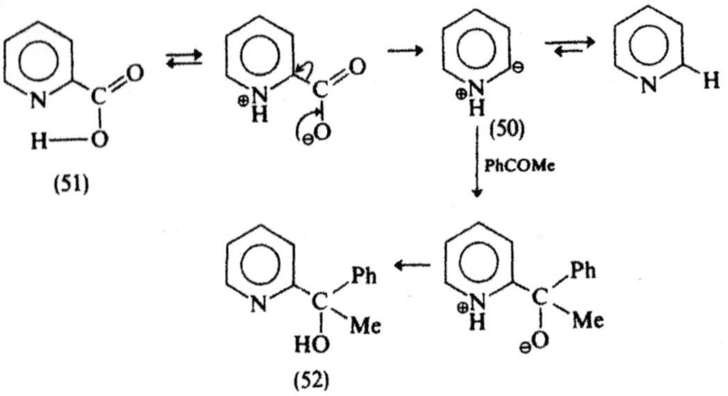

在反应中假如羰基化合物，例如 PhCOMe 可以捕获叶立德中间体(50)，最终生成加成产物(52)。该过程在合成上也具有一定价值。吡啶-2-甲酸(51)之所以比其异构体吡啶-3-甲酸、吡啶-4-甲酸更容易发生脱羧反应，是因为叶立德中间体(50)中的 N^+ 可以稳定碳负离子。

10.5.3 取代反应

碳负离子或类似物种经常可以参与到取代反应中，其可以作为中间体或者亲核试剂。

288 **10.5.3.1** 氢氘交换反应

在碱的氘水溶液中，酮(53)的羰基 α 位氢原子会发生氢氘交换反应。当化合物(53)具有光学活性时，其光学活性会消失(外消旋化)，且消旋速率与羰基 α 位氢原子氘代的速率是一样的。当(53)的 α 位是氘原子时，在 H_2O 中也会发生氢氘交换，对比两个化合物氢氘交换的速率发现该过程具有同位素效应：

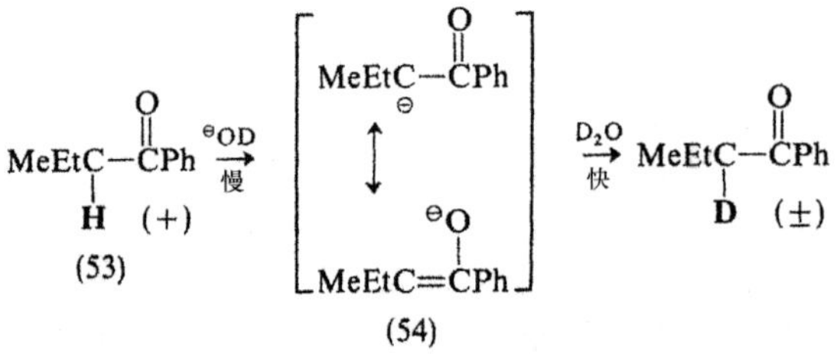

这些实验表明，碳氢键的断裂是生成碳负离子中间体(54)的慢的决速步，随后碳负离子会从溶剂 D_2O 中迅速地获取 D^+。羰基 α 位的碳氢键的断裂都会导致光学活性的消失，这是因为假如生成的碳负离子被邻位的羰基通过离域作用稳定，和负离子碳相连的键需要共平面。随后 D^+ 会以相等的概率从平面的任何一边对碳负离子进攻。反应中慢的决速步是碳负离子中间体的形成，随后是快速的亲电进攻，进而完成整个反应。这与 S_N1 过程中碳正离子的形成是决速步具有一定相似性，因而这种过程也被称为 S_E1 机理。

10.5.3.2 碳负离子亲核取代

裸露的碳负离子以及格氏试剂等金属试剂都是很好的亲核试剂，例如都可以与羰基发生加成反应(**221 页**等)。在取代反应中，这些强的亲核试剂可以发生 S_N2 过程。丙二酸二乙酯、β-羰基酯类化合物、1,3-二羰基化合物[如(55)]、α-氰基酯类化合物以及硝基烷烃类化合物等衍生的碳负离子具有广泛的实际合成价值，这类化合物通常被称为“活性亚甲基化合物”：

$$(MeCO)_2CH_2 \underset{}{\overset{^{\ominus}OEt}{\rightleftarrows}} (MeCO)_2\overset{\ominus}{C}H + R-Br \xrightarrow{RBr} (MeCO)_2CH-R + Br^{\ominus}$$

(55) (56)

动力学上，这类反应具有 S_N2 取代反应的特点，在合适的情况下，被进攻的 RBr 中的构型会发生翻转。烷基化产物(56)仍然含有酸性氢原子，因此会发生第二次取代反应，生成双烷基化产物$(MeCO)_2CRR'$。乙炔负离子(57)的烷基化在合成上也具有应用价值： 289

$$HC\equiv CH \overset{^{\ominus}NH_2}{\rightleftarrows} HC\equiv C^{\ominus} + R-Br \xrightarrow{RBr} HC\equiv C-R + Br^{\ominus}$$

(57)

这里也会发生第二次的烷基化反应，得到 $RC\equiv CR$ 或者 $R'C\equiv CR$。然而，需要注意的是，以上的碳负离子，尤其是炔基负离子(57)都是很弱的酸的负离子，因此它们是很强的碱，也是很强的亲核试剂。除了能够诱导发生取代反应外，这类碳负离子也会引发亲电试剂发生消除反应(见 **260 页**)。例如三级卤代烷在与这些碳负离子反应时，会发生消除反应生成烯烃，而不是发生烷基化的取代反应。

格氏试剂在取代反应中也可以作为碳负离子，例如将其与三乙氧基甲烷(原甲酸三乙酯，58)反应时可以得到缩醛(59)，进而水解生成醛类化合物(60)：

$$\overset{\delta-}{R}-\overset{\delta+}{MgBr} \quad CH(OEt)_2(OEt) \rightarrow RCH(OEt)_2 \xrightarrow{H^{\oplus}/H_2O} RCHO$$

(58) (59) (60)

在合适的条件下，电负性更小的金属，例如钠可以与烷基卤化物反应生成金属试剂，例如化合物(61)，进而与另一分子发生取代反应：

$$RCH_2CH_2-Cl \xrightarrow{2Na\cdot} RCH_2CH_2{}^{\ominus}Na^{\oplus} \xrightarrow{R'Br} RCH_2CH_2R'$$

(61)

上述反应被称为武兹(Wurtz)反应。人们在实验中观察到被进攻的碳原子的手性会发生翻转，说明该反应涉及碳负离子中间体(然而，有些条件下可能包含自由基中间体)。(61)这样的碳负离子也可能作为碱促使消除反应的发生：

$$RCH_2CH_2^{\ominus}\ (61) + H-CH(R)-CH_2-Cl\ Na^{\oplus} \rightarrow RCH_2CH_2-H\ (62) + RCH=CH_2 + Na^{\oplus}Cl^{\ominus}\ (63)$$

进而发生歧化生成烷烃(62)和烯烃(63)，这是武兹反应中经常出现的副产物。

一个有趣的分子内取代反应是达参(Darzens)反应，即 α-卤素酯类化合物在碱性条件下形成的碳负离子与羰基化合物反应生成 α-环氧基酯类化合物： 290

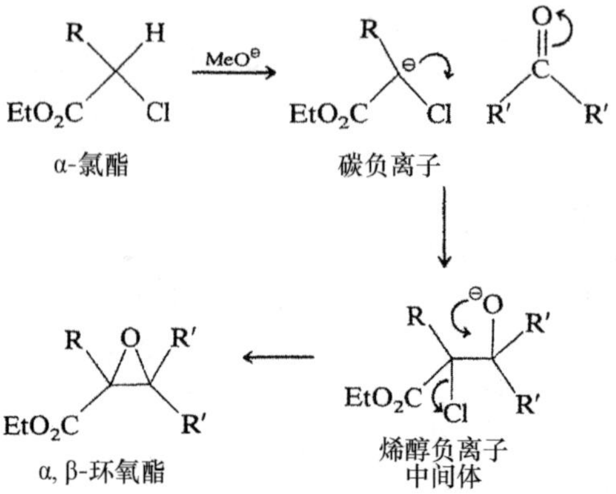

α-氯酯　$\xrightarrow{MeO^{\ominus}}$　碳负离子　→　烯醇负离子中间体　→　α, β-环氧酯

有时是有可能分离得到烯醇氧负离子中间体的，例如当以 α-氯代酯类化合物为底物时。

10.5.3.3 瑞穆尔-悌曼(**Reimer-Tiemann**)反应

瑞穆尔-悌曼反应包括芳基碳负离子(64)，以及氯仿在碱性条件下去质子得到的三氯甲基负离子 Cl_3C^-(见 **267 页**)，其存在寿命较短，会进一步发生 α-消除氯负离子得到二氯卡宾 :CCl_2，高度亲电性的二氯卡宾随后对芳环进攻：

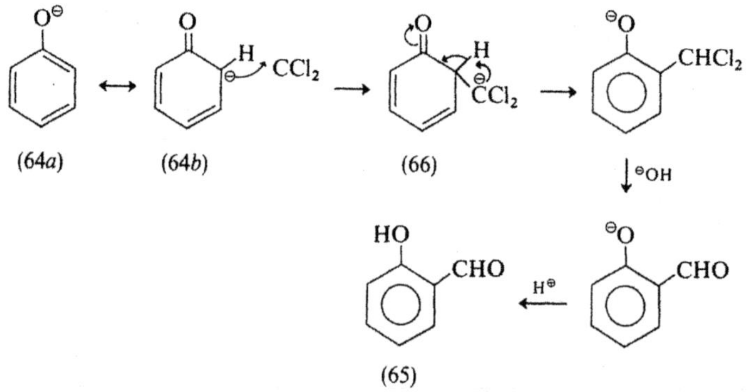

(64*a*)　(64*b*)　(66)　(65)

从酚氧负离子(64)得到的产物再经酸化后生成苯甲醛类产物，大部分是邻羟基苯甲醛(65)，小部分是对羟基苯甲醛。如果底物中苯酚的两个邻位都带有取代基团，那么主要产物就是对羟基苯甲醛类化合物。

当使用对甲基苯酚(67)作为底物进行反应时，我们所观察到的实验现象给上述反应机理
291 提供了支持。

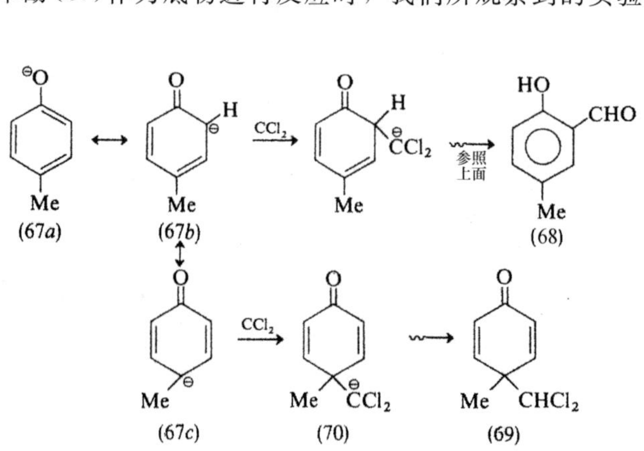

(67*a*)　(67*b*)　(68)　(67*c*)　(70)　(69)

该反应除了得到预期的邻羟基苯甲醛类化合物(68)外，还分离得到了未水解的二氯化合物(69)。苯酚对位(67*c*)进攻二氯卡宾得到中间体(70)，该中间体与邻位进攻生成的中间体不同，中间体(70)没有可以作为质子离去的氢原子，所以不能通过失去质子进行芳构化，而只是在最后酸化的时候得到一个质子，最终生成化合物(69)。二氯化合物(69)由于水溶性差以及位阻(氯原子处于新戊基的环境中，参见 **86 页**)等原因而不容易发生水解。

类似的一个反应是科尔伯-施密特(Kolbe-Schmidt)反应，该反应是粉末状的苯酚钠(64*b*)对亲电试剂 CO_2 的进攻：

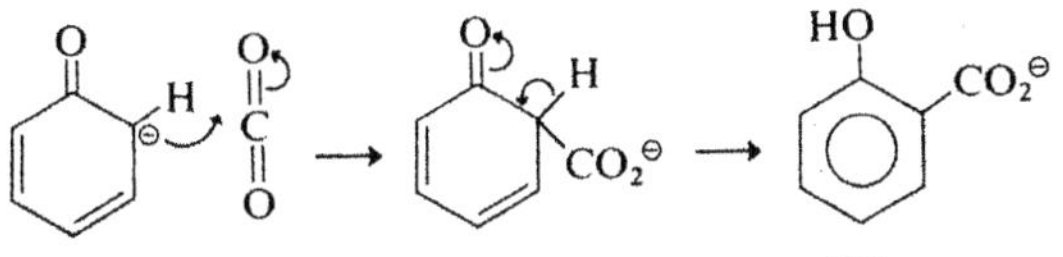

(64*b*) (71)

该反应主要得到邻羟基苯甲酸钠盐(水杨酸盐，71)，而仅有痕量的对位产物。然而，当使用苯酚钾作为底物时，主要得到对羟基苯甲酸。可能的原因是，当苯酚钠作为底物时，反应可能经历的是过渡态(72)，其中钠离子可以与底物形成离子对而进行配位，从而稳定了该过渡态，最终促使在苯酚钠的邻位发生反应：

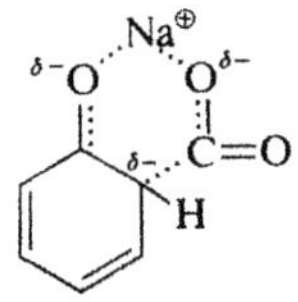

(72)

而钾离子半径更大，不能有效地起到类似的作用，因此进攻对位就变得更有竞争力。 292

10.5.4 重排反应

碳负离子的重排反应和类似的碳正离子的重排反应(见 **109 页**)相比要少得多。通过比较碳正离子和碳负离子中同样的 1,2-烷基迁移反应的过渡态(T. S.)，我们就很容易理解其原因了：

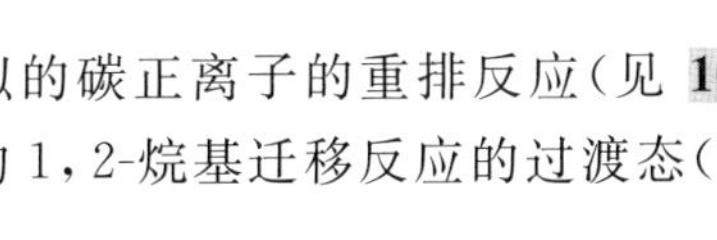

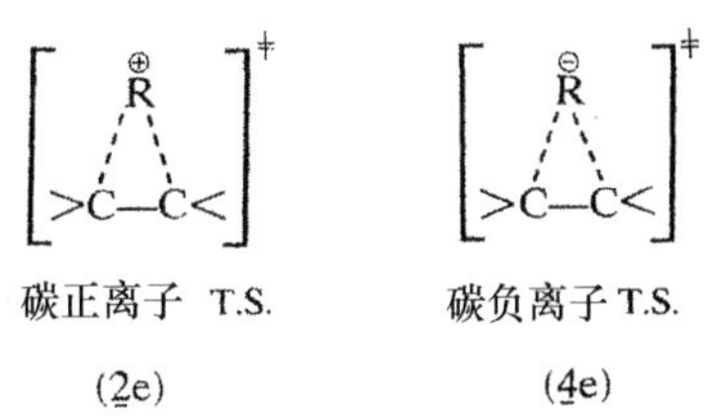

碳正离子 T.S. 碳负离子 T.S.

(2e) (4e)

碳正离子的重排反应中的过渡态涉及两个电子(即原先的 R—C 键的电子)，碳负离子的重排反应涉及 4 个电子。两个电子可以填充到成键分子轨道中，但是第二对电子就会填充到能量更高的反键分子轨道中。然而，芳基的 1,2-迁移反应是已知的，例如氯化物(73)与金属钠的反应，在这个过程中额外的电子可以被离域到迁移的芳环上，从而稳定了碳负离子过渡态：

$$Ph_3C-CH_2Cl \xrightarrow{Na} Ph_2\overset{Ph}{\underset{|}{C}}-\overset{\ominus}{C}H_2Na^{\oplus} \rightarrow Ph_2\overset{\ominus}{C}-\overset{Ph}{\overset{|}{C}}H_2 \;(Na^{\oplus})$$

(73) (76) (77)

$$(77) \xrightarrow{ROH} Ph_2\overset{H}{\overset{|}{C}}-CH_2Ph \quad (74)$$

$$(77) \xrightarrow{CO_2} Ph_2\underset{CO_2^{\ominus}Na^{\oplus}}{\underset{|}{C}}-CH_2Ph \quad (75)$$

反应的预期产物是烷基钠，但是随后通过质子化和羧基化能够分别得到重排产物(74)和(75)。关于反应的具体过程并不确定，有可能是先形成碳负离子(76)，然后发生重排反应；也有可能芳基的迁移与氯负离子的离去是协同发生的，这样就直接生成重排的碳负离子
293 (77)。当用金属锂代替金属钠时，可以得到与(76)相对应的未重排的烷基锂，可以通过其质子化以及羧基化的产物得到证实。随后升高反应温度，可以发生重排反应。化合物(73)与不同金属反应发生重排的难易程度如下所示：

$$K \approx Na > Li > Mg$$

即当金属-碳化学键的离子程度降低时，更容易发生重排反应。此外，根据芳基对位取代基对重排反应速率的影响可以判断该过程中涉及芳基正离子的迁移，而不是芳基自由基的迁移。这进一步说明了以上的 1,2-迁移涉及的是碳负离子的性质，而不是自由基的性质。

碳负离子中的从一个碳到另一个碳的简单的 1,2-烷基迁移基本上是未知的。然而，从其他原子，例如 N 和 S 向碳原子发生 1,2-烷基迁移的过程是已知的，即史蒂文斯(Stevens)重排反应：

$$Me_2\overset{\oplus}{\underset{Me}{\underset{|}{N}}}-\overset{H}{\overset{|}{C}}HPh \xrightarrow{PhLi} Me_2\overset{\oplus}{\underset{Me}{\underset{|}{N}}}-\overset{Li^{\oplus}}{\overset{\ominus}{C}}HPh \rightarrow Me_2N-\underset{Me}{\underset{|}{C}}HPh$$

(78)

$$Me\overset{\oplus}{\underset{PhCH_2}{\underset{|}{S}}}-\overset{H}{\overset{|}{C}}HCOPh \overset{^{\ominus}OH}{\rightleftharpoons} Me\overset{\oplus}{\underset{PhCH_2}{\underset{|}{S}}}-\overset{\ominus}{C}HCOPh \rightarrow MeS-\underset{PhCH_2}{\underset{|}{C}}HCOPh$$

(79)

一些实验证据表明，这些反应可能是自由基的迁移过程，而不是碳负离子的迁移。对于底物(78)，需要使用强碱如苯基锂，来进行去质子，除非对于邻位有吸电子基团羰基的底物(79)，此时可以使用较弱的碱去质子。苄基迁移速率大于甲基(参见 **79 页**)，因为迁移时苄基正离子更加稳定。烯丙基醚和苄基醚，例如(80)在苯基锂作用下发生同类的魏悌息(Wittig)重排(注意与烯烃合成中的魏悌息反应的区别，参见 **233 页**)：

$$\underset{Me}{\underset{|}{O}}-\overset{H}{\overset{|}{C}}HPh \xrightarrow{PhLi} \underset{Me}{\underset{|}{O}}-\overset{Li^{\oplus}}{\overset{\ominus}{C}}HPh \rightarrow Li^{\oplus}{}^{\ominus}O-\underset{Me}{\underset{|}{C}}HPh \xrightarrow{H^{\oplus}/H_2O} HO-\underset{Me}{\underset{|}{C}}HPh$$

(80)

还有一类碱促进的碳负离子重排反应，该反应通过1,3-消除得到环丙酮中间体，例如 294
(81)，即反应物α-卤代酮化合物的法沃斯基(Favorskii)重排反应：

$$\underset{(82)}{PhCH_2COCH_2Cl} \overset{^{\ominus}OH}{\rightleftharpoons} PhC^{\ominus}HCOCH_2Cl \longrightarrow \underset{(81)}{PhHC{-}CH_2\ (C{=}O)} \xrightarrow{HO^{\ominus}} HO{-}C(O^{\ominus})(PhHC{-}CH_2) \longrightarrow \underset{(83)}{PhC^{\ominus}H{-}CH_2CO_2H} \longrightarrow \underset{(84)}{PhCH_2CH_2CO_2^{\ominus}}$$

环丙酮中间体(81)随后接受羟基的进攻，进而三元环开环得到两个可能的碳负离子中更加稳定的一个(83，苄基＞一级烷基)，进一步发生质子的转移得到重排的羧酸负离子产物(84)。

10.5.5　氧化反应

在一定条件下，碳负离子可以被氧化。例如，三苯基甲基负离子(85)在空气氛围下会被缓慢地氧化：

$$\underset{(85)}{Ph_3C^{\ominus}Na^{\oplus}} \underset{Na/Hg}{\overset{O_2}{\rightleftharpoons}} \underset{(86)}{Ph_3C\cdot} + NaO_2\cdot$$

被氧化生成的自由基(86)与钠汞齐一起混合摇动，会被重新还原为碳负离子。在一定条件下，例如单电子氧化剂碘单质等可以氧化碳负离子(87)生成自由基(89)，进一步发生自由基二聚反应生成新的碳碳键(88)，该反应具有一定的合成意义：

$$\underset{(87)}{2\,(MeCO)_2CH^{\ominus}} \xrightarrow{I_2} \underset{(89)}{2\,(MeCO)_2\dot{C}H} \longrightarrow \underset{(88)}{(MeCO)_2CH{-}CH(COMe)_2}$$

另外一个具有合成价值的该类型反应是端炔的氧化偶联，通常使用二价铜盐(例如醋酸盐)为氧化剂，使用吡啶作为溶剂：

$$2RC{\equiv}C^{\ominus} \xrightarrow{Cu^{2\oplus}} 2RC{\equiv}C\cdot \longrightarrow RC{\equiv}C{-}C{\equiv}CR$$

几乎可以确定在碱性条件下，端炔会生成炔基负离子，随后被二价铜盐单电子氧化为自由基，该自由基发生二聚生成产物。

10.5.6　酮的卤化反应 295

酮在碱性条件下的卤化反应是人们最早观察到的可能涉及碳负离子中间体的一个反应，该反应的速率方程如下所示：

$$r = k[MeCOMe][HO^-]$$

即反应速率与溴单质的浓度没有关系。此后人们发现，在类似的条件下碘化反应的反应速率与溴化反应速率一致，由以上方程可知反应速率均与卤素(Hal_2)浓度无关。我们已经知道，光学活性的酮(90)在碱性条件下的氢氘交换的速率和外消旋的速率是一样的(见 **288 页**)，

当使用 α-H 被氘代的底物时，该类反应具有同位素效应（$k_H > k_D$）。这表明，碳氢键的断裂包含在慢的决速步中。所有上述实验结果均证明，这些过程涉及共同的碳负离子中间体，例如(91)：

$$\underset{(90)}{\mathrm{MeEt\overset{*}{C}(H)-C(=O)Ph}\ (+)} \underset{慢}{\overset{^{\ominus}OH}{\rightleftarrows}} \underset{(91)}{\mathrm{MeEt\overset{\delta-}{C}\cdots C(\cdots O^{\delta-})Ph}} \xrightarrow[快]{Hal_2} \underset{(92)}{\mathrm{MeEtC(Hal)-C(=O)Ph}\ (\pm)}$$

$$(91) \xrightarrow{D_2O} \underset{(93)}{\mathrm{MeEtC(D)-C(=O)Ph}\ (\pm)}$$

然后，该碳负离子中间体对一系列的亲电试剂进行快速的非决速步的进攻，这类亲电试剂有 Cl_2、Br_2、I_2、H_2O、D_2O 等等，因而最终会得到如(92)和(93)这样的产物，而这些产物的生成速率肯定是一样的。这类反应与决速步为缓慢地生成碳正离子，紧随快速的亲核进攻的 S_N1 反应相似，因而这类反应被称为 S_E1 过程。

当底物中存在不同的酸性 α-H 时，例如化合物(94)，这时反应就有两个问题：(i)亚甲基和甲基上的氢哪一个会更容易被进攻；(ii)当第一次的卤化反应发生后，第二次卤化反应是发生在同一个碳上还是另一个 α 碳上。对于第一个问题，实验发现，当使用丁酮 $MeCH_2COCH_3$ 作为底物时，1 位和 3 位溴化反应的产物几乎是等量的(两者随后会快速地
296 发生后续的反应，参见 **296 页**)。这说明，简单烷基 R 的诱导效应对于底物中② H 的酸性以及碳负离子(96)的稳定性影响不明显：

$$\underset{(94)}{\mathrm{R\!\rightarrow\!\overset{②H}{CH}\!\rightarrow\!C(=O)\!\leftarrow\!\overset{H①}{CH_2}}} \xrightarrow[慢]{①\ ^{\ominus}OH} \underset{(95)}{\left[\mathrm{RCH_2C(=O)-\overset{\ominus}{C}H_2} \leftrightarrow \mathrm{RCH_2C(O^{\ominus})=CH_2}\right]}$$

$$(94) \xrightarrow{②\ ^{\ominus}OH} \underset{(96)}{\left[\mathrm{R\!\rightarrow\!\overset{\ominus}{C}H-C(=O)CH_3} \leftrightarrow \mathrm{R\!\rightarrow\!CH=C(O^{\ominus})CH_3}\right]}$$

对于第二个问题，第一次引入的卤原子，例如(97)中的 Br 对第二次卤化反应的位点具有明显的影响：

$$\underset{(97)}{\mathrm{R\!\rightarrow\!\overset{②H}{CH}\!\rightarrow\!C(=O)\!\leftarrow\!\overset{H①}{CH}\!\rightarrow\!Br}} \xrightarrow[慢]{①\ ^{\ominus}OH} \underset{(98)}{\left[\mathrm{RCH_2C(=O)-\overset{\ominus}{C}H\!\rightarrow\!Br} \leftrightarrow \mathrm{RCH_2C(O^{\ominus})=CH\!\rightarrow\!Br}\right]}$$

$$(97) \xrightarrow{②\ ^{\ominus}OH} \underset{(99)}{\left[\mathrm{R\!\rightarrow\!\overset{\ominus}{C}H-C(=O)CH_2Br} \leftrightarrow \mathrm{R\!\rightarrow\!CH=C(O^{\ominus})CH_2Br}\right]}$$

即第一次引入的溴原子的强诱导效应/场效应使得 CH_2Br 中的 α-H 的酸性更强，同时与(99)相比，它也会更加稳定相应的碳负离子(98)。因此第二次卤化的位点是前者，即进一步

的卤化主要发生在 CH_2Br 的碳上，而不是 RCH_2 的碳上。进一步，由于 Br 的吸电子效应，因此(98)比(95)的生成速率更快，即第二次卤化反应的速率大于第一次卤化反应的速率，对 CH_3 的第三次卤化反应的速率仍然会大于第二次卤化反应的速率。因此，我们可以想象该反应的最终产物是三次卤化的产物 RCH_2COCX_3(100)。然而，氢氧根负离子会在所有时候都对羰基发生可逆的进攻，而此时 CX_3 是一个很好的离去基团，因而最终会发生碳碳键的断裂(参见 **237 页**)：

$$\underset{(100)}{RCH_2C(=O)CX_3} \xrightleftharpoons{^{\ominus}OH} RCH_2C(O^{\ominus})(OH)CX_3 \longrightarrow \underset{(101)}{RCH_2C(=O)OH + {}^{\ominus}CX_3} \rightleftharpoons \underset{(102)}{RCH_2C(=O)O^{\ominus}} + \underset{(103)}{HCX_3}$$

由于 3 个卤素的吸电子诱导效应使得 CX_3 是很好的离去基团，同时 CX_3 的吸电子诱导效应也提高了(100)中的羰基的亲电性，更容易接受亲核试剂的进攻，并且会稳定形成的碳 297
负离子(101)。最终产物除了羧酸盐(102)外，还有卤仿(103)，整个过程：$RCH_2COCH_3 \longrightarrow RCH_2CO_2^- + HCX_3$，被称为卤仿反应。卤仿反应可以用来鉴别甲基酮类化合物，该类化合物与碘单质的碱性溶液发生反应，会生成碘仿 CHI_3。碘仿是一种黄色、有特殊气味的物质，并且该化合物在反应体系中不溶。

卤仿反应也可以是一个酸催化(一般酸催化，参见 **74 页**)的过程，其速率方程为

$$r=k[酮][酸]$$

并且该反应与碱催化的反应类似，即溴化反应、碘化反应以及氘代反应的速率都是一样的。在这些过程中共同的中间体是缓慢、决速地形成的烯醇负离子(104)：

$$CH_3-C(=O)Me \;\; H-A \xrightleftharpoons{HA} A^{\ominus}\;\; H-CH_2-\overset{\oplus}{C}(OH)Me \underset{慢}{\overset{A^{\ominus}}{\rightleftharpoons}} \underset{(104)}{CH_2=C(OH)Me} \;\; Br-Br \xrightarrow{Br_2} BrCH_2-C(=O)Me \;\; H-A \;\; Br^{\ominus}$$

然后烯醇负离子(104)会快速地、非决速地与 Br_2 等亲电试剂发生反应。

为了推测底物 RCH_2COCH_3 在溴化反应时哪一个 α-H 会优先被取代，我们需要分析相应的烯醇(105)和(106)的形成：

$$\underset{(105)}{RCH=C(OH)Me} \xrightarrow{Br_2} \underset{(107)}{RCHBr-C(=O)Me} \qquad \underset{(106)}{RCH_2C(OH)=CH_2} \xrightarrow{Br_2} \underset{(108)}{RCH_2C(=O)-CH_2Br}$$

与(106)相比(105)可能更加稳定，因为后者的双键具有更多的取代基(参见 **26 页**)，因此可以推测更容易得到产物(107)。实验数据也表明，对于化合物 $MeCH_2COCH_3$ 的酸催化的溴化反应，3 位溴化产物是 1 位溴化产物的 3 倍。

与碱性条件下的溴化反应不同，酸性条件下对 α-溴代酮的第二次溴化反应比第一次溴化反应更难发生。因此通常可以在酸性条件下抑制第二次溴化反应，这时可以得到单溴化的产物，例如(107)，该反应具有合成意义。这显然与碱性条件反应结果不同，碱性条件下不

能阻止多次的溴化反应并且最终往往会发生卤仿碳碳键的断裂(见 **296 页**)。

298 酸性条件下难以发生第二次溴化反应，其原因是形成烯醇的中间体(或者过渡态)带有正电荷，例如从 CH_3COMe 生成(104)。当从 $BrCH_2COMe$ 再次生成烯醇时，该过程中的正电荷中间体由于溴原子的吸电子诱导效应/场效应会变得不稳定(相对从 CH_3COMe 生成对应烯醇时的中间体)。因此与 $BrCH_2COMe$ 相比，没有反应的 CH_3COMe 会优先发生烯醇化，然后发生溴化反应。如果控制条件进行进一步溴化反应，会主要得到 1,1-二溴产物 $Br_2CHCOMe$。但是该化合物在反应条件下会在一定程度上异构化，生成 1,3-二溴衍生物 $BrCH_2COCH_2Br$，从而使情况变得比较复杂。

第 11 章　自由基及其反应 299

11.1 引　　言

我们之前讨论的化学反应大多涉及极性的反应物和中间体，比如碳正离子、碳负离子和高度极化的物种。这些反应中发生的是共价键的异裂和形成过程：

$$R_3C^{\ominus}\!:\ \ X^{\oplus} \rightleftarrows R_3C{-}X \rightleftarrows R_3C^{\oplus}\ \ :\!X^{\ominus}$$

实际上化学反应中也经常会发生均裂的过程，进而生成含有未成对电子的自由基物种，例如(1)和(2)：

$$\underset{}{R_3C{-}X} \rightleftarrows \underset{(1)}{R_3C\cdot}\quad \underset{(2)}{\cdot X}$$

在气相中，化学键 $R_3C—X$ 的均裂反应要求的能量比异裂的低。但是在极性溶剂中，这种能量需求会反过来，即往往更容易发生异裂过程，这是因为溶剂化效应稳定了生成的离子。

在气相中，化学反应经常涉及自由基：有机化合物的燃烧往往都是自由基反应，其中内燃机中烷烃的氧化分解可以说是所有反应中规模最大、应用最广的一类化学反应。在溶液中也可能发生自由基反应，尤其是在非极性溶剂中。自由基反应可以被光促进或者底物自身均 300
裂产生自由基，例如有机过氧化物。与碳正离子、碳负离子参与的反应相比，溶液中的自由基物种活性很高，一旦生成，其反应的选择性较差，无论是与其他物种或者与同一物种的不同位置反应。

大多数自由基反应的另外一个特点是反应一经引发，反应速率会非常快。这是因为引发后的自由基链式反应的活化能很低，例如下述的烷烃(3)的卤化反应(参见 **323 页**)：

$$\begin{array}{c}
\mathrm{Br{-}Br} \\
\downarrow h\nu \\
\underset{(3)}{\mathrm{R{-}H}} + \cdot\mathrm{Br} \longrightarrow \mathrm{R}\cdot + \mathrm{H{-}Br} \\
\uparrow \qquad\qquad \downarrow \mathrm{Br_2} \\
\cdot\mathrm{Br} \;+\; \mathrm{R{-}Br}
\end{array}$$

在该反应中，溴单质在光照条件下均裂生成溴自由基 Br·。溴自由基与中性底物 R—H(3)反应生成烷基自由基 R·和溴化氢 HBr。烷基自由基进一步会与溴单质反应生成溴代烷烃和溴自由基，这样该反应一旦引发，就不需要额外的光照即可进行不断的循环，即该反应可以持久进行。这类自由基反应可以通过加入与自由基更容易反应的物质(阻断剂，或自由基“清除剂”)来阻止反应的进行，例如酚类化合物、醌类化合物、二芳基胺、碘单质等。这些或类似的物质可以向正在进行的自由基反应中引入一个自由基，从而终止整个反应。

毫无疑问，最早被研究的自由基是反应活性较差的，因此可以较长时间独立存在。第一个明确被捕获的自由基是三苯基甲基自由基 Ph_3C·(4)，它是在 1900 年时人们通过分散较好的单质银和三苯基氯甲烷反应产生的(参见 **43 页**)。该自由基可以与卤素单质反应重新生成三苯基卤甲烷，也可以与空气中的氧气发生反应生成过氧化合物(6)，因为所有的自由基都可以与空气中的氧气发生快速的反应。

$$\underset{(4)}{Ph_3C\cdot} + X{-}X \rightarrow \underset{(5)}{Ph_3C{-}X} + X\cdot \xrightarrow{Ph_3C\cdot} \underset{(5)}{2Ph_3C{-}X}$$

$$\underset{(4)}{Ph_3C\cdot} + O_2 \rightarrow Ph_3COO\cdot \xrightarrow{Ph_3C\cdot} \underset{(6)}{Ph_3COOCPh_3}$$

在非极性的溶剂中，自由基(4)呈黄色，它与其无色的二聚体存在平衡。自由基物种的
301 比例随着溶液浓度降低而增大，随温度的升高而增大。在 20 ℃的稀溶液中自由基(4)的比例约为 2%，当温度升高至 80 ℃时，自由基(4)的比例升高至 10%，而除去溶剂后只能得到二聚体。之前曾经提过(参见 **44 页**)，对于二聚体的结构，开始自然认为是六苯基乙烷，$Ph_3C{-}CPh_3$，直到 70 年后人们通过核磁氢谱的方法才确定了该二聚体的结构(7)：

Ph₃C, H (环己二烯环) =CPh₂

(7)

实际上，目前人们尚未制备出六苯基乙烷。可能由于其巨大的位阻使其在通常条件下不能稳定存在。三苯基甲基自由基的高度稳定性将在以后讨论(见 **311 页**)。

简单的烷基自由基具有非常高的反应活性，早在 1929 年这类自由基就已被系统地研究。通常产生这类烷基自由基的方法是烷基金属化合物的热分解，例如四甲基铅的热分解：

$$PbMe_4 \rightleftarrows Pb + 4Me\cdot$$

产生的自由基通过氮气流进入玻璃管中，玻璃管内侧有薄的铅涂层，气流中的自由基会与单质铅发生反应。通过测量玻璃管中被腐蚀的铅涂层的长度和已知载气的流速，就可能准确地估计出烷基自由基的半衰期，例如甲基自由基的半衰期是 8×10^{-3} s。如果没有铅存在，烷基自由基主要会发生二聚反应：

$$CH_3\cdot + \cdot CH_3 \rightarrow CH_3{-}CH_3$$

一旦烷基自由基通过这种方式鉴定以后，它就被认为是许多化学反应中的中间体(见下文)。

除了碳自由基外，稳定程度各异的杂原子自由基也是存在的。1911 年，人们发现加热四苯基肼(8)的非极性溶液时会生成绿色溶液，这是由于产生了二苯基氮自由基(9)：

$$2Ph_2NH \xrightarrow{MnO_4^{\ominus}} \underset{(8)}{Ph_2N{-}NPh_2} \rightleftarrows \underset{(9)}{Ph_2N\cdot} + \cdot NPh_2$$

另外一种重要的氮自由基是 1，1-二苯基-2-三硝基苯肼自由基(10)，该自由基是通过 PbO_2
302 对三芳基肼(11)的氧化产生的：

$$\mathrm{Ph_2NNH_2} \xrightarrow{\text{苦基氯}} \mathrm{Ph_2NNH{-}C_6H_2(NO_2)_3}\ (11) \xrightarrow{\mathrm{PbO_2}} \mathrm{Ph_2N\dot{N}{-}C_6H_2(NO_2)_3}\ (10)$$

该自由基足够稳定(其稳定性的原因在后面会讨论，见 **312 页**)，可以从不同溶剂中重结晶得到紫色的棱柱状晶体，并且几乎可以无限期保存。它基本不与中性分子反应，但容易和自由基反应。实际中它经常被用作自由基捕获剂，因为它几乎可以和其他所有的自由基形成稳定化合物，例如(12)：

$$\underset{(10)}{\mathrm{Ph_2N{-}\dot{N}Ar}} + \mathrm{Ra\cdot} \longrightarrow \underset{(12)}{\mathrm{Ph_2N{-}N(Ra)Ar}}$$

由于该自由基有强烈的颜色，因此它与其他自由基形成无色的稳定化合物的反应可以用比色法监测。

二苯基二硫(13)的溶液加热会变黄，冷却后颜色消失：

$$\underset{(13)}{\mathrm{PhS{-}SPh}} \overset{\Delta}{\rightleftharpoons} \underset{(14)}{\mathrm{PhS\cdot + \cdot SPh}}$$

自由基(14)可被(10)等捕获。简单烷基硫自由基，如 MeS·是非常活泼的，可以作为反应中间体并被检测到。相对稳定的含氧自由基也是已知的。因此苯氧基自由基(15)，在固体和溶液里都是以自由基形态存在的，而非二聚体。

$$\mathrm{2,4,6\text{-}(Me_3C)_3C_6H_2O^{\ominus}} \xrightarrow{\mathrm{K_3Fe(CN)_6}} \underset{(15)}{\mathrm{2,4,6\text{-}(Me_3C)_3C_6H_2\dot{O}}}$$

(15)是深蓝色固体，熔点为 97 ℃。其稳定性来自苯的两个邻位上的叔丁基对氧自由基的空间位阻，使得它与另一分子(15)或其他物种都难以靠近而反应。

11.2 自由基的形成 303

从中性分子生成自由基有很多种方法，其中不少方法我们已经了解了。最重要的有光解、热解和氧化还原反应(无机离子、金属等试剂或电解，通过单电子转移使中性分子生成自由基)。

11.2.1 光解

光解方法使用的先决条件是分子在紫外-可见区域有吸收。例如，气态的丙酮分子在 320 nm(3200 Å，375 kJ mol^{-1})的光照下分解。

$$\underset{}{\mathrm{Me{-}\overset{\overset{\displaystyle O}{\|}}{C}{-}Me}} \xrightarrow{h\nu} \underset{(16)}{\mathrm{Me\cdot}} + \underset{(17)}{\mathrm{\cdot\overset{\overset{\displaystyle O}{\|}}{C}{-}Me}} \longrightarrow \mathrm{CO} + \underset{(16)}{\mathrm{\cdot Me}}$$

这是由于羰基化合物在该频段有吸收。丙酮光解首先生成一对自由基(16)和(17)。(17)随后自发分解生成另一甲基自由基和稳定的物种一氧化碳。其他容易光解的化合物有次氯酸酯(18)和亚硝酸酯(19)，它们可以生成烷氧自由基(20)：

$$\underset{(18)}{\mathrm{RO{-}Cl}} \xrightarrow{h\nu} \underset{(20)}{\mathrm{RO\cdot}} + \mathrm{\cdot Cl}$$

$$\underset{(19)}{\mathrm{RO{-}NO}} \xrightarrow{h\nu} \underset{(20)}{\mathrm{RO\cdot}} + \mathrm{\cdot NO}$$

卤素分子光解成卤素原子是另一种非常有用的光致均裂反应：

$$\mathrm{Cl{-}Cl} \xrightarrow{h\nu} \mathrm{Cl\cdot} + \mathrm{\cdot Cl}$$

$$\mathrm{Br{-}Br} \xrightarrow{h\nu} \mathrm{Br\cdot} + \mathrm{\cdot Br}$$

卤素原子可以引发烷基的卤化(见 **323 页**)，或对烯烃加成(见 **313 页**)。

光解相对热解(见下)产生自由基的两大主要优势有：(i)光解可以使强的键断裂，这些
304 键可能在一般的温度下不能分解，如烷基偶氮(21)，

$$\underset{(21)}{\mathrm{R{-}N{=}N{-}R}} \xrightarrow{h\nu} \mathrm{R\cdot} + \mathrm{N{\equiv}N} + \mathrm{\cdot R}$$

(ii)一个分子只接受特定能量，所以它比热解更具特异性。例如，二酰基过氧化物(22)在光照下分解出两个酰氧基自由基而无副反应：

$$\underset{(22)}{\mathrm{R\overset{\overset{\displaystyle O}{\|}}{C}O{-}O\overset{\overset{\displaystyle O}{\|}}{C}R}} \xrightarrow{h\nu} 2\mathrm{R{-}\overset{\overset{\displaystyle O}{\|}}{C}{-}O\cdot} \longrightarrow 2\mathrm{R\cdot} + 2\mathrm{CO_2}$$

然而，很多情况下热解会发生副反应。

闪光光解(flash photolysis)是一种很有趣的自由基生成技术。它是指在很短时间内用很强的光(可见光或者紫外光)照射，立即产生可以被检测到的高浓度的自由基。在这之后用合适波长的光以低强度照射几个脉冲，则可以在光谱上跟踪这些物种。当然这个技术更多地被用来研究自由基，而非制备自由基。有时，也可以用 X 射线或 γ 射线照射中性分子产生自由基，这称为辐射解(radiolysis)。

11.2.2　热解

早期对寿命非常短的烷基自由基(如前面已经看到的，**301 页**)的研究主要是通过气态金属烷基化合物的热解进行的，如(23)：

$$\mathrm{PbR_4} \rightleftarrows \mathrm{Pb} + 4\mathrm{R}\cdot$$
(23)

这来自碳铅键的热不稳定性，即热解的难易。通过热解较弱的键来产生自由基的反应可以在气相或者惰性溶剂中进行，例如那些键解离能小于等于 165 kJ mol^{-1}(40 kcal mol^{-1})的碳-金属键。这种键一般含杂原子，一般来说，溶液中自由基来源为合适的过氧化物中的氧氧键和偶氮化合物中的碳氮键的热解。如果底物不含可以稳定自由基的取代基，或促进过氧化物
断键的取代基，则反应条件需要相对较剧烈。因此，100 ℃下过氧化二叔丁基$(Me_3CCOO)_2$ 305
的半衰期大约为 200 小时，而同温度下过氧化苯甲酰$(PhCOO)_2$ 只有半个小时的半衰期。如上所述，简单烷基含氮化合物在正常温度下难以分解，如(21)；但引入合适的取代基，则可以作为合适的自由基源，如(24)：

$$\underset{\mathrm{CN}}{\underset{|}{\mathrm{Me_2C}}}-\mathrm{N}{=}\mathrm{N}-\underset{\mathrm{CN}}{\underset{|}{\mathrm{CMe_2}}} \xrightarrow{\Delta} 2[\mathrm{Me_2\dot{C}}-\mathrm{C}{\equiv}\mathrm{N} \leftrightarrow \mathrm{Me_2C}{=}\mathrm{C}{=}\dot{\mathrm{N}}] + \mathrm{N}{\equiv}\mathrm{N}$$
(24)

尽管氮气离去所提供的驱动力是所有离去基团中最好的，但是 MeN ═NMe 在大约 200 ℃下是稳定的，而(24)在 100 ℃下半衰期只有 5 分钟。

体系中没有其他可以和自由基反应的物种时(例如，从合适的溶剂分子攫氢)，它们的寿命主要通过二聚来终止，

$$\mathrm{CH_3CH_2}\cdot + \cdot\mathrm{CH_2CH_3} \longrightarrow \mathrm{CH_3CH_2}-\mathrm{CH_2CH_3}$$

也可以由歧化终止：

$$\mathrm{CH_3CH_2}\cdot + \mathrm{H}-\mathrm{CH_2CH_2}\cdot \longrightarrow \mathrm{CH_3CH_3} + \mathrm{CH_2}{=}\mathrm{CH_2}$$

四乙基铅作为汽油防爆震剂的工作原理主要是，依靠其热解放出的乙基自由基可以结合汽油烃过快燃烧产生的自由基，从而终止可能导致爆震(敲缸)的链式反应。四乙基铅完整的工作原理还不清楚，有证据表明生成的二氧化铅微粒也可以终止链式反应。

碳碳键断裂生成自由基的过程见于长链烷烃在 600 ℃下的热裂。体系中最初出现的自由基首先攫去长链上一个亚甲基的氢，生成的长链非端基自由基(25)通过 β-断裂生成一个相对分子质量更低的烯烃(26)和另一个自由基(27)，从而维持链式反应：

$$\mathrm{Ra}\cdot\ \ \underset{\mathrm{R\overset{|}{C}H}-\mathrm{CH_2R'}}{\mathrm{H}} \longrightarrow \underset{\underset{(25)}{\mathrm{R\dot{C}H}-\mathrm{CH_2R'}}}{\mathrm{Ra}-\mathrm{H}} \longrightarrow \underset{(26)}{\mathrm{RCH}{=}\mathrm{CH_2}} + \underset{(27)}{\cdot\mathrm{R'}}$$

一般来说反应不通过自由基二聚终止，除非长链烷烃的浓度降到很低时才会发生。

306 ### 11.2.3 氧化还原反应

通过氧化还原反应生成自由基均需经过单电子转移。因此，这种反应经常利用金属离子，如 Fe^{3+}/Fe^{2+} 或 Cu^{2+}/Cu^{+}。例如，亚铜离子 Cu^{+} 可以大大加速酰基过氧化物的分解，如(28)：

$$\underset{(28)}{(\mathrm{ArC(=O)O})_2} + \mathrm{Cu}^{\oplus} \longrightarrow \underset{(29)}{\mathrm{ArC(=O)}\text{—}\mathrm{O}\cdot} + \mathrm{ArCO_2}^{\ominus} + \mathrm{Cu}^{2\oplus}$$

这是一种有用的制备羧基自由基 $ArCO_2\cdot$ 的方法，因为(28)的热解很可能导致羧基自由基脱羧形成芳基自由基。亚铜离子同样可以使氯化芳基叠氮盐 $ArN_2^+Cl^-$ 转化为芳基氯化物和氮气[桑德迈尔(Sandmeyer)反应]，反应很可能经过芳基自由基中间体：

$$\mathrm{ArN_2}^{\oplus} + \mathrm{Cu}^{\oplus} \longrightarrow \mathrm{Ar}\cdot + \mathrm{N_2} + \mathrm{Cu}^{2\oplus}$$

这两个反应都是还原反应。此外，二价铁可以用来催化过氧化氢的水溶液的氧化反应：

$$\mathrm{H_2O_2} + \mathrm{Fe}^{2\oplus} \longrightarrow \mathrm{HO}\cdot + {}^{\ominus}\mathrm{OH} + \mathrm{Fe}^{3\oplus}$$

该混合物称为芬顿(Fenton)试剂，其中的活性氧化剂为羟基自由基 $HO\cdot$。它是强攫氢试剂，可用于生成其他自由基，如(30)，用于进一步的研究；某些情况下它也可以用于制备反应，如由(30)二聚制得(31)：

$$\mathrm{HO}\cdot + \mathrm{H}\text{—}\mathrm{CH_2CMe_2OH} \rightarrow \mathrm{H_2O} + \underset{(30)}{\cdot\mathrm{CH_2CMe_2OH}} \rightarrow \underset{(31)}{\mathrm{HOCMe_2CH_2CH_2CMe_2OH}}$$

碳正离子直接还原生成自由基并不常见，但可以发生，如通过二氯化钒：

$$\mathrm{Ph_3C}^{\oplus} + \mathrm{V}^{2\oplus} \rightarrow \mathrm{Ph_3C}\cdot + \mathrm{V}^{3\oplus}$$

氧化生成自由基很可能发生在苯甲醛的自氧化(autoxidation)的引发步骤，这个反应可被能够发生单电子转移的重金属离子催化，如铁离子 Fe^{3+}：

$$\mathrm{PhC(=O)}\text{—}\mathrm{H} + \mathrm{Fe}^{3\oplus} \longrightarrow \mathrm{PhC(=O)}\cdot + \mathrm{H}^{\oplus} + \mathrm{Fe}^{2\oplus}$$

我们已经见过酚基负离子(31)被铁(Ⅲ)氰酸根单电子氧化生成稳定自由基(32)的反应(见
307 302 页)：

$$\text{2,4,6-}(\mathrm{Me_3C})_3\mathrm{C_6H_2O}^{\ominus} + \mathrm{Fe(CN)_6}^{3\ominus} \longrightarrow \underset{(32)}{\text{2,4,6-}(\mathrm{Me_3C})_3\mathrm{C_6H_2O}\cdot} + \mathrm{Fe(CN)_6}^{4\ominus}$$

也见过碘氧化碳负离子二聚的反应(见 **294 页**)，如(33)：

$$\underset{(33)}{2(MeCO)_2CH^{\ominus}} \xrightarrow{I_2} 2(MeCO)_2CH\cdot \longrightarrow (MeCO)_2CH-CH(COMe)_2$$

在科尔伯(Kolbe)电解合成碳氢化合物过程中，羧酸根 RCO_2^- 在阳极上可以被氧化成烷基自由基(34)，并随后发生二聚：

$$2RCO_2^{\ominus} \xrightarrow[\text{阳极}]{-e^{\ominus}} 2RCO_2\cdot \xrightarrow{-CO_2} \underset{(34)}{2R\cdot} \longrightarrow R-R$$

相反，酮(35)在电解时会在阴极上被还原为自由基负离子(36)，并二聚生成频哪醇的双负离子(37)：

$$\underset{(35)}{2R_2C{=}O} \xrightarrow[\text{阴极}]{+e^{\ominus}} \underset{(36)}{2R_2\dot{C}-O^{\ominus}} \longrightarrow \underset{(37)}{\begin{array}{l}R_2C-O^{\ominus}\\ \ \ |\\ R_2C-O^{\ominus}\end{array}} \xrightarrow{H^{\oplus}} \begin{array}{l}R_2C-OH\\ \ \ |\\ R_2C-OH\end{array}$$

在频哪醇的制备中，我们已经见过酮被钠、镁还原生成类似的自由基负离子的反应(见 **218 页**)，也见过酯在苯偶因缩合中被金属钠还原生成类似的自由基负离子的反应(见 **218 页**)。

需要注意的是，我们刚才讨论的都是从中性化合物或离子生成自由基的反应。实际上，我们感兴趣的自由基物种常常是由预先生成的自由基对合适物种的进攻生成的，这些预先生成的自由基来自过氧化物或偶氮烷烃：

$$R-H + Ra\cdot \rightarrow R\cdot + H-Ra$$
$$CX_2{=}CX_2 + Ra\cdot \rightarrow \cdot CX_2-CX_2-Ra$$

11.3　自由基的检测 308

我们已经知道短寿命自由基具有很高的反应活性，它可以蚀刻金属镜面，从而可以利用这一性质实现对这些自由基的检测(见 **301 页**)。自由基的未成对电子在能级间跃迁所需能量要比稳定分子的成对电子的跃迁所需的能量低，因此，自由基一般在更长波长有吸收。所以许多自由基是有颜色的，而它们的前体没有。利用自由基的颜色可以检测自由基，如(11，**302 页**)和(15，**302 页**)。自由基会使含有诸如 1，1-二苯基-2-(2，4，6-三硝基苯基)肼(11)等物质的溶液褪色，这一现象也可以用来检测自由基。

另一种有用且比较灵敏的检测方法是自由基聚合的引发(参见 **320 页**)。对于合适的底物，正离子、负离子和自由基都可以引发聚合，但若以苯乙烯 $PhCH{=}CH_2$ 和 2-甲基丙烯酸甲酯 $CH_2{=}C(Me)CO_2Me$ 的 1∶1 混合物为底物，则正离子只能引发苯乙烯的聚合，负离子只能引发 2-甲基丙烯酸甲酯的聚合，而自由基可以引发二者的共聚合，形成两个单体含量相等的共聚物。

现有的最有用的检测方法是电子自旋共振(ESR)谱，它利用的是自由基的单电子的自旋产生的永久磁矩(自由基是顺磁性的，只含有成对电子的物种是反磁性的)。在外磁场作用下，电子自旋会采取两种数值(自旋取向，$+1/2$ 或 $-1/2$)中的一种，这两种数值对应着不同的能级。这两个能级之间的跃迁会产生一种可以被检测到的特异性的吸收谱。单电子的 ESR 谱和 NMR 谱类似，后者是利用具有永久磁矩的核而非电子，例如 ^{1}H、^{13}C 等等。显然，这两种吸收谱图发生在不同的能量范围上：未成对电子的磁矩远大于核，因此使其自旋反转所需的能量也更多。

在 ESR 谱中，未成对电子与周围磁核(尤其是 ^{1}H)的相互作用(裂分)会产生复杂的线形图案，对此进行分析可以得到关于自由基结构和形状的大量信息。例如，羟基自由基攫取环庚三烯的氢所产生的自由基有着很简单的 ESR 谱图，它由 8 条等距排列的线组成，意味着
309 未成对电子与 7 个等价的氢核相互作用。因此产物的结构不会是(39)，因为(39)的 ESR 谱将会非常复杂，而应该是离域的物种(40，参见 **106 页**)：

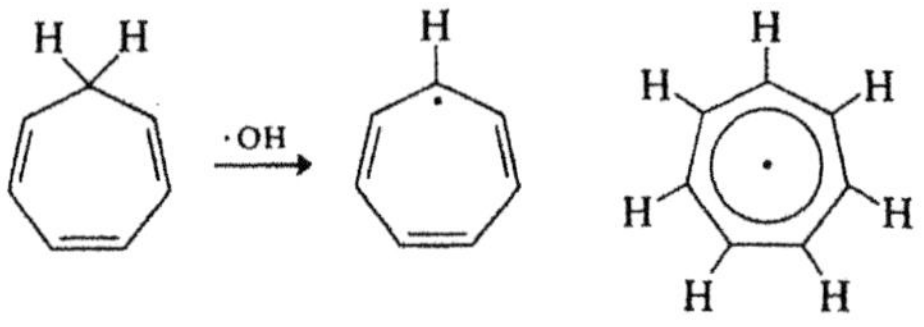

$\xrightarrow{\cdot OH}$

(38)　　(39)　　(40)

在合适的条件下 ESR 可以探测到浓度低至 $10^{-8}\,mol\,L^{-1}$ 的自由基。所需研究的自由基可以在 ESR 光谱仪内由辐射产生。有时研究的自由基在光谱仪的腔体内产生，如果不行，则自由基可以在外面产生，并用连续流动技术使光谱仪的腔体内维持一定浓度的自由基。该方法的缺点是，需要较大体积、较大量的起始物。自由基寿命越长，观察到其谱的概率越大。例如，三苯甲基自由基 $Ph_3C\cdot$ 很容易观察到，但苯基自由基 $Ph\cdot$、苄基自由基 $PhCH_2\cdot$、乙基自由基 $CH_3CH_2\cdot$ 等要更困难一些。一个可以用来延长自由基寿命的技术是加入一个合适的反磁性物质，例如(41)与短寿命的自由基反应，生成一个长寿命的自由基，例如(42)，后者更易被检测：

$$Ra\cdot + \underset{(41)}{Me_3C{-}N{=}O} \rightarrow \underset{(42)}{Me_3C{-}N(Ra){-}O\cdot}$$

这被称为“自旋捕获”技术。另一种可以用来研究寿命非常短的自由基的技术是在将自由基的前体置于惰性固体载体(例如固态的氩气)中，然后用光照射产生自由基，由于产生的自由基不能相互碰撞，也不能碰撞其他能终止其寿命的物质，从而人为地延长了它的寿命。

在讨论检测自由基的这些具体的物理方法之外，需要注意自由基存在的一般迹象包括：一个特定反应的自由基中间体受其引发剂(见 **314 页**)和抑制剂(见 **300 页**)影响很大；相较于极性反应，它对溶剂变化不太敏感。

11.4　自由基的结构和稳定性

像碳正离子和碳负离子一样，自由基也需要讨论其未成对电子是在 p 轨道上(平面型，

43)，还是在 sp^3 杂化轨道上(角锥形，44)，还是介于两者之间。 310

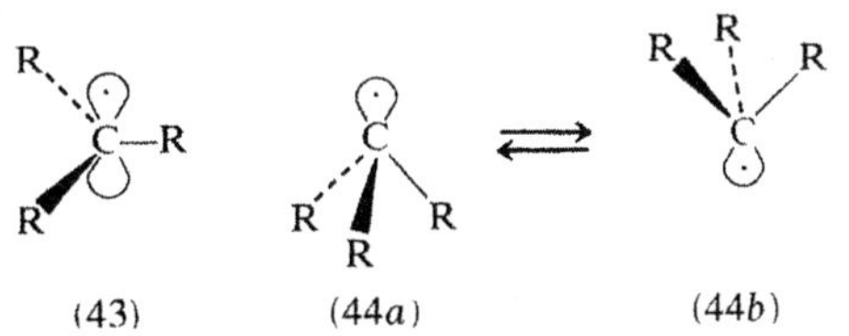

(43)　(44a)　(44b)

甲基自由基的 ESR 谱为这一问题提供了直接的物理证据。分析未成对电子与顺磁的 ^{13}C 核的相互作用，可以了解到未成对电子所在轨道有多少 s 成分。在 $^{13}CH_3\cdot$ 中，未成对电子所在轨道含有很少或基本不含 s 成分，其结构为(43)(R 为 H)。因此甲基自由基基本上是平面的，这与来自 UV 谱和 IR 谱的证据相符。下列分子的半满轨道的 s 成分依次递增：

$$CH_3\cdot < CH_2F\cdot < CHF_2\cdot < CF_3\cdot$$

三氟甲基自由基的半满轨道基本是 sp^3 轨道，因此该自由基是角锥形的(44，R 为 F)；羟甲基自由基 $\cdot CH_2OH$ 和 $\cdot CMe_2OH$ 也在很大程度上是弯的。比较桥环上的自由基，如(45)和(46)，

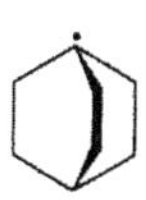

(45) 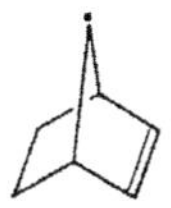　(46)

由它们的非环状等价物的形成难易程度与反应性，可以获知烷基自由基倾向于形成平面构型，但其程度远小于碳正离子。与碳正离子不同(见 **86 页**)，桥头碳上的自由基的产生并不很难。

简单烷基自由基的稳定性遵循以下顺序：

$$R_3C\cdot > R_2CH\cdot > RCH_2\cdot > CH_3\cdot$$

这体现了烷烃前体发生 C—H 均裂的难易程度，更具体的是通过超共轭效应或其他效应所产生的稳定化作用的降低。此外，从 sp^3 杂化的前体变成 sp^2 杂化的自由基过程中释放的张力也沿着这个序列依次递减(R 是大的基团)。然而，这些自由基的稳定性的相对差别也远小于对应的碳正离子。

烯丙基自由基 $RCH{=}CHCH_2\cdot$(47)和苄基自由基 $Ph\dot{C}HR$(48)要比烷基自由基更稳定，反应性更差，因为未成对电子可以在 π 轨道上离域： 311

$[RCH{\cdots}CH{\cdots}CH_2]\cdot$
(47)

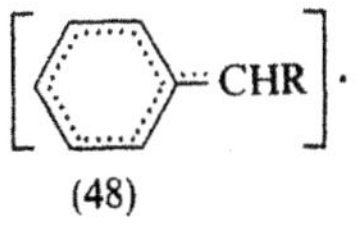

(48)

两者在自由基碳上基本都是平面构型的(sp^2 杂化)，以实现最大限度的 p-π 轨道重叠，产生

最大的稳定化效果。离域程度越大，自由基稳定性越强。例如，二苯甲基自由基 $Ph_2CH\cdot$ 比苄基自由基 $PhCH_2\cdot$ 稳定，三苯甲基自由基 $Ph_3C\cdot$（参见 **300 页**）则十分稳定。

三苯甲基自由基 $Ph_3C\cdot$(49)的形状十分有趣，因为它影响未成对电子离域程度及其造成的稳定化的程度。(49)中的自由基碳肯定是 sp^2 杂化的，即其和苯环相连的键与 3 个苯环都共平面，但最大的稳定化作用只有在 3 个苯环同时共平面时才发生(49*a*)。

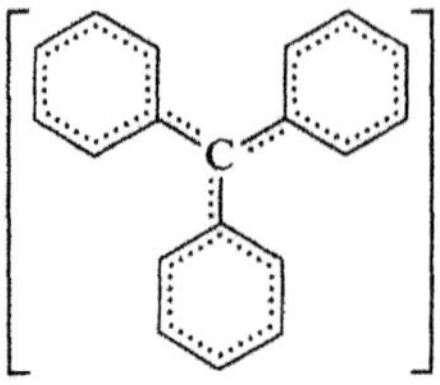

(49*a*) 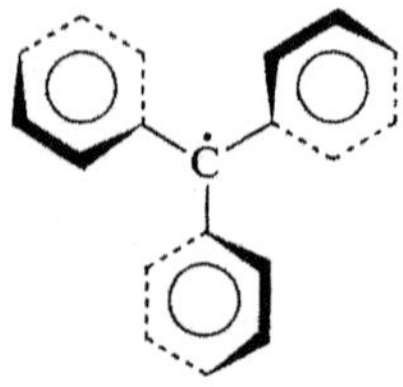 (49*b*)

因为只有这样，中心碳原子的 p 轨道才能最大限度地与 3 个苯环 π 轨道体系发生均等的相互作用。实际上根据光谱数据和 X 射线晶体衍射，三芳基甲基自由基是螺旋桨形的(49*b*)，每个苯环都与共同的平面成 30°交角。根据 ESR 谱，三苯甲基自由基的离域作用虽然是存在的，但不是最大的。三苯甲基自由基的离域作用没有比二苯甲基自由基 $Ph_2CH\cdot$ 甚至苄基自由基 $PhCH_2\cdot$ 的强太多。三苯甲基自由基的稳定性，或者其对二聚的惰性主要来自立体效应：两个非常大的三苯甲基自由基相互结合十分困难。这个立体效应决定了形成的二聚体
312 并不是期待的六苯乙烷(参见 **301 页**)，而是更易生成的(7)，即一个三苯甲基自由基和另一分子三苯甲基自由基的周围的碳自由基(通过电子的离域生成)反应：

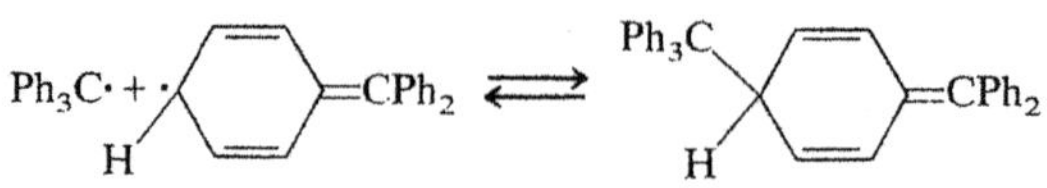

$Ph_3C\cdot$ + ·(H)C_6H_4=CPh_2 ⇌ Ph_3C(H)C_6H_4=CPh_2

(7)

苯环被排出共同平面，是因为邻位氢原子间的相互排斥作用。正如所预期的那样，如果邻位具有比氢更大的基团，二面角将进一步增大到 50°或更多。这些分子的离域作用更弱，但它们比三苯甲基自由基更稳定，更难形成二聚体。这当然是因为位阻效应，邻位取代基距离碳自由基很近，阻碍了它与其他物种相互接触[参见(15)，**302 页**]。所以，苯环被挤出共同平面的程度越大，也就是二面角越大，其“屏蔽”自由基的作用就更为有效。

如果三芳基自由基的每个芳基核的对位都有一个大的取代基，例如(50)，则不管邻位有何取代基，二聚都被大大抑制乃至完全阻止[参见(7)，**301 页**]：

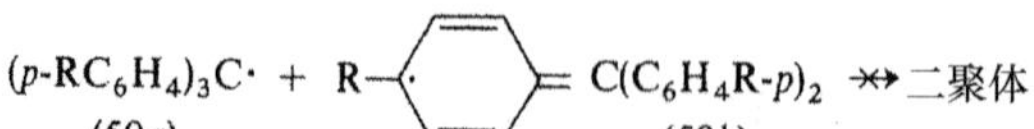

$(p\text{-}RC_6H_4)_3C\cdot$ + R—·C_6H_4= $C(C_6H_4R\text{-}p)_2$ ↛ 二聚体

(50*a*) (50*b*)

我们已经讨论的那些杂原子自由基，如(9，**301 页**)、(10，**302 页**)、(14，**302 页**)、(15，**302 页**)具有相对的稳定性[相对于它们的二聚体，除了 1，1-二苯基-2-苦基偕腙肼自由基(10)]，是由于以下因素：(i) N—N、S—S、O—O 键相对较弱；(ii)自由基向芳环的离域作用；(iii)位阻效应对自由基原子或芳基对位的反应受到抑制，例如(50)。最后一个原因

(iii)对化合物(15)(参见 **302 页**)影响很大(此外，还有 O—O 键较弱这一因素)。三个因素都决定了(51)的稳定性，它在溶液中完全以解离的自由基形式存在：

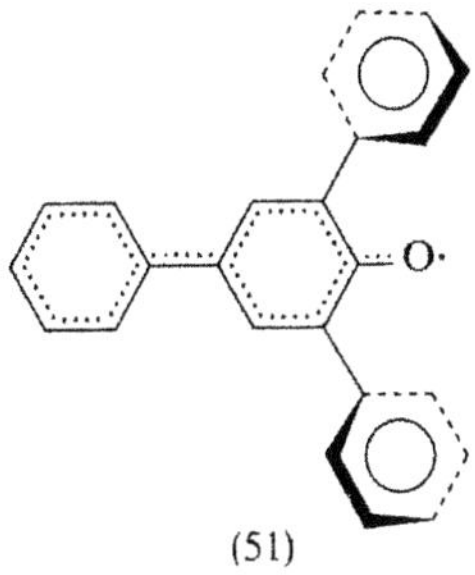

(51)

基于 ESR 谱的计算结果表明，该自由基的对位苯基与中心苯环共平面，而两个邻位苯环与 313
中心苯环成 46°角。因此，对位的苯环起到最大程度的离域作用[因素(ii)]，并作为位阻基团阻碍二聚[因素(iii)]，类似情况参见以上的(50)。但两个邻位取代基阻碍了对氧原子的接触，阻止通过形成 O—O 键发生二聚[固态下确实发生二聚，但是在一个对位上发生二聚，如 **301 页**化合物(7)]。

11.5 自由基的反应

我们能够合乎逻辑地将自由基的多种反应从自由基的角度进行分类：(i)单分子反应，如碎裂化、重排；(ii)自由基与自由基之间的双分子反应，如二聚、歧化；(iii)自由基与分子之间的双分子反应，如加成、取代、攫取(通常是攫氢)。但是，这种分类不好的地方是与我们一贯使用反应类型来分类的做法不太契合。因此我们讨论自由基参与的反应时，不管是作为反应物还是中间体，都以加成、取代和重排分类。

需要强调，任何一个自由基和一个中性分子反应，都会生成一个新的自由基(参见 **309 页**)，因此形成一个自由基链式反应不需要再次加入自由基引发剂来维持。一般链式反应通过不太常见的两个自由基之间的反应(自由基一般只能以较低的浓度存在)来终止，这些反应类型有二聚和歧化(参见 **305 页**)，从而不能产生新的自由基了，即链式反应被终止了。

11.5.1 加成反应

对碳碳双键的加成绝对是自由基的反应中最重要的一类。这是由于加成(烯基)聚合反应具有巨大的意义(参见 **320 页**)，因此其机理被十分透彻地研究了；不过卤素及氢卤酸对双键的加成也很重要。

11.5.1.1 与卤素的加成

除了我们已经考虑过的极性机理(见 **179 页**)，卤素对烯烃的加成也可以经过自由基中
间体。极性溶剂和有路易斯酸存在下有利于极性机理；而非极性溶剂或气相条件，同时存在 314
阳光或紫外光照射，以及加入自由基前体(引发剂)作为“催化剂”的条件，则有利于自由基机理。例如光致催化的氯气对四氯乙烯的加成，就是通过自由基链式反应进行的(见 **300 页**)：

$$\mathrm{Cl{-}Cl}\ \xrightarrow{h\nu}\ 2\,\cdot\mathrm{Cl}$$

$$\underset{(52)}{\mathrm{Cl_2C{=}CCl_2}} + \cdot\mathrm{Cl} \longrightarrow \underset{(53)}{\mathrm{Cl_2\dot{C}{-}CCl_3}} \xrightarrow{\mathrm{Cl{-}Cl}} \cdot\mathrm{Cl} + \underset{(54)}{\mathrm{Cl_3C{-}CCl_3}}$$

每分子氯在光照下裂解成两个氯原子自由基，每个都可以引发一个反应链。每吸收一个量子能引发两个链式反应，这一事实有以下证据：即速率正比于光强的平方根。

$$r \propto \sqrt{\text{吸收光的强度}}$$

氯原子是亲电的(氯元素是电负性的，很容易接受一个电子以形成八隅体)，因此很容易和(52)的双键反应生成自由基(53)。(53)又可以从另一分子氯气中攫取一个氯原子(这个过程可以认为是在氯气分子上的自由基取代反应)，产生加成产物(54)和另一个可以继续反应的氯原子。即每一个光化学生成的氯原子引发剂引发一个非常快速的持续发生的链式反应。每吸收一个量子导致数千分子的(52)变成(54)，这样的反应链被认为是长的。直到反应快结束，在(52)和氯气几乎用尽之前，(53)和氯原子的浓度相比起始原料非常低，自由基与分子相撞的频率远高于自由基之间相撞的频率。链终止通过自由基与自由基相撞发生，而且一般包括(53)与(53)相撞生成(55)：

$$\underset{(53)}{\mathrm{Cl_3C\dot{C}Cl_2}} + \underset{(53)}{\mathrm{Cl_2\dot{C}CCl_3}} \longrightarrow \underset{(55)}{\mathrm{Cl_3CC(Cl)_2{-}C(Cl)_2CCl_3}}$$

该反应在氧气存在下会被抑制，这是由于一分子氧气有两个未成对电子，并表现出双自
315 由基的性质(参见 **337 页**)，$\cdot\mathrm{O{-}O}\cdot$，虽然反应性并不强，但它可以与反应性很强的自由基中间体结合，形成反应性差得多的过氧化物自由基 $\mathrm{RaO{-}O}\cdot$，后者不能继续链反应。因此，氧气是个十分有效的抑制剂。当正常的加成反应被氧气抑制时，氧气主要与五氯乙基自由基(53)反应生成(56)。

$$\underset{(53)}{\mathrm{Cl_3C{-}\dot{C}(Cl)_2}} \xrightarrow{\cdot\mathrm{O_2}\cdot} \underset{(56)}{\mathrm{Cl_3C{-}C(Cl){=}O}}$$

不同卤素对烯烃的均裂加成的反应性顺序，完全和亲电加成的顺序一样，也即 $F_2 > Cl_2 > Br_2 > I_2$。氟的加成反应无需光活化或其他任何活化，且因为太剧烈且副反应太多，而用途不多。氯化一般很快，反应链很长，并在 200 ℃以下不太可逆。当温度升高时，更大的趋势是氯的攫氢而非加成，并对于合适的底物生成取代产物(参见 **325 页**)。溴化反应容易发生，但反应链要短一些，且一般可逆。而碘化反应很难发生且十分可逆。在双键碳上加烷基取代基对卤素加成的速率影响较小，远小于对极性机理下的加成的影响(见

183 页)。在双键碳上加卤素取代基会降低反应速率，例如四氯乙烯加成速率远小于乙烯。

可以利用溴和碘(尤其是碘)对双键加成的可逆性实现双键的几何异构体的互变(从更不稳定的变到更稳定的)。一个简单情形是从顺式到反式，例如(57)到(58)，这可由在紫外光照射下加入催化量的溴或碘实现：

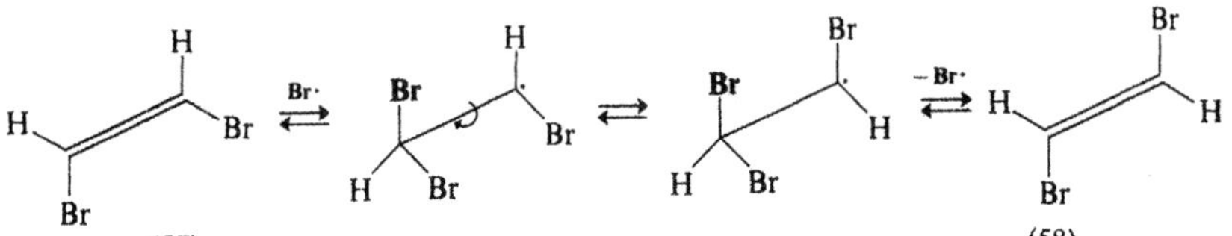

(57) (58)

一般来说会形成平衡下的混合物，且更稳定的异构体会占压倒性的比例。用放射性标记的溴
作为催化剂，证明以上转化是通过溴自由基的加成和消除机理实现的，即平衡混合物中的 316
(57)和(58)中都含放射性标记的溴。

氯或溴对苯的加成，是为数不多的对简单苯环加成的例子。这也被证明是通过自由基途径进行的。它可以被光和加入的过氧化物催化，同时会被常见的抑制剂抑制或阻止。苯与氯推测通过如下方式发生反应：

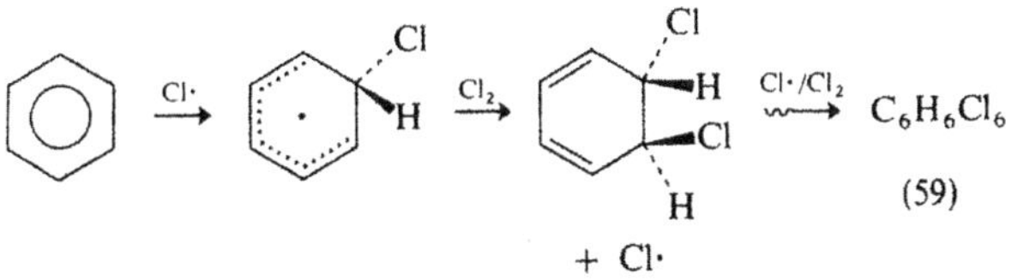

$C_6H_6Cl_6$ (59)

产物是 8 种可能的六氯环己烷(59)的几何异构体的混合物。无光照或过氧化物存在下不发生反应，但在路易斯酸存在下发生加成-消除机理(见 **138 页**)的亲电取代反应。除了氯自由基之外的其他自由基，如苯基自由基，苯上可以发生总体上的均裂取代反应，它也是经过加成-消除机理(见 **331 页**)。

氯原子对甲苯(60)的自由基进攻主要导致甲基氢的攫取，得到甲基上的取代产物，而不是苯环上的加成。这体现了苄基自由基(61)相对环己二烯自由基(62)的稳定性，后者失去了起始产物所具有的芳香稳定性。

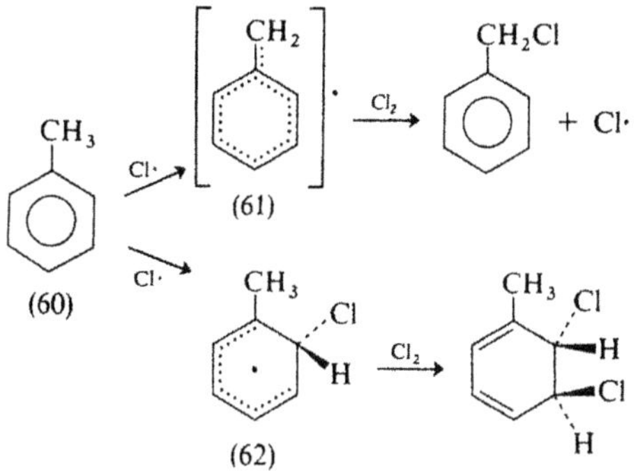

(60) (61) (62)

11.5.1.2　与氢溴酸的加成

我们已经在前面(见 **184 页**)讨论过氢溴酸对丙烯在极性条件下加成生成 2-溴丙烷的反
317 应。然而，在过氧化物或其他促进自由基形成的条件下，加成反应是通过快速的链式反应进行的，生成 1-溴丙烷(64)，这被称为导致反马氏加成的过氧化物效应。氢溴酸加成的区位选择性的差异是因为，在极性反应机理下，反应由氢离子引发，反应的过渡态比较类似于更稳定的(二级)碳正离子；而自由基反应机理下，反应由溴自由基引发，反应的过渡态比较类似于更稳定的(二级)自由基(65)：

$$RO\cdot + H{-}Br \rightarrow RO{-}H + Br\cdot$$

$$\underset{(63)}{MeCH{=}CH_2} + Br\cdot \rightarrow \underset{(65)}{Me\dot{C}H{-}CH_2Br} \xrightarrow{H-Br} Br\cdot + \underset{(64)}{MeCH_2{-}CH_2Br}$$

该反应由溴自由基引发，是因为烷氧自由基 RO・从氢溴酸中攫氢生成溴自由基要远远比攫溴生成氢自由基有利。溴自由基加成到(63)上生成 $MeCH(Br)CH_2\cdot$(66)的反应非常慢，因为二级自由基(65)比一级自由基(66)更稳定(见 **310 页**)。

所有 4 种卤化氢中只有溴化氢可以自由基机理加成到烯烃上。这反映在卤化氢对烯烃进行链式反应的两步焓变 ΔH[以 $kJ\ mol^{-1}$($kcal\ mol^{-1}$)]中：

	ΔH/[$kJ\ mol^{-1}$($kcal\ mol^{-1}$)]			
	(1) $X\cdot + CH_2{=}CH_2$		(2) $XCH_2CH_2\cdot + HX$	
H—F	−188	(−45)	+155	(+37)
H—Cl	−109	(−26)	+21	(+5)
H—Br	−21	(−5)	−46	(−11)
H—I	+29	(+7)	−113	(−27)

只有溴化氢对烯烃的链式反应才能做到两步都是放热的。对于氟化氢，第二步非常吸热，这体现了氢氟键很强，断开它很困难；对于氯化氢，也是第二步太吸热，虽然程度没有氟化氢那么大；对于碘化氢，则是第一步吸热，体现了较弱的碳碘键的形成不能弥补断裂碳碳双键的能量。因此，只有少量的氯化氢的自由基加成是已知的，且反应不很快，正常温度下链长较短。

即使对于溴化氢的加成反应的链长也比较短，远远短于卤素加成，且引发需要一定量的过氧化氢来提供足够多的引发的自由基，出于制备目的，需要每摩尔烯烃加 1 mol%的过氧
318 化物。实际上烯烃里往往已经存在足够多的通过自氧化(见 **329 页**)产生的过氧化物了，这些过氧化物可以(不管是否是我们希望看到的)自动引发溴化氢的自由基加成。一旦引发，反应将远比极性加成迅速，反马氏产物，例如(64)将占主导。如果需要马氏产物，例如要用丙烯制备 2-溴丙烷，需要在使用之前严格纯化烯烃，或者加自由基抑制剂(一些好的自由基受体，如酚、醌等)来清掉已经存在的自由基或潜在的自由基，然后就比较容易制备得到马氏加成的产物了。因此，以制备为目的，氢溴酸加成无论哪个方向的区位选择性都可以靠加过氧化物或自由基抑制剂实现完全控制。这很有用，因为这种控制并不局限在烯烃，例如对烯丙基溴，可以按照意愿控制生成 1，2-二溴丙烷或 1，3-二溴丙烷。

在考虑自由基对非环状底物的加成时，要注意产物可以被痕量溴或溴化氢生成的溴原子转化为其几何异构体(参见 **315 页**)。然而，可以通过在低温下反应并加大溴化氢的浓度来避免这一问题。例如，在－80 ℃将顺-2-溴丁-2-烯(67)与液态溴化氢反应，可以很高的反式选择性生成几乎唯一的产物(68)：

(67)　(69)　(68)

同样的反应条件下，(67)的反式异构体(70)也可以发生单一的反式加成。

这个高度的反式选择性原因是，因为加成经过了一个环状溴鎓自由基(71)，很像极性反应机理中的溴对烯烃加成的环状溴鎓离子中间体(见 **180 页**)：

(71)　(68)

然后溴化氢从较不拥挤的一侧进攻(远离桥连的溴)，产生反式加成产物(68)而完成整个反应。然而，室温下将(67)与溴化氢反应，且溴化氢的浓度低于前述条件时，以 78%∶22% 319
的比例分别得到反式(68)与顺式(72)加成的产物。重要的是，在同样的条件下，用(67)的反式异构体(70)与溴化氢加成时，得到同样比例的产物。这表明，在自由基中间体(69)和(73)在从溴化氢中攫氢完成反应之前，中心碳碳键的旋转是足够快的，从而能够建立构象平衡：

(67)　(69)　(68)

(70)　(73)　(72)

有理由相信，以上两个反应得到相同比例的产物并不是由于反应原料在反应之前首先建立平衡所导致的。也很有可能在较低温度和较高浓度的 HBr 下对双键高反式立体选择性地加成(见 **318 页**)，并不是由于环状溴鎓自由基(71)的形成，而是由于中心碳碳键[中间体(69)或(73)]很慢地旋转导致的。同时对(69)或(73)位阻较小一侧的很快的氢转移(从高浓度的 HBr)，也会有利于反式加成。

对于环状烯烃，这种自由基中间体的平衡不能发生。反应具有很好的反式加成选择性，但不是专一的反式加成(除了环己烯)。

11.5.1.3　其他加成反应

硫自由基可以来自对硫醇的攫氢，并通过与溴化氢对烯烃加成类似的链式反应，来实现
320 对烯烃的加成。反应可以用来制备烷基硫化物，但反应是可逆的：

$$RCH{=}CH_2 + R'SH \overset{Ra\cdot}{\rightleftarrows} RCH_2CH_2SR'$$

烷基硫氯化物，例如 Cl_3CSCl 也可以用来作为硫自由基的来源，不过加成是被氯自由基引发的，而硫自由基连接到双键的另一碳原子上：

$$RCH{=}CH_2 \xrightarrow{Cl\cdot} R\dot{C}H{-}CH_2Cl \xrightarrow{Cl_3CSCl} \underset{\displaystyle SCCl_3}{\underset{|}{R\text{C}}}HCH_2Cl + Cl\cdot$$

卤甲基自由基对烯烃的加成或其他反应可以形成碳碳键。三卤甲基自由基 $\cdot CX_3$ (X＝Br, Cl)可以通过过氧化物与四卤化碳 CX_4 的反应或四卤化碳 CX_4 的光解生成：

$$RCH{=}CH_2 \xrightarrow{\cdot CCl_3} \underset{(74)}{R\dot{C}HCH_2CCl_3} \xrightarrow{CCl_4} \underset{\displaystyle Cl\quad (75)}{\underset{|}{R\text{C}}}HCH_2CCl_3 + \cdot CCl_3$$

相对惰性的四氯化碳也可以这样反应，这看上去有点令人吃惊，但自由基链式反应的两步反应的焓变 ΔH 都是负的，即是放热的：－75（－18)和－17（－4）kJ mol^{-1}(kcal mol^{-1})。第一个生成的自由基(74)可能和三氯化碳 $\cdot CCl_3$ 自由基竞争对烯烃 $RCH{=}CH_2$ 的加成，因此有些条件下除了正常自由基加成产物(75)以外，还会生成一些低相对分子质量的聚合物。

对于更加复杂的烯烃和加成底物，极性效应对总反应的加成区位有很大的影响。

11.5.1.4　烯烃聚合反应

这个反应是大量理论和机理研究的对象，因为反应的产物聚合物具有十分重要的商业价值。就像我们已经讨论过的其他自由基反应，该反应有三个步骤：(a)链引发，(b)链增长和(c)链终止。

(a) 引发
(i) 引发剂Ra·的生成，例如可以从过氧化合物或偶氮化合物
(ii) $Ra\cdot + CH_2{=}CH_2 \rightarrow RaCH_2CH_2\cdot$
(b) 增长

$$RaCH_2CH_2\cdot \xrightarrow{(n-1)CH_2{=}CH_2} Ra(CH_2)_{2n}\cdot$$

(c) 终止
(i) $Ra(CH_2)\cdot_{2n} + \cdot Ra \rightarrow Ra(CH_2)_{2n}Ra$
(ii) $Ra(CH_2)\cdot_{2n} + \cdot(CH_2)_{2n}Ra \rightarrow Ra(CH_2)_{4n}Ra$
(iii) $Ra(CH_2)_xCH_2\cdot + \cdot CH_2CH_2(CH_2)_yRa \rightarrow Ra(CH_2)_xCH_3 + CH_2{=}CH(CH_2)_yRa$

链增长这一步往往非常迅速。

321 由于烯烃单体可以从空气中吸收氧气生成过氧化物(参见 **329 页**)，而这些过氧化物的分解会自引发聚合反应，所以一般在储存单体时要加少量抑制剂，如苯醌来稳定单体。随后进行聚合时，需要加入足够量的引发剂来使抑制剂“饱和”，才可以引发聚合。因此，常常可以观察到有一个诱导期。

严格意义上讲，自由基引发剂并不能算作是催化剂，虽然它常常被称作催化剂。因为每一个自由基引发剂引发反应生成聚合物后，就不可逆地接到聚合物上了；并且如果这个聚合物组成合适，可以检测到引发剂的部分。有些引发剂的效率会非常高，以至于在诱导期之后每一个生成的自由基都产生一个聚合物链。

增长的链的终止可以通过与另一个引发剂自由基相碰撞(c i)，或与另一个增长的链碰撞来实现(c ii)。后者要常见得多，因为引发剂在开始链式反应之后就基本被用尽了。终止可以靠二聚(c ii)，也可以靠增长的链之间的歧化(c iii，参见 **305 页**)。一个增长的链可以对一个不再增长的链进行攫氢，生成一个新的链增长点，导致支化(76)：

$$\begin{matrix} Ra(CH_2)_{2n}\cdot H \\ | \\ Ra(CH_2)_xCH(CH_2)_yRa \end{matrix} \longrightarrow \begin{matrix} Ra(CH_2)_{2n-1}CH_3 \\ Ra(CH_2)_x\dot{C}H(CH_2)_yRa \end{matrix} \xrightarrow{(CH_2=CH_2)_n} \begin{matrix} (CH_2)_{2n}\cdot \\ | \\ Ra(CH_2)_xCH(CH_2)_yRa \end{matrix} \quad (76)$$

显然，支化程度对生成聚合物的物理和机械性质具有显著的影响。

另外一个影响聚合物性质的主要因素是聚合物的平均相对分子质量，也就是聚合物的平均长度，它在几个单体到几千个单体之间变化。除了平均长度，聚合物长度的分布也对其性质有很大影响。两个平均相对分子质量几乎相同的聚合物，如果一个聚合物是由所有长度一样的分子组成的，而另一个聚合物是由很长的分子以及多个很短的分子组成的，那么它们的性质会很不一样。聚合物中分子的长度可以用一系列方法进行控制。例如增加引发剂相对于烯烃的浓度，可以产生更短的链，因为增长的链的个数变多了，链终止相对链增长概率变大了。另外，可以加链终止剂，或更常见地加入链转移试剂使链终止。这些化合物一般是 XH 的形式，它们可以被一个增长的链攫取一个氢，因此在反应过程中发生链终止并且产生新的 322
自由基X·，它可以和单体反应形成一个新的链式反应(77)。在该过程中常常用到硫醇 RSH：

$$Ra(CH_2)_nCH_2\cdot + RSH \longrightarrow Ra(CH_2)_nCH_3 + RS\cdot \xrightarrow{nCH_2=CH_2} RS(CH_2)_{2n}\cdot \quad (77)$$

因此，在没有降低整个过程中单体转化速率的情况下，一个新的增长链就由此产生了。在链终止剂方面，选择合适的 XH，就是要使其产生的 X·没有足够的活性从单体引发形成一个新的链。

自由基诱导的简单烯烃(如乙烯、丙烯)的聚合反应需要苛刻的反应条件，包括极高的压强等等。但是其他一些含有取代基的烯烃单体的聚合反应很容易实现。这些反应包括 $CH_2=CHCl$→聚氯乙烯(P. V. C.)，它可以用来制作管道等；$CH_2=CMeCO_2Me$→有机玻璃；$PhCH=CH_2$→聚苯乙烯，它可以用来作为隔热材料；$CF_2=CF_2$→聚四氟乙烯(特氟龙)，它具有极低的摩擦系数、高化学惰性、高熔点(平底锅的内衬)等特性。通过两种不同单体的共聚使两种单体相互包含，并以相同或者不同的比例存在于聚合物中，我们几乎可以随意地改变聚合物的性质。例如橡胶的最常用合成方法就是苯乙烯和丁二烯的共聚。我们之前已经讨论过(参照 **308 页**)：通过分析 $PhCH=CH_2$ 与 $CH_2=CMeCO_2Me$ 的比例为 50∶50 的共聚物来区分自由基诱导的聚合反应和由阴、阳离子诱导的反应(参见 **188 页**)。

然而，自由基诱导的聚合反应也有一些缺点：如已经讨论过的在增长链上攫氢会导致支链化(见 **321 页**)；另一个难点是，对于单体 $CH_2=CHX$ (除 $CH_2=CH_2$ 和 $CF_2=CF_2$ 以外的常见单体)上取代基团 X 相对于构象“冻结”的聚合物烷基骨架的取向。在自由基聚合反应中 X 基团的排列是随机的，这会形成无规聚合物，如无规聚丙烯是非晶状、低密度、低沸点以及低机械强度的。但是人们发现，在使用催化剂 $TiCl_3 \cdot AlEt_3$ 的条件下，丙烯的聚合不仅仅能在比较温和的条件下发生，而且聚合产物上所有的 Me 都有规律地朝同一方向排列。这些全同聚丙烯是晶状、高密度(链排列紧密)、高沸点、高机械强度的，有着所有令人满意的性质，而且极大程度避免了支链化。这类规律的配位聚合反应是由于覆盖在非均相催化剂表面的原子基团起到的模板作用。那么，每一个连续的单体分子在催化剂表面可以仅通
323 过特定方向上的配位添加到增长的聚合物链上。

当单体是共轭烯烃时，如 1，3-丁二烯、2-甲基-1，3-丁二烯，经过通常的加成聚合反应(1，4-加成，参见 **195 页**)得到的聚合链中的每一个单体上仍然会有一个碳碳双键。这些碳碳双键反应位点可以使一个聚合物链与其他聚合物链发生化学交联。例如在橡胶的硫化过程中就是这些反应位点和硫磺反应，从而形成 S—S 网桥键。一个相对低程度的交联能使聚合物具有弹性，而高程度的三维交联会形成刚性结构。其中也存在立体化学问题，在双键两端的部分聚合物分子链可以是顺式的，也可能是反式的，例如聚异戊二烯：

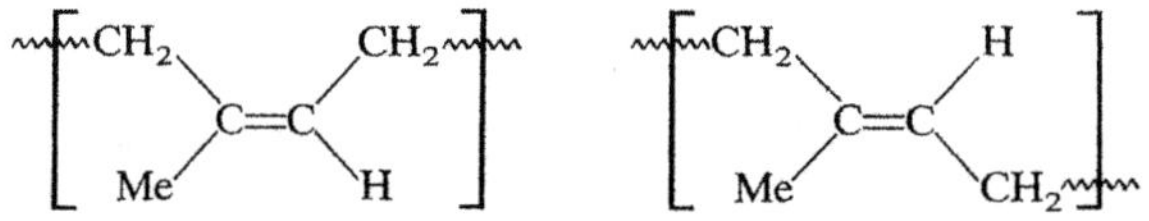

[~CH₂(Me)C=CH(CH₂~)] 顺式　　[~CH₂(Me)C=CH(H)CH₂~] 反式

顺式　　反式

我们也许很容易期待立体化学上的差异能对聚合物的性质有明显的影响。事实上，两种天然的聚异戊二烯——天然橡胶和马来乳胶(古塔坡树胶)在立体化学上的差别也为此提供了证明。前者在硫化之前表现出柔软和发黏的性质，它的链都是顺式连接的；而后者则具有硬且脆的性质，它的链都是反式连接的。

11.5.2 取代反应

虽然这里讨论的大部分取代反应的净结果是整体上被替换或者取代，但是这些过程并不是直接实现的，参见 S_N2。在一些情况下，自由基是通过底物上被攫取原子(通常是 H)而生成的，该自由基会对其他物种进行取代或者加成。然而，在一些情况下，净的取代反应是通过加成/攫取原子实现的。

11.5.2.1 卤化反应

假如反应条件允许自由基生成，烷烃很容易被卤素进攻。这与它们很难被亲电试剂或者亲核试剂进攻的事实形成了明显的反差，这是由于烷烃中 C—H 键的极性是很低的。例如，
324 在烷烃的氯化反应中碳上的净取代是由氯自由基对 R—H 攫氢和生成的 R· 对氯气攫氯(这一步也可被看成是对 Cl 的直接取代)两步组成的(指在引发形成氯自由基以后)，这两步在链式反应中交替发生：

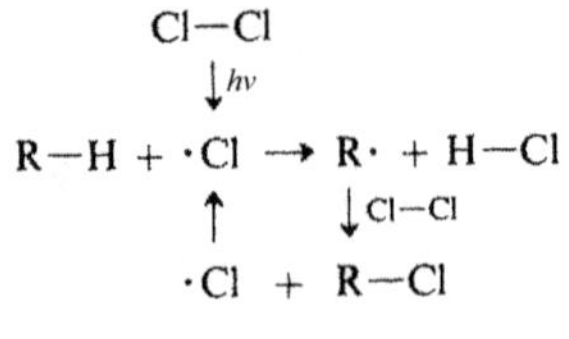

$$\mathrm{Cl-Cl} \xrightarrow{h\nu} \cdot\mathrm{Cl}$$

$$\mathrm{R-H} + \cdot\mathrm{Cl} \longrightarrow \mathrm{R}\cdot + \mathrm{H-Cl}$$

$$\mathrm{R}\cdot \xrightarrow{\mathrm{Cl-Cl}} \mathrm{R-Cl} + \cdot\mathrm{Cl}\ (\uparrow \text{循环})$$

链的长度，也就是光解产生的每个氯自由基引发的 RH 生成 RCl 的数量，对于 CH_4 来说大约是 10^6，因此该反应在光照下会产生爆炸。氯化也可以在加热下引发，但是需要相当高的温度以使 $Cl_2 \longrightarrow 2Cl\cdot$，在 120 ℃、黑暗的条件下，$C_2H_6$ 的氯化反应速率几乎无法检测。然而，在加入痕量的 $PbEt_4$ 后，反应则变得极其快速，因为在这个温度下 $PbEt_4$ 会裂解产生自由基 Et·，它会作为引发剂引发反应：$Et\cdot + Cl{-}Cl \longrightarrow Et{-}Cl + Cl\cdot$。因为第一次氯化产物容易被高活性氯自由基进一步进攻，从而经常得到复杂的混合产物，所以这些简单烷烃的氯化反应在单氯取代衍生物的合成上很少使用。

不同类型烷烃上氢原子被进攻的难易程度如下依次增加：

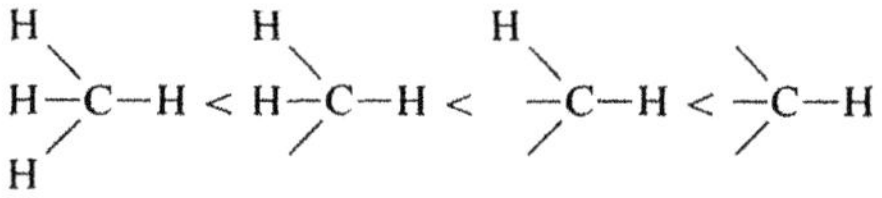

```
H          H          H
 \          \          \           \
H—C—H  <  H—C—H  <   —C—H   <   —C—H
 /          /          /           /
H
           一级        二级        三级
            1          4·4         6·7
```

也就是 C—H 键的强度减弱的顺序，和产生的自由基稳定性增强的顺序(参见 **310 页**)，该数据来自 25 ℃下 H 被 Cl·攫取的相对速率。由于统计效应这些差异也可能是相反的，也就是可以被进攻的不同类型的氢原子的相对数目。例如$(CH_3)_3CH$ 中有 9 个伯氢原子，只对应着一个叔氢原子。$(CH_3)_3CH$ 的氯化反应生成的单氯取代产物约 65%是$(CH_3)_2CHCH_2Cl$，而 35%是$(CH_3)_3CCl$，在去除统计数目的差别下，这和上述提到的反应速率大致上是一致的。如果氯化反应在溶液中进行，则产物的分布取决于溶剂的性质，特别是与 Cl·的结合能力。因此相对于气相中的氯化反应，溶液中的氯化反应可以通过提高自由基的稳定性从而来提高反应的选择性。卤化反应的选择性随着温度的升高而降低。 325

不同于大多数自由基反应，卤化反应，特别是氯化反应，很容易受到底物中极性取代基的影响。这是由于氯的电负性使得 Cl·表现出明显的亲电性(参见 **314 页**)，它会优先进攻电子云密度高的位点。因此氯化反应在吸电子基团存在下易被抑制，这可以通过如下实验现象看出，即在 35 ℃下光引发的 1-氯丁烷(78)的氯化反应中，4 个不同碳原子上的相对取代产物的比例如下：

$$\underset{25\%}{CH_3}{-}\underset{50\%}{CH_2}{-}\underset{17\%}{CH_2}{-}\underset{3\%}{CH_2}{-}Cl \qquad (78)$$

3 种不同 CH_2 基团取代上的变化很好地证明了 Cl 的吸电子诱导效应随着距离增加而减弱。γ-(3-)CH_2 基团和其在 $CH_3CH_2CH_2CH_3$ 中表现出了基本类似的取代情况，而 CH_3 上取代的量则表明了 CH_3 上 C—H 键的断裂要比 CH_2 上 C—H 的断裂困难。

对于丙烯 $CH_3CH{=}CH_2$(79)，它可能发生氯原子对双键的加成，或者是对 CH_3 的进攻。实验结果发现，在高温下，如 450 ℃下(Cl·由 Cl_2 的热解产生)，丙烯专一地发生取代而不是加成。这是因为通过攫氢反应得到的烯丙基自由基(80)在离域的作用下会得到稳定，然而由自由基 Cl·加成得到的(81)没有稳定化作用，它的形成在高温下是可逆的，反应平衡趋向于生成原料的左侧：

$$\mathrm{H{-}CH_2{-}CH{=}CH_2}\ (79) \xrightarrow{-\mathrm{H}\cdot} [\mathrm{CH_2{\cdots}CH{\cdots}CH_2}]\cdot + \mathrm{HCl}\ (80)$$

$$\mathrm{H{-}CH_2{-}CH{=}CH_2}\ (79) \underset{}{\overset{+\mathrm{Cl}\cdot}{\rightleftharpoons}} \mathrm{H{-}CH_2{-}\dot{C}H{-}CH_2Cl}\ (81)$$

环己烯历经类似的烯丙基氯化反应也是出于同样的原因。

而对其他卤素而言，CH_4 的链式卤化反应中的两步的 ΔH [kJ mol^{-1}($kcal\ mol^{-1}$)] 值(见 **324 页**)如下：

	ΔH/[kJ mol^{-1} (kcal mol^{-1})]	
	(1) $X\cdot + H{-}CH_3$	(2) $CH_3\cdot + X_2$
F_2	−134 (−32)	−292 (−70)
Cl_2	−4 (−1)	−96 (−23)
Br_2	+63 (+15)	−88 (−21)
I_2	+138 (+33)	−75 (−18)

326 氟化反应的能量数据表明，F—F 键[150 kJ mol^{-1}(36 kcal mol^{-1})]较弱，H—F 键 [560 kJ mol^{-1}(134 kcal mol^{-1})]较强。一般情况下氟化反应不需要特殊的引发(参见 **324 页**)，而且易爆炸，除非在高度稀释的条件下进行。虽然氟化反应不需要特殊的引发，但在室温、黑暗的条件下加入少量的 F_2，可以引发氯化反应，证明了氟化反应也是经历自由基的过程。在类似的条件下，溴化反应要比氯化反应慢，因为第一步 Br・攫氢的反应是吸热的。I・攫氢的反应是更加吸热的，以致烷烃的直接碘化反应不会发生。

Br・比 Cl・明显低的攫氢反应性，意味着溴化比氯化更具有选择性(25 ℃下 Br・攫氢数据如下)：

$$\mathrm{H_3C{-}H} < \mathrm{HR_2C{-}H} < \mathrm{R_3C{-}H}$$

一级	二级	三级
1	80	1600

这说明，该反应可用于制备/合成用途。例如$(CH_3)_3CH$ 的溴化反应只会产生单一的产物$(CH_3)_3CBr$。当取代基能够稳定初始自由基时，该效应更加显著。例如，对于 CH_4、$PhCH_3$、Ph_2CH_2、Ph_3CH 整个系列，溴化的相对速率在 10^9 的范围内变化，而氯化的相对速率只在 10^3 内变化。然而，随着温度的升高，反应的选择性会降低。

一个光学活性的手性烷烃 RR′R″CH，其卤化反应通常生成外消旋的卤化物，该结果不能告诉我们自由基 RR′R″C・的优势构象。因为外消旋可以通过平面或者角锥体的快速翻转(见 **310 页**)来实现。然而，(＋)-1-溴-2-甲基丁烷(82)的溴化则产生了光学活性的(－)-1，2-二溴-2-甲基丁烷(83)，也就是总的取代反应发生时构型保持。这被认为是由于原先的(1-)溴取代基会与通过攫氢生成的自由基中间体(84)的一边发生作用，从而促进了溴(Br_2)从另一边进攻，导致构型的保持。

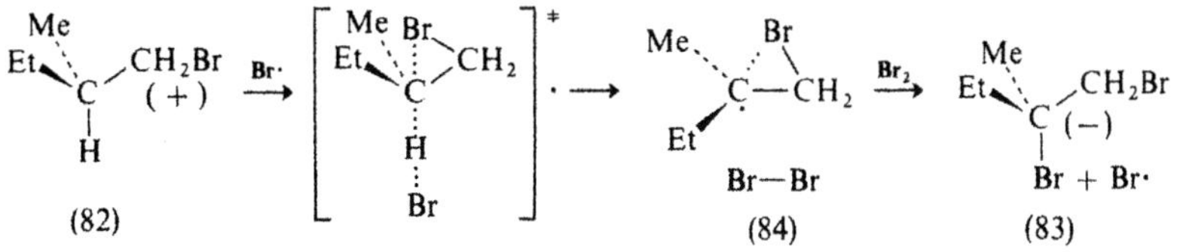

光学活性的氯化物 1-氯-2-甲基丁烷的溴化也能得到光学活性的产物，并且构型保持。可能确实产生了一个桥状的自由基，但是更有可能形成了某种不太明确的中间体，因为活性更高的氯化反应会导致完全的消旋化。 327

由试剂而不是卤素自身参与的自由基卤化反应(特别是氯化)，由于其较好的立体选择性，从而有着重要的合成意义。例如，在自由基引发剂存在下，氯化反应通过次氯酸烷基酯 ROCl(如 R=Me_3C)来实现，对 ROCl 攫取氯原子产生的 RO·可以从 RH 中攫氢。该试剂常用于烯丙基的氯化反应中。另外一个在制备上有效的氯化试剂是 SO_2Cl_2，自由基引发剂再一次通过攫取 Cl 生成·SO_2Cl，该自由基以及脱去 SO_2 产生的 Cl·都从 RH 上攫氢。

其他在合成上极其有用的反应物是 *N*-溴代琥珀酰亚胺(NBS，85)，它可以高选择性地进攻弱的 C—H 键，如烯丙基、苄基等位置。该反应需要自由基引发剂的存在，而且发现该过程中会产生恒定、低浓度的 Br_2，它是由 HBr 与 NBS 反应而得以维持的(c，见下文)，产生的 Br_2 也可以有效地发生溴化反应。通常 NBS 中少量的 Br_2 或者 HBr 可以与引发剂反应生成 Br·来启动反应(a，见下文)：

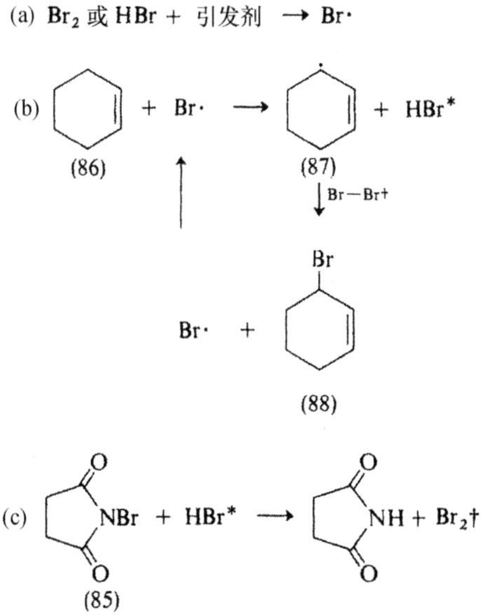

(a) Br_2 或 HBr + 引发剂 → Br·

(b) (86) + Br· → (87) + HBr*；(87) + Br—Br† → (88) + Br·

(c) (85) NBr + HBr* → NH + Br_2†

溴浓度的控制是由快速、离子型的反应(c)维持的，但只能被链反应(b)中产生的 HBr 活化。另外，Br·对双键加成形成(89)的过程是可逆的： 328

(86) ⇄(Br·) (89)

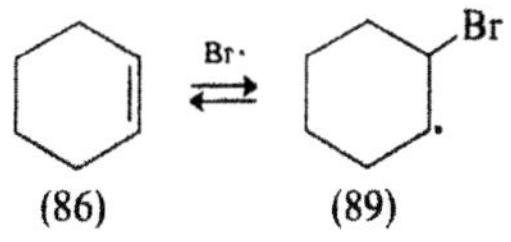

但是形成(87)的反应是不可逆的，因此只要 Br_2 的浓度保持较低，则总的取代反应会比加成反应更占优势。同时，自由基(87)通过离域作用可以被稳定，但(89)则没有这样的作用(参见 **311 页**)。支持上述 NBS 反应的解释如下：(i) 实际上 NBS 表现出了与 Br_2 一样的选择性；(ii) 事实上环己烯在高浓度溴单质存在下主要发生加成反应，而在低浓度溴单质存在下主要发生取代反应(因此有必要除去生成的 HBr，正如 NBS 所起的作用)。

11.5.2.2 自氧化反应

自氧化是指有机化合物在低温下被氧气氧化的过程，其中涉及自由基的链式反应，与其不同的是燃烧只能在高温下发生。初始阶段通常是形成氢过氧化物，如 RH ⟶ROOH，虽然实际过程历经了攫氢和氧气加成(见下文)，但总的净结果是取代过程。第一步形成的氢过氧化物通常会进行其他的反应。自氧化在涂料的硬化上有着很重要的作用，油里面的不饱和酯用来产生氢过氧化物，然后其分解生成的 RO · 进一步在不饱和的分子中引发聚合反应，形成一层保护的、聚合的表面膜。但是自氧化也会导致一些不好的变化，尤其是对含有不饱和连接基团的材料，如油脂的腐败、橡胶的老化。事实上，大多数暴露于空气或者光照下的有机物的缓慢分解都是由于光敏的自氧化。自氧化可以被微量的金属离子(见下文)、光以及常用的自由基引发剂引发。

自氧化的主要反应步骤是一个包含攫氢的两步的链式反应：

$$\mathrm{Ra\cdot + H{-}R \longrightarrow Ra{-}H + R\cdot \xrightarrow{\cdot O_2\cdot} RO{-}O\cdot} \qquad (91)$$

$$\mathrm{RO{-}O\cdot \xrightarrow{R-H} R\cdot + RO{-}OH} \qquad (90)$$

在一定条件下，氢过氧化物(90)自分解成自由基 RO · 和 · OH，它们可以作为引发剂，然
329 后自氧化也变成了自催化的过程。氧气对 R · 的加成非常快，经常是扩散控制的，但是过氧自由基(91)的活性通常较低(对比于 · O—O · 本身，**315 页**)，因此它在攫氢时有很高的位置选择性。例如，烯丙基和苄基的 C—H 键相对容易被进攻，因为这些 C—H 键稍弱，且生成的自由基在离域作用下能够得到稳定，例如，形成(92)时的环戊烷的烯丙位。在简单的烷烃中，只有三级碳的 C—H 键可以被进攻，例如十氢化萘会生成桥头过氧化物(93)。

OOH　　OOH

(92)　　(93)

30 ℃下 RO_2 · 攫氢的相对反应性为：$PhCH_3$，1；Ph_2CH_2，30；$PhCH_2CH{=}CH_2$，63。

如果不是烷烃而是烯烃，则其自氧化可以涉及 RO_2 · 对双键的加成，它可能和攫氢反应一起发生，也可能取代它，特别是那些没有烯丙基、苄基和三级碳的 C—H 键的烯烃。烯烃中过氧化物的存在对 HBr 与烯烃加成区位的影响之前已经讨论过(见 **317 页**)。醚类尤其易于自氧化，初始的进攻发生在氧原子 α 位的 C—H 键上，从而产生一个稳定的自由基。第一步形成的氢过氧化物会接着生成二烷基过氧化物，它们在加热下极易爆炸，所以一定不要将醚类溶液蒸干！在使用醚之前，其中累积的过氧化物可以通过含还原剂(例如 $FeSO_4$)的

溶液洗涤而分解除去。

自氧化在某些情况下可以用于制备反应，例如前面已经提到，由 2-苯基丙烷(异丙苯，**128 页**)形成的氢过氧化物在酸催化下发生重排的反应可以用于大规模地生产苯酚和丙酮。另外的例子，如氢过氧化物(94) 可以通过在 70 ℃下四氢化萘被空气氧化得到，然后在碱作用下生成酮(四氢萘酮，95)；也可以还原切断 O—O 键得到醇(α-四氢萘酚，96)：

$$(96) \xleftarrow{H_2/Ni} (94) \xrightarrow{^{\ominus}OH} (95)$$

醛，特别是芳香醛类，很容易发生自氧化。例如，苯甲醛(97)在室温和空气下可以快速 330
地转化成苯甲酸(98)。该反应可以被光和常用的自由基引发剂催化，也很容易受到痕量的可作为单电子氧化剂(参见 **306 页**)的金属离子影响，如 Fe^{3+} 、Co^{3+} 等：

$$(a)\ Fe^{3\oplus} + \underset{(97)}{PhC(=O)-H} \longrightarrow Fe^{2\oplus} + H^{\oplus} + \underset{(99)}{PhC(=O)\cdot} \xrightarrow{\cdot O_2\cdot} PhC(=O)-O-O\cdot \quad (100)$$

$$(b)\quad PhC(=O)-O-O\cdot\ (100) \xrightarrow{PhC(=O)-H\ (97)} \underset{(99)}{PhC(=O)\cdot} + PhC(=O)-O-OH \quad (101);\quad (99) \uparrow$$

$$(c)\ \underset{(101)}{PhC(=O)-O-OH} + \underset{(97)}{PhC(=O)-H} \xrightarrow{H^{\oplus}} \underset{(98)}{2PhC(=O)-OH}$$

该氧化由 Fe^{3+} 引发(a)生成苯甲酰自由基(99)，它然后加到氧分子上形成过氧苯甲酸自由基(100)，它和苯甲醛(97)反应生成过氧苯甲酸(101)和另一个苯甲酰自由基(99)，这两步反应构成了链式反应(b)。然而，实际上最终产物不是过氧苯甲酸(101)，该过程会经历酸催化的与苯甲醛的快速的、非自由基过程的反应(c)，从而生成苯甲酸(98)。酸催化的反应(c)在产物苯甲酸(98)浓度变大后反应速度会加快，也就是说该过程是自催化的。该反应中苯甲酰自由基(99)的参与由以下实验观察所证实：反应在高温(≈100 ℃)和低浓度的氧气下进行时，会生成 CO，即通过下式的分解产生：PhCO·⟶Ph·+CO。

醛以及其他有机物的自氧化可以在仔细的纯化后大大减少，即除去存在的过氧化物、微量的金属离子等等。但是更有效的方法是加入合适的自由基抑制剂，也就是所指的抗氧化剂。其中最好的是酚或者芳胺，它们很容易被攫取氢原子，生成的自由基活性相对较低，可以作为一个很好的链终止剂(与其他的自由基反应)和比较差的引发剂(与新的底物分子反应)。

有趣而且稍微不同的自氧化是碳氢化合物的光致氧化，如 9,10-二苯基蒽(102)在溶剂 331
CS_2 中的自氧化。吸收的光将碳氢化合物转化为稳定的双自由基(103，参见 **337 页**)或者其他类似的物种。未成对电子的离域作用可以带来稳定化效果，同时将(102)中的部分芳香性转化为(103)中的完全芳香性。然后，双自由基经历一个非链式反应的步骤加成到氧气上，生成反式的环过氧化物(104)：

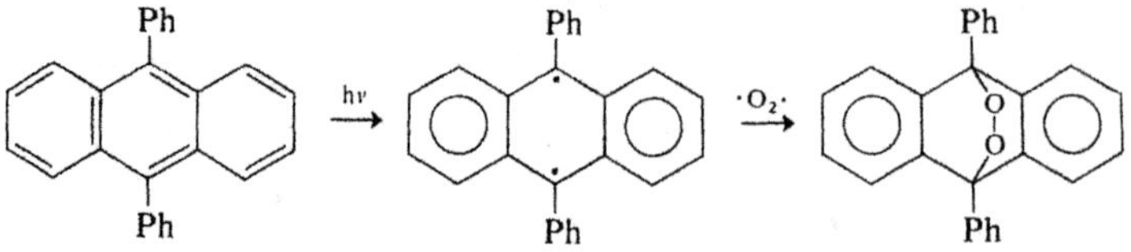

(102)　(103)　(104)

当碳氢化合物链上的苯环数目增加时(这些环在同一直线上连续相接)，类似的光致氧化更容易发生。也就是说，整个化合物的芳香性降低时，光致氧化就更容易发生。例如深绿色的碳氢化合物并六苯(105)，

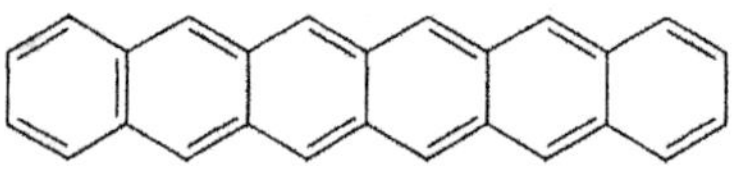

(105)

这使得该化合物无法在阳光和空气中进行实验(见 **337 页**)。

11.5.2.3 芳香取代反应

对芳香化合物的进攻可以是自由基，也可以是我们已经讨论过的亲电试剂(见 **131 页**)或者亲核试剂(见 **167 页**)。与极性物种与芳环的反应一样，均裂芳香取代经历的也是加成-消除的过程：

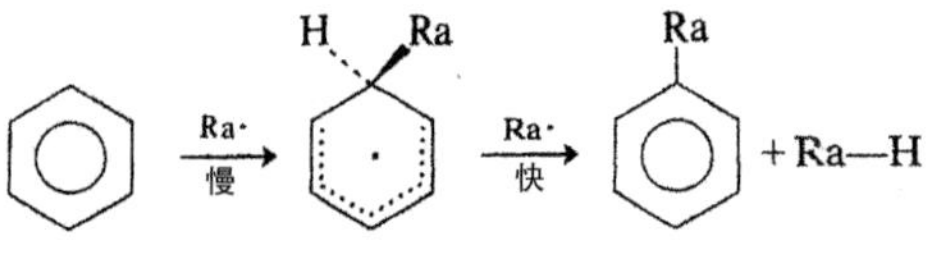

(106)　(107)

然而，从离域的环己二烯自由基中间体(106)上失去氢原子生成取代的最终产物(107)的过程不是自发的，它需要其他的自由基 Ra· 介入攫取 H·。两个自由基，即(106)和攫取氢原子
332 的自由基之间的反应很快，即不是决速步，没有明显的 k_H/k_D 的动力学同位素效应，也就是说 Ra· 对初始的芳基底物的进攻是决速步。整体的取代反应已经用一些自由基 Ra· 进行了研究，其中 Ra· 可以是 Ar·(特别是 Ph·)、$PhCO_2$·(有些则是 RCO_2·)、R· 和 HO·。被 HO· 进攻发生羟基化在生物体系中极其重要：这是对外来芳香化合物分子进行解毒的第一步。还有一些少量的其他反应也是已知的，这些反应可能是一些非氢的原子或者基团被取代的过程，如卤素、MeO。然而，Ar· 对 H 的取代(芳基化)是目前研究得最为具体的。

例如，Ph· 对芳香化合物，如苯的进攻被发现不仅仅生成总的取代产物(107)。这是因为中间体自由基(106)可能会被攫氢得到(107)，也可能二聚得到(108)，或者是歧化得到(107)和(109)：

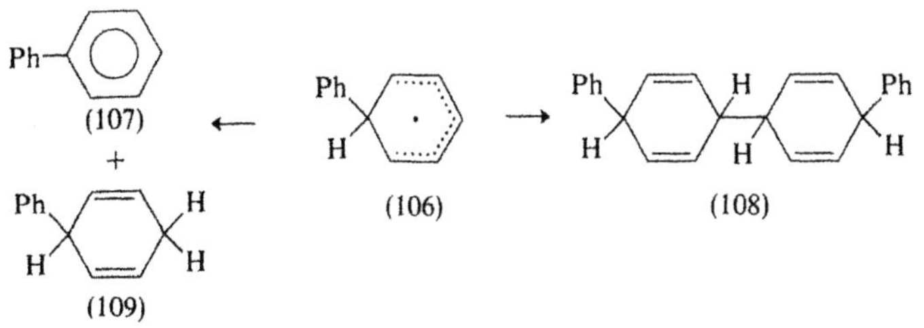

Ph (107) + Ph H H H (109) ⟵ Ph H (106) ⟶ Ph H H H Ph H (108)

为简单起见，上面只列举了(106)对位发生作用的产物，而邻位发生相互作用也可以生成(109)的邻位二氢异构体，还有邻/邻、邻/对位发生偶联的同分异构体(108)。因此，芳香物种的芳基化的混合产物就相当复杂了。

那么目前对于总的取代反应(→107)而言，它与亲电、亲核进攻有着不同，当考虑到苯衍生物（C_6H_5Y）取代基团的特性时，这种区别就越发明显。例如 C_6H_5Y 上的均裂进攻比 C_6H_6 上的要快，并且无论 Y 是吸电子或者给电子的。C_6H_5Y 被 Ph・进攻的相对速率数据如下表所示：

Y	H	OMe	Br	Me	CN	NO_2	Ph
k_{rel}	1·0	1·2	1·8	1·9	3·7	4·0	4·0

当 Y 发生改变时，与亲电取代相比，该取代的相对速率变化范围很小。如硝化反应，对于同样的底物，亲电取代反应的相对速率比大约是 10^8。值得注意的是苯基化涉及低极性物种的进攻。

分速率系数(参见 **156 页**)如下表所示： 333

PhY	$f_{o\text{-}}$	$f_{m\text{-}}$	$f_{p\text{-}}$
PhOMe	5·60	1·23	2·31
$PhNO_2$	5·50	0·86	4·90
PhMe	4·70	1·24	3·55
PhCl	3·90	1·65	2·12
PhBr	3·05	1·70	1·92
$PhCMe_3$	0·70	1·64	1·81

不考虑 Y 自身的性质，除 Y＝Me_3C 之外，Ph・对 PhY 进攻位置的优先次序是邻->对->间-；当 Y＝Me_3C 时位阻效应会阻止对邻位的进攻。优先对邻位和对位的进攻可解释如下：由 Ph・进攻(106)中间体带来的电子可以被吸电子基团(110)或者给电子基团(111)离域化，从而该中间体可以被稳定。如下图所示在对位进攻：

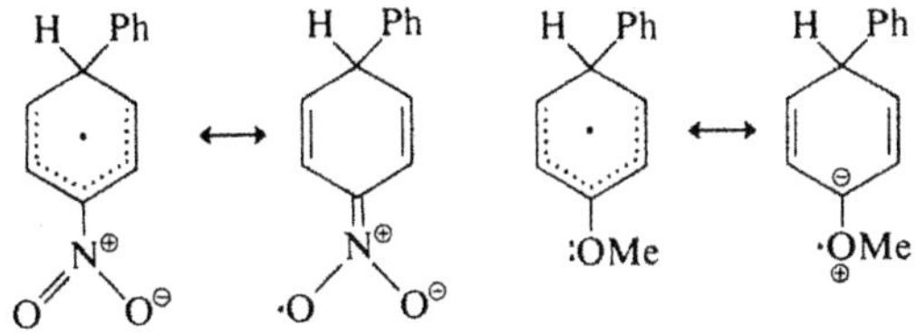

H Ph ... $N^{\oplus}$ O $O^{\ominus}$ (110a) ⟷ H Ph ... $N^{\oplus}$ ·O $O^{\ominus}$ (110b) H Ph ... :OMe (111a) ⟷ H Ph ... $^{\ominus}$ ·$\overset{\oplus}{O}$Me (111b)

然而，对于为什么 C_6H_5Y 的间位进攻也比 C_6H_5 上的进攻要快，或者为什么 C_6H_5Y 邻位上的进攻通常比对位的进攻要快，还没有很好的解释。对于特定的 C_6H_5Y，均裂芳香取代的相对较小的分速率系数范围意味着，相对于同一物种的亲电进攻反应，均裂芳香取代反应通常会产生更复杂的混合产物。

上述的数据都是指使用由 $Ph(CO_2)_2$ 产生的 Ph· 来进行苯基化的反应。其他的二酰基过氧化物也可以用于同样的目的，但是对于 Ph· 的形成涉及的步骤是 $PhCO_2\cdot \longrightarrow Ph\cdot + CO_2$，因此很难阻止一些酯的生成，即通过 Ph· 和 $PhCO_2\cdot$ 反应，或者是通过更常见的 $PhCO_2\cdot$ 对芳基底物的进攻(酰氧基化)。当在碱性条件下，通过 *N*-亚硝基衍生物乙酰芳胺 ArN(NO)COMe，或者重氮盐 ArN_2^+ 的热解来产生 Ar· 时，上述困难也许可以避免。使用重氮盐的反应是刚伯格(Gomberg)反应，可以用来合成非对称的二芳基 Ar—Ar′。在每一种情况下 Ar· 前体在过量的芳香底物下进行分解，实际上过量的底物往往作为溶剂。经典的刚伯格反应的产率可以通过自由的胺 $ArNH_2$ 和 $C_5H_{11}ONO$ 在芳香底物溶剂中进行重氮化
334 而得到很大的提高；反应不需要酸，所以整个反应是均相的。该方法对于一些 Ar—Ar′的合成比较有效，但是并不是对所有二芳基的合成都通用。

分子内的自由基芳基化可以进行得很好，例如普朔尔(Pschorr)反应。该反应涉及重氮盐的热解，如(112)在铜粉的催化下产生自由基。该反应可以用来合成菲，例如(113)：

(112)　$+ Cu^\circ \longrightarrow$　$+ Cu^{\oplus} + N_2$

(113)　$+ Cu^\circ \xleftarrow{-H^{\oplus}}$　$+ Cu^{\oplus}$

该过程是一个基本的链反应，包含 $Cu^\circ \leftrightarrows Cu^{\oplus}$ 的相互转换。相似的结果也可以通过芳基碘化物的光解得到，芳基碘化物对应于重氮盐(112)。

一个有趣的均相芳基化反应的例子是，苯酚在碱性溶液下被单电子氧化剂[如 Fe(Ⅲ)，水＋过氧化物酶]氧化的反应：

苯氧基自由基

我们可能非常期待生成的苯氧基自由基通过氧原子或者是邻位碳原子和对位碳原子上未成对的电子去进攻其他苯酚或者苯酚盐。对非自由基芳香底物的均裂取代反应已被观察到，总反应是分子内的(即所有反应都是在一个苯酚的复合物内进行的)，但是通常可以观察到对另一个酚羟基自由基进攻的二聚(偶联)反应：

二聚体

这里展示的是酚羟基自由基通过邻位位置实现偶联的过程，但是通过其他位置，如邻位、对位以及氧原子的偶联组合也可以观察到。O/O 的偶联一般不会发生，因为生成的过氧化物不稳定。该类反应很复杂，主要是初始的二聚产物可以继续被氧化成酚羟基自由基，然后与它自身或者其他简单的酚羟基自由基反应。通过酶控制这些酚羟基自由基的偶联反应在许多天然产物的生物合成上有着巨大的作用，如生物碱、木质素、色素、抗生素等的合成。 335

11.5.3 重排反应

与类似的涉及碳正离子的重排相比，涉及自由基的重排反应通常要少得多。这里它们与碳负离子的重排(参见 **292 页**)类似，这可以通过比较 3 个系列中 1,2-烷基迁移的过渡态清楚地看出来：

碳正离子过渡态 (2e)　　自由基过渡态 (3e)　　碳负离子过渡态 (4e)

这些过渡态分别包含 2 个、3 个、4 个电子(参见 **292 页**)，电子数目超过 2 个时只能容纳在高能量的反键分子轨道上。然而，正如碳负离子一样，自由基的 1,2-芳基迁移也是已知的，其涉及的是稳定的、桥连的过渡态，如(114)。一个比较好的例子是，醛(115)经历被 $Me_3CO\cdot$(前体是 $Me_3COOCMe_3$)攫取 CHO 上的 H 产生酰基自由基(116)，然后脱去 CO 产生(117)。(117)可以反过来攫取 RCHO(115)上的 H 形成碳氢化合物，但是该唯一的碳氢化合物并不是由(117)直接得到的，而是经过自由基(119)重排产生的(118)。

$$Ph_2MeCCH_2CHO \xrightarrow{Me_3CO\cdot} Ph_2MeCCH_2\dot{C}{=}O \xrightarrow{-CO} PhMe(Ph)C{-}CH_2\cdot$$

(115)　(116)　(117)

$$PhMeCH{-}CH_2Ph + R\dot{C}O \xleftarrow[(115)]{RCHO} PhMe\dot{C}{-}CH_2Ph \leftarrow [\text{PhMeC—CH}_2\text{ (桥连苯基)}]^{\ddagger}$$

(118)　(116)　(119)　(114)

重排的自由基(119)比原自由基(117)稳定，不仅仅是因为前者是三级自由基而后者是一级自由基，还因为其单电子和苯环的 π 轨道体系离域而得到稳定。值得注意的是，虽然(117)中的甲基迁移能得到更稳定的自由基 $Ph_2\dot{C}CH_2Me$，但是却只有苯基迁移。这反映了通过如(114)的桥连、离域的过渡态发生迁移在能量上是有利的。当不存在苯基时，如由 $EtMe_2CCH_2CHO$ 产生的 $EtMe_2CCH_2\cdot$，完全不会发生迁移，最终产物是 $EtMe_2CCH_3$。 336

芳基迁移不仅仅局限在碳碳重排，$(Ph_3CO)_2$(120，参见 **300 页**)在加热下也会发生这样的反应。

$$Ph_3CO-OCPh_3 \xrightarrow{\Delta} 2Ph_2\overset{Ph}{\overset{|}{C}}-O\cdot \longrightarrow 2Ph_2\dot{C}-\overset{Ph}{\overset{|}{O}} \longrightarrow \begin{matrix} Ph_2C-OPh \\ | \\ Ph_2C-OPh \end{matrix}$$

(120) (121) (122)

该反应也经过了桥连的过渡态，同样，重排的驱动力是(122)远比(121)稳定。和 1,2-芳基迁移一样，经过桥连过渡态或中间体的烯基、酰基、酰氧基和氯的迁移都是已知的。在 1,2-氯迁移中，氯的空 d 轨道可以容纳桥连过渡态，如(123)中的单电子。因此，光致催化的 HBr 对 $CCl_3CH{=}CH_2$(124)的加成只能得到 $CHCl_2CHClCH_2Br$(126)，而得不到预期产物 $CCl_3CH_2CH_2Br$(125)。

$$Cl_3C-CH{=}CH_2 \xrightarrow{Br\cdot} Cl_2\overset{Cl}{\overset{|}{C}}-\dot{C}H-\underset{Br}{\underset{|}{C}}H_2 \xrightarrow[\times]{HBr} Cl_2\overset{Cl}{\overset{|}{C}}-\overset{H}{\overset{|}{C}}H-\underset{Br}{\underset{|}{C}}H_2 + Br\cdot$$

(124) (127*a*) (125)

$$\downarrow$$

$$Cl_2C\overset{Cl}{\triangle}CH-\underset{Br}{\underset{|}{C}}H_2 \longrightarrow Cl_2\dot{C}-\overset{Cl}{\overset{|}{C}}H-\underset{Br}{\underset{|}{C}}H_2 \xrightarrow{HBr} Cl_2\overset{H}{\overset{|}{C}}-\overset{Cl}{\overset{|}{C}}H-\underset{Br}{\underset{|}{C}}H_2 + Br\cdot$$

(123) (127*b*) (126)

反应的驱动力是形成了更稳定的自由基，因为(127*b*)中的 Cl 比(127*a*)中的 H 能更有效地使单电子离域。F 不能发生迁移，因为它没有 d 轨道而无法参与反应。Br 的迁移很少见，因为其自由基中间体消除成烯烃比重排更容易。

尽管溶液中观测不到 1,2-烷基迁移，但 Me_3CH 的“冷焰”氧化(480 ℃，气相)却可以得

337 到大量的 $MeCH_2COMe$：

$$Me-\overset{Me}{\overset{|}{\underset{Me}{\underset{|}{C}}}}-H \xrightarrow{O_2} Me-\overset{Me}{\overset{|}{\underset{CH_2-H}{\underset{|}{C}}}}-OO\cdot \longrightarrow Me-\overset{Me}{\overset{|}{\underset{CH_2\cdot}{\underset{|}{C}}}}-O\wr OH \longrightarrow \begin{matrix} Me \\ | \\ C{=}O \\ | \\ Me-CH_2 \end{matrix}$$

(128)

酮的形成确信经过了最初过氧自由基中的分子内氢迁移和随后的甲基自由基迁移的步骤。可能是使用的剧烈条件使 1,2-烷基迁移得以发生，或者是甲基迁移先经过了碎裂化然后再加成的步骤，而非直接的迁移。

氢自由基的迁移也是已知的，但仅限于比 1,2-迁移更长的迁移。例如亚硝酸酯(129)的光解，即巴顿(Barton)反应，经过六元环过渡态的 1,5-迁移，氢自由基迁移到了氧上：

$$Ph(CH_2)_5ONO \xrightarrow{h\nu} PhCH_2CH(H)\cdots\dot{O}-CH_2-CH_2-CH_2 \longrightarrow \left[PhCH_2CH\cdots H\cdots O-CH_2-CH_2-CH_2\right]^{\neq} \longrightarrow PhCH_2\dot{C}H(CH_2)_3OH$$

(129)

11.6 双自由基

氧分子是每个氧原子上都有一个单电子的顺磁性物种，被看成是双自由基，但是它不是活性物种。蒽的光激发形成双自由基或者类似物种的反应也是已知的，该反应如果在无氧条件下进行，将得到光二聚体(130)，而不是反式环状过氧化物(104)：

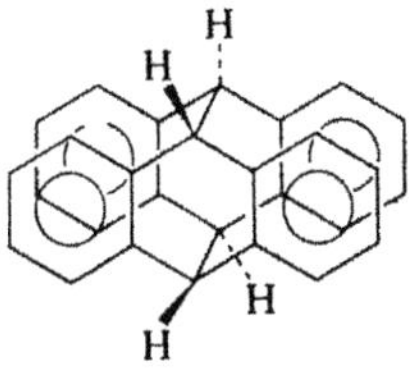

(130)

在 Mg 还原酮形成频哪醇的反应(见 **218 页**)中也出现了双自由基中间体，在酯的偶姻缩合(见 **218 页**)中双自由基中间体则以自由基负离子形式存在。500 ℃下环丙烷(131)热解成丙烯(132)的反应确信也包含了如(133)和(134)形式的双自由基中间体： 338

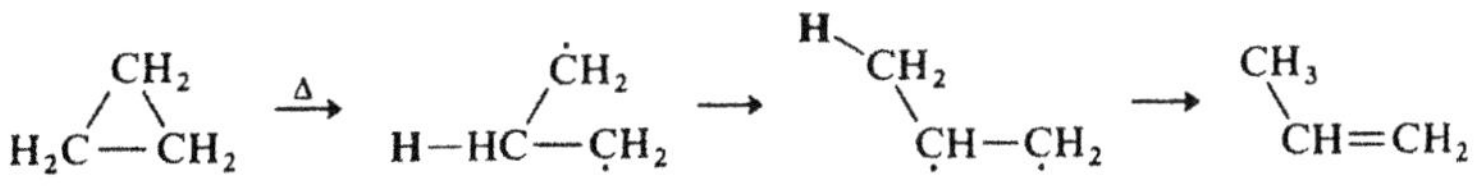

$$\underset{(131)}{H_2C{-}CH_2{-}CH_2\ (\text{环})} \xrightarrow{\Delta} \underset{(133)}{H{-}HC{-}\dot{C}H_2\cdots\dot{C}H_2} \longrightarrow \underset{(134)}{H{-}CH_2{-}\dot{C}H{-}\dot{C}H_2} \longrightarrow \underset{(132)}{CH_3{-}CH{=}CH_2}$$

为形成双自由基(133)，环丙烷分子通过和其他分子的碰撞得到振动激发，如果多余的能量没有进一步通过碰撞散失，碳碳键就会断裂。和其他单自由基的 1,2-氢不同(见 **335 页**)，(133)具有驱动力发生 1,2-氢迁移，因为(134)中单电子配对形成 π 键使能量降低。有证据表明，氢迁移一般是反应的决速步。

以上的双自由基除了氧分子外都高度不稳定。然而，有大量更稳定的物种也体现出双自由基的性质。如碳氢化合物(135)在溶液中部分以双自由基形式存在：

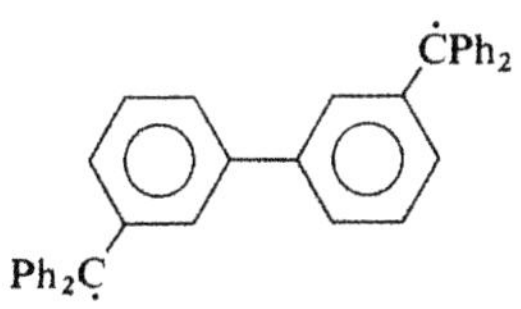

$\dot{C}Ph_2$

$Ph_2\dot{C}$

(135)

并不奇怪的是，该自由基的行为和三苯基甲基自由基(参见 **300 页**)类似，去除溶剂后，它以无色固体的形式存在。但该无色固体更可能是多聚体，而不是像三苯基甲基自由基一样生成的二聚体。像 $Ph_3C\cdot$ 一样，该固体在溶液中发生同样程度的解离。双自由基(135)中的单电子不能相互作用，配对形成反磁性物种，因为这种沿着中间两个芳环上的作用必然会生成不可能存在的间苯醌形式，因此环上的电子彼此“内部隔离”开来。除了电子作用，空间位阻也会导致双自由基中这样的“内部隔离”现象。如(136)在溶液中 17%是以双自由基形式存在的，和多聚体处于平衡，这与(135)类似：

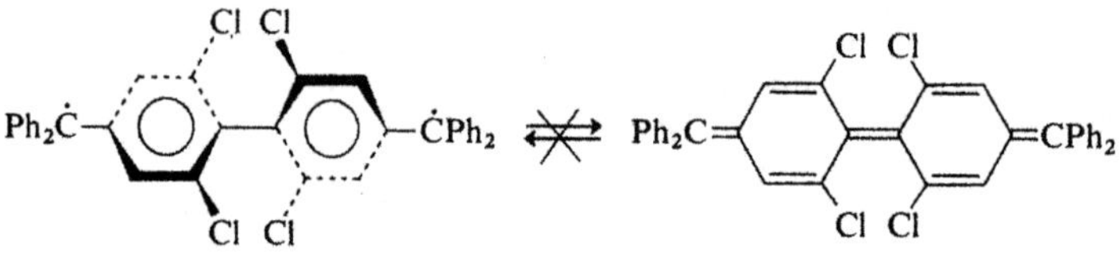

(136) (137)

339 此时，电子配对形成反磁性物种(137)并不具有电子作用上的阻碍，但邻位大位阻的氯原子使苯环不能形成共平面的构象，p 轨道无法充分重叠，因而单电子无法配对。

有趣的是，有些没有大位阻氯原子阻止离域的体系也具有和(136)类似的双自由基性质，如以下体系中(138)和(139)之间的平衡：

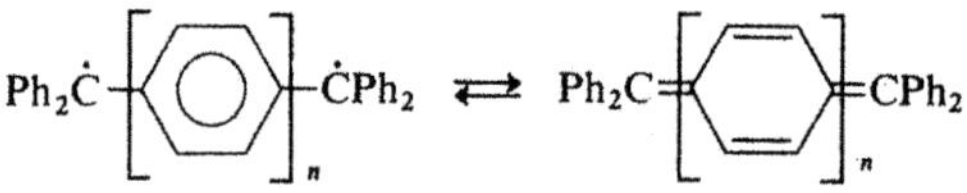

(138) (139)

$n=3$ 和 $n=4$ 的物种在固态时都是顺磁性的。在 20 ℃之下，$n=3$ 时，约 8%是双自由基；$n=4$ 时，约 15%是双自由基。

第 12 章　对称控制的反应 340

12.1　引　　言

当一般的机理能够为我们理解大部分的反应提供规律和清晰的图像时，总有一些明显不相关的反应，它们既不经过极性途径也不经过自由基途径。这些反应不涉及极性试剂，基本不受溶剂极性改变、自由基引发剂或抑制剂和其他催化剂的影响，所有试图分离、检测或者捕获中间体的努力也都宣告失败。我们已经遇到的这类反应有狄尔斯-阿尔德反应(Diels-Alder，见 **197 页**)，即(通常是)取代烯烃对共轭二烯的 1，4-加成：

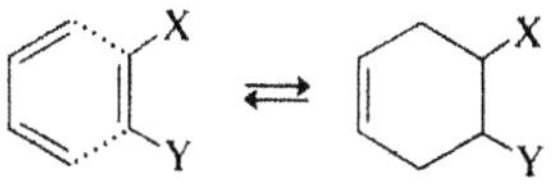

X Y ⇄ X Y

还有酯(1)和黄原酸酯(2)热解(见 **268 页**)成烯烃(3)的反应：

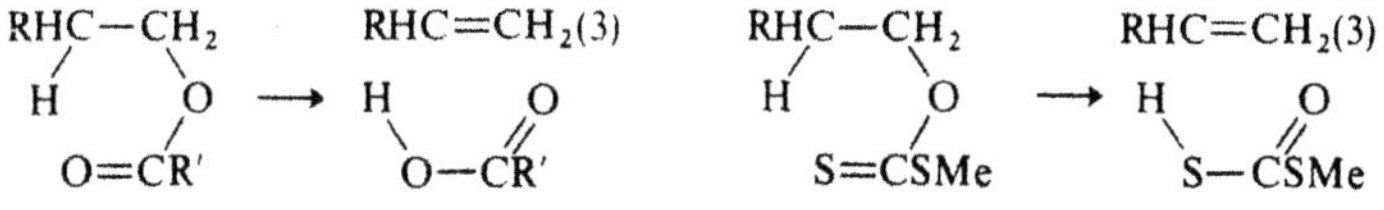

RHC—CH₂ H O O=CR′ (1) → RHC=CH₂(3) H O O—CR′　　RHC—CH₂ H O S=CSMe (2) → RHC=CH₂(3) H O S—CSMe

这些反应显然是协同的，即成键、断键过程中的电子重排同时在一步中发生，不过在过 341
渡态形成时，参与反应的每根键形成或断裂的程度并不需要完全一样。该过渡态是环状的，虽然不是必需的，但是最好含有 6 个 p 电子(参见芳香性，**17 页**)，而且反应的立体选择性往往很高(参见 **268 页**)。许多这样的反应是可逆的，如狄尔斯-阿尔德反应，不过反应的平衡往往偏向于一边或另一边。这些经由环状过渡态的协同反应被称作周环(pericyclic)反应。

由于周环反应很大程度上不受极性试剂、溶剂变化和自由基引发剂等因素的影响，因此能影响该类反应的因素只有热或者光。周环反应的一大特点就是这两种条件往往导致不同的结果，要么影响反应能否容易发生(或可否发生)，要么影响反应的立体化学。如作为环加成反应中的狄尔斯-阿尔德反应(见上)，一般只能热引发而不能光引发；而两分子烯烃(4)环加成生成环丁烷(5)的反应只能光引发，不能热引发。

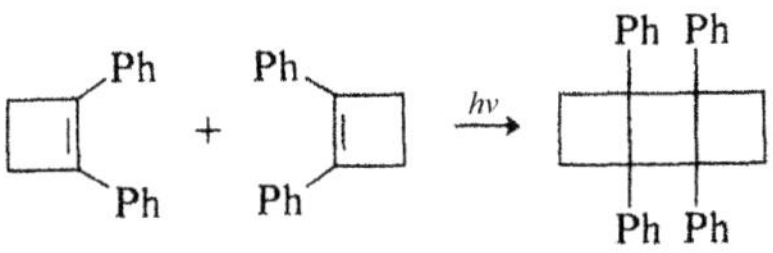

Ph Ph (4) + Ph Ph (4) $\xrightarrow{h\nu}$ Ph Ph Ph Ph (5)

反，顺，反-2-4-6-辛三烯(6)的反应能很好地说明立体化学效应的区别，热关环只得到顺-1，2-二甲基-3，5-环己二烯(7)，而光照下关环只得到反-1，2-二甲基-3，5-环己二烯(8)。

像这种多烯的关环反应或者环状化合物开环成多烯的反应叫作电环化反应。

342 无论一个具体的反应是经过协同的一步途径，还是经过双自由基或双极性中间体的多步途径，通过比较前者的 $\Delta G^{\neq}$（参见 **38 页**）与后者决速步中 $\Delta G^{\neq}$ 的相对大小，即可以确定具体途径。$\Delta G^{\neq}$ 由 $\Delta S^{\neq}$ 和 $\Delta H^{\neq}$ 决定，协同反应的 $\Delta S^{\neq}$ 具有大的负值，$\Delta H^{\neq}$ 具有小的正值。前者反映为形成环状过渡态而参与反应的分子或基团所需的有序度；后者则反映出过渡态中键形成时所放出的能量用以协助断键的程度。需要强调的是，一个反应如果 $\Delta S^{\neq}$ 有大的负值或 $\Delta H^{\neq}$ 有小的正值，不代表它一定经由协同的过程。

对于 $\Delta H^{\neq}$ 而言，可以认为过渡态中得到最大程度成键的过程是最有利的。成键意味着轨道重叠，因此有必要寻找能满足这种轨道重叠的反应条件。为此我们需要考虑至今还没有提到过的原子和分子轨道的一种性质，也就是相位。

12.2　相位及轨道对称性

我们知道，原子的每个电子都可以用波函数 ψ 表示（见 **2 页**）。这样，“波性”电子的物理性质可以从将其与两端固定的绳形成的驻波类比中得出，即与“一维势箱中的电子”类似。振动的前 3 种可能模式见图 12.1。

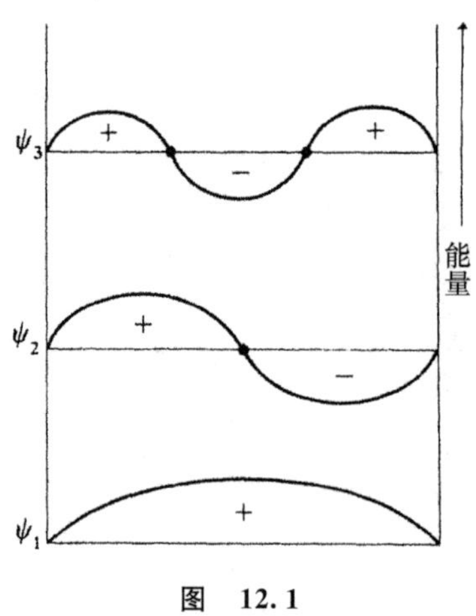

图　12.1

343 在第一种模式 ψ_1 中，波的振幅从 0 增加至最大值，再减小至 0；在第二种模式 ψ_2 中，波的振幅增加至最大值，减小至 0 后再继续减小至最小值（一个节点，用・表示），再回到 0，即波的相位改变了一次；在第三种模式 ψ_3 中，振幅从 0 至最大值，过零点减小至最小值，再过零点增加至最大值，最后回到 0，即出现了两个节点（用・表示），波的相位改变了两次。节面上方的部分表示为＋，下方表示为－。例如 2p 原子轨道有一个节面，因此它的两个波瓣相位不同，习惯上分别用＋和－表示，如(9)；但这可能会引起一些混淆，因为＋

和一一般和电荷相联系①，而相位的不同完全是相对的，因此用有阴影和无阴影表示，例如(10)：

节面

(9) (10)

分子轨道是由原子轨道的线性组合得到的，相位的问题当然也是由此产生的。因此，我们可以写出乙烯中由两个 p 轨道得到的两个分子轨道（π 和 π^*，见 **12 页**），

π^* 反键轨道

能量 p

π 成键轨道

以及顺式丁二烯（**197 页**）中由 4 个 p 轨道得到的 4 个分子轨道（ψ_1，ψ_2，ψ_3 和 ψ_4，见 **12 页** 344
图 1.2）：

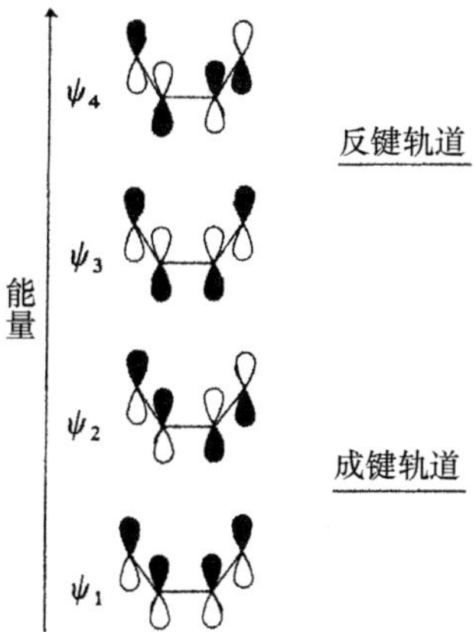

考虑轨道的相位的重要性在于：只有相位相同的轨道才能重叠，并导致成键；相位不同的轨道会相互排斥，形成反键。

通过考虑相关轨道的相对相位，也就是整体的对称性，伍德沃德（Woodward）和霍夫曼（Hoffmann）在 1965 年提出一套规则。这些规则不仅解释了已知的周环反应的反应性，还准确预测了很多当时尚未实现的反应的性质。这些预测包括反应是热引发还是光引发的，以及后续的具体立体化学问题。这一成就的更伟大之处在于，很多一开始看来是不可行的预测后来都被证明是正确的。要进行这些预测，就必须考虑从原料到产物的转化中涉及的所有轨道的相对相位，即对称性。然而利用前线轨道理论可以更加容易、合理地解释。在该理论中，反应物的最高占据分子轨道（HOMO）中的电子相当于原子外层的价电子，然后反应可以看成是该 HOMO 轨道（潜在的电子给体）和另一个反应物种最低未占据分子轨道（LUMO）（潜在的电子受体）的重叠。在电环化反应中，由于只涉及一个物种，只需要考虑 HOMO 轨道

① 需要强调的是，ψ^2 表示在特定空间内找到一个电子的概率，不管 ψ 是正值还是负值，ψ^2 总是正值。

就可以了。下面将利用这一原理讨论一系列周环反应。

12.3　电环化反应

前面提到(见 **341 页**)，反，顺，反 2-4-6-辛三烯(6)在加热条件下的环化反应仅得到顺-1，
345 2-二甲基-3，5-环己二烯(7)，而在光照条件下仅得到相应的反式异构体(8)，在这两种情况下平衡都倾向于得到环状产物。反应的立体选择性如此好，以至于热致环化反应中只能得到<0.1%的反式异构体(8)，尽管其相比顺式产物(7)在热力学上更稳定。(6)中的 6 个分子轨道(ψ_1，ψ_2，ψ_3，ψ_4，ψ_5 和 ψ_6)由 6 个 p 原子轨道组合而成，可以写成如下形式(参见丁二烯，**344 页**)：

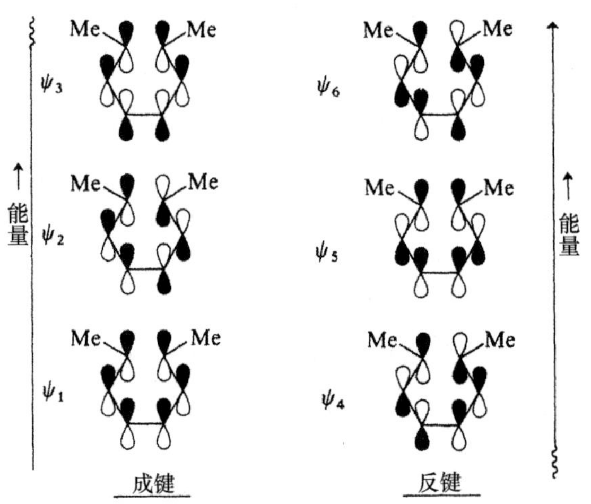

由于总共有 6 个 π 电子需要填充且每个轨道中填 2 个电子，HOMO 应该是 ψ_3(11)。为了在环化时形成 C—C σ 键，共轭体系的两个端头碳原子(C_2 和 C_7，即连有甲基的 2 个碳原子)的 p 轨道必须各旋转 90°才能重叠($p/sp^2 \rightarrow sp^3$，再次杂化是必需的)。这一必要的旋转可以是相同方向的(*a*)顺旋(12)，或者是相反方向的(*b*)对旋(13)：

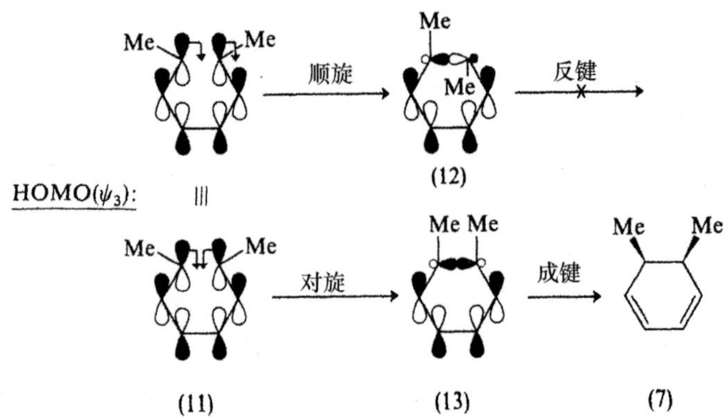

346 顺旋导致轨道的波瓣处于相位相反的位置，即形成反键，而对旋导致轨道的波瓣处于相位相同的位置，即成键，最终形成顺-1，2-二甲基-3，5-环己二烯(7)，其中 2 个甲基是顺式的。

在光照条件下的成环反应中，光照将一个电子激发到相邻的更高能级的轨道上，例如光照条件下 $\psi_3 \xrightarrow{h\nu} \psi_4$，于是 ψ_4(14)成为 HOMO 轨道：

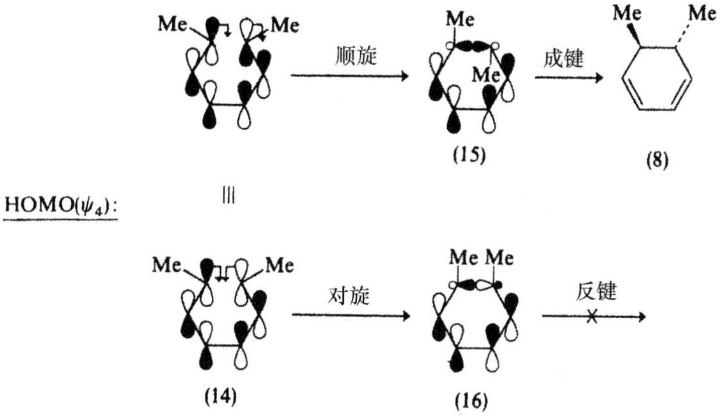

HOMO(ψ_4):

此时顺旋导致轨道的波瓣处于相位相同的位置，即成键，形成反式产物(8)。

将上述反应与2,4-已二烯⇄3,4-二甲基环丁烯进行比较，会很有意思。此处观察到相反的立体化学关系，例如反,反-2,4-已二烯(17)在加热下得到反-3,4-二甲基环丁烯(18)，在光照条件下得到顺式产物(19)：

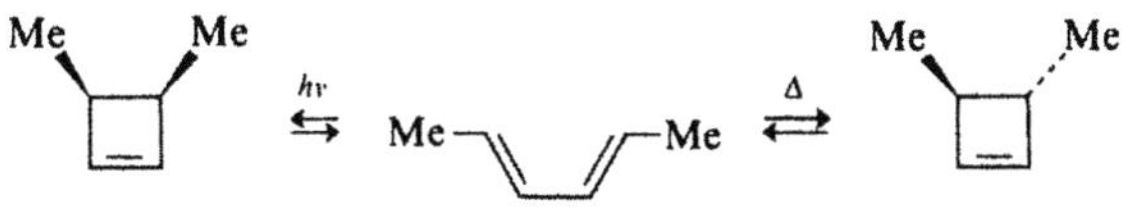

在加热条件下(平衡倾向于二烯方向)，由于有4个 π 电子，二烯的 HOMO(17，参见 347
344 页)是 ψ_2(20)：

HOMO(ψ_2):

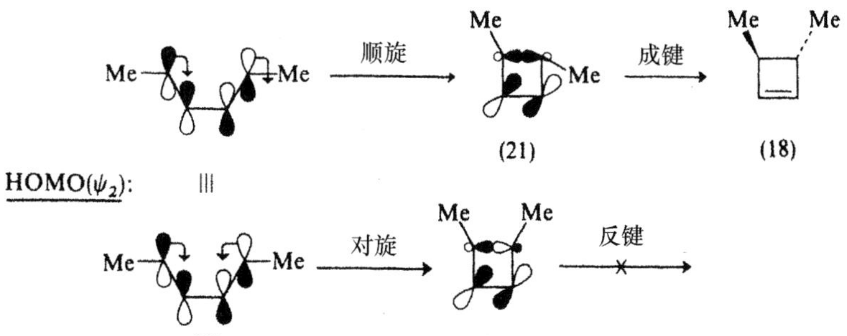

这次顺旋将会导致成键，形成反式的二甲基环丁烯(18)。对于光照条件下的成环反应(平衡倾向于环丁烯)，对二烯进行光照会将一个电子激发到相邻的更高能级的轨道上，例如光照下 $\psi_2 \xrightarrow{h\nu} \psi_3$，于是 ψ_3(23)成为 HOMO 轨道：

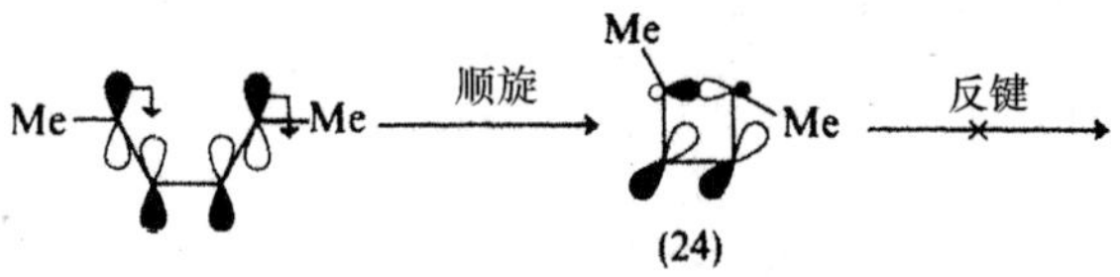

Me Me 顺旋 Me Me 反键 (24)

HOMO(ψ_3):

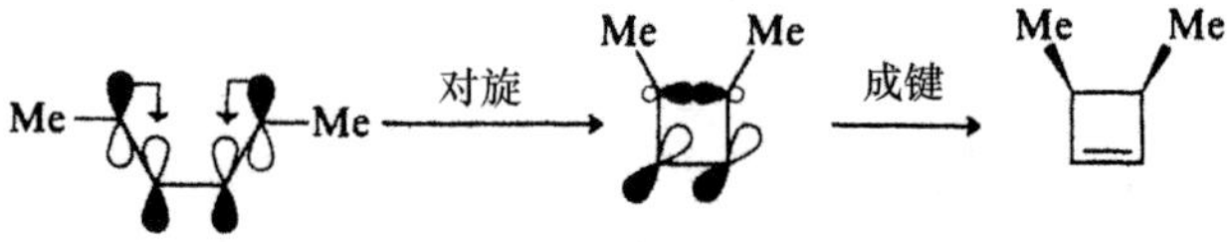

Me Me 对旋 Me Me 成键 Me Me

(23) (25) (19)

因此对旋会导致成键，形成顺式的二甲基环丁烯(19)。

这些反应立体化学的不同结果由这些 π 电子($n\pi$e)的分子轨道中的端头碳的波瓣的相位决定，也就是由轨道对称性来决定。如我们所见，共轭三烯烃(6πe)的 HOMO(ψ_3)轨道中两个端头碳处的波瓣有相同的相位，光照下的二烯(4πe)中的 HOMO(ψ_3)轨道中两个端头碳处的波瓣也有相同的相位；而二烯(4πe)的 HOMO(ψ_2)轨道中两个端头碳处的波瓣和光照下三烯烃的 HOMO(ψ_4)轨道中两个端头碳处的波瓣相位则是相反的。两个端头碳相位相
348 同的波瓣需要对旋，才能成键或断键；而相位相反的波瓣需要顺旋，才能成键或断键。加热和光照条件下的对比总结如下：

π 电子数	反应条件	成键方法
$4n$	加热	顺旋
$4n$	光照	对旋
$4n+2$	加热	对旋
$4n+2$	光照	顺旋

除了它们自身十分有趣之外，由于它们具有严格的立体专一性，立体选择性远好于大部分涉及双自由基或两性离子中间体的非协同反应，因此这些电环化反应在构筑 C—C 键方面有重要意义。

12.4 环加成反应

环加成反应往往涉及两种组分，协同过程的可能性取决于一种组分的 HOMO 和另一种组分的 LUMO 是否能产生重叠。例如，对于二烯和单烯烃，

这是成键的情况，因此无论哪一种组分提供 HOMO 或是 LUMO，协同的加成反应都是可行的，即环加成都是对称性允许的。相比之下，对于两个单烯烃之间的反应，

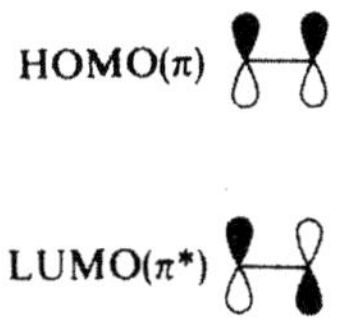

HOMO(π)

LUMO(π^*)

这是反键的情况，协同的加成反应是不可行的，即环加成反应是对称性禁阻的。

这是对于加热条件下的协同加成反应的情况，即涉及 $4\pi e + 2\pi e$ 体系的反应，例如狄尔
斯-阿尔德反应是可以顺利进行的；而涉及 $2\pi e + 2\pi e$ 体系的反应，例如烯烃的环化二聚反 349
应则是不可以顺利进行的。但是我们可以预计，单烯的环二聚反应在光照条件下是对称性允许的，因为光照会将其中一个组分的一个电子激发到相邻的更高能级上，例如 $\pi \xrightarrow{h\nu} \pi^*$，此时 HOMO 轨道就变成了($\pi^*$)：

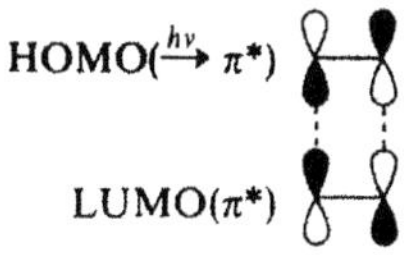

HOMO($\xrightarrow{h\nu}\pi^*$)

LUMO(π^*)

这类反应很多确实是在光照条件下进行的，但是它们往往不是协同的，而是经由双自由基中间体进行，原因(光化学过程的具体机理)此处不进行说明。然而，一个确实经由协同过程的光致的($2\pi + 2\pi$)环加成反应例子是我们提到过的：

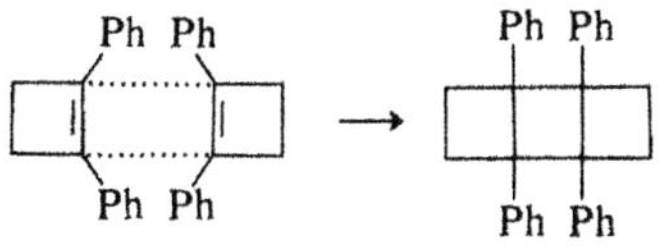

(4) (4) (5)

加热条件下($4\pi+2\pi$)的协同环加成反应的重要性足以让我们对它们单独讨论。

12.4.1 狄尔斯-阿尔德反应

至今为止最著名的($4\pi+2\pi$)环加成反应是狄尔斯-阿尔德反应。我们已经对它作过一定程度的介绍(见 **197 页**)，包括它关于双烯体(26)和亲双烯体(27)的严格的顺式立体专一性：

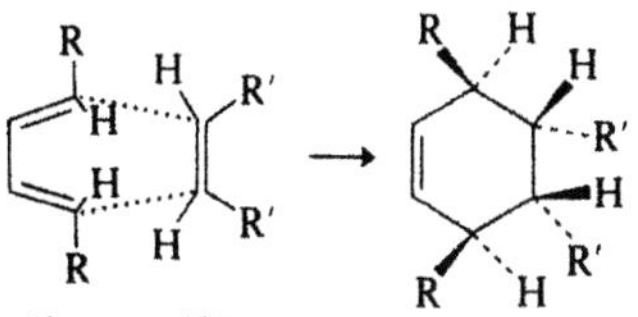

(26) (27)

这说明反应是协同的，即过渡态中两根新的 σ 键是同时形成的。然而，过渡态中新的键不一定同等程度地形成，因为该反应明显受取代基的电子效应的影响。双烯体中的给电子基团和
亲双烯体中的吸电子基团都会促进反应。如果后者不存在，反应即使进行，也会很慢。这些 350

取代基的效果是使亲双烯体中的 LUMO 能级降低，而使双烯体中的 HOMO 能级升高，于是使它们之间相互作用的可能程度增加。取代基甚至是杂原子的存在都不会影响轨道的对称性。

双烯体上的取代基也可能通过影响真正能参与反应的双烯（顺式构象的双烯）的平衡比例，来影响环加成的立体效应。例如，大位阻的 1-顺式取代基(28)会使反应减慢，而大位阻的 2-取代基(29)使反应加速，过程如下：

顺向 ⇌ 反向 (28)　　反向 ⇌ 顺向 (29)

某些狄尔斯-阿尔德反应有另一个重要的立体化学性质，即有两种可能的加成模式，外型(*exo*，30)和内型(*endo*，31)，例如环戊二烯和亲双烯体马来酸酐的反应：

(32) + (33) —外型→ (30)　　(32) + (33) —内型→ (31)

尽管外型产物相对于内型产物在热力学上更稳定，但是如果反应的产物不是唯一的，往往发现（虽然并不一定总是）内型产物是反应的主要产物。原因是，内型加成时相位相同且不直接参与反应的 HOMO 轨道（例如 32）和 LUMO 轨道(33)中的波瓣可以通过次级作用来稳定过渡态。这种相互作用在外型加成的过渡态中是不可能的，因为(32)和(33)中相应的轨道之间
351 的距离太远。于是内型加合物是动力学控制的产物。重要的一点是，外型产物所占比例有时会随着反应时间延长而增加，由于反应是可逆的，先形成的内型（动力学）产物会可逆地转化为原料，然后再发生外型的环加成，得到更稳定的外型（热力学）产物（参见 **283 页**）。

狄尔斯-阿尔德反应（作为一种 C—C 键形成的过程）的一个很大的优势是它的底物普适性。能用于制备反应的亲双烯体种类繁多（双烯体的底物范围则相对小），一般也能寻找到能获得高产率的反应条件。正如其他环加成反应一样，狄尔斯-阿尔德反应是可逆的，某些情况下可以用于一些有用的制备过程。例如，环戊二烯(32)会发生自发的狄尔斯-阿尔德反应形成三环的二聚体，这也是它储存时相对稳定的形态，加热（例如蒸馏）时重新形成(32)。环己烯（丁二烯和乙烯的狄尔斯-阿尔德加合物，但它实际上不是这样制备的！）的热分解是实验室中制备丁二烯的一种有用的方法。有一些狄尔斯-阿尔德反应，特别是那些底物中含杂原子和（或）大极性取代基的反应，是通过非协同的两步历程，经由两性离子中间体进行的。然而，经由双自由基中间体的两步反应尚未被观察到。前述的加热下羧酸酯和黄原酸酯的顺式消除反应也可以被视为类似于逆$(4\pi+2\pi)$环加成反应（见 **268 页**）。

12.4.2 1,3-偶极加成

$(4\pi+2\pi)$环加成中的 $4\pi e$ 组分既不限定于四原子体系（如 1,3-二烯），也不限定于只含

碳原子，只要协同反应途径的 HOMO/LUMO 轨道的对称性要求能够被满足即可。最常见的此类非双烯的 4πe 体系涉及的是 3 个原子，并且有一个或多个偶极结构，例如(34*a*)，于是称为 1,3-偶极加成。然而它们不需要具有永久偶极，例如重氮甲烷(34*a*,34*b*)：

$$H_2\overset{\ominus}{C}{-}N{=}\overset{\oplus}{N} \leftrightarrow H_2\overset{\oplus}{C}{-}N{=}\overset{\ominus}{N}$$

(34*a*)　(34*b*)

臭氧对烯烃加成形成分子臭氧化物(见 **193 页**)的反应可以被认为是 1,3-偶极加成反应，许多类似的反应对于制备五元杂环体系有重要的意义。例如我们已经介绍过从叠氮苯 $PhN^{-}—N{=}N^{+}$(见 **194 页**)制备 1,2,3-三氮唑，以及另一个由重氮甲烷(34)制二氢吡唑(35)的例子： 352

(34) $H_2\overset{\oplus}{C}{-}N{=}\overset{\ominus}{N}$ + $H_2C{=}CH{-}CO_2Et$ → (35)

12.5 σ迁移反应

第三大类周环反应可以看作是 σ 键在 π 电子体系中迁移，它的名字也由此而来。最简单的例子是连有一个氢原子的 σ 键的迁移。

12.5.1 氢迁移

在非环状多烯中，此类反应可以总结为如下形式：

$$R_2\overset{H}{C}(CH{=}CH)_xCH{=}CR'_2 \rightarrow R_2C{=}CH(CH{=}CH)_x\overset{H}{C}R'_2$$

(36)　(37)

依照协同过程，即经过环状的过渡态来评判这些迁移反应的可能性，照例就需要考虑反应中涉及的轨道的对称性。关于过渡态的模型可以建立在发生迁移的 C—H σ 键可拆成氢的 1s 轨道和碳的 2p 轨道这一假设的基础上。对于 $x=1$ 的情况(36)，过渡态可以认为是由戊二烯自由基(38)构成，其中的一个氢原子(1s 轨道中的一个电子)在其 5πe 体系的两个端头碳原子间迁移(即总的来说涉及一个六电子体系)：

(38)

通过和之前介绍的周环反应进行对比，发生迁移的可能性由端位原子上波瓣的相对相位关系来决定，即戊二烯自由基(38)的 HOMO 轨道的对称性。由于这是一个 5πe 体系，它的 353
电子构型是 $\psi_1{}^2\psi_2{}^2\psi_3{}^1$，因此 HOMO 是 ψ_3。如下图所示，此分子轨道的端位轨道相位相同，因此过渡态(39)中氢原子 1s 轨道与(38)的分子轨道中两个端位波瓣都可以保持有效重叠：

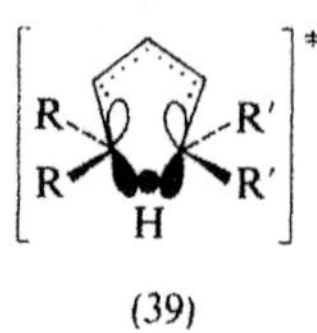

(39)

因此加热条件下的 1，5-氢迁移是允许的，并且由于过渡态(39)的对称性，产物(37，$x=1$)中的氢原子会与原料(36，$x=1$)中共轭烯烃上的碳原子所构成的平面在同一方向，这被称作同面迁移。这一点无法用上述的例子在实验上证实，但化合物(40)在加热条件下的 1，5-氢迁移(比较常见)确实涉及了严格的同面迁移。它在加热下通过不同的构象(40a)和(40b)分别同面地迁移，得到(41)和(42)的混合物：

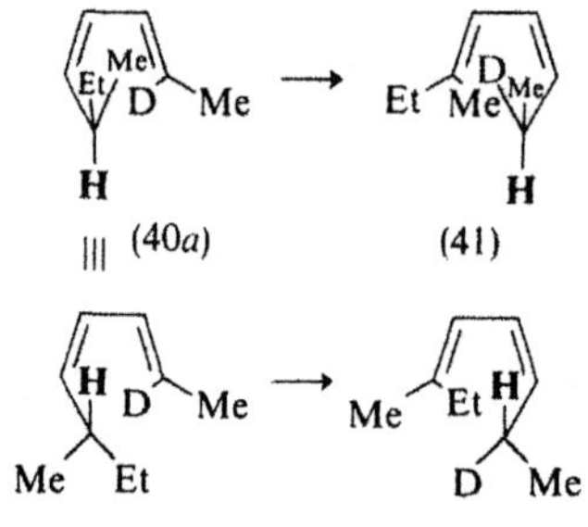

(40a) → (41)

(40b) → (42)

HOMO 端位的波瓣也会与壬四烯自由基，例如(36，$x=3$)中的轨道相位相同，因此，1，9-迁移(在 10 电子体系中)是允许的，并且是同面迁移。然而，形成所需的十元环状过渡态在几何上有一定困难，因此这样的协同 1，9-迁移是否确实被观察到也是存疑的。加热下的同面迁移在其他“允许”的体系，即$(4n+2)$电子(36，$x=3$，5，…)中也未被观察到。

当多烯的 HOMO 轨道的端头波瓣的相位是相反的时候，可以想象氢原子球形对称的 1s 轨道可以越过多烯碳原子的平面发生，此时是异面重叠。(36，$x=0$，2，4，…)中的
354 HOMO 轨道的端位波瓣的相位是相反的，会得到如(43)的过渡态($x=0$，整体是 4e 体系)：

(43)

然而，该过渡态很可能具有很大张力，实际上这样的 1，3-异面迁移从未被观察到。然而，(36，$x=2$)中的过渡态张力小得多(例如可以形成所需的螺旋状结构)，可以观察到维生素 D 系列化合物在加热条件下发生 1，7-异面迁移。

1，3-光化学迁移则是允许的并且是同面的(44→45)，因为过渡态的 HOMO(ψ_3，由于 $\psi_1^2\psi_2^1 \rightarrow \psi_1^2\psi_3^1$)中端位的波瓣相位相同(46)：

$R_2C(H)-CH=CR'_2$ → (46) → $R_2C=CH-C(H)R'_2$

(44)　　(46)　　(45)

这样的1,3-迁移确实比较常见。(36，$x=1$)中的1,5-光化学迁移应该是异面的，但由于它的过渡态张力大，没有已知的例子。(36，$x=2$)中的1,7-光化学迁移是允许的，并且是同面的迁移，实际观察到的一个例子是(47→48)：

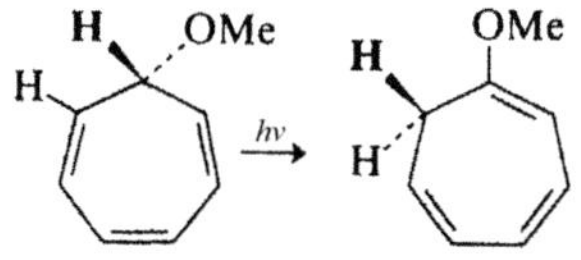

(47)　(48)

该化合物中发生1,7-氢迁移，本身并不能直接说明迁移是通过同面进行的。然而，(47)的相对刚性的环状结构则排除了通过异面途径迁移的可能性。

12.5.2　碳迁移

碳迁移最经典的例子之一是，1,5-二烯的柯普重排中含碳基团从一个碳原子迁移到另一个碳原子(49→50；不要与**268页**的柯普消除混淆)， 355

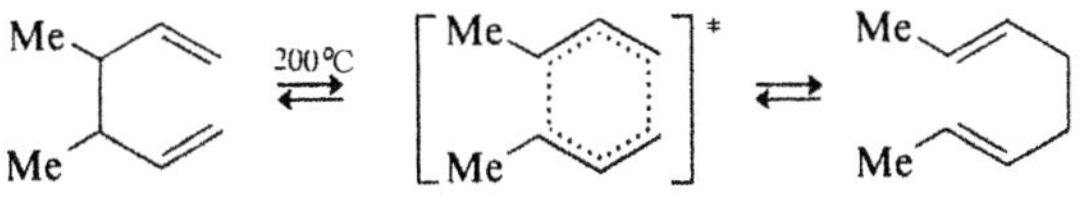

(49)　(50)

以及烯丙基芳基醚的克莱森重排(51→52)中发生的从氧原子到碳原子的迁移：

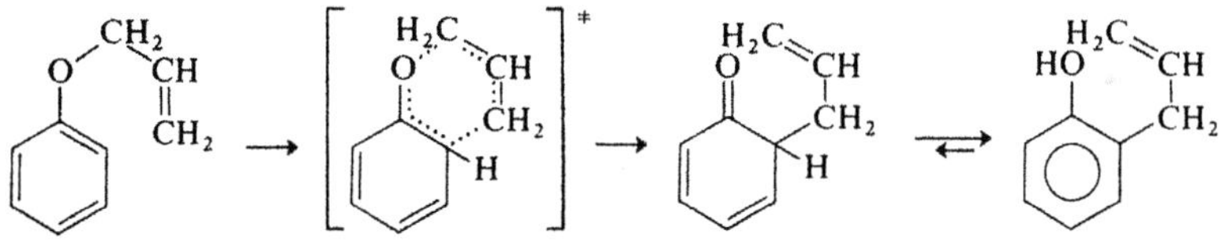

(51)　(52)

对于加热条件下的反应，经过六元环状过渡态的反应是最普遍且最容易进行的。由(49)的内消旋构型只能(99.7%)得到顺,反-产物(50*a*)，而产物总共有3种可能构型(顺,顺；顺,反；反,反)，由此可以看出反应的优势过渡态是椅式的六元环过渡态：

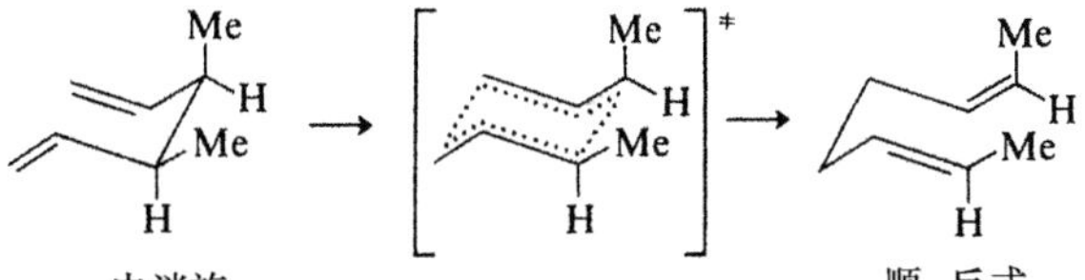

内消旋 (49*a*)　顺,反式 (50*a*)

这对应着的迁移在体系两端都是同面迁移。

克莱森重排是严格的分子内重排，并具有形成环状过渡态所需的很负的$\Delta S^{\neq}$(表示有序性的程度)。这也被^{14}C标记实验证实，该实验表明烯丙基中^{14}C原子的位置在迁移过程中发生了“颠倒”(51*a*→52*a*)：

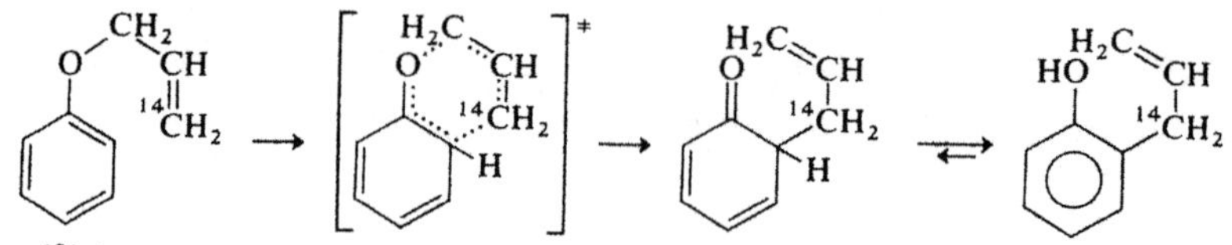

(51a) (53a) (52a)

356 二烯酮中间体(53*a*)，以及它烯醇化形成的苯酚(52*a*)，自身可以发生柯普重排形成另一个二烯酮(见 56*a*)，对应的烯醇式是对位取代的苯酚(见 57*a*)。烯醇化一般是主要的，但如果(51)有邻位取代基时，即(54*a*)，“邻位烯醇化”是不可能发生的，只得到对位取代的苯酚(57*a*)。^{14}C 标记实验中发现，烯丙基中 ^{14}C 标记位置发生了“两次颠倒”，说明产物不是由烯丙基直接迁移得到的，而是由两次连续的迁移得到的：

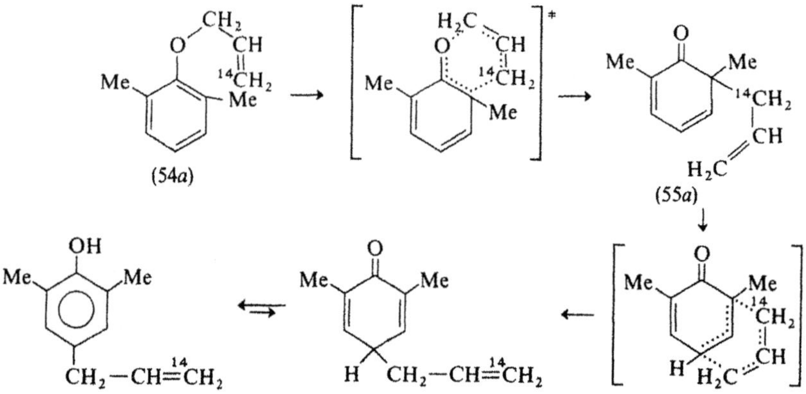

(54a) (55a)

(57a) (56a)

利用马来酸酐的狄尔斯-阿尔德反应可以捕获(见 **50 页**)第一个二烯酮中间体(55*a*)，进一步证实了二次迁移以及 ^{14}C 标记位置的二次颠倒。烯丙基烷基烯醇醚也可以发生完全类似的重排，例如(58)：

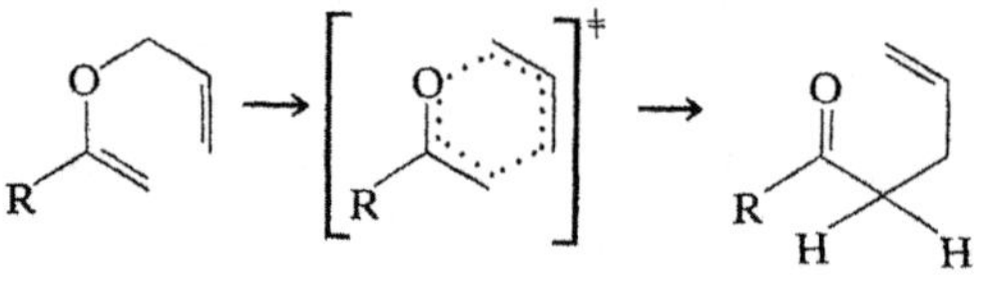

(58) (59)

该反应也是协同的，经过六元环状过渡态，但是(59)就是反应的最终产物，它对应于芳环的克莱森重排中的烯酮中间体(53*a*)。这是因为和(53*a*→52*a*)中的芳构化过程相比，(59)中发生烯醇化没有能量上的驱动力。

最后要强调的是，对于之前提到过的所有电环化、环加成及 σ 迁移反应，如果一个反应
357 被称为是对称性禁阻的，这只是针对协同的过程：一个能量上可行的、涉及两性离子或双自由基中间体的非协同过程完全是可能的。同样，一个反应是对称性允许的，不代表它一定能发生：过渡态所需要的环的大小、特殊取代基的存在或其他因素完全可能导致过渡态中所需的构型无法形成。

第 13 章　线性自由能关系 358

13.1　引　　言

在前面的章节中我们讨论了许多系列化合物在特定反应中的相对反应性，例如 EtO^- 对下列烷基溴化物的亲核取代反应(参见 **86 页**)，

$$CH_3CH_2Br > MeCH_2CH_2Br > MeCHCH_2Br > Me_3CCH_2Br$$

并且试图利用电子效应和位阻效应解释所观察到的反应性顺序。这种方法比较有用，但这种研究和解释的主要缺点是它们是定性的，仍需要一个能将结构与反应性定量地联系起来的方法。

13.2　第一个哈米特图 359

第一个完全建立起来的这种定量关系，最早是由哈米特(Hammett)于 1933 年提出的。他展示了对于一系列甲酯(1)与 NMe_3 的反应，

$$\underset{(1)}{RCO_2Me} + NMe_3 \xrightarrow{k} RCO_2^{\ominus} + {}^{\oplus}NMe_4$$

反应速率与相应的羧酸(2)在水中的电离常数直接相关：

$$\underset{(2)}{RCO_2H} + H_2O \overset{K}{\rightleftarrows} RCO_2^{\ominus} + H_3O^{\oplus}$$

因此，以酯(1)的反应的 $\lg k$ 对酸(2)的电离的 $\lg K$ 作图(为了得到更容易处理的数字，他实际画出的是 $-\lg$ 的值)，可以得到一条比较直的线(图 13.1)。

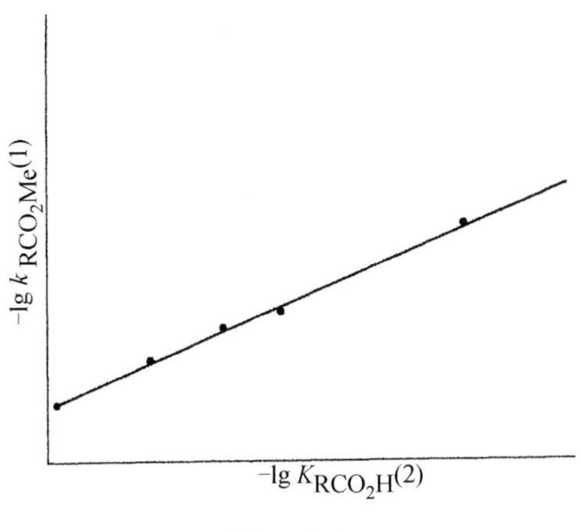

图　13.1

在相关反应中，平衡常数 K 以及速率常数 k，可按如下方式各自与自由能变化(见 **34，38 页**)相关联：

$$\lg K = \frac{-\Delta G^{\ominus}}{2.303RT}$$

$$\lg k = \frac{-\Delta G^{\neq}}{2.303RT} + \lg\left(\frac{k'T}{h}\right)$$

式中，k'为玻尔兹曼常数，h 为普朗克常数。

在图 13.1 中，酯(1)的反应的 $-\lg k$ 与酸(2)在水中电离的 $-\lg K$ 呈线性关系，说明酯
360 的反应的活化自由能 $\Delta G^{\neq}$ 与酸在水中电离的标准自由能 $\Delta G^{\ominus}$ 之间也存在直接的线性关系。由于这两类反应自由能之间的直接的线性关系，如图 13.1 的直线关系图一般被称为线性自由能关系。

图 13.2 中是另一个哈米特图的早期例子，它是用一系列乙酯(3)在碱催化下水解的 $\lg k$ 对相应羧酸(2)在水中电离的 $\lg K$ 作的图：

$$\underset{(3)}{RCO_2Et} + {}^{\ominus}OH \xrightarrow{k} RCO_2^{\ominus} + EtOH$$

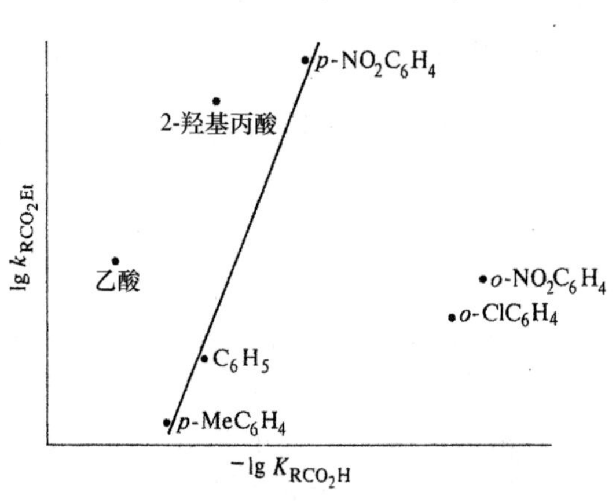

图　13.2

与图 13.1 相比，图 13.2 中的图却非常让人失望：苯甲酸及其对甲基、对硝基衍生物之间呈线性关系，但邻硝基和邻氯衍生物在偏离这条直线较远的一侧，而乙酸和 2-羟基丙酸的烷基衍生物在偏离直线较远的另一侧。哈米特发现，如果有邻位取代的苯基衍生物或烷基物种在图中，一般无法得到直线。然而他又发现，如果只考虑间位和对位取代的苯基衍生物，如图 13.3 所示的酯的水解，那么能得到非常好的线性关系，而且对于这种衍生物的各种反应都可以得到很好的线性关系。

361

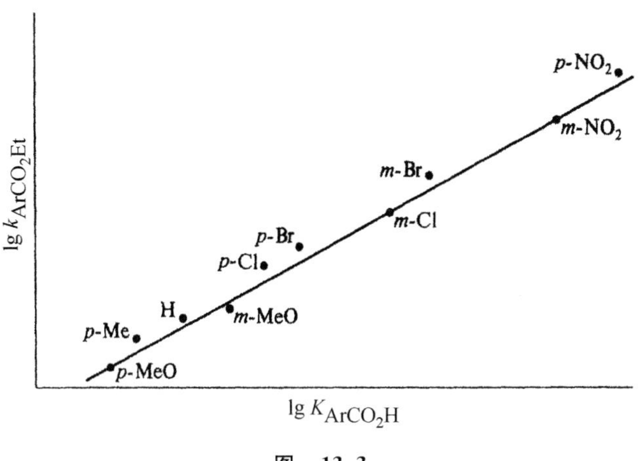

图 13.3

邻位取代的苯基和烷基衍生物的不一致性的原因不难找出。对于图 13.2 和 13.3 中碱催化下酯(3)的水解(见 238 页)：

酯：

$^{\ominus}OH$ + $ArCO_2Et$ (3a)　　$^{\ominus}OH$ + $ArCO_2Et$ (3b)　　$^{\ominus}OH$ + RCO_2Et (3c)

决速步 k

四面体中间体：

$^{\ominus}O-C(OH)(Ar)-OEt$　　$^{\ominus}O-C(OH)(Ar)-OEt$　　$^{\ominus}O-C(OH)(R)-OEt$

间位或对位取代　　邻位取代　　脂肪族酯

在(3a)这个刚性分子中，其间位或对位取代基离反应中心很远，它们对反应没有位阻效应。
相比之下，(3b)的邻位取代基与反应中心接近(见 242 页)，导致形成四面体中间体的过渡
态更加拥挤，于是 HO^- 对酯(3b)的进攻很慢且成为决速步。类似的情况也出现在脂肪族酯 362
类等更为柔性的分子中。对于羧基的外围氢原子被水消除的过程(例如羧酸的电离)，这种空
间位阻效应会显著减小，甚至完全不显著。

13.3 哈米特方程

尽管对许多间位和对位取代的苯甲酸衍生物建立了这种线性关系，但我们仍然缺乏用于研究新的状况的一种简单的定量关系。这方面同样是哈米特给出了答案。

13.3.1　哈米特方程的由来

直线方程的一般形式是 $y=mx+c$，对于图13.3所示直线应用这种关系，可以得到

$$\lg k_X=\rho \lg K_X+c \tag{1}$$

式中，ρ 为直线的斜率，c 为截距，X是涉及的物种上的苯环的取代基。也可以写出一个相似的方程，用于未取代的酯和酸(即 X=H)：

$$\lg k_H=\rho \lg K_H+c \tag{2}$$

[1]式减去[2]式，得到

$$\lg k_X-\lg k_H=\rho(\lg K_X-\lg K_H) \tag{3}$$

也可写成如下形式：

$$\lg \frac{k_X}{k_H}=\rho \lg \frac{K_X}{K_H} \tag{4}$$

13.3.2　取代基常数 σ_X

然后哈米特将间、对位苯甲酸衍生物在25 ℃水中的电离反应定为标准参比反应。选择这类反应的原因是，当时在文献中已经有了大量的足够精确的间、对位取代苯甲酸水溶液的电离常数 K_X。知道了 K_H 和许多不同X取代基取代的苯甲酸的 K_X 值，就可以定义一个量 σ_X：

$$\sigma_X=\lg \frac{K_X}{K_H} \tag{5}$$①

363 式中 σ_X 为取代基常数，该常数的数值对于特定位置(间位或者对位)的特定取代基是一个常数，与涉及的苯甲酸衍生物参与的反应的性质无关。

将[5]式代入[4]式中，得到

$$\lg \frac{k_X}{k_H}=\rho\,\sigma_X \tag{6}$$

这就是哈米特方程的一般形式。

利用已知的间位或对位取代的苯甲酸衍生物在水溶液中电离的 K_X(或 pK_a)，或者当这一数值不是已知量时，可以通过测量 K_X(或 pK_a)得到某一取代基的对应值，我们可以计算得到所需的 σ_X 值。通过这种方式得到的一些 σ_X 数值列于下表中：

取代基 X	$\sigma_{m\text{-}X}$	$\sigma_{p\text{-}X}$	
Me_3C	−0·10	−0·20	
Me	−0·07	−0·17	
H	0	0	(根据定义)
MeO	+0·12	−0·27	
HO	+0·12	−0·37	
F	+0·34	+0·06	
Cl	+0·37	+0·23	
MeCO	+0·38	+0·50	
Br	+0·39	+0·23	
CN	+0·56	+0·66	
NO_2	+0·71	+0·78	

① 方程[5]也可以写成 $\sigma_X=pK_{a(H)}-pK_{a(X)}$ 的形式，所以对于特定取代基的 σ_X 数值，可以通过苯甲酸的 pK_a 值减去X取代基取代的苯甲酸的 pK_a 值获得。

并不奇怪，σ_X 的数值与取代基的位置有关，间位与对位取代基具有不同的 σ_X 数值。

13.3.3 反应常数 ρ

通过上述方法，我们获得了一系列取代基常数 σ_X 的数值。现在我们可以从中计算得到 ρ，即反应常数。对于式[6]中我们感兴趣的任何一个反应的反应常数 ρ，其数值通常可以通过图解法获得。例如，为了算出碱催化的间位、对位取代的 2-苯基乙酸乙酯(4)的水解反应的 ρ 值，

$$X\text{-}C_6H_4CH_2CO_2Et\ (4) + {}^{\ominus}OH \xrightarrow{k_X} X\text{-}C_6H_4CH_2CO_2^{\ominus} + EtOH$$

我们需要通过动力学测量(如果运气够好的话，或者可以从文献中查到!)获得对于参与该反 364
应的无取代酯的 k_H 值，以及 3 种以上不同的取代酯的 k_X 值。借助已知的各个取代基的 σ_X 值，我们可以用 $\lg(k_X/k_H)$ 对 σ_X 作图。由[6]式可知，这条直线的斜率就是该反应的 ρ 值，对于该水解反应，当在 30 ℃和乙醇的条件下进行时，其 $\rho=+0.82$。下表列出苯衍生物的许多不同反应的 ρ 值：

反　　应	类型	ρ
(1) 在 EtOH 中 $ArNH_2$ 和 2,4-$(NO_2)_2C_6H_3Cl$ 反应(25 ℃)	k	−3.19
(2) 在 C_6H_6 中 $ArNH_2$ 和 PhCOCl 反应(25 ℃)	k	−2.69
(3) 在含水丙酮中 $ArCH_2Cl$ 溶剂解(69.8 ℃)	k	−1.88
(4) 在 EtOH 中 ArO^- 和 EtI 反应(25 ℃)	k	−0.99
(5) $ArCO_2H$ 和 MeOH 反应(酸催化，25 ℃)	k	−0.09
(6) 在含水 MeOH 中 $ArCO_2Me$ 水解(酸性，25 ℃)	k	+0.03
(7) $ArCH_2CO_2H$ 在水中电离(25 ℃)	K	+0.47
(8) 在 Me_2CO 中 $ArCH_2Cl$ 与 I^- 反应(20 ℃)	k	+0.79
(9) 在含水乙醇中 $ArCH_2CO_2Et$ 水解(碱性，30 ℃)	k	+0.82
(10) $ArCO_2H$ 在水中电离(25 ℃)	K	+1.00 (标准反应)
(11) ArOH 在水中电离(25 ℃)	K	+2.01
(12) 在乙醇中 ArCN 和 H_2S 反应(碱性，60.6 ℃)	k	+2.14
(13) 在含水乙醇中 $ArCO_2Et$ 水解(碱性，25 ℃)	k	+2.51
(14) $ArNH_3^+$ 在水中电离(25 ℃)	K	+2.73

作为标准反应，苯甲酸衍生物在水溶液中 25 ℃下电离反应的 $\rho=1.00$，这是将式[5]中 σ_X 的定义应用到式[6]中时必然存在的结果。对于特定条件下的特定反应，反应常数 ρ 是一个常数，与反应底物中的取代情况无关。

13.3.4　取代基常数 $\boldsymbol{\sigma_X}$ 的物理意义

在我们考虑哈米特图的实际应用之前，有必要依据前面介绍过的那些我们比较熟悉的影响反应速率与平衡的因素来给出 σ_X 和 ρ 的物理意义。

如果考虑取代基常数 σ_X，我们首先观察 $\sigma_{m\text{-}X}$ 的数值(见 **363 页**)，可以看到 m-Me_3C 和 m-Me 的 $\sigma_{m\text{-}X}$ 都是小的负值，H 的 $\sigma_{m\text{-}X}$ 值被定义为 0，而其他取代基的 $\sigma_{m\text{-}X}$ 都是递增的正值。这里 $\sigma_{m\text{-}X}$ 的符号变化(从负值到正值)同这些取代基的诱导效应的变化(从给电子到吸电子)是
365 平行的。这些取代基当然也可能通过介质产生场效应(见 **22 页**)，但与诱导效应作用的方向相同。因此，$\sigma_{m\text{-}X}$ 代表了取代基 X 对反应中心产生的总极性效应的方向与大小。

这一观点可以通过比较下列反应的反应速率来得到证明，该实验为碱催化的间硝基(5)、间甲基(6)以及无取代的苯甲酸乙酯的水解反应(参见 **238 页**)。因此，该反应的慢的决速步是最初 HO^- 对酯基的进攻(见 **239 页**)：

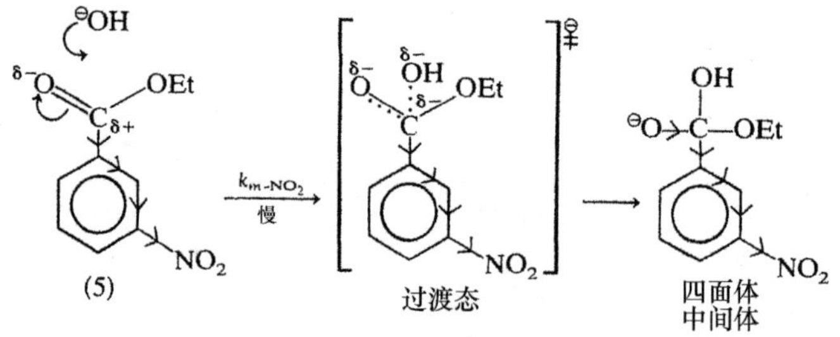

(5)　　过渡态　　四面体中间体

$$\sigma_{m\text{-}NO_2}=+0{\cdot}71 \qquad \frac{k_{m\text{-}NO_2}}{k_H}=63.5$$

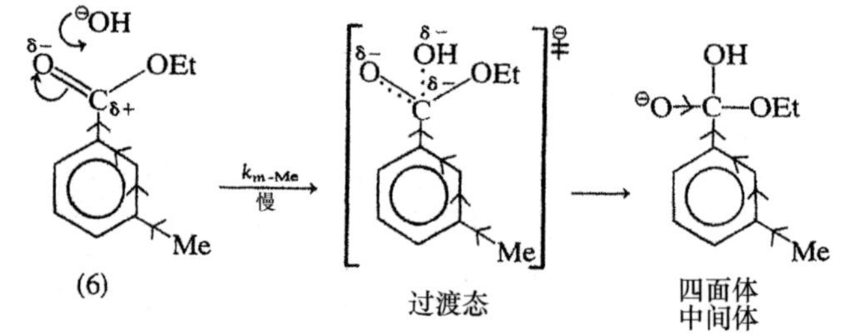

(6)　　过渡态　　四面体中间体

$$\sigma_{p\text{-}MeO}=-0{\cdot}27 \qquad \frac{k_{m\text{-}Me}}{k_H}=0{\cdot}66$$

间硝基酯(5)中的 $\sigma_{m\text{-}NO_2}$ 为 $+0.71$，其水解反应速率是未取代的底物的 63.5 倍，可见强的吸电子基团显著地促进了 HO^- 对羰基碳的进攻，同时也能稳定产生负电荷四面体中间体的过渡态。间甲基酯(6)中的 $\sigma_{m\text{-}Me}$ 为 -0.07，其水解速率仅为未取代底物的 0.66 倍，说明弱的给电子基团稍微阻碍了 HO^- 的进攻。

如果我们进一步观察 $\sigma_{p\text{-}X}$ 值表格(见 **363 页**)，很明显对于特定取代基的 $\sigma_{p\text{-}X}$ 与同一取代基的 $\sigma_{m\text{-}X}$ 不仅有大小的差异，而且正负号也可能发生变化，例如间位与对位甲氧基取代的情
366 况。在碱催化的对应的酯的水解反应中，通过对比间甲氧基(7)和对甲氧基(8)的效应，可以对上述变化给出合理的解释：

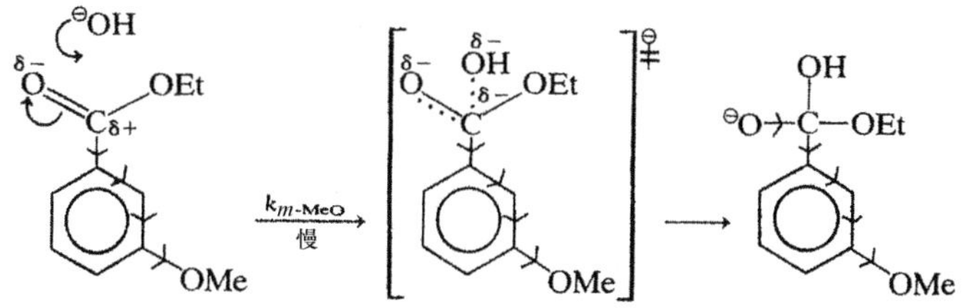

(7) 过渡态 四面体中间体

$\sigma_{m\text{-MeO}} = +0{\cdot}12 \qquad k_{m\text{-MeO}} > k_{\mathrm{H}}$

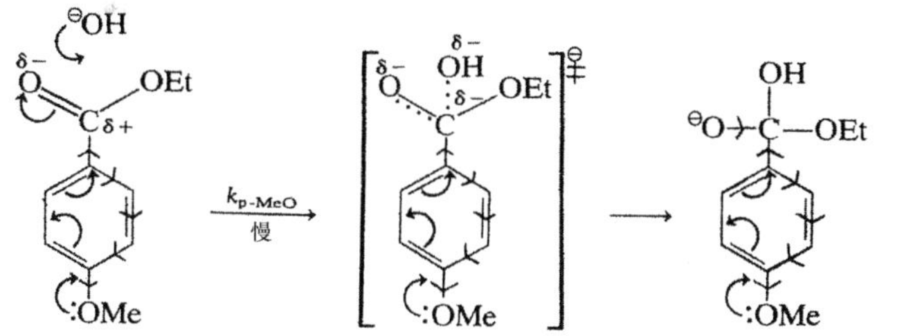

(8) 过渡态 四面体中间体

$\sigma_{p\text{-MeO}} = -0{\cdot}27 \qquad k_{\mathrm{H}} > k_{p\text{-MeO}}$

在间位时，甲氧基中电负性的氧原子对反应中心具有吸电子的诱导效应($\sigma_{m\text{-MeO}}=+0.12$)，所以甲氧基取代的底物的水解反应比没有取代基的底物的反应要快[同理可见间硝基取代的酯(5)]。在对位时，甲氧基同样具有吸电子的诱导效应，但此外，它还可以通过氧上孤对电子的共轭，对 CO_2Et 连接的芳环产生给电子的共轭效应。后一种效应由于涉及的是更容易发生极化的 π 电子体系，所以在两种效应中是主要的，总的电子效应体现为给电子($\sigma_{p\text{-MeO}}=-0.27$)，实验中体现为对位甲氧基取代的芳基甲酸酯的水解反应显著比无取代芳基酯的反应慢(参见 **154 页**)。

由此 σ_{X} 可以被认为是取代基 X 对反应中心所产生的总的极性效应的量度，它的正负性体现了总的电子效应的方向(负为给电子，正为吸电子)，数值的大小则表示 X 的电子效应相对于 H 原子的电子效应的大小程度。对于许多不同的反应，取代基常数 σ_{X} 确实是常数，但这不表明取代基 X 产生的绝对极化效应是不变的，而只是说明其相对于 H 原子的效应而言是一定的。

13.3.5 反应常数 *ρ* 的物理意义 367

现在我们来考虑反应常数 ρ。我们可以观察 ρ 值的表格(见 **364 页**)，选择其中反应常数为较大负值的反应仔细考察。此处以第二个反应，即间位和对位苯胺的苯甲酰基化反应为例，其 $\rho=-2.69$。我们对该反应进行细致考察：

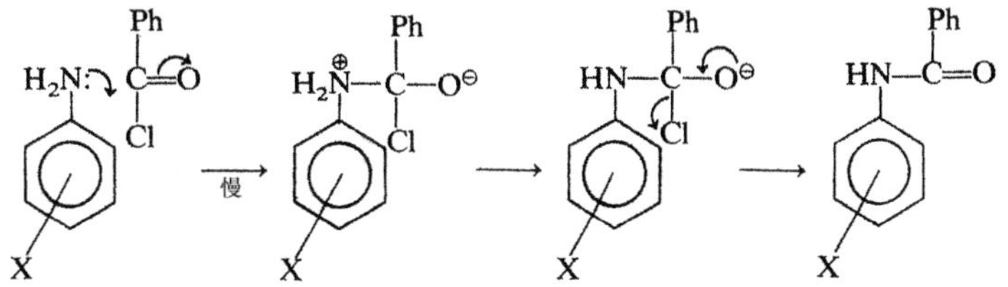

(9) (10)

这个反应的慢的决速步骤是取代的苯胺(9)上氮的孤对电子对酰氯的羰基碳的进攻。这导致反应中心即中间体(10)中苯胺的氮上带有一定量的正电荷。给电子基团可以离域形成该中间体的过渡态上的正电荷，因此给电子基团可以加速该反应的进行；同理，吸电子取代基会导致反应速率下降。这个规律对具有负的 ρ 值的反应是一般性的。

我们已经讨论过一些具有正的 ρ 值的反应，例如列表(见 **364 页**)中的反应 13，即碱催化的间位和对位取代的苯甲酸乙酯(11)的水解：

该反应的 ρ 值是＋2.51，已知其慢的决速步是形成中间体(12)，在产生该中间体的过渡态中，反应中心的附近会产生负电荷，如前所述(见 **365 页**)，总的反应在吸电子取代基的作用下会加快，在给电子取代基的作用下则会减慢。

368 由此可见，ρ 的物理意义可以认为是反应对取代基 X 所产生的吸电子效应或者给电子效应的敏感程度的量度(这里显然是相对于标准反应的值，即所定义的 25 ℃时苯甲酸电离反应的 ρ ＝＋1.00)。由这个定义，我们可以由 ρ 的符号来判断反应中心电荷变化的意义：负的 ρ 值意味着在总发应的决速步的过渡态形成过程中，反应中心上有正电荷形成(或者是负电荷的消失)；反之，正的 ρ 值意味着该反应中心有负电荷的形成(或者是正电荷的消失)。由此也可以看出，ρ 值的大小可以认为是在形成过渡态时，或是从平衡的一侧向另一侧移动时反应中心上电荷密度变化的大小。

在此基础上我们可以预测，对于同一类的反应，随着反应中心远离产生电子效应的取代基，ρ 值将逐渐减小。这可以通过观察酸(13)～(16)的电离反应的 ρ 值的不同来得到证明：

酸电离 (H_2O)	ρ
(13) $XC_6H_4CO_2H$	1·00(标准反应)
(14) $XC_6H_4CH_2CO_2H$	0·49
(15) $XC_6H_4CH_2CH_2CO_2H$	0·21
(16) $XC_6H_4CH{=}CHCO_2H$	0·47

在苯环和羧基之间加入第一个以及两个亚甲基，会使反应的 ρ 值减小，即酸的电离反应对苯环上取代基的电子效应的敏感程度逐渐下降。对于加入 CH ═CH 的(16)，其 ρ 值显著升高，这是因为双键的电子传递效应远比单键好。

13.3.6 贯穿共轭：σ_X^- 和 σ_X^+

在我们可以进一步讨论 σ_X 与 ρ 的主要用途之前，我们首先有必要观察一下对于特定的取代基，σ_X 的值究竟有多稳定。如果我们将标准反应，即间位、对位取代的苯甲酸(13)在
369 水溶液中电离的数据对相应的取代苯酚(17)的数值作图，则对大多数取代基将会得到较好的直线(图 13.4)。

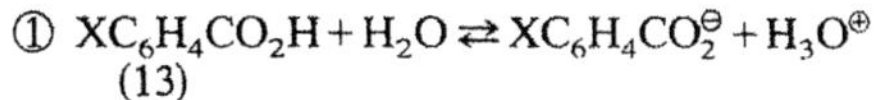

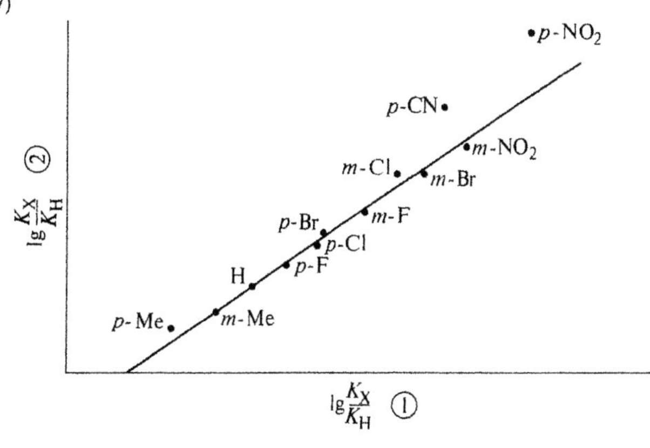

图　13.4

然而，强吸电子基团，如对硝基和对氰基则明显地向上偏离直线，表明对硝基和对氰基的苯酚的酸性较我们预期的要强。假如我们写出对硝基化合物(18 和 19)的电离平衡和产生极性电子效应的物种的结构，我们就能明显地看出为什么是这样的了：

$+ H_2O \rightleftarrows$　　$+ H_3O^{\oplus}$

(18*a*)　　(18*b*)

$+ H_2O \rightleftarrows$　　$+ H_3O^{\oplus}$

(19*a*)　　(19*b*)

对每一个物种，对硝基取代基的诱导效应在每一组结构上基本是相似的，所以我们忽略 370
对硝基取代基的诱导效应，但是需要讨论共轭效应。在(18*a*)⇄(18*b*)，即用来衡量 $\sigma_{p\text{-}NO_2}$ 的标准反应中，硝基的共轭效应最终只能通过诱导效应传递到反应中心：通过芳环上与羧基相连的碳来对 CO_2H 或 CO_2^- 产生影响。而在(19*a*)⇄(19*b*)中，硝基的共轭效应可以直接传递到作为反应中心的 O 原子的孤对电子上，这一效应在负离子(19*b*)中更为明显，因为此时可以通过离域负电荷来稳定该负离子。因此，对硝基苯酚的电离平衡偏向于形成负离子的一侧，增强了苯酚的酸性。

从标准反应($18a \rightleftarrows 18b$)中获得的 $\sigma_{p\text{-}NO_2}$ 的值明显并未考虑这种“贯穿共轭”效应对 $\sigma_{p\text{-}NO_2}$ 的提高效应，这解释了在图 13.4 中对硝基和对氰基的点向上偏离直线的原因。然而，要考虑对硝基等吸电子基团的贯穿共轭效应，我们可以使用苯酚的电离来建立一套新的、可供选择的 σ 值，这些值可以用于那些会发生贯穿共轭效应的反应。

这可以首先利用无贯穿共轭效应的间位取代的苯酚的 lg (K_X/K_H)对 σ_X 作图，从斜率得出该反应的反应常数 ρ。在一般的哈米特方程([6]式，见 **363 页**)中代入这一数值，就可以得到针对 p-NO_2 等类似存在贯穿共轭的基团的新的、修正的 $\sigma_{p\text{-}}$ 数值，这一数值通常称作 $\sigma^-_{p\text{-}X}$。$\sigma^-_{p\text{-}X}$ 与通常的数值 $\sigma_{p\text{-}X}$ 对比如下：

取代基X	$\sigma^-_{p\text{-}X}$	$\sigma_{p\text{-}X}$
CO_2Et	0·68	0·45
COMe	0·84	0·50
CN	0·88	0·66
CHO	1·03	0·43
NO_2	1·27	0·78

对位存在给电子取代基的底物，当其参与的反应是反应中心有正电荷产生时，也存在完
371 全类似的情况，即也可以发生贯穿共轭。一个很好的例子是三级卤化物 2-芳基-2-氯丙烷的溶剂解反应(S_N1)，如图 13.5 所示。

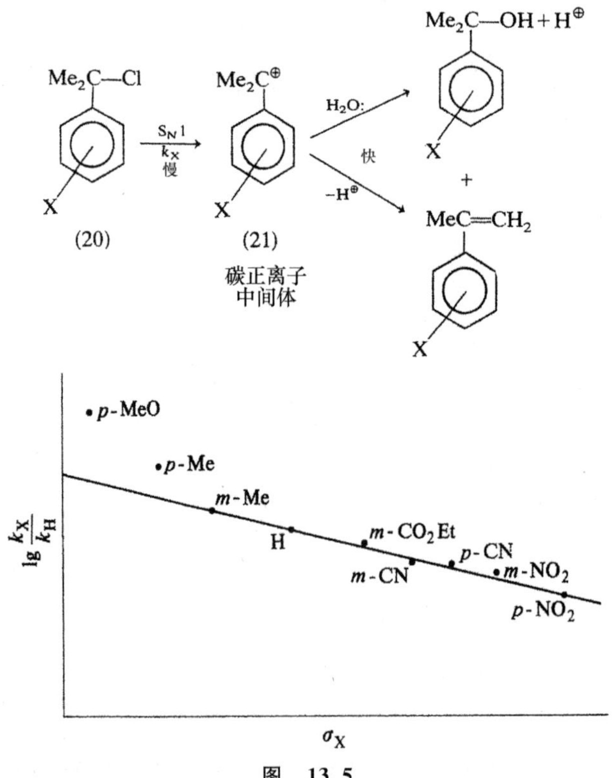

图　13.5

可见，对甲氧基与对甲基取代的氯化物的水解反应的速率要比根据 $\sigma_{p\text{-}}$ 所预测的数值偏大(对甲氧基大约为 800 倍)。这是由于在总反应的慢的决速步骤中形成的碳正离子中间体

(21*a* 与 21*b*)可以通过贯穿共轭效应被稳定：

Me₂C⊕ ⟷ Me₂C ; :OMe ⊕OMe ; H—CH₂ H⊕ CH₂

p-MeO(21*a*) *p*-Me(21*b*)

反应决速步的过渡态上形成的相当多的正电荷可以通过大的负值的 ρ(−4.54)得到证明。将这个溶剂解反应作为新的标准反应，用类似的方法我们可以同样地获得一组新的、与 $\sigma_{p\text{-}}$ 类似的数值，它可以用来考虑对位的强给电子基团所产生的贯穿共轭效应对反应的影响。以下列出一些修正后的数值 $\sigma^{+}_{p\text{-X}}$ 与 $\sigma_{p\text{-X}}$ 的比较： 372

取代基X	$\sigma^{+}_{p\text{-X}}$	$\sigma_{p\text{-X}}$
C_6H_5	−0·18	−0·01
Me	−0·31	−0·17
MeO	−0·78	−0·27
NH_2	−1·30	−0·66
NMe_2	−1·70	−0·83

对于一个对位取代基，我们现在有两组供选择的取代基常数：对于吸电子取代基，其取代基常数是 $\sigma^{-}_{p\text{-X}}$ 和 $\sigma_{p\text{-X}}$；而对于给电子取代基，其取代基常数是 $\sigma^{+}_{p\text{-X}}$ 和 $\sigma_{p\text{-X}}$。选用哪一个取代基常数，取决于反应中心与取代基是否存在贯穿共轭效应。假如这两种取代基常数能够处理所有可能的情况，那就非常好了，因此，不少于 80 种不同的反应被用来分析，即使用 $\sigma^{-}_{p\text{-X}}$ 或 $\sigma_{p\text{-X}}$ 和 $\sigma^{+}_{p\text{-X}}$ 或 $\sigma_{p\text{-X}}$ 能否在所有的情况中得到很好的直线。实际上，所需的 σ 数值并不集中于两种数据中任何一个的附近，而是或多或少平均地分布在二者之间，无论是吸电子的对硝基还是给电子的对甲氧基都是如此。

仔细考虑则发现，这个结果几乎不令人惊讶。反应中心(这些反应中，反应中心直接与苯环相连)在慢的决速步中的电子云密度变化的程度显然是随反应不同而不同的。同理，相同的对位取代基对不同反应的影响(通过贯穿共轭效应)也是不同的。因此，对于一个特定的取代基，我们需要一定范围内的不同 $\sigma_{p\text{-X}}$ 数值，这一事实反映出不同的反应类型对该取代基引起的贯穿共轭效应的不同程度。

13.3.7 汤川-都野方程

历史上有过很多如下的尝试，即向哈米特方程中引入新的参数以量化对位取代基的贯穿共轭效应逐渐变化的响应，其中最为人熟知的就是汤川-都野(Yukawa-Tsuno)方程，其形式为

$$\lg \frac{k_X}{k_H} = \rho[\sigma_X + r(\sigma^{+}_X - \sigma_X)] \qquad [7]$$

上式适用于给电子的对位取代基。对于对位吸电子取代基，则需将 σ^{+}_X 换为 σ^{-}_X。引入的新参数 r 被用于表示特定反应中贯穿共轭的程度，对于 2-芳基-2-氯丙烷的溶剂解反应(20)，定义 r =1.00。对于这个反应，式[7]可以进一步简化为 373

$$\lg \frac{k_X}{k_H} = \rho\sigma^{+}_X \qquad [8]$$

考虑到该反应起初被我们用来定义对位给电子基团的贯穿共轭效应的 σ_X^+，因此这个简化是合理的，此时对位给电子取代基将产生相当大程度的贯穿共轭效应。类似地，对于不存在贯穿共轭效应的反应，那么 $r=0$。式[7]可以简化为简单的哈米特方程[6]：

$$\lg\frac{k_X}{k_H}=\rho\sigma_X \qquad [6]$$

为了估算对于其他反应的 r 值，我们可以通过测算间位取代的底物的 k_X 值，来获得反应的 ρ 值；之后，就可以通过测量对位取代的底物的 k_X，且该对位取代基的 $\sigma_{p\text{-}X}$ 和 $\sigma_{p\text{-}X}^+$ 或 $\sigma_{p\text{-}X}^-$ 是已知的。这时利用[7]式计算或者作图，就可求出反应的 r 值。由此，对于碱催化的对位取代苯氧基三乙基硅烷(22)的水解反应，

OSiEt₃ → (⊖OH) O⊖ + Et₃SiOH

(22)

$HO^{\delta-}$ ⋯ $SiEt_3$ ⋯ $O^{\delta-}$　$\rho=+3\cdot52$　$r=0\cdot50$

(23)

$Cl^{\delta--}$ ⋯ $Me_2C^{\delta++}$　$\rho=-4\cdot54$　$r=1\cdot00$ (根据定义)　:OMe

(24)

其 r 值为 0.50。对硝基等基团的贯穿共轭的程度说明，决速步反应中心的过渡态(23)中形成了相当程度的负电荷($\rho=+3.52$)。然而，这个过程产生的电荷量相对于 $r=1.00$ 的标准反应(卤化物的溶剂解反应)中的过渡态(24)产生的正电荷程度($\rho=-4.54$)仍然较小。由
374 于在每种情况下过渡态中电荷的产生与反应中心和离去基团之间键的断裂过程是并行的，r 的大小可能可以解释为过渡态时键的断裂程度的大小。

然而，向哈米特方程中引入更多的参数仅仅使其与实验事实更"符合线性"的做法是不应该的。尤其是在有些情况下，很难描述新的参数在物理意义层面上的真正的重要性。事实上，仅仅使用简单的哈米特图就可以获得关于反应途径的重要的信息，这我们随后将会看到。

13.4 哈米特图的应用

目前，我们已经用更加熟悉的物理术语赋予了反应常数 ρ 与取代基常数 σ_X 的重要意义。现在我们可以进一步讨论实际中如何利用哈米特图获得反应及其途径的信息。

13.4.1 *k* 和 *K* 的计算

哈米特方程最简单的应用就是用来计算特定底物在特定反应中的 k 与 K 值，而这些值在文献中没有报道，或者涉及的是之前没有被合成出来的化合物。由此我们可以知道，间硝基苯甲酸乙酯在碱性条件下水解的速度是同样条件下未取代的酯的 63.5 倍。那么，对于对甲氧基苯甲酸，在该反应条件下的相对速度是怎么样的？通过查看 σ_X 表(见 **363 页)，可以得知 $\sigma_{m\text{-}NO_2}=0.71$，$\sigma_{p\text{-}MeO}=-0.27$，由此哈米特方程[6]为(见 **363 页**)：

$$① \qquad \lg\frac{k_{m\text{-}NO_2}}{k_H}=\rho\sigma_{m\text{-}NO_2} \qquad [6a]$$

代入数值，得

$$\lg \frac{63.5}{1} = \rho \times 0.71, \quad \rho = 2.54$$

以及

$$② \quad \lg \frac{k_{p\text{-MeO}}}{k_{\text{H}}} = \rho \sigma_{p\text{-MeO}} \quad [6b]$$

代入数值，得

$$\lg \frac{k_{p\text{-MeO}}}{k_{\text{H}}} = 2.54 \times (-0.27), \quad \frac{k_{p\text{-MeO}}}{k_{\text{H}}} = 0.21$$

之后通过实验测得 $k_{p\text{-MeO}}$的值，发现 $k_{p\text{-MeO}}/k_{\text{H}}$ 的值确实是 0.21，所以计算结果非常令人满意。实际上，σ_{X} 和 ρ 的数值极少被用于这种目的，更常见的是用来给相关反应途径提供关键的数据。

13.4.2 与直线关系的偏离 375

我们已经在前面看到过(见 **368 页**)反应常数 ρ 的数值与其正负如何为一个反应从起始物到决速步的过渡态中形成(消失)的电荷(正电荷或负电荷)提供有用的信息。我们也看到了(见 **369 页**)使用取代基常数 σ_{X}是怎样偏离线性关系图的，所以才定义 σ_{X}^{+} 和 σ_{X}^{-} 值来考虑对位取代基和反应中心的贯穿共轭效应。需要使用这些数值而不是通常的 σ_{X} 值，说明了特定反应中贯穿共轭效应的存在，而汤川-都野方程中的系数 r 则是这种相互作用的程度的量度。

看似矛盾的是，哈米特图上与线性关系偏离的点通常是最有信息量的，但是从这些偏离中能够推出的主要信息是不同的，这取决于偏离是向上的还是向下的。

13.4.3 向上偏离

13.4.3.1 对溴苯磺酸(3-芳基-2-丁基)酯的乙酸解

一个可以用来说明这一点的例子是对溴苯磺酸(3-芳基-2-丁基)酯(25)的乙酸解，该反应的哈米特图见图 13.6。

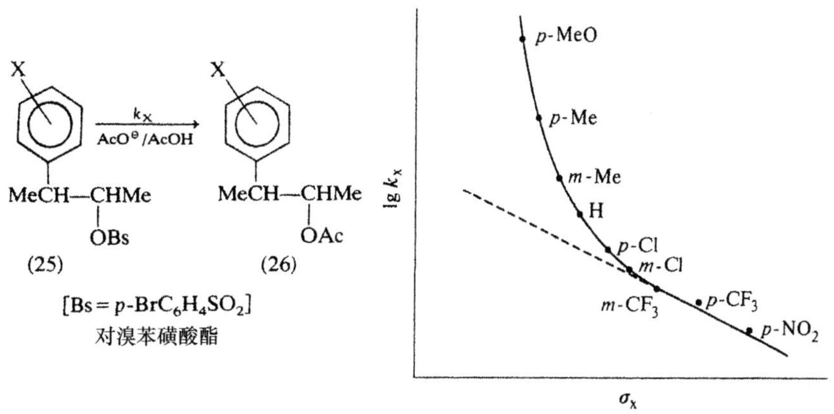

图 13.6

可见图的右下部分(这些取代基都是强吸电子基团)是一段直线，其斜率对应反应的反应 376

常数 ρ，为 -1.46。向图像的左侧移动(取代基变得没那么吸电子)，曲线会向上弯曲，说明对应的乙酰解反应速率比通过取代基常数 σ_X 预测的值要大。

我们直觉上认为，这个反应的机理应当是乙酸根对好的离去基团对溴苯磺酸根发生的 S_N2 取代(见 **98 页**)的过程：

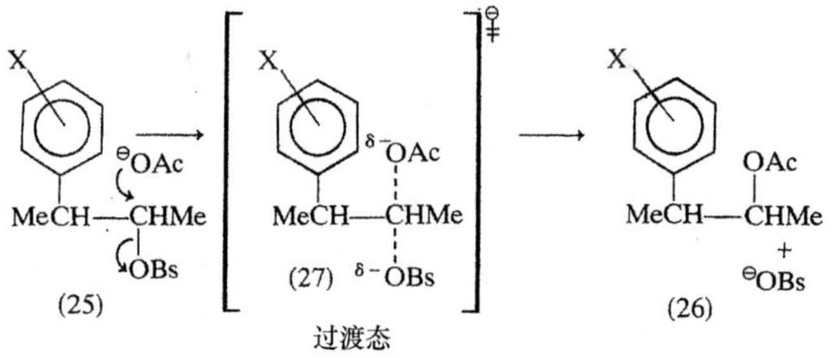

(25)　(27) 过渡态　(26)

有点小的负反应常数值($\rho = -1.46$)是符合这个机理的，说明过渡态(27)中对 C—OBs 键的断裂略快于 AcO—C 键的形成，导致反应中心短暂地形成少量负电荷。考虑到：(i)反应中心是一个二级碳(参见 **82 页**)，(ii)对溴苯磺酸根是非常好的离去基团(参见 **98 页**)，所以这看上去没有任何不合理。随着取代基 X 变得吸电子性较弱时，该反应路径将变得有利，即在图 13.6 中，从左往右乙酸解的速率会逐步线性地增加。

为了解释对于更加给电子取代基在哈米特图中偏离线性的现象，随着取代基变得更加给电子，似乎苯环逐渐变得有能力与(25)中的反应中心产生直接的作用，且这种作用比在 S_N2 反应中的更为直接。从这个角度看，很明显的事实是随着反应中的取代基的给电子性能增强，取代苯环的亲核性也随之增强，进而使其可能同乙酸根竞争，作为分子内亲核试剂产生邻基参与效应(见 **93 页**)。例如对于对甲氧基取代的化合物(28)，这时反应中涉及的另一种反应机理可能是，环状苯鎓离子(29，参见 **105 页**)的形成是反应慢的决速步，紧跟着乙酸根
377 进攻发生快速的开环，得到与通常的乙酸解过程相同的产物(30)：

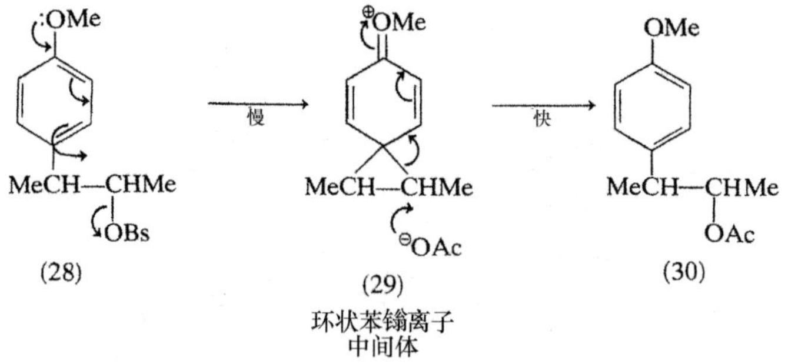

(28)　慢　(29) 环状苯鎓离子中间体　快　(30)

图 13.6 中涉及实际反应途径的变化，对溴苯磺酸酯的苏氏非对映异构体(31)的乙酸解实验能够为上述结论提供支持。乙酸解会得到两种非对映异构体的产物，其比例取决于反应有多少经历 S_N2 途径的外部亲核进攻(赤式产物，32)，有多少经历环状苯鎓离子中间体的内部亲核进攻(苏式产物，33)：

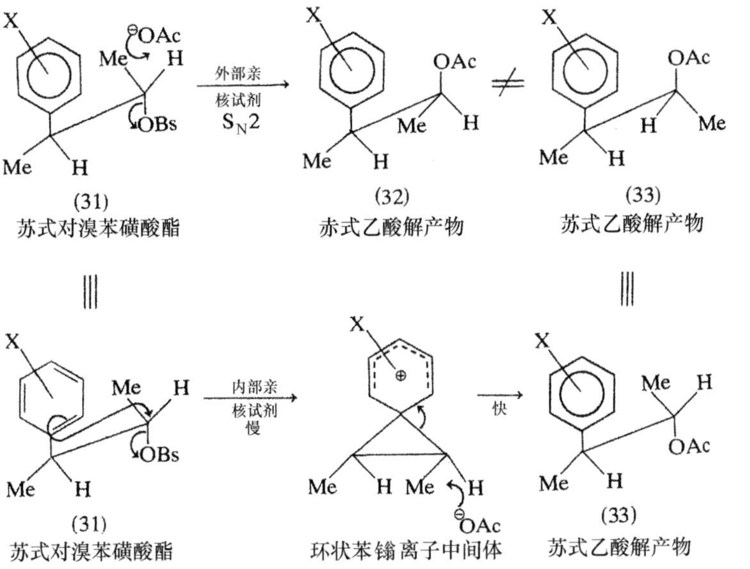

(31) 苏式对溴苯磺酸酯 —外部亲核试剂 S_N2→ (32) 赤式乙酸解产物 ≠ (33) 苏式乙酸解产物

(31) 苏式对溴苯磺酸酯 —内部亲核试剂 慢→ 环状苯鎓离子中间体 —快→ (33) 苏式乙酸解产物

两种可能的乙酸解产物(31 和 32)是非对映异构体，不呈镜像关系，所以它们可以被分离，或者它们的相对产率也可以通过光谱方法判断。实验发现，苏式产物(33)的产量随着苯环上取代基 X 性质的变化而发生很大程度的变化： 378

取代基X	苏式产物(33)收率*
p-MeO	100
p-Me	88
m-Me	68
H	59
p-Cl	39
m-Cl	12
m-CF_3	6
p-NO_2	1

*=反应经由内部亲核进攻的百分数

当 X 为图 13.6 左上角给电子性最强的 *p*-MeO 时，100%的乙酸解产物通过分子内机理完成；当 X=*m*-Cl，处在图 13.6 的直线区边缘时，仅有 12%的产物经过分子内机理进行；而当 X 是吸电子性最强的 *p*-NO_2 时，仅有 1%的产物通过分子内机理进行。

当简单的哈米特图显示向上的偏离时，如图 13.6 所示，这通常表明随着取代基性质的变化，总的反应机理发生了变化。反应机理变化引起向上的偏离是合理的，因为在图 13.6 的哈米特图中反应曲线偏离线性时，不存在阻碍 S_N2 机理继续发生(沿着虚线)的因素，之后反应机理的改变必然要求新的机理所需的能量更低，也即反应速率更快，从而导致向上的偏离。否则，若初始机理仍占主要地位，也就不会观察到线性的偏离了。

13.4.3.2 芳基甲酸酯在 99.9%硫酸中的水解

有些情况下，偏离线性现象远比图 13.6 所示的更为突出。一个典型的例子是芳基甲酸甲酯(34*a*)与乙酯(34*b*)在 99.9%硫酸中的水解反应，如图 13.7 所示。

先考虑两者中较为简单的情况，即甲酯($34a$)的直线，其 $\rho=-3.25$。由这个反应常数我们可以知道，该反应不是经过通常的酸催化的酯水解的 $A_{AC}2$ 机理(见 **241 页**)发生的，因为我们知道经过 $A_{AC}2$ 机理的反应常数为 $+0.03$(见 **364 页**)，是在稀硫酸中发生的。此处我

379 们使用了 99.9%硫酸，结果之一就是反应体系中用于水解的水的浓度是非常低的。

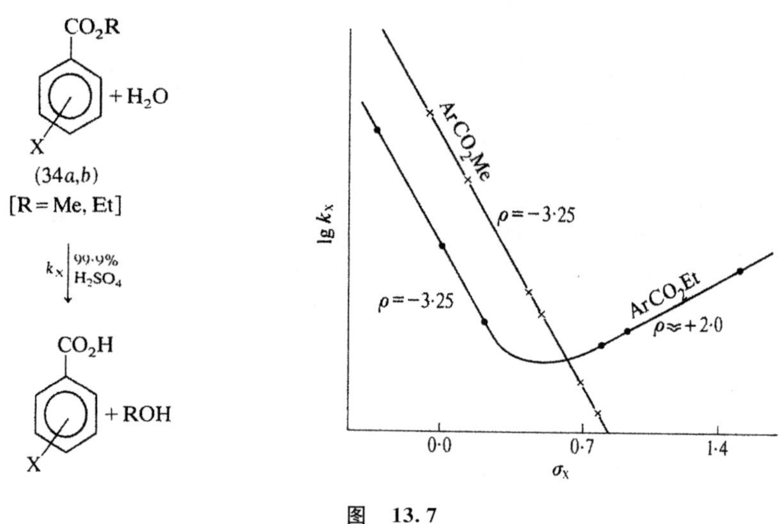

图　13.7

然而，我们知道酸催化的酯的水解反应还有另一种机理($A_{AC}1$，见 **242 页**)，这种替代机理中水分子不出现在慢的决速步中。此外，这个过程中的决速步对应的过渡态为酰基正离子($35a$)，形成过程伴随着大量正电荷的形成，这就解释了大的负反应常数($\rho=-3.25$)：

$$\underset{(35a)}{\mathrm{Ar{-}C({=}O){-}\overset{\oplus}{O}(H)Me}} \underset{}{\overset{慢}{\rightleftharpoons}} \underset{(36a)}{\mathrm{Ar{-}\overset{\oplus}{C}{=}O}} \xrightarrow{\mathrm{H_2O:}} \rightleftharpoons \mathrm{Ar{-}C({=}O){-}\overset{\oplus}{O}H_2} \rightleftharpoons \mathrm{Ar{-}C({=}O){-}OH}$$

同样的 $A_{AC}1$ 机理对乙酯($34b$)的哈米特图(图 13.7)的左侧也是适用的，该段反应常数($\rho=-3.25$)与甲酯($34a$)的反应常数是一样的。然而，随着取代基逐渐变得更加吸电子，一个尖锐的弯曲出现了，得到一段新的 $\rho=+2.0$ 的直线。这意味着出现了一种新的导致反应中心正电荷减少的机理，随着苯环上的取代基更加吸电子，整体反应速率越来越快。

380 实际上确实存在另一种酸催化的酯水解反应的机理($A_{AL}1$，见 **241 页**)，且满足这个要求：

$$\underset{(35b)}{\mathrm{Ar{-}C({=}O){-}\overset{\oplus}{O}(H){-}CH_2Me}} \overset{慢}{\rightleftharpoons} \mathrm{Ar{-}C({=}O){-}OH} + \underset{(37b)}{\mathrm{{}^{\oplus}CH_2Me}} \xrightleftharpoons{\mathrm{H_2O:}} \mathrm{HO{-}CH_2Me} + \mathrm{H^{\oplus}}$$

乙基正离子($37b$)作为离去基团离去，导致反应中心邻接的原子上的正电荷明显减少(如果是在反应中心自身上出现这个现象，ρ 值将比实际观察到的大得多)，碳正离子($37b$)将快速

与水分子发生反应，产生乙醇。

这里就产生了一个问题：为什么对于甲酯(34*a*)不存在类似的机理变化的过程？原因在于，(34*a*)经过类似的机理将导致甲基正离子 H_3C^+ 而非乙基正离子 $MeCH_2^+$(37*b*)在决速步产生，而甲基正离子 H_3C^+ 相较于乙基正离子 $MeCH_2^+$ 产生的难度明显较大，尽管吸电子取代基可以促进该变化过程(→$A_{AL}1$)，但能量上面的差别足够排除甲酯(34*a*)经过类似的 $A_{AC}1$ →$A_{AL}1$ 的变化过程。

13.4.4 向下偏离

然而，简单哈米特图还存在一些朝相反方向偏离的例子，即向下的偏离，这类偏离有着不同的重要性。

2-苯基三芳基甲醇的脱水环化反应

一个好的例子是取代的 2-苯基三芳基甲醇(38)在含 4%硫酸的 80%乙酸水溶液中以及 25 ℃下发生的脱水环化反应，反应的产物是对应的四芳基甲烷(39)，如图 13.8 所示。

(38)中的两个苯环上都存在一个对位的取代基，分别记为 X 与 Z，图中的 σ 实际上是 $\sum\sigma$，即 X 与 Z 的取代基常数之和。图 13.8 中的曲线图是用 $\lg k_{obs}$ 对 $\sum\sigma$ 作图所得的，这显然是两条直线的组合，左侧的 $\rho=+2.67$，右侧的 $\rho=-2.51$。 381

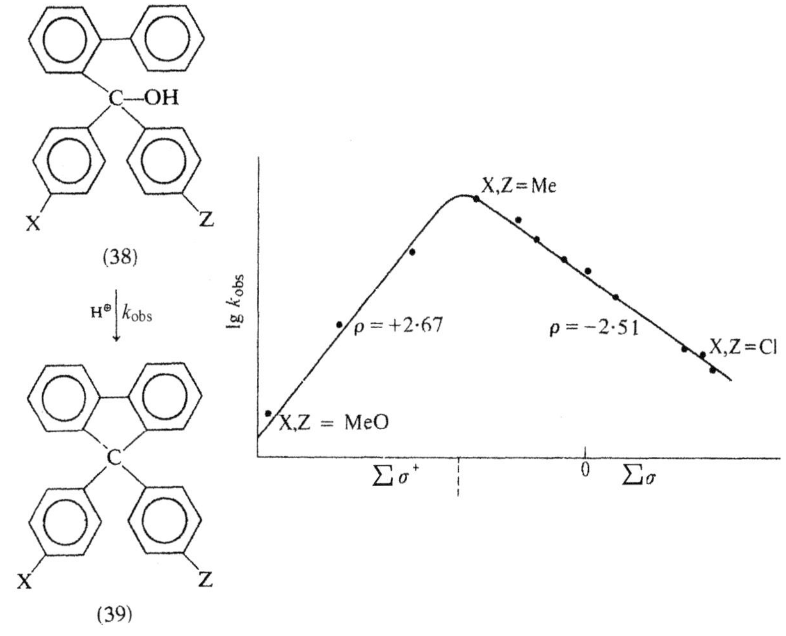

图 13.8

可以几乎毫无疑问地认为，该反应经历了四步过程：前两步组成了经过 E1 消除过程消除水的反应(见 **247 页**)，得到一个碳正离子中间体(40)；后两步反应是分子内的亲电取代反应，即在 2-苯基芳环上发生亲电取代反应，生成产物四芳基甲烷(39)。

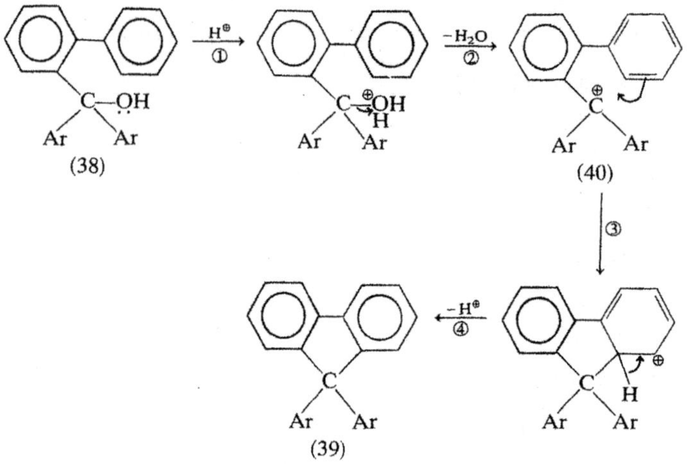

382 那么问题来了，反应的哪一步是慢的决速步呢？不太可能是步骤①，因为酸催化的脱水反应中的第一步的质子化往往很快。也不太可能是步骤④，芳香亲电取代最后一步脱质子也通常很快。剩下的决速步可能是步骤②和③，幸好它们之间存在明显的区别。在步骤②中，反应中心(带有两个取代的芳基基团的碳)的正电荷会增加；而步骤③的反应中心的正电荷会减少。这与图 13.8 的要求是如何匹配的呢？

图 13.8 的右边有负的 ρ 值(－2.51)，说明其反应中心在决速步中产生了很大的正电荷。显然，这部分对应的是步骤②是决速步，而不是步骤③。图 13.8 的左边则相反，有正的 ρ 值(＋2.67)，说明反应中心在决速步中有很大正电荷的减少，所以步骤③是决速步，而不是步骤②。

在图左边的取代基(38，X，Z＝MeO)具有很强的给电子特性，步骤②生成的碳正离子($41a \leftrightarrow 41b$)的正电荷可以被离域，从而使该碳正离子得到稳定。确实发现，当用图 13.8 的左边的 $\lg k_{obs}$ 与 $\sum \sigma^+$，而不是 $\sum \sigma$ 作图时，给出更好的直线，这是因为对位取代基和反应中心之间具有贯穿共轭效应($41a \leftrightarrow 41b$)。

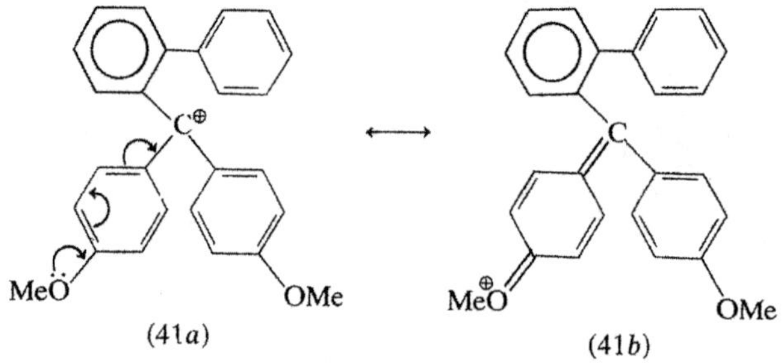

(38，X，Z＝MeO)中的共轭稳定化作用导致碳正离子(41)十分容易生成，步骤②很迅速，但由于正电荷被从反应中心离域了($41a \leftrightarrow 41b$)，明显使得(41)的亲电性更差，即在步骤③中对苯环的亲电进攻变慢。因此对于化合物(38，X，Z＝MeO)而言，其慢的决速步是步骤③。当从图 13.8 的左边向右边移动时，取代基给电子性变差，正电荷的离域越来越不显著，反应中心亲电性越来越强。决速步③越来越快，总反应速率变快，因此图的斜率自左到

右是向上的(ρ 是正值)。此外，从左到右，随着取代基给电子性变差，贯穿共轭效应变弱， 383
使得碳正离子的形成变难，因此随着步骤③变快，步骤②就变慢了。一定会有一个点，此时变快的步骤③超过变慢的步骤②，当再降低取代基给电子性时，步骤②将变得比步骤③慢，从而使步骤②成为总反应的决速步。在图 13.8 的化合物(38；X,Z=Me)中，决速步从步骤③转变到了步骤②。

进一步降低取代基的给电子性会导致目前的决速步——步骤②进一步变慢，因此总反应变慢，即图的右边部分从左到右的斜率是向下的(ρ 是负值)。对于这种决速步随取代基变化(给电子能力和吸电子能力的变化)而变化的反应，将会有一个取代基或一个较窄的取代基范围，使得两个决速步达到平衡，从而使得总反应速率达到最大。

如我们所见，这发生在图 13.8 的化合物(38；X,Z=Me)上。在最大值的两侧，各自不同的决速步的反应速率将会逐渐变慢，总反应速率也会变慢。通过哈米特图的向下偏离，可以区分同一个总反应中反应决速步骤的变化；与之形成对比的是，向上偏离的哈米特图表示的是总的反应机理的变化(见 **364 页**)。

13.5 位阻效应

在讨论线性自由能关系之前(见 **361 页**)，我们限定了线性自由能关系只适用于间位和对位取代的苯衍生物的侧链上的反应。邻位取代的苯衍生物以及脂肪族化合物没有被讨论，因为立体效应和其他效应会导致非线性的关系，甚至明显是无规则的关系。

对哈米特图和当其与线性偏离时的特征数据解释的成功和使用，促使许多研究者去寻求对哈米特图的合理修正，以使其可以适用于更多的化合物。最普适和最成功的拓展是由塔夫特(Taft)提出的。

13.5.1 塔夫特方程

在考虑最初来自英果尔德(Ingold)的建议后，塔夫特开始比较酸催化($A_{AC}2$，见 **241 页**) 384
和碱催化($B_{AC}2$，见 **239 页**)的间位、对位取代苯甲酸酯(42)的水解反应受极性取代基的影响。

碱催化的水解反应的 ρ 值是正的，而且相当大，说明决速步(羟基对反应中心的进攻，$B_{AC}2$ 机理中的步骤①)中反应中心生成了不可忽略的负电荷。相比之下，酸催化的水解反应的 ρ 值(+0.03)非常接近 0，说明该反应在不同的酯之间速率差别不显著，无论间位或对位取代基是什么。

Ar—C(=O)—OEt (42) $\xrightarrow[①]{^{\ominus}OH}$ Ar—C(O$^{\ominus}$)(OH)—OEt $\xrightarrow[②]{-OEt^{\ominus}}$ Ar—C(=O)(OH) + OEt $\overset{③}{\rightleftharpoons}$ Ar—C(=O)—O$^{\ominus}$ + HOEt

[Ar = X 取代苯基]

碱催化下的水解($B_{AC}2$)：$\rho = 2{\cdot}51$

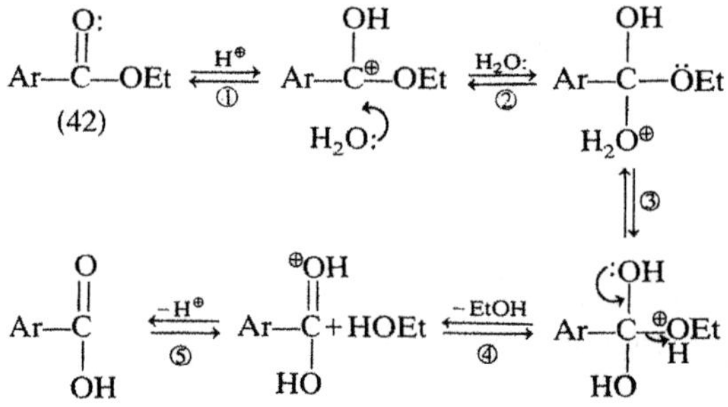

酸催化下的水解 $(A_{AC}2): \rho = 0{\cdot}03$

虽然在慢步骤(步骤②)的反应中心重新分布着明显的正电荷，但 ρ 值仍然这么小，这是因为总的反应速率 k_{obs}(被用来作图计算 ρ 的物理量)，不仅由慢步骤的速率 k_2 决定，还和前一
385 步(步骤①)可逆的平衡常数 K_1 有关。这两项在受取代基影响方面几乎完全互相抵消，因此总的 ρ 值几乎为 0。

如果我们将碱催化和酸催化的酯的水解反应延伸到一般的酯，包括脂肪酸酯，我们会发现两种反应途径的决速步的过渡态(42*b* 和 42*a*)是非常相似的：

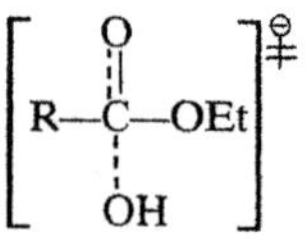

(42*b*)
碱催化水解的过渡态$(B_{AC}2)$

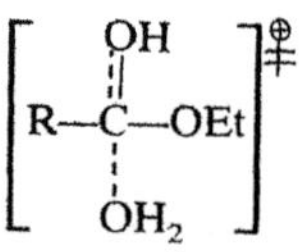

(42*a*)
酸催化水解的过渡态$(A_{AC}2)$

它们都是四面体的，而且区别仅在于酸催化的过渡态仅比碱催化的多两个质子。质子很小，基本上不会产生立体效应。由于两个过渡态的空间形状非常相似，因此我们可以认为，R 基团造成的立体效应在酸和碱催化的水解反应中本质上是一样的。① 我们因此可以给出一个类似哈米特方程的公式[9]，来仅仅体现 R 基团在酯水解反应中的极性效应：

$$\lg\left[\frac{k_R}{k_0}\right]_{碱} - \lg\left[\frac{k_R}{k_0}\right]_{酸} = \rho^* \sigma_R^* \qquad [9]$$

由于 R 基团的立体效应在两个酯的水解模式下基本相同，因此两个立体效应项可以互相抵消，不在方程[9]中出现。

塔夫特将[9]中出现的 ρ^* 值定义为 2.48，即酸催化的苯甲酸酯的水解反应的反应常数(0.03)和碱催化的水解反应的反应常数(2.51)的差。他将参照取代基定义为甲基(R=Me)，而不是氢(R=H)，因此方程[9]中的 k_0 是乙酸乙酯 $MeCO_2Et$ 而不是甲酸乙酯 HCO_2Et 的水解速率常数。然后通过动力学测量一系列酸催化和碱催化的酯(含有 R 基团的，R 基团除了 Me)的水解反应的速率，通过定义 $\sigma_{Me}^* = 0$ (对比苯甲酸电离，即取代基为 H 时，$\sigma_H = 0$，
386 363 页)，就有可能通过方程[9]来推算出这些不同的 R 基团相对于甲基的 σ_R^*。由于 ρ^* 为

① 然而，这样一个设想忽略了带正电荷和负电荷过渡态的明显不同的溶剂化程度，因此会很大程度地影响这两个水解反应的相对速率。

2.48，得到的 σ_R^*（只是 R 表现出来的极性效应）值与我们熟悉的（见 **363 页**）σ_X、σ_X^+、σ_X^- 大小上相差不大。

接着，利用更一般的方程[10]，就有可能用这些 σ_R^* 值和对 k_R 与 k_{Me} 的合适的动力学测量，来得到一系列除酯以外的脂肪族化合物的其他反应的反应常数 ρ^*。

$$\lg \frac{k_R}{k_{Me}} = \rho^* \sigma_R^* \qquad [10]$$

这样利用方程[10]就可以获得脂肪族化合物的一些不同反应的线性图。

13.5.2 位阻参数 E_S 和 δ

之前我们强调了反应的立体效应，因此能够获得直线图看上去十分意外，尤其是关系式[10]只考虑 R 基团的极性效应。然而，用[10]来获得直线图并不意味着反应中不涉及立体效应。这只是说明，反应从起始物到整个反应的决速步的过渡态之间没有本质的立体效应的变化（或者从起始物到产物的平衡）。

然而，并不难找到那些利用方程[10]不能得到直线的脂肪族化合物的反应，就像之前的线性偏离一样（见 **375 页**），这些偏离远比整齐的直线图给出更多的关于反应详细机理的有用信息。当观察到线性（也就是只有极性效应）偏离时，表明立体效应是重要的而且在变化，这时可以在方程中引入一项立体取代参数 E_S，它的值基于之前的观察。

我们已经见过，酸催化的间位和对位取代的苯甲酸酯(42)的水解反应(ρ＝0.03)基本与取代基 X 的极性效应无关，而这个取代基与反应中心的距离足够远，导致它也不能对反应有任何立体效应。因此，这些酸催化的酯水解基本按相同的速率进行。

$$X\text{-}C_6H_4\text{-}CO_2Et + H_2O \xrightarrow{H^\oplus} X\text{-}C_6H_4\text{-}CO_2H + EtOH$$

(42)

我们可以认为，酸催化的脂肪族酯的水解像对应的苯甲酸酯的水解一样，也不会受极性效应 387
的影响。如果含不同 R 的脂肪族化合物的水解速率不一致，那么一定表明不同的 R 基团具有不同的立体效应。脂肪族酯的水解速率的确不一样，因此我们可以再次以甲基为标准取代基，通过以下方程

$$\lg \left[\frac{k_{RCO_2Et}}{k_{MeCO_2Et}}\right]_{酸} = E_S \qquad [11]$$

来衡量 R 基团的立体效应参数 E_S。下表列出了通过这种方法测量出的一系列不同取代基的 E_S 值：

RCO_2Et 中 R	E_S		RCO_2Et 中 R	E_S
H	+1·24		$Me(CH_2)_3$	−0·39
Me	0	（定义）	Me_2CHCH_2	−1·13
Et	−0·07		Me_3C	−1·54
$ClCH_2$	−0·24		Me_3CCH_2	−1·74
ICH_2	−0·37		Ph_2CH	−1·76
$PhCH_2$	−0·38		Et_3C	−3·81

根据式[11]，参考取代基为甲基的 E_S 值当然为 0。所有除氢以外的取代基都会有负的 E_S 值，因为它们都比甲基大。在仅由 R 基团的立体效应控制的反应中，任何 $RCO_2Et(R \neq H)$ 的水解速率都会比 $MeCO_2Et$ 的慢。

我们发现对于一个特定的基团 R，其 E_S 值在不同反应中不太一样。这并不奇怪，因为 R 的局部环境和进攻试剂的大小在不同反应中会不一样。然而，这意味着一旦在哈米特类型的方程[12]中引入 E_S，就有必要再引入一个参数 δ，来反映一个特定反应对立体效应的敏感程度。

$$\lg\frac{k_R}{k_{Me}} = \rho^* \sigma_R^* + \delta E_S \qquad [12]$$

从这个角度看，δ 在位置上与 ρ^* 是平行的，后者描述的是一个反应对极性效应的敏感程度。在标准反应，即酸催化的酯的水解反应中，δ 参数被指定为 1.00，而其他反应的 δ 则可以通过正常的实验测定。

388 现在，立体效应的参数已经通过这种方式引入了，我们可以开始讨论立体效应对邻位取代的苯环衍生物的反应的影响。对于酸催化的邻位取代苯甲酰胺(43)的水解，δ 为 0.81，所以这个反应比标准反应(酸催化的邻位取代酯的水解)要对立体效应更不敏感。

(43)

然而一般来说，量化考虑邻位取代基的影响还不是很成功。我们再一次面临了那个与汤川-都野方程一样的两难问题：通过如此大的努力在实验中测得这些参数，得到的信息是否值得这些巨大的努力？

13.6　溶剂效应

虽然绝大多数有机反应在溶液里发生，且溶剂对反应有着关键的影响，但是我们在讨论线性自由能相关时还没有考虑过溶剂对反应的影响。

13.6.1　ρ 随溶剂的变化

对一个特定的反应而言，当反应的溶剂变化时，反应的 ρ 值也会改变。ρ 是溶剂对反应影响的一个隐藏的表示：

反　应	ρ
$ArCO_2H(44) + H_2O \rightleftarrows ArCO_2^{\ominus}(45) + H_3O^{\oplus}$ (H_2O)	1·00 (定义)
〃 + 〃 ⇄ 〃 + 〃 (50%含水乙醇)	1·60
〃 + 〃 ⇄ 〃 + 〃 (EtOH)	1·96
$ArCO_2Et + {}^{\ominus}OH \rightarrow ArCO_2^{\ominus} + EtOH$ (70%含水二氧六环)	1·83
〃 + 〃 → 〃 + 〃 (85%含水EtOH)	2·54

对于间位和对位取代的苯甲酸(44)的电离，含羟基的溶剂能够对未解离的酸和解离产生的羧酸根负离子都产生溶剂化效应。带负电荷的负离子(45)相对于中性的未解离的酸(44)的溶剂 389
化有效程度，是决定反应平衡位置的关键因素。当溶剂从介电常数 79 的水变成介电常数只有 24 的乙醇时，带电荷的负离子(45)相对于不带电荷的酸(44)的溶剂化上的优势将大大降低。因此，吸电子基团的极性效应对负离子的稳定作用(即酸增强，K_X 变大)，将随着介电常数的降低而变得更加重要。因此反应常数 ρ(反应对于取代基的极性效应的影响程度)随着溶剂由水换成乙醇时会增大。

13.6.2 温斯坦-格伦瓦尔德方程

对于一个特定的反应，当在不同的溶剂中进行时，人们曾尝试将这些不同的反应速率与这些溶剂的介电常数进行关联，但还没有得出很有价值的结论。因此，人们试图沿着一般的哈米特的方法来建立反应性与溶剂的经验关系。在这些尝试中比较重要的是格伦瓦尔德(Grunwald)和温斯坦(Winstein)在卤化物溶剂解上的研究。他们试图建立溶剂参数，指定为 Y，使其与同一卤化物在不同溶剂下溶剂解的不同速率常数相关联。

他们选取三级卤化物叔丁基氯(46)的 S_N1 溶剂解作为标准反应，并选取了 80%乙醇水溶液作为标准溶剂：

$$\underset{(46)}{Me_3C{-}Cl} \xrightarrow[\text{慢}]{S_N1} \underset{\substack{(47)\\ \text{离子对}\\ \text{中间体}}}{Me_3C^{\oplus}\ Cl^{\ominus}} \xrightarrow[\text{快}]{S} \underset{[S=\text{溶剂}]}{Me_3C{-}S}$$

可以建立类似哈米特方程的关系：

$$\lg k_A - \lg k_0 = Y_A - Y_0 \qquad [13]$$

其中速率常数 k_A 和 k_0 分别指的是三级卤化物(46)在溶剂 A 和标准溶剂(80%乙醇水溶液)中的速率常数；而 Y_A 和 Y_0 为溶剂 A 和标准溶剂的经验溶剂常数。将 Y_0 设为 0，测量不同
溶剂中(46)的溶剂解速率常数 k_A，可以通过式[13]得到每种溶剂的 Y_A 值： 390

溶剂A	Y_A		ε
H_2O	+3.49		78·5
含水 MeOH (50% H_2O)	+1·97		—
$HCONH_2$	+0·60		109·5
含水 EtOH (30% H_2O)	+0·59		—
含水 EtOH (20% H_2O)	0	(定义)	—
含水 Me_2CO (20% H_2O)	−0·67		—
MeOH	−1·09		32·7
$MeCO_2H$	−1·64		6·2
EtOH	−2·03		24·3
Me_2CHOH	−2·73		18·3
Me_3COH	−3·26		12·2

这些 Y_A 值并不与这些溶剂的介电常数平行。显然介电常数应该和 Y_A 有一定关系，因为正负电荷的分离是 S_N1 反应[形成的过渡态会导致离子对中间体(47)的形成]的决速步的关键特征。但是对分离中的电荷的特定溶剂化作用也一定包含在内，并且 Y_A 也反映溶剂的一些其他性质。我们通常可以认为 Y_A 是溶剂 A 的离子化能力的量度。

我们可以进一步写出下一个熟悉的相关关系[14]，来概括一般的卤化物的溶剂解，而不

仅仅是用作标准溶剂的叔丁基氯(46)。

$$\lg k_A - \lg k_0 = mY_A \qquad [14]$$

式中，k_A 和 k_0 分别指的是任何卤化物在溶剂 A 和标准溶剂中的溶剂解速率常数；Y_A 被定义为溶剂参数，表示溶剂 A 的离子化能力；而 m 是特定卤化物特有的化合物参数：对于标准卤化物叔丁基氯(46)，它的值为 1.00。m 可以认为是特定的一个卤化物受溶剂的离子化能力影响的量度：

卤化物	m
PhCH(Me)Br(48)	1·20
Me_3CCl(46)	1·00 (定义)
Me_3CBr	0·94
$EtMe_2CBr$	0·90
CH_2═CHCH(Me)Cl	0·89
EtBr(49)	0·34
$Me(CH_2)_3Br$(50)	0·33

391 m 的另一种解释是，它是总反应的决速步的过渡态中离子对形成程度的量度。这样，m 值可一定程度上用于机理判断。在标准底物叔丁基氯的 S_N1 溶剂解反应的过渡态中，离子对形成程度相当高，故其 m 值为 1.00。并不奇怪的是，1-溴-1-苯基乙烷(48)的 m 值甚至更大，为 1.20，因为它生成的类苄基正离子($PhCHMe^+$)的正电荷可以被离域到苯环的 π 系统上，从而稳定该正离子(参见 **84 页**)。与之相比，一级卤代烃溴乙烷和正溴丁烷 m 值要低得多，分别是 0.34 和 0.33。这些值反映了反应对溶剂的离子化能力不很敏感，它是卤化物经过 S_N2 机理进行溶剂解的特征。一般而言，$m=0.5$ 可以作为 S_N1/S_N2 两种溶剂解途径的界限。

温斯坦-格伦瓦尔德方程的主要缺陷是其适用范围较窄。它可以被用于卤素溶剂解以外的反应，但这些反应中对决速步作出主要贡献的形式是

$$\text{A—B} \xrightarrow[\text{慢}]{k} \text{A}^{\oplus}\ \text{B}^{\ominus}$$

13.6.3 Dimroth 的 E_T 参数

还有一些定义溶剂极性参数的其他尝试，其中比较成功的是和溶致变色的移动相关的方法：一个合适的具有吸收峰的物种，由于与不同溶剂分子的相互作用，而导致的吸收峰波长/频率的移动。对于 Dimroth-Reichardt 吡啶内盐(51)，可以观察到格外大的位移：

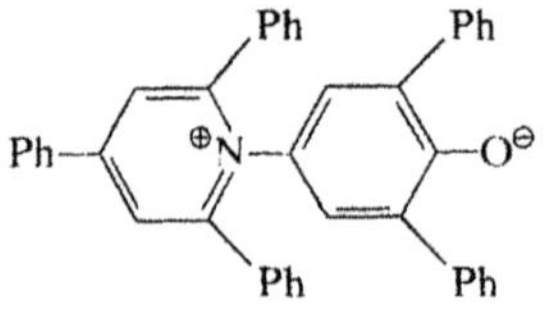

(51)

它的最大吸收的范围为 450～800 nm，具体取决于溶剂：它在苯甲醚里是黄色，丙酮里是绿色，而在乙醇里是紫罗兰色！Dimroth 将该溶剂下最大吸收峰对应的激发能 E_T(从基态到激
392 发态)作为溶剂极性的衡量。E_T 之所以可以用来衡量溶剂极性，是因为(51)的基态比激发

态的极性大得多，因此两者中基态在极性溶剂下会被稳定得更好。假设激发态在不同溶剂中能量变化很小，那么 E_T 的变化反映了基态的相对稳定化程度，也就是对应溶剂的极性。E_T 随着稳定化作用和溶剂极性的增大而增大：

溶 剂	E_T	Y_A
H_2O	63·1	+3·49
$HCONH_2$	56·6	+0·60
含水EtOH (20% H_2O)	53·7	0
含水Me_2CO (20% H_2O)	52·2	−0·67
MeOH	55·5	−1·09
EtOH	51·9	−2·03
Me_2CHOH	48·6	−2·73
Me_3COH	43·9	−3·26
$CHCl_3$	39·1	—

相同范围的溶剂的 Y_A 值(参见 **390 页**)也包括在里面，可以用来比较用。E_T 相对更成功一些，但不能衡量酸性溶剂，酸性溶剂会质子化(51)的氧原子，从而防止其发生电子迁移。

13.7 光谱关联性

我们前面已经讨论了 X 取代的分子的化学性质与 X 的极性取代常数 σ_X 的相关性，因此我们也需要讨论 σ_X 是否也可能和分子的物理性质相关，尤其是易测量获得的谱学数据。

已经有许多研究将 X 取代芳香物种的 IR 谱的峰强度或频率与 σ_X 作关联的尝试。最成功的是化合物(52)和(53)中羰基吸收峰的频率以及化合物(54)中 1600 cm^{-1} 环振动的强度，与 σ_X 的相关：

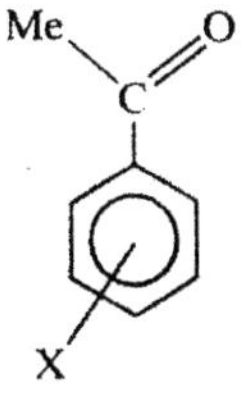

(52) 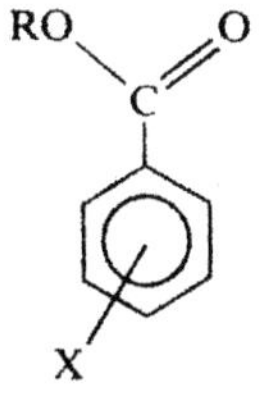 (53)  (54)

我们也可以期待 σ_X 与 NMR 化学位移 δ(参见 **18 页**)有合理的相关，因为后者毕竟反映 393
的是相应原子受到电子的屏蔽或去屏蔽程度。然而，σ_X 与 δ 的相关性都不太好，除了化合物(55)中距离取代苯环相当远的质子：

$\rho = -0{\cdot}33$

(55)

然而，对于比氢重的核，影响氢谱的因素对该核的影响程度可能会小一些。例如，对于 ^{13}C 谱，2-芳基丙基碳正离子(56，由对应的三级醇在超酸溶液 $SO_2ClF/FSO_3H/SbF_5$ 中产生，参见 **181 页**)的正离子：

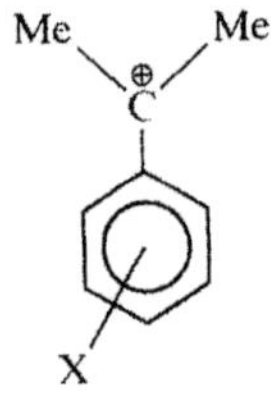

Me　Me
$\overset{\oplus}{C}$
X

(56)

其^{13}C 谱的差值(碳正离子：$\delta C_H^{\oplus}-\delta C_X^{\oplus}$)与 $\sigma_{m\text{-}X}$的线性相关性很好，但与 $\sigma_{p\text{-}X}^{+}$相关不好。对位取代的碳正离子的位移的差值需要与增强的对位取代常数 $\sigma_{p\text{-}X}^{C+}$相关，它反映了对位取代的碳正离子(56a)中很强的贯穿共轭。而用来定义 $\sigma_{p\text{-}X}^{+}$的标准反应，即氯化异丙基苯的溶剂解反应的过渡态中，仅仅是部分形成的碳正离子的贯穿共轭则弱得多。

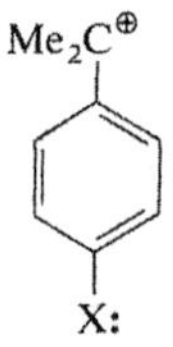

$Me_2C^{\oplus}$　X:　$\rho=-18{\cdot}2$ 需要 $\sigma_{p\text{-}X}^{C\oplus}$

(56a)

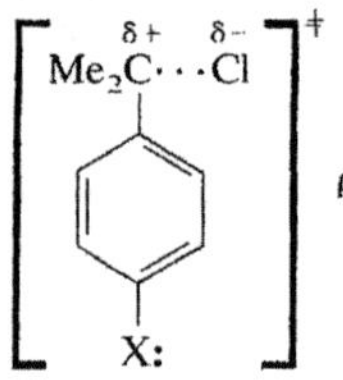

$[Me_2\overset{\delta+}{C}\cdots\overset{\delta-}{Cl}]^{\ddagger}$　X:　$\rho=-4{\cdot}54$ 定义 $\sigma_{p\text{-}X}^{+}$

(57)

394 ## 13.8　热力学应用

考虑到哈米特图如此成功，最后讨论一下与线性自由能相关的热力学影响也许会很有趣。前面(见 **359 页**)已经提到了自由能变 ΔG 与 $\lg k$ 或 $\lg K$ 的关系；对于各 ΔG 项，都包括熵变和焓变：

$$\text{平衡常数：}\Delta G^{\ominus}=-2.303RT\lg K$$
$$\Delta G^{\ominus}=\Delta H^{\ominus}-T\Delta S^{\ominus}$$
$$\text{速率常数：}\Delta G^{\neq}=-2.303RT\lg k\,\frac{h}{k'T}$$
$$\Delta G^{\neq}=\Delta H^{\neq}-T\Delta S^{\neq}$$

式中，k'为玻尔兹曼常数，h 为普朗克常数。

考虑我们最早的例子(见 **361 页**的图 13.3)：芳基甲酸电离的 $\lg K$ 对碱催化的芳基甲酸乙酯水解的 $\lg k$ 作图，得到一条直线。这表明，前一反应的标准自由能变 $\Delta G^{\ominus}$与后一反应的活化自由能变 $\Delta G^{\neq}$也是相关的。这两个 ΔG 的线性相关关系，意味着对于每个化合物系列，必须满足以下几个条件中的一个：

(i) 焓变(ΔH)与熵变(ΔS)有线性关系；

(ii) 焓变(ΔH)恒定；

(iii) 熵变(ΔS)恒定。

满足任何一个条件都是很严格的限制，而对于可以给出好的哈米特直线图的各系列，这些条件满足到什么程度至今存疑。这使得观察到的线性关系更加神秘。已知一些例子可以满足上述条件中的某一个，例如，对于碱催化的酯(58)的水解：

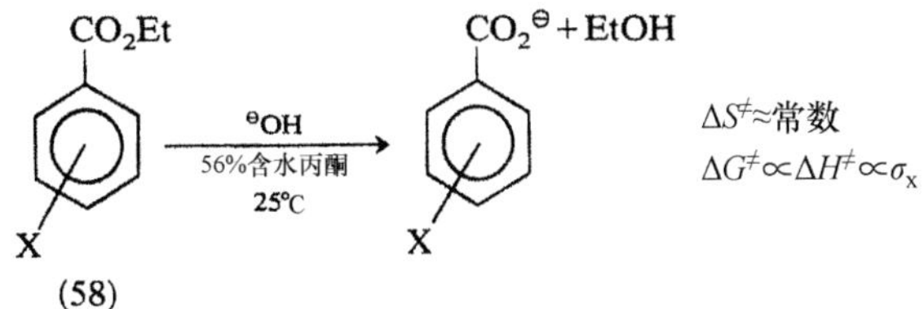

熵变 $\Delta S^{\neq}$ 基本恒定[即上述条件(iii)]，而自由能变 $\Delta G^{\neq}$、焓变 $\Delta H^{\neq}$ 与 σ_X 成比例。我们并
不奇怪没有反应可以满足条件(ii)，但是我们可以期待条件(i)是最易被满足的。有趣的是， 395
我们对于标准反应，在 25 ℃水中，间位和对位取代苯甲酸的电离是否可以满足条件(i)，在过去有很多质疑。

确定苯甲酸的这个结论是否正确的主要障碍是，在实验上很难测定必要的数据。这些酸在水中的溶解度很小，它们的焓变 $\Delta H^{\ominus}$ 很小，导致获得的结果不准确且不可靠。然而，最近我们重新测量得到精确度很高的间位和对位取代苯甲酸电离的焓变 $\Delta H^{\ominus}$、熵变 $\Delta S^{\ominus}$ 和吉布斯自由能变 $\Delta G^{\ominus}$。利用这些数据可以给出熵变、焓变和自由能变两两之间($\Delta H^{\ominus}$ 对 $\Delta S^{\ominus}$；$\Delta G^{\ominus}$ 对 $\Delta H^{\ominus}$；$\Delta G^{\ominus}$ 对 $\Delta S^{\ominus}$)都有严格的线性关系。看起来好像哈米特当年选用标准参照反应运气十分好。

这里需要指出，对于哈米特方程的理论解释并没有经过严格验证，而只有间接的证据。它仍然是一个经验公式，而且 σ_X 和 ρ 都没有必要测量到小数点以后几位。我们用来理解反应途径所需要的信息，实际上只需要包含 ρ 是正的还是负的，它的绝对值大还是小，σ_X 对 $\lg k_X$ 作的图相对线性有无偏离，等等。此外还有多参数方程的问题，不是说它们是否成立，而是它们究竟多有用。显然物理有机化学家对这些方程很有兴趣；但一个一般的有机化学家就会考虑，为得到这些额外的信息而去花费精力测量这些参数是否值得？当然你花的是自己的钱，这完全取决于你自己的选择。

讨论了这么多，同样重要的是需要记住哈米特图的数量和有用的相关的种类多到惊人，尤其是当考虑到这个方法的简洁与方便时。的确，一般来说线性自由能相关是一些概念理论效用的验证，而这些概念完全源自经验。

参考书目精选

结构理论和光谱

DEWAR, M. J. S. and DOUGHERTY, R. C. *The PMO Theory of Organic Chemistry* (Plenum, 1975).

MCWEENY, R. *Coulson's Valence* (OUP, 3rd Edition, 1979).

TEDDER, J. M. and NECHVATAL, A. *Pictorial Orbital Theory* (Pitman, 1985).

WILLIAMS, D. H. and FLEMING, I. *Spectroscopic Methods in Organic Chemistry* (McGraw-Hill, 4th Edition, 1987).

结构和反应机理

ALDER, R. W., BAKER, R. and BROWN, J. M. *Mechanism in Organic Chemistry* (Wiley-Interscience, 1971).

BUNCEL, E. *Carbanions: Mechanistic and Isotopic Aspects* (Elsevier, 1975).

BUNCEL, E. and DURST, T. (Eds). *Comprehensive Carbanion Chemistry: Parts A and B* (Elsevier, 1980, 1984).

CAPON, B. and MCMANUS, S. P. *Neighbouring Group Participation* (Plenum, 1976).

CARPENTER, B. K. *Determination of Organic Reaction Mechanisms* (Wiley, 1984).

COLLINS, C. J. and BOWMAN, N. S. (Eds). *Isotope Effects in Chemical Reactions* (Van Nostrand Reinhold, 1970).

DE LA MARE, P. B. D. *Electrophilic Halogenation* (CUP, 1976).

DE LA MARE, P. B. D. and BOLTON, J. *Electrophilic Addition to Unsaturated Systems* (Elsevier, 2nd Edition, 1982).

DE MAYO, P. (Ed.). *Rearrangements in Ground and Excited States* (Academic Press, Vols. I–III, 1980).

DESLONGCHAMPS, P. *Stereoelectronic Effects in Organic Chemistry* (Pergamon, 1983).

ELIEL, E. L. *Stereochemistry of Carbon Compounds* (McGraw-Hill, 1962).

FLEMING, I. *Frontier Orbitals and Organic Chemical Reactions* (Wiley, 1976).

FORRESTER, A. R., HAY, J. M. and THOMSON, R. H. *Organic Chemistry of Stable Free Radicals* (Academic Press, 1968).

GARRATT, P. J. *Aromaticity* (Wiley, 1986).

GILCHRIST, T. L. and REES, C. W. *Carbenes, Nitrenes and Arynes* (Nelson, 1969).

GILCHRIST, T. L. and STORR, R. C. *Organic Reactions and Orbital Symmetry* (CUP, 2nd Edition, 1979).

GILLIOM, R. D. *Introduction to Physical Organic Chemistry* (Addison-Wesley, 1970).

HARTSHORN, S. R. *Aliphatic Nucleophilic Substitution* (CUP, 1973).

HINE, J. *Structural Effects on Equilibria in Organic Chemistry* (Wiley, 1975).

HOFFMANN, R. W. *Dehydrobenzene and Cycloalkynes* (Academic Press, 1967).

INGOLD, C. K. *Structure and Mechanism in Organic Chemistry* (Bell, 2nd Edition, 1969).

ISAACS, N. S. *Physical Organic Chemistry* (Longman, 1987).

ISAACS, N. S. *Reactive Intermediates in Organic Chemistry* (Wiley, 1974).

JENCKS, W. P. *Catalysis in Chemistry and Enzymology* (McGraw-Hill, 1969).

JOHNSON, C. D. *The Hammett Equation* (CUP, 1973).

JONES, R. A. Y. *Physical and Mechanistic Organic Chemistry* (CUP, 2nd Edition, 1984).

KALSKI, P. S. *Stereochemistry: Conformation and Mechanism* (Wiley, 1990).

KIRMSE, W. *Carbene Chemistry* (Academic Press, 2nd Edition, 1971).

KLUMPP, G. W. *Reactivity in Organic Chemistry* (Wiley, 1982).

KOCHI, J. K. (Ed.). *Free Radicals* (Wiley-Interscience, Vols. I and II, 1973).

LLOYD, D. *The Chemistry of Conjugated Cyclic Compounds* (Wiley, 1990).

LOWRY, T. H. and RICHARDSON, K. S. *Mechanism and Theory in Organic Chemistry* (Harper and Row, 3rd Edition, 1987).

LWOWSKI, W. (Ed.). *Nitrenes* (Interscience, 1970).

MARCHAND, A. P. and LEHR, R. E. (Eds). *Pericyclic Reactions* (Academic Press, Vols. I and II, 1977).

MASKILL, H. *The Physical Basis of Organic Chemistry* (OUP, 1985).

MELANDER, L. and SAUNDERS, W. H. *Reaction Rates of Isotopic Molecules* (Wiley, 1980).

MILLER, J. *Aromatic Nucleophilic Substitution* (Elsevier, 1968).

NONHEBEL, D. C. and WALTON, J. C. *Free-radical Chemistry* (CUP, 1974).

OLAH, G. A. and SCHLEYER, P. VON R. (Eds). *Carbonium Ions* (Interscience, Vols. I–V, 1968–76).

OLAH, G. A. (Ed.). *Nitration: Methods and Mechanisms* (Elsevier, 1989).

REICHARDT, C. *Solvent Effects in Organic Chemistry* (Verlag Chemie, 2nd Edition, 1988).

RITCHIE, C. D. *Physical Organic Chemistry* (Dekker, 2nd Edition, 1990).

SAUNDERS, W. H. and COCKERILL, A. F. *Mechanisms of Elimination Reactions* (Wiley-Interscience, 1973).

SCHOFIELD, K. *Aromatic Nitration* (CUP, 1980).

SCUDDER, P. H. *Electron Flow in Organic Chemistry* (Wiley, 1990).

SHORTER, J. *Correlation Analysis in Organic Chemistry* (OUP, 1973).

STEVENS, T. S. and WATTS, N. E. *Selected Molecular Rearrangements* (Van Nostrand Reinhold, 1973).

STEWART, R. *The Proton: Applications to Organic Chemistry* (Academic Press, 1985).

TAYLOR, R. *Electrophilic Aromatic Substitution* (Wiley, 1990).

TESTA, B. *Principles of Organic Stereochemistry* (Dekker, 1979).

THYAGARAJAN, B. S. (Ed.). *Mechanisms of Molecular Migrations* (Interscience, Vol. I, 1968; Vol. II, 1969; Vol. III, 1971).

VOGEL, P. *Carbocation Chemistry* (Elsevier, 1985).

WENTRUP, C. *Reactive Molecules: The Neutral Reactive Intermediate in Organic Chemistry* (Wiley, 1984).

综述性研究

Advances in Physical Organic Chemistry. BETHELL, D. (Ed.) (Academic Press, Vol. I, 1963-).

Organic Reaction Mechanisms. KNIPE, A. C. and WATTS, W. E. (Eds) (Interscience, Vol. I, 1966-).

Progress in Physical Organic Chemistry. TAFT, R. W. (Ed.) (Interscience, Vol. I, 1963-).

Reactive Intermediates—A Serial Publication, JONES, M. and MOSS, R. A. (Eds) (Wiley-Interscience, Vol. I, 1978-).

作者音像资料

The following titles in the 'Chemistry Cassette' series are published by, and are available from, The Chemical Society, Blackhorse Road, Letchworth, Herts., SG6 1HN, England:

CC3 SYKES, P. *Some Organic Reaction Pathways: (A). Elimination; (B). Aromatic Substitution* (1975).

CC6 SYKES, P. *Some Reaction Pathways of Double Bonds: (A). C═C; (B). C═O* (1977).

CC7 SYKES, P. *Some Reaction Pathways of Carboxylic Acid Derivatives* (1979).

CC9 SYKES, P. *Radicals and their Reaction Pathways* (1979).

CC11 SYKES, P. *Linear Free Energy Relationships* (1980).

CC18 SYKES, P. *Aromaticity* (1988).

索　引①

① 索引页码为原著页码，即正文中的边码。

A

B

C

E

F

G

K

R

T

W

编　后　记

举世闻名的《有机化学机理导论》问世至今已有 25 年，在此期间，内容和版面都作了许多调整。然而，这些改变不仅仅只是为了顺应时代的潮流，而更多的是为了展示我们对这一学科理解的重要转变以及如何将这些传递给广大学生。同时，由于本书的整体架构在实际运用中极有成效，所以我们非常注意保留本书的整体结构。

本书引入的新的内容主要有：芳环原子取代，亲核取代的动力学界限，活化参数的更多应用，Dimroth 的 E_T 参数，Hammett 的 σ_X 与光谱数据以及生物起源中的 ^{13}C 核磁共振。此外，为了增加条理性以便读者更好地理解本书的内容，我们对全文逐字逐句地进行了推敲并采纳了大量的例证。本书旨在面向广大学生，并为大家答疑解惑。本书作者凭借四十余年的教学经验，总结出了目前学生无法领会的难点以及如何更好地克服它们。近日，一位评论员评论指出："本书无疑是化学学科的推荐用书。"我们坚信此新版图书将会和以前的版本一样成为广大化学专业学生的福音。

一些关于本书老版的评论：

"去问任何一个关注化学教育的人对于 Peter Sykes 这本书的评论，就好比去问一个图书管理员对莎士比亚作品的意见……这本书已经成为经典。"

——《化学与工业》(*Chemistry and Industry*)

"'*Sykes*'仍是数以千计大学生的有机化学机理的圣经，并且据我所知，基于本书对理论清晰的讲述和完备的覆盖，目前没有一部英文出版物可以与之比肩……它无疑还是这一学科的推荐用书。"

——《化学教育》(*Education in Chemistry*)

"Sykes 博士有完美地将某一学科用一种学生易于接受的方式清晰展示的技能。此书的再版令人高兴，此书内容的完整展示令人甚为钦佩。"

——《技术期刊》(*Technical Journal*)